1+X 职业技能等级证书家庭理财规划配套教材

家庭理财规划

（中级）

组　编　平安国际智慧城市科技股份有限公司
　　　　智赢未来教育科技有限公司

主　编　蒋洪平　韩　乐

副主编　董玉峰　靳　晶　要亚玲
　　　　廖旗平　李　雪　张　然

参　编　孙　倩　陈美玲　王建宁　李凯华
　　　　钱勤华　郝春田　刘　妍　马　丽
　　　　何　伟　廖春萍

西安电子科技大学出版社

内 容 简 介

本教材以理财从业人员的典型工作任务和工作过程为主线，从客户关系的建立和管理、客户信息的分析与评价、专项理财规划方案的制订、理财规划书的撰写、理财方案的交付及实施跟踪等几个方面展开，基于实际理财工作，形成了总体的、完整的教学体系。本教材主要包括家庭理财规划基础知识、客户信息分析与评价、家庭理财产品、现金与消费支出规划、人生规划、保险规划、投资规划、综合理财规划方案设计、理财规划方案的交付及实施跟踪九个教学项目。

本教材由行业专家和高校资深教师联合编写，在知识的专业性、设计的逻辑性和内容的实用性方面，均有较高水准。教材内容完全匹配家庭理财规划职业技能等级标准，理实结合，案例丰富，同时适配理财行业专业技术岗位。本教材可用于“1+X”证书制度试点工作，对应家庭理财规划职业技能等级证书(中级)的教学，也可作为高等职业院校课程的教学用书，以及对家庭理财感兴趣的读者的参考书。

图书在版编目(CIP)数据

家庭理财规划：中级 / 蒋洪平，韩乐主编. —西安：西安电子科技大学出版社，2022.7
(2023.1 重印)
ISBN 978-7-5606-6460-6

Ⅰ.①家…　Ⅱ.①蒋…　②韩…　Ⅲ.①家庭管理—财务管理　Ⅳ.①TS976.15

中国版本图书馆 CIP 数据核字(2022)第 073686 号

策　　划　毛红兵　刘玉芳
责任编辑　刘玉芳
出版发行　西安电子科技大学出版社(西安市太白南路 2 号)
电　　话　(029)88202421　88201467　　邮　　编　710071
网　　址　www.xduph.com　　电子邮箱　xdupfxb001@163.com
经　　销　新华书店
印刷单位　咸阳华盛印务有限责任公司
版　　次　2022 年 7 月第 1 版　　2023 年 1 月第 2 次印刷
开　　本　787 毫米×1092 毫米　1/16　印　张　24.5
字　　数　575 千字
印　　数　1001～4000 册
定　　价　64.00 元
ISBN 978-7-5606-6460-6 / TS
XDUP 6762001-2

序

党的十九大报告对新时代中国经济社会发展做出了重要论断：中国特色社会主义进入新时代，我国社会主要矛盾已经转化为人民日益增长的美好生活需要和不平衡不充分的发展之间的矛盾。目前，中国经济发展已进入换挡升级的中高速增长时期，要支撑经济社会持续、健康发展，就必须推动中国经济向全球产业价值链中高端升级，要实现这一目标，需要大批的技能人才作支撑。

我国近期出台的一系列职教改革措施中，都将1+X证书制度试点作为重要任务。国家发展改革委、教育部印发的《建设产教融合型企业实施办法(试行)》中将承担实施1+X证书制度试点任务作为产教融合型企业建设的重要任务。教育部、财政部《关于实施中国特色高水平高职学校和专业建设计划的意见》也将深化复合型技术技能人才培养培训模式改革，率先开展“学历证书+若干职业技能等级证书”制度试点并作为“双高计划”的重要改革发展任务。

针对理财行业，从人才供给端分析，1+X证书试点工作可以依托《国家职业教育改革实施方案》的要求，在职业院校开展家庭理财规划1+X课程体系建设，学生可以在获得学历证书的同时，通过取得家庭理财规划职业技能等级证书，夯实专业技能发展基础，拓展就业创业本领，拓宽职业持续成长通道。从市场需求端出发，《2021中国财富私人报告》显示，2020年中国个人可投资资产总规模达241万亿人民币，2018—2020年年均复合增长率为13%，未来市场对家庭综合资产配置、理财规划的需求将会更加强劲。

平安国际智慧城市科技股份有限公司(以下简称平安智慧城市)是平安集团旗下专注于新型智慧城市建设的科技公司，平安智慧城市为职业教育打造出知鸟智能培训一体化平台(以下简称知鸟平台)。知鸟平台通过AI+培训创新，推出七大AI引擎，为政府、企业提供智能化职业教育培训的整体解决方案，同时向个人提供终身学习服务。基于平安集团的综合金融能力、强大的科技实力、庞大的内容资源和丰富的金融行业经验，知鸟平台作为智能培训组织可基于教育培训及行业培训的经验，根据职业成长案例完成对应行业岗位画像，绘制智能学习地图，为学员提供有针对性的职业规划和岗位学习地图，精准推荐学考内容，全面赋能职业教育和成人教育。

平安智慧城市于2020年6月参与1+X证书制度第四批试点，经批准加入职业教育培训评价组织以及职业技能等级证书名单，获批的职业技能培养方向为“家庭理财规划”。此认证是面向家庭理财规划从业人员职业能力水平认证的考核体系，评价家庭理财规划从业人员对金融资产合理运用、风险管理、节税设计和财产及财产传承设计等知识的掌握，考察其运用家庭理财的方法和工具为用户制订切合实际的、具有可操作性的财务方案的能力。

本课程体系紧紧围绕“以行业及市场需求为导向，以职业专业能力为核心”的理念，力求还原家庭理财规划应用场景，采用项目任务加应用实践的方式突出体现职业特点，按照育训结合、长短结合、内外结合的要求，开展高质量职业培训，满足家庭理财规划职业技能培训与鉴定考核的需要，解决课堂理论知识与行业应用场景脱节的问题。本系列课程致力于打通学历教育和职业培训之间的隔阂，为我国建设社会主义现代化强国源源不断输送经得起时代考验的大国工匠。

本书是该课程体系的中级教材，融入了符合新时代中国特色社会主义的新政策、新需求、新信息、新方法，以培养可满足家庭理财规划职业需求的技能人才为目标，采用项目化教学法编写，追求与相关岗位的无缝对接。本书共设九个项目，每个项目的内容都与家庭理财规划岗位的实际工作要求有机结合，以项目为载体，循序渐进设置若干任务，便于教学过程中以任务为驱动引导学生发挥主体作用，在充分掌握理论知识、具备独立思考能力后完成任务。另外，每个项目都设置了具有实践性、自主性、发展性、综合性、开放性的实战演练，通过完成实战演练，学生可整理在该项目中所学习到的知识内容，将理论知识进行实操运用并深度掌握，培养举一反三的能力，最终实现响应客户需求的效果。同时，在此过程中，学生还能建立团队意识，增强表达能力，汲取榜样力量。

本书的编写团队成员均为“双师型”教师，他们具有丰富的教学和实践经验。

希望通过本书的学习，学生能够对家庭理财行业的概况有所了解，对所面对的客户需求有所认知，做好相应的知识技能准备，继而搭建家庭理财规划的基本架构，最终实现根据客户层次完成较为全面的理财规划报告的撰写，以及跟踪理财规划方案的实施。

2021 年 9 月

1+X职业技能等级证书家庭理财规划配套教材

编委会名单

刘元发　长沙民政职业技术学院
吕　勇　北京经济管理职业学院
吕清泉　广西生态工程职业技术学院
吕彦霏　智赢未来教育科技有限公司
年　艳　义乌工商职业技术学院
蒲林霞　成都职业技术学院
宋　芬　烟台职业学院
王　超　四川财经职业学院
王大友　长沙商贸旅游职业技术学院
王惠凌　重庆城市管理职业学院
吴　双　天津城市职业学院
吴庆念　浙江经济职业技术学院
吴书新　河北师范大学汇华学院
肖欢明　浙江商业职业技术学院
徐　然　江苏商贸职业学院
杨小兰　重庆财经职业学院
袁金宇　山东外贸职业学院
张　宁　平安国际智慧城市科技股份有限公司
张春辉　北京电子科技职业学院
张显未　深圳职业技术学院
赵根宏　深圳信息职业技术学院
赵红梅　天津商务职业学院
钟小平　上海中侨职业技术大学
朱　江　江苏财经职业技术学院
朱春玲　青岛职业技术学院
左　莉　山东电子职业技术学院

前　言

2021 年 6 月 22 日，瑞士信贷(Credit Suisse)发布《2021 全球财富报告》，其数据显示 2020 年全球财富增长 7.4%，达 418.3 万亿美元，人均财富增长 6%，达 79 952 美元，均为历史新高。财富的迅速增长让更多家庭越来越关注家庭资产的保值和增值，综合的家庭理财服务也受到广泛的关注和重视，专业化、高素质的精英级理财从业人员是理财市场急需储备的人才，培养专业能力强的应用型理财人员正迅速成为国内高校的关注焦点之一。

本教材着力于打造“课证融合”，实现金融专业教学标准和家庭理财规划职业技能等级标准相融合，教材内容既符合专业教学标准中的教学要求，又涵盖了理财规划职业技能等级证书要求的技能点。

本教材结构完整，条理清晰，内容详细，每个项目都通过项目概述、项目背景、项目演示、思维导图、思政聚焦、教学目标、任务描述、任务解析、能力拓展、实战演练等模块进行知识的讲解。其中，项目概述对本项目学习的内容进行总体介绍；项目背景通过现实情景指出学习本项目的意义；项目演示通过实例串联整个项目的学习内容；思维导图清楚地展示了本项目的学习脉络；思政聚焦通过专业教学内容与思政元素有机融合，实现立德树人的育人目标，培养学生正确的价值观和良好的职业操守；教学目标对本项目知识点和技能点提出了学习要求；任务描述对当前任务的实现进行概述；任务解析对当前任务进行具体的讲解；能力拓展对当前任务进行思考与补充；实战演练通过分析实际案例对所学知识即学即用，培养学生的理财实务工作能力。

与其他同类教材相比，本教材有如下优势：

第一，实现了“课证融合”。本教材对接专业教学标准和家庭理财规划职业技能等级标准，既满足专业教学标准中的教学要求，又涵盖了理财规划职业技能等级证书要求的技能点，将基础知识、专业理论和理财实践融为一体，有助于培养学生胜任实际岗位工作要求和处理操作性事务的综合能力。

第二，采用项目、任务教学方式编排。本教材采用项目引导、任务驱动的方式进行内容的讲解，通过大量案例分析讲授课程知识点，降低课程学习难度；通过引入真实的理财产品和理财规划实际操作案例，真实展现实际理财工作情景，培养学生的理财规划实务能力；通过课外链接，引入大量相关知识点的拓展阅读，增强学生学习理财相关知识的广度，拓宽学生的专业视野；通过能力拓展和实战演练，加深理财知识学习的深度，培养学生解决问题、分析问题的能力。

第三，时效性强。本教材吸收了当前发达国家金融理财的理论和方法，从更广阔的视角阐述理财内容，对理财实践具有一定的借鉴意义。教材里涉及的我国金融法规和政策均是当前最新的内容，充分体现了教材内容的时效性。

第四，运用立体化的呈现方式。本教材通过大量的图片、表格、二维码等方式，立体化地呈现教学内容，与传统教材相比，本教材更生动、直观、形象，更容易被读者接受。本教材还针对知识重难点、实战演练、拓展资源设置了二维码，通过扫描二维码可以对相关知识点进行视频和文本资料的学习，使课程学习更便捷。

本教材的逻辑脉络如下：项目一首先从宏观角度对家庭理财规划的基本内容以及计算基础进行讲述；项目二带领读者对家庭的财务状况和非财务状况进行深入判断和分析；项目三主要介绍家庭理财当中常用理财产品的基础内容；项目四至项目七为家庭理财的分项规划，分别是现金与消费支出规划、人生规划(包括教育规划、养老规划、财产分配与传承、个税筹划)、保险规划、投资规划；项目八指导读者将家庭状况的分析以及分项规划的内容进行总结和整理，完成综合理财规划方案的制订和设计，并撰写综合理财规划书；项目九讲解理财规划方案的交付及后续的跟踪与调整。

本教材可用于 1+X 证书制度试点工作中家庭理财规划职业技能等级证书(中级)的教学，还可用于高等职业院校、高等专科院校、应用型本科院校、成人高等教育的金融专业、投资理财专业、保险专业、财富管理专业以及其他相关专业的教学，也可作为理财从业人员的业务用书或自学用书，并可作为对家庭理财感兴趣的其他读者的参考读物。

本教材的编写团队成员均为“双师型”教师。智赢未来教育科技有限公司韩乐和河北机电职业技术学院蒋洪平负责教材项目总体架构设计和各项目目标设定，确定教材的指导思想和内容编写工作。河北机电职业技术学院蒋洪平、王建宁负责编写项目一、项目二；石家庄邮电职业技术学院孙倩负责编写项目三；天津商务职业学院靳晶负责编写项目四；石家庄邮电职业技术学院董玉峰、河北机电职业技术学院蒋洪平负责编写项目五；河北机电职业技术学院要亚玲负责编写项目六；智赢未来教育科技有限公司韩乐、石家庄邮电职业技术学院董玉峰、河北机电职业技术学院陈美玲负责编写项目七；智赢未来教育科技有限公司韩乐、河北机电职业技术学院李凯华负责编写项目八；石家庄邮电职业技术学院钱勤华、孙倩负责编写项目九。

编写组其他成员对本书的编写及出版给予了支持，名单如下：

广东农工商职业技术学院　　廖旗平

山东经贸职业学院　　郝春田

平安国际智慧城市科技股份有限公司　　张然

长春金融高等专科学校　　刘妍

陕西职业技术学院　　马丽

广州番禺职业技术学院　　何伟

广东工程职业技术学院　　廖春萍

内蒙古商贸职业学院　　李雪

由于时间仓促，编者水平有限，书中难免有不足之处，恳请广大读者给予谅解并提出批评和意见。

编　者

2022 年 4 月

目　　录

项目一

家庭理财规划基础知识

项目概述

本项目从家庭理财规划基础概念、家庭理财计算基础两个方面讲解了家庭理财规划的定义、内容、目标、原则，家庭理财从业人员的职业发展和前景，货币时间价值的基本概念，终值和现值计算，年金及其计算，帮助学生了解货币时间价值的相关内容，熟悉理财从业人员的职业发展和前景，掌握家庭理财规划的定义及相关内容、家庭理财规划的目标及分类、家庭理财规划应遵循的原则、终值和现值的计算、年金的种类及计算，让学生建立家庭理财思维，树立家庭理财基本意识，明确家庭理财规划的内容、业务流程，培养学生掌握家庭理财规划必备的理财计算方法，运用相关计算方法解决家庭理财中的实际问题，正确评价投资回报，为学生从事家庭理财服务工作打下坚实的基础。

项目背景

2021 年 6 月 22 日，瑞士信贷(Credit Suisse)发布了《2021 全球财富报告》，该报告清晰地整理了疫情之年全球财富的变化和走向。其数据显示，2020 年全球财富增长 7.4%，达 418.3 万亿美元，人均财富增长 6%，达 79 952 美元，均为历史新高。掌握世界财富前三位的国家分别为美国(126.3 万亿美元)、中国(74.9 万亿美元)、日本(26.9 万亿美元)。从 21 世纪初到 2019 年底，中国家庭财富总额增长了约 19 倍，从 3.7 万亿美元增长到 74.9 万亿美元。

为了更清晰地了解中国家庭财富的具体情况，胡润研究院于 2021 年 2 月 8 日携手方太联合发布《2020 方太・胡润财富报告》，揭示了目前中国拥有 600 万人民币资产、千万人民币资产、亿元人民币资产和 3000 万美金资产的家庭数量和地域分布情况，包括中国内地和香港、澳门、台湾。该报告显示，截至 2019 年 12 月 31 日，中国拥有 600 万人民币资产的“富裕家庭”数量已经达到 501 万户，比上年增加 7 万户，增长率为 1.4%，其中拥有 600 万人民币可投资资产的“富裕家庭”数量达到 180 万户；拥有千万人民币资产的“高净值家庭”数量达到 202 万户，比上年增加 4 万户，增加 2%，其中拥有千万人民币可投资资产的“高净值家庭”数量达到 108 万户。中国财富家庭规模分布情况如图 1-1 所示。

2020 方太・胡润财富报告

财富的迅速增长让更多家庭越来越关注家庭资产的保值和增值，综合的家庭理财服务也受到广泛的关注和重视，专业化、高素质的精英级理财从业人员是理

财市场急需储备的人才。培养专业能力强的应用型理财人员正迅速成为国内外高校的焦点之一。

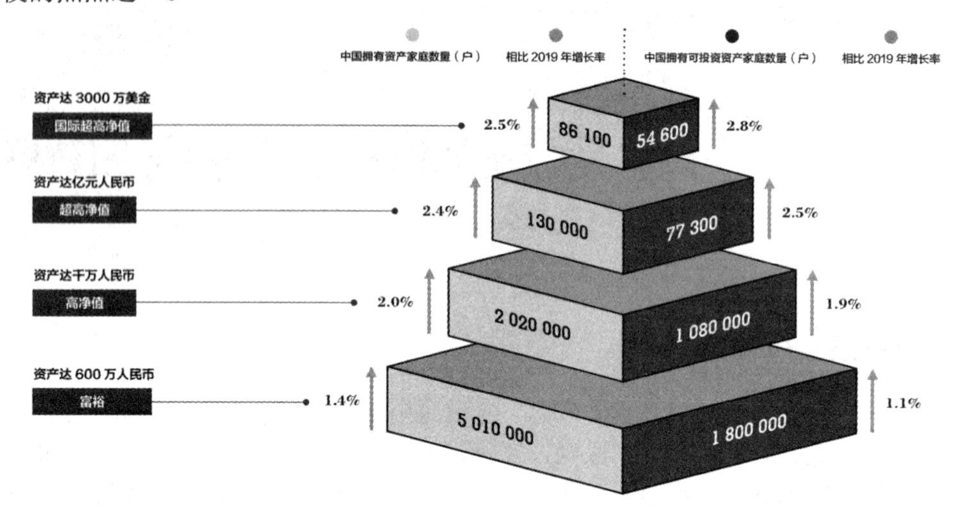

图 1-1　中国财富家庭规模分布情况

项目演示

客户韩女士的家庭财务出现了一些状况。她为此咨询了理财从业人员吴经理，如图 1-2 所示。

图 1-2　客户韩女士和吴经理的交谈

吴经理指派助理小琪来帮助韩女士。小琪根据吴经理的要求，准备为客户韩女士介绍家庭理财规划的基础知识，培养韩女士的家庭理财意识。为了更好地完成工作，小琪制订了如图 1-3 所示的学习计划。

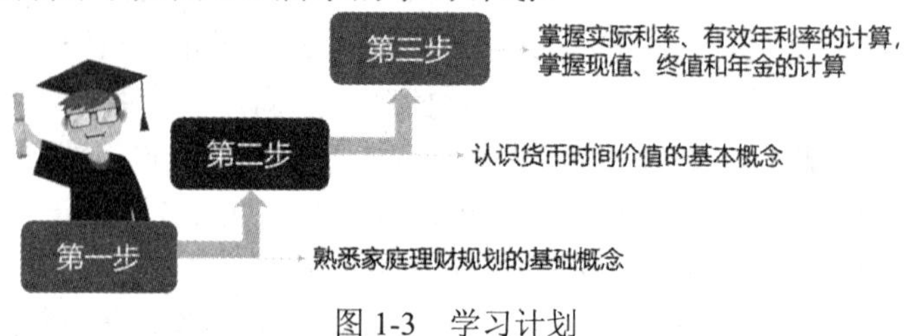

图 1-3　学习计划

思维导图

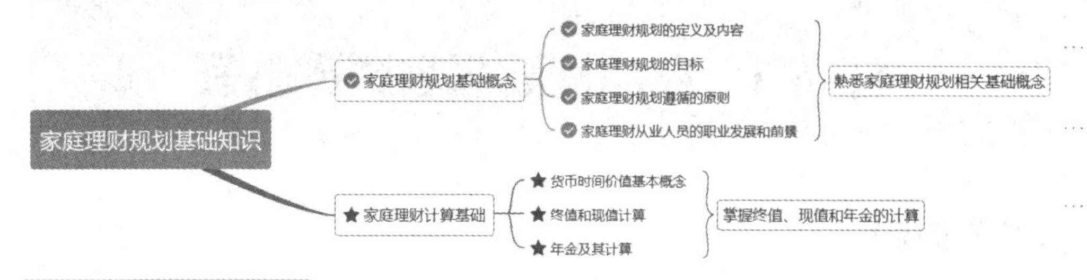

思政聚焦

优秀的理财从业人员应做到以下四点：第一，具有良好的沟通技巧和丰富的营销经验；第二，了解金融机构所发行的产品，做到烂熟于心、如数家珍；第三，时刻保持对资本市场的关注度和对金融行业政策的敏感度；第四，能够熟练运用金融产品(例如股票)的操作策略和应用技巧。以上四点相辅相成、缺一不可。了解并掌握这四点是通往理财行业金字塔顶端的必经之路。

另外，理财从业人员也要对那些尚不具备胜任能力的领域持续学习和研究，如有必要可以向行业专家请教和咨询，为客户得到专业、详尽、周到、满意的家庭理财服务而努力奋斗。

教学目标

知识目标

◎了解货币时间价值的相关内容

◎熟悉理财从业人员的职业发展和前景

◎掌握家庭理财规划的定义及相关内容

◎掌握家庭理财规划的目标及分类

◎掌握家庭理财规划应遵循的五项原则

◎掌握终值和现值的类型及计算

◎掌握年金的种类及计算

能力目标

◎能够建立家庭理财规划思维

◎能够运用货币时间价值解决家庭理财实际问题

学习重点

◎复利现值、复利终值、年金现值、年金终值的计算

◎运用资金时间价值解决家庭理财实际问题

任务1 家庭理财规划基础概念

【任务描述】

- 掌握家庭理财规划的定义及相关内容。
- 掌握家庭理财规划的目标及分类。
- 掌握家庭理财规划应遵循的五项原则。
- 熟悉理财从业人员的职业发展和前景。

任务解析1 家庭理财规划的定义及内容

家庭理财规划是指专业的理财从业人员根据客户的理财目标和风险承受能力，收集客户的家庭背景、财务状况等资料进行分析、评估，为客户制订切实可行的理财方案，并及时实施、管理、调整该方案的一项经济管理活动。家庭理财规划和个人理财规划其实没有本质的区别，只是相对于个人理财规划而言，家庭理财规划需要侧重考虑家庭各个阶段的不同状况以及各个家庭成员的不同需求，更具灵活性和整体性。

根据定义，家庭理财规划服务有以下几方面的特征：

第一，家庭理财规划是一项长期的经济管理活动。家庭理财规划是综合性理财服务，而不单是理财产品的营销，它包括了客户财务信息及非财务信息的收集、分析、评估等过程，帮助客户进行家庭资产的综合配置，制订综合理财方案并实施、管理、调整等。

第二，家庭理财规划应由具有专业理财知识和信息渠道的理财从业人员提供服务。

第三，家庭理财规划应包含家庭所有成员，不断提高家庭成员的生活品质，比如为长辈设定养老规划，为儿女设定教育规划，为家庭设定风险规划，等等，增强家庭风险承受能力，以保障家庭成员和家庭经济生活的安全和稳定。

第四，家庭理财规划一定要考虑全面，根据家庭收支、资产、负债等财务状况，考虑家庭风险承受能力，根据家庭不同阶段的需求去量身定制。不论是什么阶段，家庭理财都是非常必要的，需要提早规划实施。

家庭理财规划的内容主要包括现金规划、消费支出规划、教育规划、养老规划、个税筹划、保险规划、投资规划、财产分配与传承规划，详见表1-1。

表 1-1　家庭理财规划的内容

内　容	含　义
现金规划	现金规划是对家庭持有的现金或现金等价物进行规划，并保证家庭现金流动性的一项管理活动。家庭持有现金主要是为了满足日常生活开支，预防家庭突发事件，保证足够的资金来支付家庭短期内的费用等。家庭现金留存量一般以预留 3～6 个月的生活支出为基本指标
消费支出规划	消费支出规划是对个人、家庭的消费水平和消费结构进行科学的管理，使家庭收支结构大体平衡，达到适度消费，提高个人和家庭生活质量的活动
教育规划	教育规划是指为了实现一定的教育目标而对现行或未来的教育支出进行的一系列资金管理活动。教育规划分为子女教育规划和职业教育规划，其中子女教育规划占据了很大的比重
养老规划	养老规划是指为了达成富足的、高品质的退休生活的目标，在家庭成员退休之前积极进行财务规划以抵御通货膨胀的行为。由于人到了老年时期，其获取收入的能力必然有所下降，所以有必要在青壮年时期就进行养老规划，从而实现“老有所养、老有所依、老有所乐”的晚年生活
个税筹划	个税筹划是指利用个人所得税税收优惠政策，合理、合法地降低个人及家庭税收负担，提高个人、家庭可支配收入，减轻其财务负担的节税行为
保险规划	保险规划是指通过风险的识别、衡量和评价，对家庭财产做出合理的、适当的财务安排，以尽量小的成本规避风险，为家庭争取最大的安全保障和经济利益的行为
投资规划	投资规划是指根据客户投资理财目标、家庭可投资额度以及风险承受能力，制订合理的资产配置方案，构建投资组合以实现理财目标的过程。投资规划的最终目的是实现财务自由。投资规划是家庭理财规划的基石，是实现具体目标的方法和手段
财产分配与传承规划	财产分配规划是指为了使家庭财产在各个家庭成员之间进行合理分配而制订的财务规划。财产传承规划是为了确保在客户去世或丧失行为能力时，能够实现家庭财产代际相传、平稳让渡而制订的财产规划

任务解析2　家庭理财规划的目标

家庭理财规划的目标有不同的分类方式，既可以根据期限的不同分为短期、中期、长期目标，也可以根据家庭需求层次分为家庭资金安全、家庭资产增值、防御意外事件、保证老有所养四大目标，还可以根据家庭财务分配目的分为财务安全、财务独立和财务自由。

家庭理财的短期、中期、长期目标将在项目七投资规划中进行详细讲述，因为实现目标的具体期限往往与选择的投资方式、投资品种等密切相关。此处优先从宏观的角度介绍按照需求层次和财务分配目的划分的家庭理财目标。

一、按照家庭需求层次划分的家庭理财目标

(一) 家庭资金安全

资金安全包括家庭资金数额的完整以及资金价值的保值，保证资金不会因为亏损或贬值而遭受损失。

(二) 家庭资产增值

资产增值是每个客户家庭共同追求的目标，通过理财方案优化配置客户所拥有的资源，使财富可以得到不断积累。

(三) 防御意外事件

合理的理财规划可以帮助客户家庭在遭遇意外或突发事件时将损失降到最低。

(四) 保证老有所养

家庭获得收入的能力随着人们年龄的增加必然有所下降，及早制订合理有效的理财目标，能够保证我们的晚年生活富足而独立。

按照家庭需求层次划分的理财目标如图1-4所示。

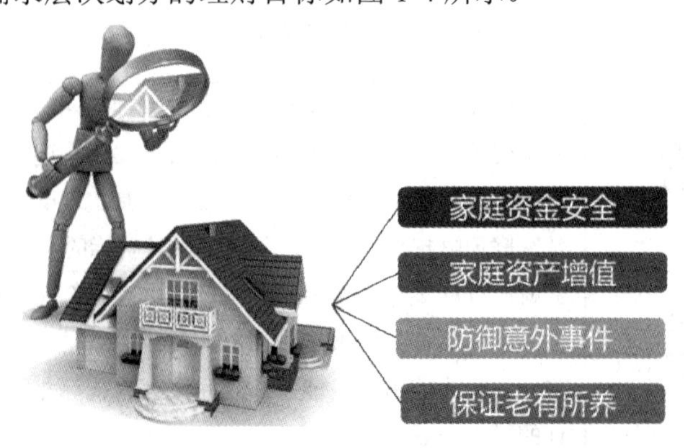

图1-4　按照家庭需求层次划分的理财目标

二、按照家庭财务分配目的划分的家庭理财目标

家庭理财规划首先需要保证个人及家庭的财务安全，其次是达到财务独立，最终目标是实现财务自由。

财务安全一般以家庭留存资金是否能应对3～12个月的生活支出作为指标。

财务独立是指家庭对自己的财务状况有充分信心，认为现有的收入足以满足未来的支出，足以实现生活中的一些小目标(比如买房、旅游等)，不会出现大的财务危机。

财务自由是指家庭的投资收入可以完全担负得起家庭发生的各项支出，家庭成员无须为生活开销而努力工作，并能保持自身时间自由、选择自由、生活自如。

按照家庭财务分配目的划分的理财目标如图1-5所示。

图1-5　按照家庭财务分配目的划分的理财目标

任务解析3　家庭理财规划遵循的原则

家庭财产是一个家庭生活消费的基础，随着人们生活水平的不断提高，很多家庭都会选择理财来提升家庭生活的幸福感，提高家庭成员的消费水平。由于每个家庭的基本情况、收支状况都存在着一定的差别，所以各个家庭的理财规划往往是个性化的，但所有的家庭理财规划都需要遵循一定的原则。概括起来，主要有以下几个方面：

一、整体规划原则

家庭理财切忌盲目跟风，必须要注重规划的整体性。理财从业人员要综合考虑客户的财务状况、非财务状况，并实时关注客户信息的发展变化，根据客户家庭理财的阶段性目标和总的目标，合理考虑客户家庭的风险承受能力，提出符合客户实际和预期目标的规划，这是理财从业人员开展工作的基本原则之一。

二、尽早规划原则

货币经过一段时间的投资、再投资可以进一步增值，由于货币具有这样的特

性，所以理财规划应尽早开始，方案应尽早制订。

三、安全性原则

安全性是家庭理财时应该首先考虑的因素。家庭理财追求家庭资产的保值与增值，但保值是增值的前提，要将风险控制在可承受的范围内，不要因为过度理财而影响家庭生活水平，要合理划分出家庭基本生活保障资金和风险理财支出资金，以免造成家庭财务危机。

四、量入为出原则

家庭理财应正确处理消费、投资与收入之间的矛盾。无论是消费还是投资，个人家庭理财切忌举债实施，需在自身已有的收入范围内展开规划、开源节流、量力而行，用家庭结余的资金进行理财。

五、终身理财原则

理财不是一蹴而就、急功近利的短视行为，而是一个长期、动态、贯穿人生始终的过程。基本的家庭类型分为青年家庭、中年家庭和老年家庭三种，不同阶段的家庭对生活和财务的需求以及风险承受能力是不一样的，理财规划必须考虑阶段性和延续性，正确处理家庭各个阶段的消费支出、资本投入与收益之间的矛盾，实现资产的动态平衡。

课外链接：名人名言

为未来做准备的最好方式是筹划它，理财不仅是筹划未来，更重要的是购买未来。

——博多 · 舍费尔

任务解析 4　家庭理财从业人员的职业发展和前景

家庭理财从业人员是指运用科学的方法和特定的程序，针对客户家庭的理财目标，为客户量身制订合理的、可操作的理财规划方案，提供综合性理财咨询及理财规划服务的专业金融人员。

目前，财富管理业务已成为金融机构转型发展中的战略重点，2020 年末我国的私人银行资产管理规模(AUM)已超 15 万亿元人民币。在大财富管理时代，财富管理业务布局备受银行业关注。在 2020 年的年报中，招行、中信、兴业、光大等银行不约而同地将零售业务转型的新赛道转向了“财富管理”，目的是为家庭和个人客户提供综合的资产配置服务。平安证券研报指出，相较于大众客群，富裕客群更看重财富管理机构的专业服务能力和综合服务能力，所以富裕客群未来仍

是财富管理的核心。除银行之外，多家证券公司也由单一的经纪业务通道向财富管理转型。

在商业银行零售战略转型中，提升 AUM、优化 AUM 结构是稳定存款、降低成本的重要路径；对于证券公司的财富管理转型，从交易佣金转向产品代销是适应资本市场参与者机构化趋势的必然选择；对于信托公司的业务转型，财富管理更被认为是一种对信托本源的回归；等等。

中金公司作为财富管理的龙头券商，在所有券商中排名第一。中金公司 2020 年收入分布情况如图 1-6 所示。

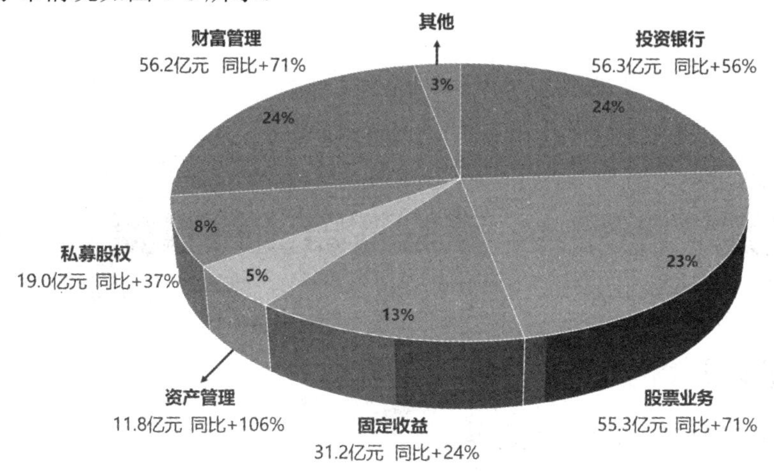

图 1-6　中金公司 2020 年收入分布

中国国际金融股份有限公司2020 年年度报告

从图 1-6 可以看出，在中金公司的所有收入结构中，资产管理业务涨幅最大，与同期相比增长了 106%；财富管理业务也展现出强劲的增长动力，增长幅度达到 71%，已经可以与券商传统的投行收入并驾齐驱。

随着市场经济的快速发展，金融机构向财富管理、综合理财、资产配置的方向发展，人们对于能提供客观的、个性的、全面的理财服务的从业人员需求日益增长，所以家庭理财从业人员近年来在服务行业中受到越来越多家庭的重视。参考我国的宏观经济形势，不难预见优秀的理财从业人员将成为国内最具发展前景和发展潜力的金领职业之一。

【能力拓展】

- 作为一名理财从业人员，您应当建议客户先制订个人规划还是先制订家庭规划？为什么？

- 您认为个人理财和家庭理财应该怎样协调进行？

任务2　家庭理财计算基础

【任务描述】

- 了解货币时间价值的相关内容。
- 掌握终值和现值的类型及计算。
- 掌握年金的种类及计算。

任务解析1　货币时间价值基本概念

货币时间价值是指货币经历过一定时间的投资和再投资所增加的价值。图1-7形象地体现了货币的时间价值。通常情况下，它相当于没有风险也没有通货膨胀情况下的社会平均利润率。

图1-7　货币的时间价值

货币在不同的时间点上，其价值是不同的，投资者都知道，今天的1000元和

一年后的 1000 元是不等值的。比如，今天用 1000 元在银行购买定期存款，假设银行定期存款利率为 3%，一年以后会得到 1030 元，多出的 30 元利息就是 1000 元经过一年时间的投资所增加的价值，即货币的时间价值，所以可以说今天的 1000 元与一年后的 1030 元价值相等。不同时间的货币价值不同，在进行价值大小对比时，必须将不同时间的资金折算为同一时间后才能进行大小的比较。

货币之所以具有时间价值，是因为：

(1) 货币可以满足当前消费或用于投资而产生的回报，货币占用具有机会成本；

(2) 通货膨胀会致使货币贬值；

(3) 投资有风险，需要提供风险补偿。

货币时间价值的计算涉及相关名词和术语，包括利息与利率、终值与现值、期数、计息方式、名义利率与实际利率等，下面将对这些内容进行详细介绍。

一、利息

利息是指货币时间价值中的增值部分，也可理解为占用资金所付出的代价，或放弃使用资金所获得的报酬。如图 1-8 所示，甲将 5 个金币借给乙，约定半年后乙要向甲归还 6 个金币，那么多出来的 1 个金币即为甲出借 5 个金币所获得的利息。利息可用本金乘以利率计算得到。

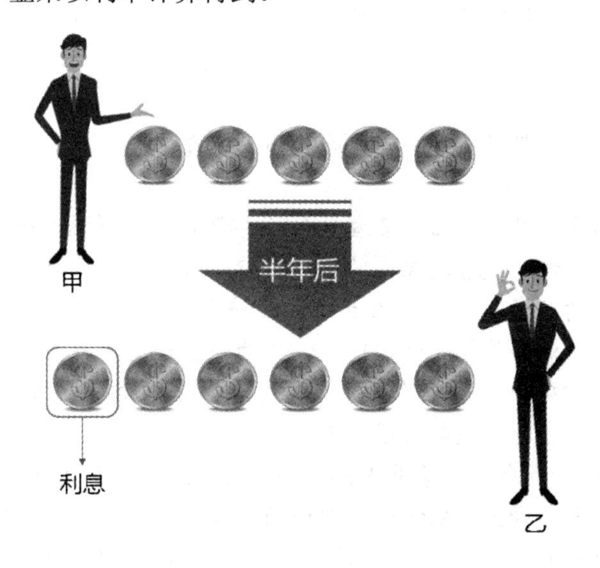

图 1-8　利息

二、计息方式

利息的计息方式可以分为单利和复利。单利计息时，只对本金计算利息，对利息不再计算利息；运用复利计息时，除对本金计算利息之外，每经过一个计息期所得到的利息也要转为本金再次计算利息，逐期滚算，从而产生利上加利、息上添息的收益倍增效应，俗称“利滚利”。例如，本金 10 000 元，年利率为 5%，采用单利和复利两种方法计算利息，具体计算过程如表 1-2 和表 1-3 所示。

表 1-2 单利计息法利息演算

使用年限	本金/元	单利计算年末计息/元	年末本利和/元
1	10 000	10 000 × 5% = 500	10 500
2	10 000	10 000 × 5% = 500	11 000
3	10 000	10 000 × 5% = 500	11 500

表 1-3 复利计息法利息演算

使用年限	本金/元	单利计算年末计息/元	年末本利和/元
1	10 000	10 000 × 5% = 500	10 500
2	10 500	10 500 × 5% = 525	11 025
3	11 025	11 025 × 5% = 551.25	11 576.25

通过比较单利和复利两种计息方式可以看出，复利计息下所得的利息要比单利的大，单利只是简单相乘的关系，而复利则是指数的关系。例如，将一笔 100 万元的资金存入银行，如果按 5%的年均单利计算，则每年固定增值 5 万元，20 年后为 200 万元。如果按 5%的年均复利计算，20 年后这 100 万元则变成 2 653 298 元，比单利多 653 298 元。现实中，我国银行理财产品通常以单利计息方式计算，其他基金、保险产品多数以复利计息方式进行计算。

课外链接：拿破仑的“玫瑰花承诺”

1797 年 3 月，拿破仑在卢森堡一所小学演讲时说了这样一番话：“为了答谢贵校对我、尤其是对我夫人的盛情款待，我不仅今天呈上一束玫瑰花，并且，在未来的日子里，只要法兰西存在一天，每年的今天我都将会亲自派人送给贵校一束价值相等的玫瑰花，作为法兰西与卢森堡友谊的象征。”但时过境迁，拿破仑忙于政治事件，把这一承诺忘得一干二净，可卢森堡对这件事却念念不忘，还载入了史册。

1984 年底，卢森堡旧事重提，向法国提出违背“赠送玫瑰花”承诺的索赔，他们提出，要么就从拿破仑承诺的 1797 年开始算起，用 3 路易作为一束玫瑰花的本金，以 5 厘复利计息，全部清偿这笔债务；要么，法国政府就在各大报刊上公开承认拿破仑是个言而无信的小人。

起初，法国政府准备不惜重金赎回拿破仑的声誉，但经计算机计算，原来 3 路易的承诺，本息竟然高达 138 万多法郎。最后，法国政府经过思考，答复到：以后，无论是精神上还是物质上，法国都将始终不渝地对卢森堡中小学事业予以支持与赞助，来兑现拿破仑将军一诺千金的玫瑰花信誉。这一答复最终得到了卢森堡人民的认可。

三、利率

利率是指一定时期内利息额同借贷本金的比率。利率可通过多个依据进行划分，如表 1-4 所示。

表 1-4　利率的划分

划分依据	利 率 类 别
按时间单位	年利率、月利率、日利率
按贷款期限长短	短期利率：期限在 1 年以内的贷款对应的利率
	长期利率：期限 1 年以上贷款对应的利率
按与通货膨胀的关系	名义利率：是借款合同或单据上标明的利率，是以名义货币表示的利息率，它没有剔除通货膨胀因素
	实际利率：是名义利率扣除通胀因素后的真实利率
按利率的确定方式	法定利率：由政府金融管理部门或中国人民银行确定的利率
	市场利率：按市场资金借贷供需关系所确定的利率
按金融机构业务要求	存款利率：在金融机构存款所获得的利息与本金的比率
	贷款利率：从金融机构贷款所支付的利息与本金的比率

值得一提的是，实际利率是在计算理财产品收益中非常重要的概念之一，因为通货膨胀是侵蚀家庭财富的巨大力量。我国自 1987 年以来物价指数的走势见图 1-9。

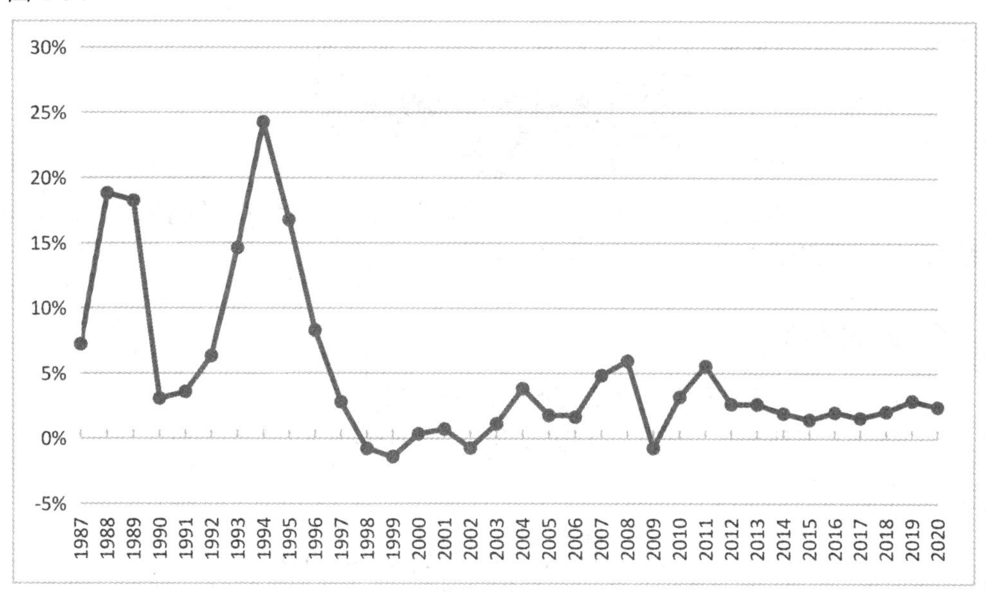

图 1-9　1987—2020 年我国通货膨胀率(CPI 增长率)

例如，假定某年度物价水平没有变化，甲从乙处取得 1 年期的 1 万元贷款，年利息额 500 元，实际利率就是 5%。如果某一年的物价水平上涨了 3%，即通货膨胀率为 3%，则乙年末收回的 10 000 元本金实际上仅相当于年初的 9709 元，本金损失率近 3%。为了避免通货膨胀给本金带来的损失，假设乙仍要取得 5%的利

率，经过粗略的计算，乙必须把贷款利率提高到8%。通过这种方式，乙才能保障收回的本息与物价不变以前的水平相当。因此，名义利率是指包括补偿通货膨胀(或通货紧缩)风险的利率。计算公式如下：

$$名义利率 = 实际利率 + 通货膨胀率$$

由于通货膨胀对于利息部分也有使其贬值的影响。考虑到这一点，名义利率的计算公式还应调整如下：

$$名义利率 = (1 + 实际利率) \times (1 + 通货膨胀率) - 1$$

按照公式，上例中的名义利率应为$(1 + 5\%) \times (1 + 3\%) - 1 = 8.15\%$，即大于8%。

进一步，可以从名义利率推算出实际利率的计算公式：

$$实际利率=\frac{1+名义利率}{1+通货膨胀率}-1$$

这是目前计算实际利率的通用公式。

另外，如果将名义利率考虑复利效果后，付出(或收到)的利率称为有效利率。在按照给定的计息期利率和每年复利次数计算利息时，能够产生相同结果的每年复利一次的年利率被称为有效年利率，或称等价年利率。

名义利率与有效年利率两者之间存在一定关系，计算公式如下：

$$i=\left(1+\frac{r}{m}\right)^{m}-1$$

式中，i为有效年利率，r为名义利率，m为一年复利的次数。

案例1-1 有效年利率

如果胡先生存入银行10 000元，1年的定期存款利率为5%，每季度复利一次，那么有效年利率为多少？计算过程如下：

> ✓ **案例解析：**
>
> 1年期定期存款利率为名义利率，即$r = 5\%$。
> 每季度复利一次，一年复利次数为4，即$m = 4$。
> 名义利率和有效利率计算公式为
>
> $$i=\left(1+\frac{r}{m}\right)^{m}-1=\left(1+\frac{5\%}{4}\right)^{4}-1=5.09\%$$

四、终值与现值

终值是一定量的资金折算到未来某一时点所对应的金额称为终值，俗称本利和，通常用FV表示。例如，10 000元本金，银行定期存款利率(1年期)为5%，1

年后本金和利息之和为 10 500 元，本利和 10 500 元就是本金 10 000 元的 1 年后的终值，2 年后本金和利息之和为 11 000 元，11 000 元就是本金 10 000 元的 2 年后的终值。

现值是资金在未来某一时点上的价值折算到现在所对应的金额，通常用 PV 表示。现值和终值是一定量资金在前后两个不同时点上对应的价值，其差额即为资金的时间价值。仍利用上述案例，1 年后的本利和为 10 500 元，银行定期存款利率(1 年期)为 5%，折算到现在的本金为 10 000 元，10 000 元是 1 年后 10 500 元的现值，是 2 年后 11 000 元的现值。

五、期数

期数是指一个时间段内，计算收付利息的次数，通常用 t 或者 n 表示。例如，10 000 元本金，5 年后本金和是多少，期数 $n = 5$；向银行贷款 200 000 元，付款期是 10 年，每个月还款，期数 $n = 10 \times 12 = 120$(月)。

任务解析 2　终值和现值计算

一、单利终值和单利现值

单利是指按照固定的本金计算利息，而利息部分不再计算利息的一种计息方式。

(一) 常见符号表示

在利息计算中，通常以 PV 表示本金，i 表示利率，I 表示利息，FV 表示终值，t 表示时间，详见表 1-5。

表 1-5　单利计算公式符号

符号	表示内容	解　释
PV	本金	又称期初金额或现值
i	利率	通常指每年利息与本金之比
I	利息	货币时间价值中的增值部分
FV	本金与利息之和	又称本利和或终值
t	时间	通常以年为单位

(二) 单利终值和现值计算

单利终值是指一定量资金按单利计算的本利和；单利现值是单利终值的对称概念，是指未来一定时间的特定资金按单利计算的现在价值。具体的计算公式如表 1-6 所示。

表 1-6 单利终值与单利现值

项 目	计算公式	解 释
单利利息计算	$I = PV \times i \times t$	利息等于本金乘以利率和时间
单利终值	$FV = PV + I = PV + PV \times i \times t$	单利终值等于本金和利息之和
单利现值	$PV = \frac{FV}{1+i\times t}$	单利终值逆运算

案例1-2 单利终值与现值

客户张先生在银行存入 5 年期银行存款 50 000 元，年利率为 3.5%，按单利计算，最终能取出多少钱？如果张先生现在存一笔钱，年利率为 3.5%，5 年后打算取出 58 750 元，按单利计算，现在应存入多少钱？

✓ **案例解析：**

1. 计算单利利息

单利利息的计算公式为

$$I = PV \times i \times t$$

$$I = 50\,000 \times 3.5\% \times 5 = 8750\ (元)$$

2. 计算单利终值

单利终值的计算公式为

$$FV = PV + I$$

$$FV = 50\,000 + 8750 = 58\,750\ (元)$$

3. 计算单利现值

单利现值的计算公式为

$$PV = \frac{FV}{1+i\times t}$$

$$PV = \frac{58\,750}{1+3.5\%\times 5} = 50\,000\ (元)$$

二、复利终值和复利现值

(一) 复利终值计算

复利终值是指一定量资金按复利计算的本利和。

复利终值计算公式为

$$FV = PV \times (1 + i)^n$$

其中，FV 表示终值，PV 表示现值，i 表示利率，n 表示年限。

$(1 + i)^n$ 是复利终值系数，用符号$(F/P, i, n)$表示，可查表或者通过 Excel 函数求

得。表 1-7 复利终值的计算过程清晰地展示了运用复利终值计算公式计算复利终值的运算过程。

表 1-7　复利终值的计算过程

使用年限	本金/元	复利计算年末计息/元	年末本利和/元	复利终值/元
1	10 000	10 000 × 5% = 500	10 500	12 762.81
2	10 500	10 500 × 5% = 525	11 025	
3	11 025	11 025 × 5% = 551.25	11 576.25	
4	11 576.25	11 576.25 × 5% = 578.81	12 155.06	
5	12 155.06	12 155.06 × 5% = 607.75	12 762.81	

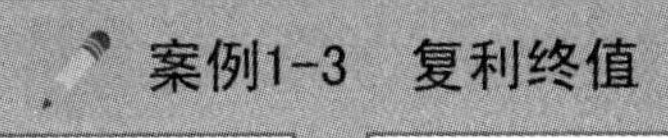

✓ **计算复利终值**

(1) 复利终值的计算公式为

$$FV = PV \times (F/P, i, n)$$

(2) 将本金代入公式：

$$FV = 10\,000 \times (F/P, 5\%, 5)$$

(3) 查复利终值系数：

$$(F/P, 5\%, 5) = 1.276\,281$$

(4) 将数值和系数代入公式：

$$FV = 10\,000 \times 1.276\,281 = 12\,762.81(\text{元})$$

练一练

张先生现在将 10 000 元存入某银行，存款年利息率为 4%，1 年计复利 2 次，则 5 年后李先生可取出多少资金？

(二) 复利现值计算

复利现值是复利终值的对称概念，是指未来一定时间的特定资金按复利计算的现在价值。复利现值的计算公式为

$$PV = FV \times (1 + i)^{-n}$$

式中，$(1 + i)^{-n}$ 是复利现值系数，用符号$(P/F, i, n)$表示，可查表或者通过 Excel 函数求得。

如客户赵先生欲在 5 年后获得本利和 10 000 元，此时的投资报酬率为 5%，那

么他现在应投入多少元?

✓ **案例分析:**

(1) 复利现值的计算公式为

$$PV = EV \times (1+i)^{-n}$$

(2) 查复利现值系数:

$$(P/F, 5\%, 5)=0.7835$$

(3) 将数值和系数代入公式:

$$PV = 10\,000 \times 0.7835 = 7835\ (元)$$

练一练

李先生准备在某银行5年后取出60 000元，目前存款年利息率为3%，并以复利计息，1年计复利1次，请计算他现在应存入多少钱?

课外链接：神奇的“72法则”

所谓72法则，就是以1%的复利计息，经过72年以后，本金就会变成原来的一倍的规律。

这个公式的优势在于它能以一推十，比如，如果人们用50万元、年报酬率10%的工具进行投资，可以很快知道，经过约7.2年(72/10)，50万元本金就会变成100万元。

虽然利用72法则不像查表计算那么精确，但可以十分接近，记住简单的72法则，理财从业人员就能够帮客户快速地计算投资报酬。

任务解析3　年金及其计算

一、年金的含义及种类

年金是在一定时期内每隔相同时间(如一年)发生相同金额的收支。年金具有连续性、间隔时间相等性、等额性三个特点。

例如，连续5年每年年末支付20 000元购买某商品，这就是年金的概念。连续5年，体现了年金的连续性的特点；每年年末，间隔时间均为1年，体现了年金间隔时间相等性的特点；每次支付20 000元，体现了年金等额性的特点。如果一定时间支付款项同时满足年金的三个特点，我们就可以将之确定为年金，现实

生活中分期付款赊购、分期偿还贷款、发放养老金都是年金的支付形式。年金包括普通年金(后付年金)、即付年金(预付年金)、递延年金、永续年金等形式。

实际生活中还出现每年在一定期限内，时间间隔相同、不间断、金额不相等但每期增长率相等的一系列现金流，例如退休生活费用、大学高等教育学费等。上述这样的现金流我们称为增长型年金，增长型年金常见的有增长型普通年金和增长型永续年金。

二、普通年金

(一) 普通年金含义

普通年金又称为后付年金，是指一定时期内，每期期末发生的等额现金流量。年金一般用时间轴表示，“0”表示第一年年初，“1”表示第一年年末，“2”表示第二年年末，以此类推。年金收支具体金额一般用大写字母 A 表示。普通年金收支方式如图 1-10 所示。

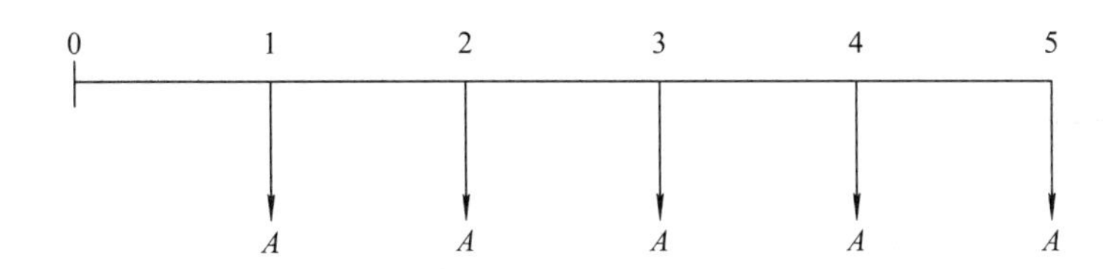

图 1-10　普通年金收支示例图

(二) 普通年金终值

普通年金终值是指每期期末等额收付款项 A 的复利终值之和。普通年金终值公式推导过程如图 1-11 所示。

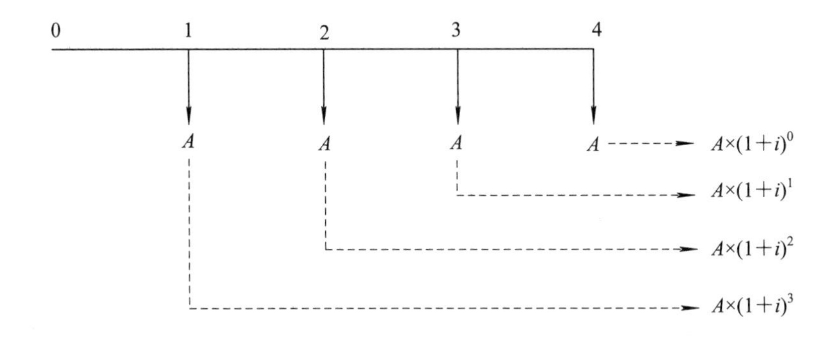

图 1-11　年金终值公式推导图

由图 1-11 可看出，第一年年末年金 A 在第四年复利终值为 $A\times(1+i)^3$；第二年年末年金 A 在第四年复利终值为 $A\times(1+i)^2$；第三年年末年金 A 在第四年复利终值为 $A\times(1+i)^1$；第四年末年金 A 在第四年复利终值为 A。普通年金终值就是各

年年金复利终值相加求和。普通年金终值的计算公式为

$$FV = A + A \times (1+i) + A \times (1+i)^2 + A \times (1+i)^3 + \cdots + A \times (1+i)^n$$

经过整理，得出普通年金终值计算公式：

$$FV = A \times \frac{(1+i)^n - 1}{i}$$

其中，$\frac{(1+i)^n - 1}{i}$ 被称作年金终值系数，用$(F/A, i, n)$表示。年金终值系数可通过查年金终值系数表得到，也可通过 Excel 函数算出。

案例1-5 普通年金终值

如张先生从现在开始连续 5 年每年年末替孩子存一笔教育金 20 000 元，准备给刚上高中的女儿毕业后留学之用，假设此笔教育金的年利率为 4%(不考虑利息税)。请问五年后张先生可以取出的教育金共计多少？

✓ **案例解析：**

(1) 确认年金类型：每年年末存入 20 000 元是一笔普通年金。

(2) 确认求值本质：求五年后可取出的教育金金额的本质是求年金终值。

(3) 确认使用的计算公式：

$$FV = A \times (F/A, i, n)$$

(4) 查年金终值系数：

$$(F/A, 4\%, 5)=5.4163$$

(5) 计算五年后张先生可取出的教育金：

$$FV = 20\,000 \times 5.4163 = 108\,326\ (元)$$

练一练

王先生拟购房一套，对于付款方式，开发商提出两种方案供李先生选择：① 5 年后一次性付 100 万元；② 从现在起每年末付 18 万元，连续支付 5 年。

请问在目前的银行存款年利率 7%的情况下，李先生选择哪种付款方式更合理？

(三) 普通年金现值

普通年金现值是指每期期末等额收付款项 A 的复利现值之和。年金现值公式推导过程如图 1-12 所示。

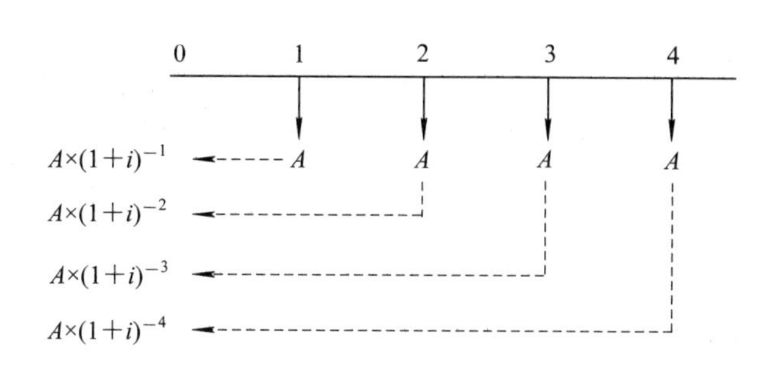

图 1-12　年金现值公式推导图

由图 1-12 可看出，第一年年末年金复利现值为 $A\times(1+i)^{-1}$；第二年年末年金复利现值为 $A\times(1+i)^{-2}$；第三年年末年金复利现值为 $A\times(1+i)^{-3}$；第四年年末年金复利现值为 $A\times(1+i)^{-4}$。普通年金现值就是将每年年金复利现值相加求和。普通年金现值的计算公式为

$$PV=A\times(1+i)^{-1}+A\times(1+i)^{-2}+A\times(1+i)^{-3}+A\times(1+i)^{-4}+\cdots+A\times(1+i)^{-n}$$

经过整理，得出普通年金现值计算公式：

$$PV=A\times\frac{1-(1+i)^{-n}}{i}$$

其中，$\frac{1-(1+i)^{-n}}{i}$ 称作年金现值系数，用$(P/A, i, n)$表示。年金现值系数可通过查年金终值系数表得到，也可通过 Excel 函数算出。

案例1-6　普通年金现值

如王先生欲购买一份 8 年期的医疗保险，保费缴纳方式可选择每年年末交 1000 元，假设这 8 年期间存款利率均为年利率 5%，王先生这 8 年交的医疗保险总价值是多少？

✓ **案例解析：**

(1) 确认年金类型：每年年末存入固定金额 1000 元是一笔普通年金。

(2) 确认求值本质：求其缴纳资金的总价值的本质是求年金的现值。

(3) 确认使用的计算公式：

$$PV=A\times(P/A, i, n)$$

(4) 查年金现值系数：

$$(P/A, 5\%, 8)=6.4632$$

(5) 将数值和系数代入公式：

$$PV=1000\times6.4632=6463.2\ (元)$$

练一练

李先生要出国三年，需将房屋的物业费存入银行代扣账户，每年物业费需付 10 000 元，若银行存款利率为 5%，现在他应在扣款账户上存入多少钱？

三、预付年金

(一) 预付年金含义

预付年金又称为先付年金，是指一定时期内，每期期初发生的等额现金流量。预付年金收支方式如图 1-13 所示。

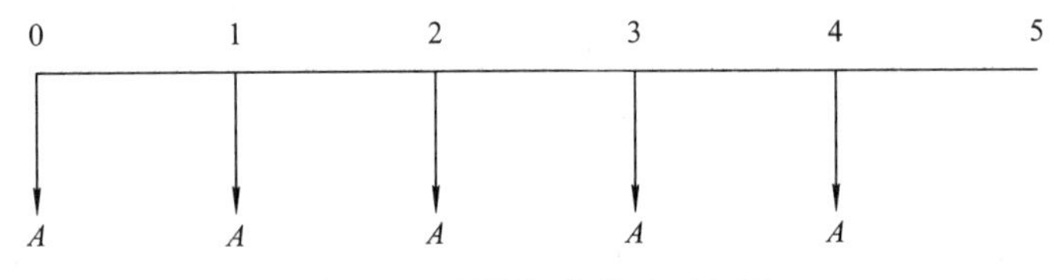

图 1-13　预付年金收支示例图

(二) 预付年金终值

预付年金终值是指每期期初等额收付款项 A 的复利终值之和。预付年金终值公式推导过程如图 1-14 所示。

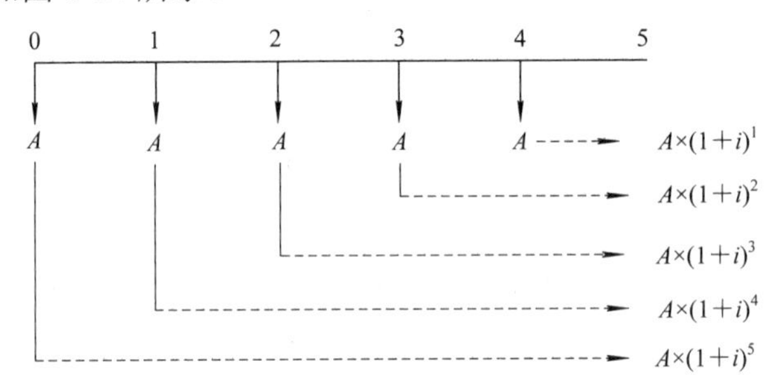

图 1-14　预付年金终值公式推导图

预付年金终值的计算公式为

$$FV = A \times [(F/A, i, n+1) - 1]$$

或

$$FV = A \times [(F/A, i, n) \times (1+i)]$$

预付年金终值和同期普通年金终值相比，期数加 1，系数减 1。

案例1-7　预付年金终值

如张女士从现在开始连续 8 年每年年初替儿子存一笔金额 20 000 元的教育金，以备刚上初三的儿子大学毕业后读研深造之用。若此教育金提供的年利率为 5%，那么 8 年后张女士能支取多少本息？

✓ **案例解析：**

(1) 确认年金类型：每年年初存入 20 000 元是一笔预付年金。

(2) 确认求值本质：求 8 年后这笔钱有多少的本质是求预付年金终值。

(3) 确认使用的计算公式为

$$FV = A \times [(F/A, i, n+1) - 1]$$

(4) 查年金终值系数：

$$(F/A, 5\%, 9)=11.0266$$

(5) 将数值和系数代入公式：

$$FV = 20\,000 \times (11.0266 - 1) = 200\,532\ (元)$$

练一练

王先生连续 10 年每年年初存入银行 1000 元，银行存款年利率为 8%，则他第 10 年年末可从银行取出多少本息?

(三) 预付年金现值

预付年金现值是指每期期初等额收付款项 A 的复利现值之和。

预付年金现值可通过普通年金现值系数求出，预付年金现值计算公式为

$$PV = A \times [(P/A, i, n-1) + 1]$$

或

$$PV = A \times [(P/A, i, n) \times (1+i)]$$

案例1-8 预付年金现值

如王先生租用一套 3 居室房屋，连续 10 年每年年初向房东支付租金 30 000 元，假设当期存款年利息率为 5%，则支付所有的房租的现值是多少?

✓ **案例解析：**

(1) 确认年金类型：连续 10 年每年年初支付租金 30 000 元是一笔预付年金。

(2) 确认求值本质：求合计支付租金的现值本质是求预付年金的现值。

(3) 确认使用的计算公式：

$$PV = A \times [(P/A, i, n) \times (1+i)]$$

(4) 查年金现值系数：

$$(P/A, 5\%, 10)=7.7217$$

(5) 将数值和系数代入公式：

$$PV = 30\,000 \times 7.7217 \times (1+5\%) = 243\,233.55(元)$$

练一练

李先生欲购买一处价值 50 万元的商品房，可选择一次付清或者分期付款。如果分期支付房款，需连续支付 20 年，每期 50 000 元。假设同期存款年利率为 6%，试计算分期付款的现值，并分析选择哪种付款方式对购房有利。

四、递延年金

(一) 递延年金含义

递延年金是指第一次支付发生在第二期或第二期以后的普通年金。递延年金收支方式如图 1-15 所示。

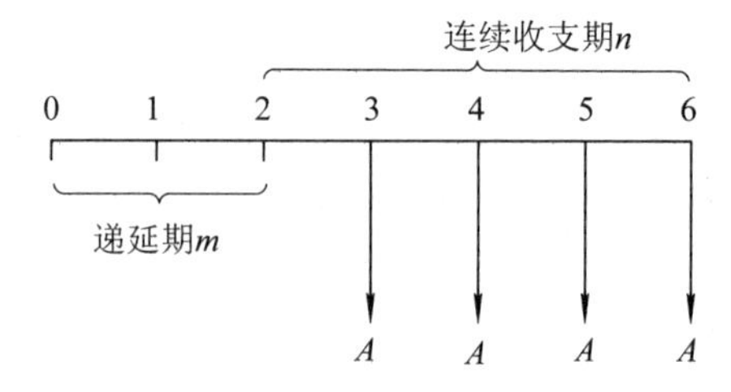

图 1-15　递延年金收支方式示意图

递延年金终值计算时可以用普通年金终值进行计算。

(二) 递延年金现值

要求递延年金现值，应先计算 n 期普通年金现值，然后以 n 期普通年金现值为基础计算 m 期复利现值。递延年金现值公式推导过程如图 1-16 所示。

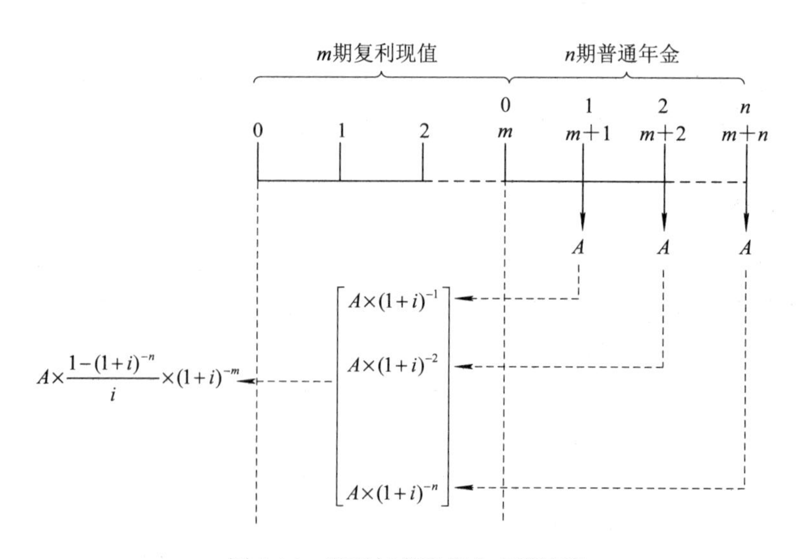

图 1-16　递延年金现值公式推导图

由上可知，递延年金的计算公式为

$$PV = A \times \frac{1-(1+i)^{-n}}{i} \times (1+i)^{-m}$$

或

$$PV = A \times (P/A, i, n) \times (P/F, i, m)$$

案例1-9　递延年金现值

如张先生向银行借入一笔年利息率为6%的贷款，前5年不用还本付息，从第6年至第15年每年年末偿还本息20 000元，则这笔贷款所有还款的现值为多少?

✓　**案例解析：**

(1) 确认年金类型：前5年不用还本付息，从第6年至第15年每年年末偿还本息20 000元，共偿还本息10年，是一笔递延年金。

(2) 确认求值本质：求偿还本息的现值的本质是求递延年金的现值。

(3) 确认使用的计算公式为

$$PV = A(P/A, i, n) \times (P/F, i, m)$$

(4) 查年金现值系数：

$$(P/A, 6\%, 10)=7.3601$$

查复利现值系数：

$$(P/F, 6\%, 5)=0.7473$$

(5) 将数值和系数代入公式：

$$PV = 20\ 000 \times 7.3601 \times 0.7473 = 110\ 004.05\ (元)$$

练一练

李先生年初存入银行一笔款项，从第六年年末开始，每年取出10 000元，到第20年年末全部取完，银行存款年利率为4%，问最初时李先生存入银行的款项是多少？

五、永续年金

(一) 永续年金含义

永续年金是无限期等额收付的特种年金，是普通年金的特殊形式。由于是一系列没有终止时间的现金流，因此没有终值，只有现值。永续年金收支方式如图1-17所示。

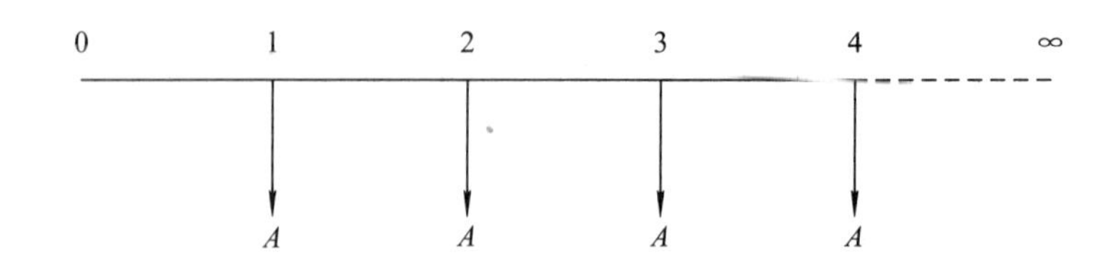

图 1-17　永续年金收支方式示意图

(二) 永续年金现值

永续年金典型的例子就是“存本取息”。

永续年金没有终止的时间，也就没有终值。

永续年金的现值计算公式为

$$PV = \frac{A}{i}$$

案例1-10　永续年金现值

假设王先生持有的永续年金每年年末的收入为 20 000 元，利息率为 5%，求该项永续年金的现值。

✓ **案例分析：**

(1) 确认年金类型：是一笔永续年金。

(2) 确认求值本质：求永续年金的现值。

(3) 确认使用的计算公式为

$$PV = \frac{A}{i}$$

(4) 将数值和系数代入公式：

$$PV = \frac{20\ 000}{5\%} = 400\ 000\ (元)$$

六、增长型年金

(一) 增长型年金含义

增长型年金是指在一定期限内，时间间隔相同、连续、金额不相等但每期增长率相等，方向相同的一系列现金流。增长型年金收支方式如图 1-18 所示。

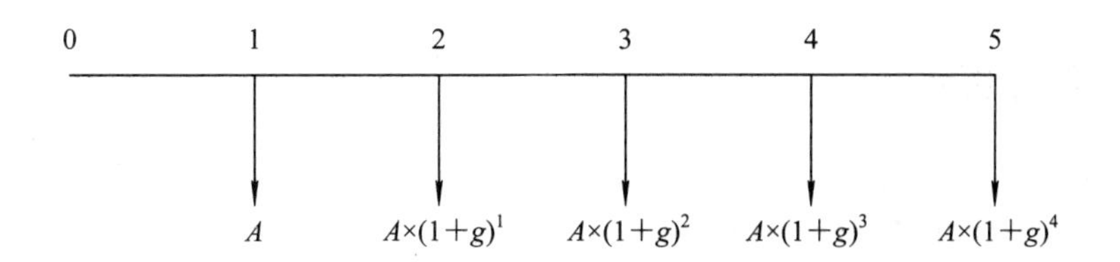

图 1-18　增长型年金收支方式示意图

(二) 增长型年金终值

增长型年金终值和普通年金终值含义一样，是每期收付现金流的复利终值之和。即

$$\mathrm{FV}=A(1+i)^{n-1}+A(1+g)(1+i)^{n-2}+A(1+g)^2(1+i)^{n-3}+\cdots+A(1+g)^{n-1}$$

其中，A 为第一期年金数额，g 为年金每期增长率，i 为利息率，n 为年金的期数。对上述公式进行整理，增长型年金终值公式为

(1) 当 $g \neq i$ 时：

$$\mathrm{FV}=\frac{A(1+i)^n}{i-g}\left[1-\left(\frac{1+g}{1+i}\right)^n\right]$$

(2) 当 $g=i$ 时：

$$\mathrm{FV}=nA(1+i)^{n-1}$$

(三) 增长型年金现值

增长型年金现值是指每期收付现金流的复利现值之和。即

$$\mathrm{PV}=A(1+i)^{-1}+A(1+g)(1+i)^{-2}+A(1+g)^2(1+i)^{-3}+\cdots+A(1+g)^{n-1}(1+i)^{-n}$$

对上述公式进行整理，得增长型年金现值公式为

(1) 当 $g \neq i$ 时：

$$\mathrm{PV}=\frac{A}{i-g}\left[1-\left(\frac{1+g}{1+i}\right)^n\right]$$

(2) 当 $g=i$ 时：

$$\mathrm{PV}=\frac{nA}{1+i}$$

案例1-11　增长型年金现值

40 岁的张先生准备给自己准备一份养老金，该养老金在 41 岁末可领取 20 000 元，从 42 岁开始，以后每年增长 3%，每年年末领取，如果银行存款利率为 10%，则这笔养老金的现值是多少？

✓ **案例分析：**

(1) 确认年金类型：每年增长 3%，这是增长型年金。

(2) 确认求值本质：求增长型年金的现值。

(3) 确认使用的计算公式：由于 3% ≠ 10%，因此现值计算公式为

$$\mathrm{PV}=\frac{A}{i-g}\left[1-\left(\frac{1+g}{1+i}\right)^{n}\right]$$

(4) 将相关数值代入公式，计算出养老金的现值：

$$\mathrm{PV}=\frac{20\ 000}{10\%-30\%}\left[1-\left(\frac{1+3\%}{1+10\%}\right)^{40}\right]=265\ 121.57\ (\text{元})$$

七、增长型永续年金

(一) 增长型永续年金含义

增长型永续年金指的是无限期内，时间间隔相同、连续性、金额不相等但每期增长率相等、方向相同的一系列现金流。增长型永续年金收支方式如图 1-19 所示。

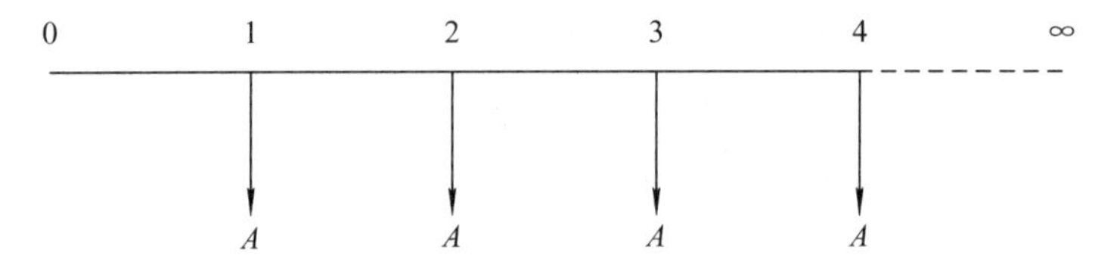

图 1-19　增长型永续年金收支示意图

(二) 增长型永续年金现值

无限期定额支付的永续年金没有终止的时间，也就没有终值。增长型永续年金现值计算公式为

$$\mathrm{PV}=\frac{A}{i-g}$$

案例1-12　增长型永续年金现值

某增长型永续年金今年开始分红 10 000 元，并将以 4%的速度增长，一直持续

分红，银行利息率为 8%，那么该年金的现值是多少？

✓ **案例解析：**

(1) 确认年金类型：每年以 4%的速度增长，一直持续，这是增长型永续年金，题目实质就是求年金现值。

(2) 确认使用的计算公式为

$$PV=\frac{A}{i-g}$$

(3) 将相关数值代入公式，计算出年金现值：

$$PV=\frac{A}{i-g}=\frac{10\ 000}{8\%-4\%}=250\ 000\ (元)$$

【能力拓展】

- 除了 72 法则外，关于复利还有 115 法则，请进行了解并掌握。

- 以您熟悉的家庭分期付款买房为案例，计算全额付款和分期付款的资金差额，并分析原因。

实战演练 1　解析家庭理财规划定义

章节习题

【任务发布】

参考任务 1 中家庭理财规划基础概念，帮助李东富列出向胡先生推介家庭理财业务的关键词，并以图示的方式说明家庭理财规划定义、内容、目标、原则等。

【任务展示】

李东富在某银行柜台兢兢业业工作多年，且乐于学习，并很好地掌握了理财相关知识。2021 年，银行领导决定将李东富从银行柜台岗转岗至负责服务高净资产客户的私人银行部。

胡先生开办了几家车行，家庭资产丰厚，由于业务关系，与李东富进行过多次沟通并认可李东富的专业能力和服务，李东富有意向胡先生推介自己的新岗位。

【步骤指引】

• 认真学习家庭理财规划的基础概念，全方位熟悉和理解家庭理财行业。

• 站在李东富的角度，注意措辞以免使客户发生抵触情绪，在理解理财行业的基础上，由浅及深地向客户介绍理财服务。

• 介绍过程中需注意观察客户反应，抓住客户理财心理和理财关注点，重点推介客户关心的领域，引发客户对于理财的兴趣。

【实战经验】

实战演练2　有资金价值意义的生日礼物

【任务发布】

计算小月收到来自姑姑赠与的成人礼的价值，并协助小月的爸爸妈妈完成为小月准备现金价值生日礼物的计划，填写表格中的空缺内容。最后分析小月的家人采用这样的方式为她过生日有什么与众不同的意义。

【任务展示】

小月今年12岁，她收到了姑姑和父母的生日礼物(见表1-8和表1-9)。

姑姑将一份面值10 000元，以单利计息的5年期债券作为生日礼物赠送给她，这张债券的票面年利率为5%，请问这张债券到期时的价值是多少？

她的父母拟购买某年化收益率5%的整存零取理财产品B，计划从小月19岁

至她 22 岁生日时，每年赠予她 20 000 元资金作为礼物。为了给小月准备好这份生日礼物，小月的爸爸妈妈从现在开始每年年末用等额资金购买年化收益率 6%的零存整取理财产品 A。请问小月的爸爸妈妈需要在小月 12～18 岁时每年存入多少资金用以购买理财产品 A，才能使小月从 19 岁到 22 岁每年从理财产品 B 取出 20 000 元的资金作为生日礼物？

表 1-8　来自姑姑的礼物价值

名　称	债券面值/元	期限	年利率	到期价值/元
姑姑的礼物	10 000	5 年	5%	

表 1-9　来自父母的礼物价值

<table>
<tr><th>名　称</th><th>购买理财产品 B 的现值/元</th><th>年龄</th><th>赠送价值/元</th></tr>
<tr><td rowspan="4">父母的礼物</td><td rowspan="4"></td><td>19 岁</td><td>20 000</td></tr>
<tr><td>20 岁</td><td>20 000</td></tr>
<tr><td>21 岁</td><td>20 000</td></tr>
<tr><td>22 岁</td><td>20 000</td></tr>
<tr><td colspan="3">12～18 岁平均每年存入金额，购买理财产品 A</td><td></td></tr>
</table>

【步骤指引】

- 老师对小月姑姑所作的资金价值礼物计划进行讲解；
- 将表格中所需填写的空缺内容转换成对应的计算对象；
- 运用正确的计算公式将已知信息代入公式进行运算；
- 得出相应结论并分析体现资金价值的生日礼物与你所知道的生日礼物对比有什么样的意义。

【实战经验】

项目二

客户信息分析与评价

项目概述

本项目从家庭财务状况的分析与判断、家庭非财务信息的分析与评价两个方面讲解了财务信息的收集、家庭资产负债表的编制、家庭收支表的编制、家庭财务指标分析、家庭生命周期特征分析、家庭理财价值观分析、家庭理财所面临的风险、客户投资心理分析。帮助学生熟悉客户财务信息与非财务信息的内容、家庭理财所面临的风险及应对措施、客户投资心理，掌握家庭资产负债表的编制方法、家庭财务指标分析方法、家庭生命周期理论以及理财价值观类型。让学生能整理、分析客户财务信息和非财务信息，能够判别客户家庭生命周期阶段，并根据客户理财目标提出合理化的建议，为全面了解客户信息做好准备。

项目背景

中华人民共和国证券法

投资者适当性管理是现代金融服务的基本原则和要求，也是成熟市场普遍采用的保护投资者权益和管控创新风险的做法。后来逐步发展成为法律要求，同时从证券市场延伸至银行业、保险业等金融领域，成为一项普适性的法律要求。投资者适当性义务的相关规定及法律援引主要有以下几方面：

(1) 法律层面，如《证券投资基金法》(主席令第 71 号)第 99 条规定：“基金销售机构应当向投资人充分揭示投资风险，并根据投资人的风险承担能力销售不同风险等级的基金产品。”

(2) 行政法规，主要是指国务院发布的《证券公司监督管理条例》(国务院令第 653 号)。其第 29 条规定：“证券公司从事证券资产管理业务、融资融券业务，销售证券类金融产品，应当按照规定程序，了解客户的身份、财产与收入状况、证券投资经验和风险偏好，并以书面和电子方式予以记载、保存。证券公司应当根据所了解的客户情况推荐适当的产品或者服务。具体规则由中国证券业协会制定。”

(3) 部门规章，主要包括中国人民银行、中国证监会、中国银保监会等监管机构发布的若干规定。其中比较重要的有《金融控股公司董事、监事、高级管理人员任职备案管理暂行规定》(中国人民银行令〔2021〕第 2 号)、《关于加强证券经纪业务管理的规定》(证监会公告〔2010〕11 号)、《证券投资基金销售管理办法》(证监会令〔2013〕第 91 号)、《证券期货投资者适当性管理办法(2020 年修正)》(证

监会令〔2020〕第 177 号)、《商业银行理财业务监督管理办法》(银保监会令〔2018 年〕第 6 号)、《理财公司理财产品销售管理暂行办法》(银保监会令〔2021 年〕第 4 号)等。

对于证券、期货等部门的规章制度可以通过中国证券监督管理委员会网上办事服务平台(https://neris.csrc.gov.cn/)的证券期货法律法规数据库系统进行查询，如图 2-1 所示。

图 2-1　证券期货法规数据库系统

(4) 自律性规范，如《证券公司投资者适当性制度指引》(中证协发〔2012 年〕第 248 号)、《证券公司客户资产管理业务规范》等。

项目演示

客户李先生欲做家庭理财规划，吴经理安排助理小琪做准备工作，如图 2-2 所示。

图 2-2　吴经理和小琪的交谈

根据吴经理的要求，小琪需要对李先生的客户信息进行整理分析，为李先生的家庭理财规划做好准备工作。为了能更好地完成工作，小琪制订了如图 2-3 所示的学习计划。

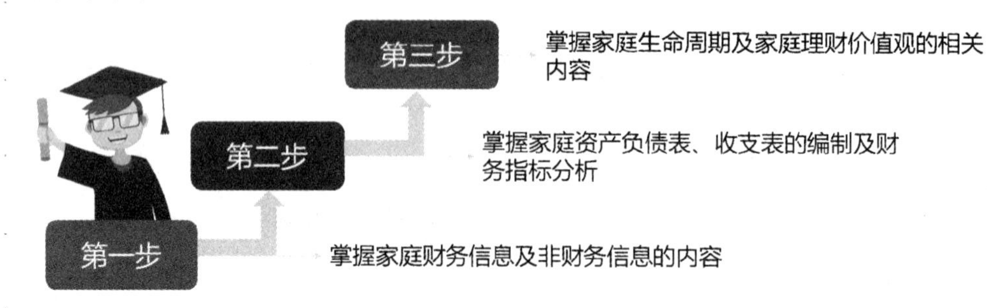

图 2-3 学习计划

思维导图

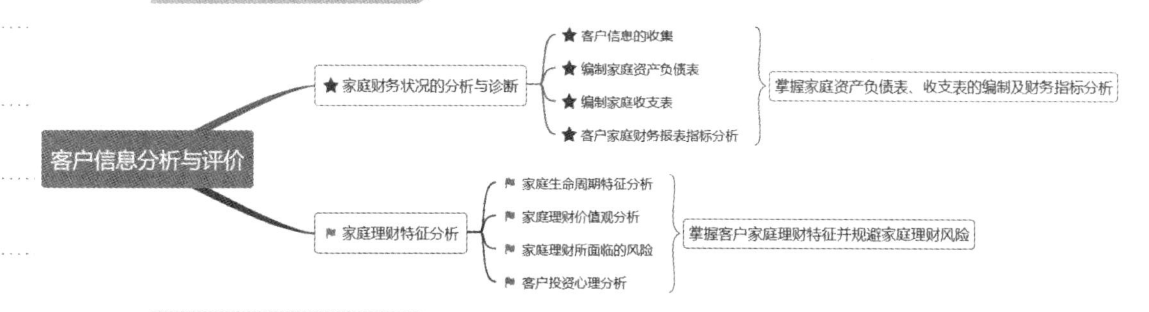

思政聚焦

子曰：“吾十有五而志于学，三十而立，四十而不惑，五十而知天命，六十而耳顺，七十而从心所欲，不逾矩。”人生各个阶段，生活需求和生活目标都不尽相同。对于家庭理财，我们也需要根据自己以及所处家庭的不同生命周期特征进行不同的规划配置。理财从业人员应结合客户家庭所处的生命周期以及家庭自身的财务状况，在进行理财分析、提供理财建议、制订理财规划时，要坚持原则，具备合理的、充分的依据，保持理财规划制订的独立性、客观性，不得受外界因素的干扰，帮助客户有针对性地进行投资理财，从而更好地稳固客户家庭经济情况，有效地提升客户家庭成员的生活品质。

教学目标

知识目标

◎熟悉客户财务信息与非财务信息的内容
◎熟悉家庭理财所面临的风险及应对措施
◎熟悉客户投资心理
◎掌握家庭资产负债表的编制方法
◎掌握家庭收支表的编制方法

◎掌握家庭财务指标的分析方法
◎掌握家庭生命周期理论
◎掌握理财价值观类型

能力目标

◎能够编制家庭资产负债表以及家庭收支表并进行财务分析
◎能够判别客户家庭所属家庭生命周期
◎能够根据不同客户的理财价值观类型给出合理的理财建议

学习重点

◎家庭资产负债表和家庭收支表的编制，家庭财务分析方法
◎家庭生命周期理论，理财价值观类型

任务1 家庭财务状况的分析与诊断

【任务描述】

- 熟悉客户财务信息与非财务信息的内容。
- 掌握家庭资产负债表的编制方法。
- 掌握家庭收支表的编制方法。
- 掌握家庭财务指标的分析方法并提出合理的财务优化建议。

任务解析1 客户信息的收集

客户信息包含客户家庭的财务信息和非财务信息两个部分。在对客户家庭的财务信息收集前，首先需要详细记录客户个人及家庭的非财务信息。

下面，分别对客户信息所包含的主要内容进行逐一介绍。

一、客户家庭非财务信息

客户在银行开立个人账户或银行卡时，需要填写“个人开户及综合服务申请表”，这就是银行收集客户非财务信息的过程，如图2-4所示。客户家庭非财务信息主要包含客户联系方式和客户个人及家庭信息等内容。

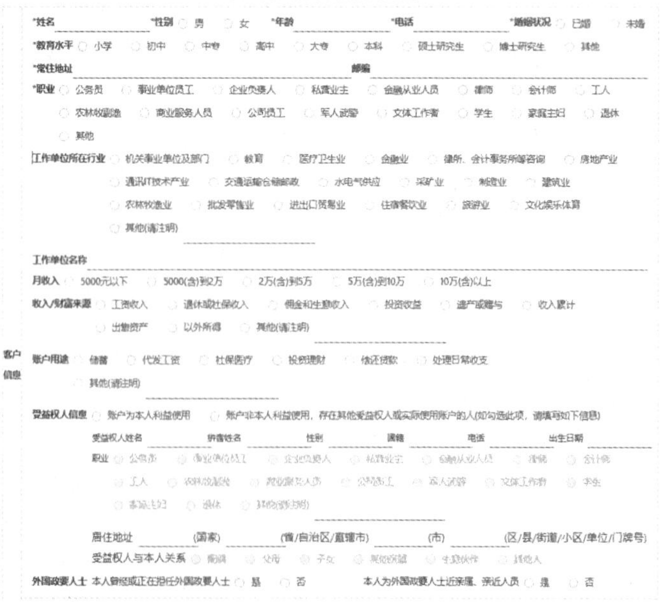

个人开户及综合服务申请表

客户信息

*姓名 ____ *性别 ○男 ○女 *年龄 ____ *电话 ____ *婚姻状况 ○已婚 ○未婚

*教育水平 ○小学 ○初中 ○中专 ○高中 ○大专 ○本科 ○硕士研究生 ○博士研究生 ○其他

*常住地址 ____ 邮编 ____

*职业 ○公务员 ○事业单位员工 ○企业负责人 ○私营业主 ○金融从业人员 ○律师 ○会计师 ○工人 ○农林牧副渔 ○商业服务人员 ○公司员工 ○军人武警 ○文体工作者 ○学生 ○家庭主妇 ○退休 ○其他

工作单位所在行业 ○机关事业单位及部门 ○教育 ○医疗卫生业 ○金融业 ○律所、会计事务所等咨询 ○房地产业 ○通讯IT技术产业 ○交通运输仓储邮政 ○水电气供应 ○采矿业 ○制造业 ○建筑业 ○农林牧渔业 ○批发零售业 ○进出口贸易业 ○住宿餐饮业 ○旅游业 ○文化娱乐体育 ○其他(请注明) ____

工作单位名称 ____

月收入 ○5000元以下 ○5000(含)到2万 ○2万(含)到5万 ○5万(含)到10万 ○10万(含)以上

收入/财富来源 ○工资收入 ○退休或社保收入 ○佣金和生意收入 ○投资收益 ○遗产或赠与 ○收入累计 ○出售资产 ○以外所得 ○其他(请注明) ____

账户用途 ○储蓄 ○代发工资 ○社保医疗 ○投资理财 ○偿还贷款 ○处理日常收支 ○其他(请注明) ____

受益权人信息 ○账户为本人利益使用 ○账户非本人利益使用，存在其他受益权人或实际使用账户的人(如勾选此项，请填写如下信息)

受益权人姓名 ____ 拼音姓名 ____ 性别 ____ 国籍 ____ 电话 ____ 出生日期 ____

职业 ○公务员 ○事业单位员工 ○企业负责人 ○私营业主 ○金融从业人员 ○律师 ○会计师 ○工人 ○农林牧副渔 ○商业服务人员 ○公司员工 ○军人武警 ○文体工作者 ○学生 ○家庭主妇 ○退休 ○其他(请注明) ____

居住地址 ____(国家) ____(省/自治区/直辖市) ____(市) ____(区/县/街道/小区/单位/门牌号)

受益权人与本人关系 ○配偶 ○父母 ○子女 ○其他亲属 ○生意伙伴 ○其他人

外国政要人士 本人曾经或正在担任外国政要人士 ○是 ○否 本人为外国政要人士近亲属、亲近人员 ○是 ○否

图2-4 某银行个人开户及综合服务申请表(部分)

(一) 客户联系方式

理财从业人员在为客户提供理财规划服务前，应详尽记录客户的联系方式，以便在需要时与客户取得联系、进行沟通。对客户联系方式的获取可以通过表 2-1 来完成。

表 2-1　客户联系方式表

客户姓名		本人电话	
家庭住址		联系地址	
家庭电话		微信账号	
电子邮箱		填表日期	

(二) 客户个人及家庭信息

客户个人及家庭信息如客户的年龄、社会地位、工作性质等，是客户非财务信息中不可或缺的部分。理财从业人员可以通过客户的这些信息，全方位地了解客户的家庭状况，同时也可以间接了解客户的财务状况以及未来的财务变化情况，这样可以更好地为客户提供理财建议。客户个人及家庭信息包括但不限于表 2-2 的内容。

表 2-2　客户个人及家庭信息表

客户信息	本人资料	配偶资料	家庭其他成员资料
姓名			
性别			
年龄			
健康状况			
婚姻状况			
有无子女			
职业			
职称			
工作单位性质			
工作稳定程度			
退休日期			
有无家族病史			

二、客户家庭财务信息

客户家庭财务信息是指客户家庭现阶段的资产负债状况、收入支出情况和其他财务安排(比如储蓄、保险、投资等状况)，以及这些信息的未来可能变化趋势。财务信息会直接影响客户理财方案和理财工具的选择。家庭理财从业人员在收集客户财务信息时，应根据客户家庭类型设置相应的财务信息调查表，防止客户信息遗漏等问题。

(一) 家庭资产

家庭资产包括家庭所拥有或控制的全部资产。理财从业人员需了解客户家庭资产类型及其分布状况，对客户家庭现有资产进行有效资源配置，可使理财综合收益最优。家庭资产根据不同维度，有如下分类：

1. 按家庭资产属性分类

家庭资产按照资产属性可分为现金及现金等价物、金融资产、实物资产及其他。现金是指客户的库存现金以及可以随时用于支付的存款。现金等价物，是指客户持有的期限短、流动性强、易于转换为已知金额现金、价值变动风险很小的投资。金融资产即生息资产，是指家庭资产中能带来利息收益或者为家庭成员退休后实现消费储备的资产。实物资产，是指以物质形式表现，归以等量的价值，并由家庭所拥有的资产。家庭里的物品、商品都属于实物资产，包括房产、汽车、收藏品等。图 2-5 为按家庭资产属性的家庭资产分类。

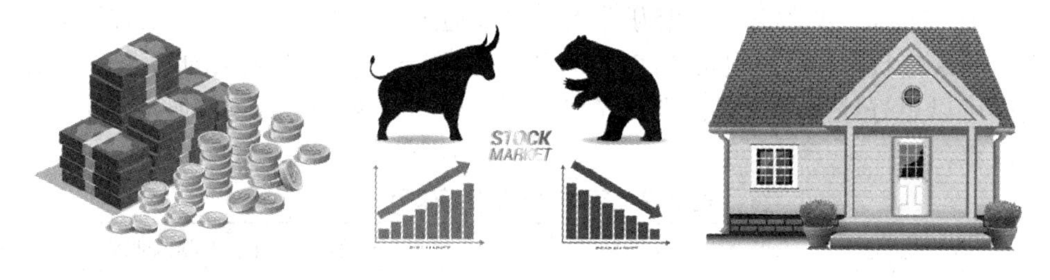

现金及现金等价物　　金融资产　　实物资产

图 2-5　按家庭资产属性分类

理财从业人员只有了解客户家庭现有资产分布情况，才能对其进行合理的规划，从而使理财效益最大化。

常见的家庭资产如表 2-3 所示。

表 2-3　家庭资产列表

现金及现金等价物	金融资产	实物资产	其他资产
库存现金	定期存款	房产	
活期存款	债券	汽车	
货币基金	基金	土地	
	股票		
	黄金		
	外汇		
	期货		
	理财产品		

2．按家庭资产的流动性分类

家庭资产按照资产的流动性可分为流动资产、固定资产。

流动资产是指可以适时应付紧急支付或投资机会的资产，包括现金及现金等价物、银行活期存款、货币市场基金等。家庭流动资产主要关注的是资产的变现能力，即流动性。流动资产是家庭应急资金的主要来源，一般应维持 3 至 6 个月的家庭日常开销。

固定资产是指家庭为维持日常生产生活而持有的，已使用 12 个月以上，价值达到一定标准的非货币性资产。比如房产、汽车、收藏品、艺术品等。通常情况下，这类资产价值相对较高，占据客户财产相当大的一部分。固定资产进一步还可以分为消费类固定资产和投资类固定资产。消费类固定资产主要由家庭日常的生活用品组成，其目的是供各个家庭成员消耗使用，一般不产生收益，如自用住房、家用汽车、服装、个人电脑等。而黄金珠宝、投资性房地产等可产生收益的实物资产均属于投资类固定资产。图 2-6 为按资产流动性的家庭资产分类。

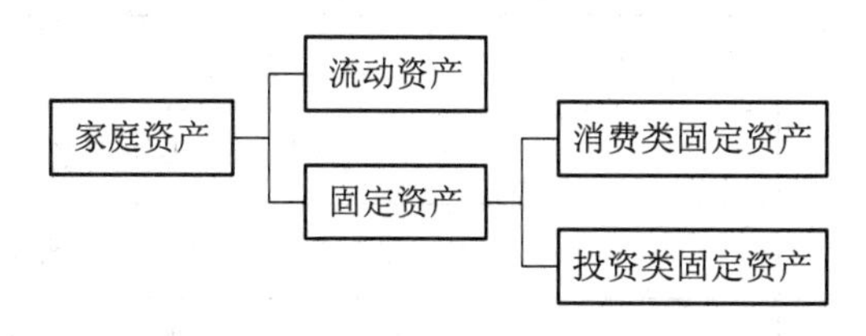

图 2-6　按家庭资产流动性分类

(二) 家庭负债

家庭负债是指客户由于过去的经济活动形成的、需要在日后偿还的债务。未来债务的清偿会引起客户的现金流出或非现金资产的减少。

客户的家庭负债按期限不同可分为短期负债和长期负债。短期负债即流动负债，主要是指期限小于等于一年的负债，包括信用卡透支、消费贷款、民间借贷等；而期限大于一年以上的负债是长期负债又称非流动负债，主要有汽车贷款、住房贷款等。

常见的家庭负债明细如表 2-4 所示。

表 2-4　家庭负债明细表

短 期 负 债	长 期 负 债
信用卡透支	汽车贷款
消费贷款	住房贷款
民间借贷	

(三) 家庭收入

家庭收入是指客户家庭所有成员在日常工作、生活中形成的现金总流入，包

括工资收入、投资收入、其他收入。

常见的家庭收入明细如表2-5所示。

表2-5　家庭年收入明细表

收入项目	收入说明
工资收入	工资、奖金、津贴、加班费、公积金、退休金等
投资收入	存款利息、基金分红、证券买卖所得等
其他收入	除工资收入、投资理财收入之外的其他收入

(四) 家庭支出

家庭支出是指客户所有家庭成员在工作、生活中为获得另一项资产或为清偿债务所发生的现金总流出。

常见的客户家庭年支出明细如表2-6所示。

表2-6　家庭年支出表

年支出项目	年支出明细
日常生活消费	食品、服饰费等
家庭基础消费	水、电、燃气、物业、电话、上网等
交通费	公共交通费、油费等
医疗保健费	医药、保健品、美容、化妆品等
旅游娱乐费	旅游、书报费、视听、会员费
教育费	保姆、学杂、教材、培训费
保险费	投保、续保费
税费	房产税、契税、个税等
还贷费	房贷、车贷、投资贷款、助学贷款等
其他	赡养父母、社交支出、礼金支出等

任务解析2　编制家庭资产负债表

在对客户资产、负债信息收集整理的基础上，编制客户的家庭资产负债表，其总括反映了客户家庭资产和负债某一时点的财务状况。客户的资产负债表是记录和分析客户资产和负债情况的重要工具，是衡量其财务状况是否良好和稳健的重要指标。家庭资产负债表格式、内容并不唯一，但一张完整的家庭资产负债表至少应包含表2-7所示的内容。

表 2-7　家庭资产负债表

客户姓名：　　　　　　　　　　　　　日期：　　　　　　　　　单位：

资　产	金　额	负债及净资产	金　额
现金及现金等价物		**短期负债**	
库存现金		信用卡透支	
活期存款		消费贷款	
货币基金		民间借贷	
合　计		**合　计**	
金融资产		**长期负债**	
定期存款		汽车贷款	
债券		住房贷款	
基金		其他长期借款	
股票			
黄金			
外汇			
期货			
理财产品			
合　计		**合　计**	
不动产		**负债合计**	
自用		净资产	
投资			
合　计		**净资产合计**	
其他资产			
汽车			
其他			
合计			
资产合计		**负债及净资产合计**	

一、家庭资产负债表的编制基础

家庭资产负债表是一个静态的报表，根据恒等式“总资产 – 总负债 = 净资产”编制而成。报表内容由资产、负债、净资产三部分组成，集中反映了客户家庭资产及家庭负债的构成情况，以及家庭整体财务状况。

根据此等式得出的总资产、总负债、净资产数据可以帮助了解客户目前的基本财务状况。例如客户郭先生的总资产是 1 000 000 元，总负债是 870 000 元，那么净资产就是 130 000 元。

二、家庭资产负债表的编制步骤

(1) 列出资产大项并计总资产。

将客户家庭资产分类梳理后归属在现金及现金等价物、金融资产、不动产及其他资产项目下。各资产大项所属明细详见表2-3，如有其他并未列举的资产项目，可根据家庭实际情况进行填写。

(2) 列出负债大项并计总负债。

以一年为界限，负债分为短期负债和长期负债，各负债大项所属明细详见表2-4，如有其他未列举的负债项目，可根据家庭实际情况进行填写。

(3) 根据总资产及总负债计算净资产。

净资产是总资产减去总负债后所剩余的部分。净资产反映了每个家庭拥有多少可供支配的财产，是家庭理财的出发点，是实现教育、养老、购房、旅游等计划的基础。

值得说明的是，上述家庭资产负债表只是通用的样例，实际上家庭资产负债表不是一成不变的，理财从业人员可以根据客户的资产和负债的状况对各项目进行优化和取舍，更好地根据家庭可供支配财产制订投资理财规划，这样才能使得规划更加合理、更加切合实际，实现客户家庭理财效益最大化。

案例2-1　编制家庭资产负债表

李先生今年36岁，与太太组成双薪家庭，有一个9岁的孩子，截至2020年12月31日夫妻现有一套自住用房，该房产成本价150万元，市场价值约为300万元，房贷剩余金额100万元；现有一辆家用汽车，该车辆成本价30万元，车龄两年，已计提折旧40%；李先生月工资收入为税后11 000元，李先生的太太月工资收入为税后10 000元，家庭月生活开支6000元，月子女教育费5000元，每月7000元用于还房贷；该家庭现持有现金6000元，银行活期存款25万元，当期活期利率为0.3%；持有股票市值30万元，较年初成本高出10万元；持有基金市值15万元，较年初成本高出5万元；目前信用卡已透支12 000元。请为李先生编制一份家庭资产负债表。

✓ **案例分析：**

(1) 列出资产负债表资产大项并计总资产。

- 不动产—自用：自住用房300万元。
- 其他资产—汽车：家用汽车30万 × (1 − 0.4) = 18万元。

- 现金及现金等价物—库存现金：持有现金 0.6 万元。
- 现金及现金等价物—活期存款：银行活期存款 25 万元。
- 金融资产—股票：持有股票市值 30 万元。
- 金融资产—基金：持有基金市值 15 万元。

总资产：388.6 万元。

(2) 列出资产负债表负债大项并计总负债。

- 长期负债—住房贷款：房贷剩余 100 万元。
- 短期负债-信用卡透支：信用卡已透支 1.2 万元。

总负债：101.2 万元。

(3) 根据前两步结果填写资产负债表中的资产项目和负债项目，计算净资产：

净资产 = 总资产 − 总负债 = 388.6 万元 − 101.2 万元 = 287.4 万元

(4) 填制李先生 2020 年末的家庭资产负债表，详见表 2-8。

表 2-8　家庭资产负债表

客户姓名：李先生　　日期：2020 年 12 月 31 日　　单位：万元

资　产	金　额	负债及净资产	金　额
现金及现金等价物		**短期负债**	
库存现金	0.60	信用卡透支	1.20
活期存款	25.00	消费贷款	—
货币基金	—	民间借贷	—
合　计	25.60	**合　计**	1.20
金融资产		**长期负债**	
定期存款	—	汽车贷款	—
债券	—	住房贷款	100.00
基金	15.00	其他长期借款	—
股票	30.00		
黄金	—		
外汇	—		
期货	—		
理财产品	—		
合　计	45.00	**合　计**	100.00
不动产	—	**负债总计**	101.20
自用	300.00	净资产	287.40
投资			
合　计		**净资产合计**	287.40
其他资产			
汽车	18.00		
其他			
合　计	18.00		
资产总计	388.60	**负债及净资产合计**	388.60

任务解析3 编制家庭收支表

在对客户收入支出信息收集整理的基础上，编制客户的家庭收支表。客户的家庭收支表即家庭现金流量表，反映了一段时间内客户家庭的现金流入流出情况，是对客户家庭的经营成果的一个总体反映。

理财从业人员通过家庭收支表搜集客户的收支状况，了解客户家庭收支规模、分布情况，可以发现客户的收支渠道是否单一、有无异常或非必要开支等问题，有针对性地对家庭消费和投资决策给出合理建议，制订更加切合实际的理财规划方案。如果客户收入单一，说明客户并没有很好地应用投资理财取得收入，综合考虑客户的支出状况，理财从业人员可以为客户制订具体的理财方案，比如多少资金可用于投资，投资低风险还是高风险的理财产品等；如果客户有非正常的开支，理财从业人员可以提醒客户关注此类开支，为客户避免不必要的损失，提高客户资产的综合收益率。

家庭收支表格式内容并不唯一，主要由收入、支出、结余三部分组成，集中反映了客户家庭的收入来源及支出去向，是理财从业人员了解和分析客户家庭收支状况的重要依据。其编制周期可以月为标准，也可以年为标准，一般以一个自然年为一个编制周期。具体内容如表2-9所示。

表2-9 家庭收支表

客户姓名： 日期： 单位：

项　目	金　额
收　入	
工资收入(包括奖金、津贴、加班费、公积金、退休金等)	
投资收入(包括利息所得、分红所得、证券买卖所得等)	
其他收入	
收入总额	
支　出	
日常生活消费(食品、服饰费)	
家庭基础消费(水、电、气、物业、电话、上网)	
交通费(公共交通费、油费等)	
医疗保健费(医药、保健品、美容、化妆品)	
旅游娱乐费(旅游、书报费、视听、会员费)	
教育费(保姆、学杂、教材、培训费)	
保险费(投保、续保费)	
税费(房产税、契税、个税等)	
还贷费(房贷、车贷、投资贷款、助学贷款等)	
其他(赡养父母、社交支出、礼金支出等)	
支出总额	
盈　余	

一、家庭收支表的编制基础

家庭收支表根据恒等式“收入 – 支出 = 盈余”编制而成，是一个动态的报表。可以帮助理财从业人员了解客户家庭目前的资金收支结余状况，也可称为家庭经营财务成果。例如客户李先生的年收入是 250 000 元，年支出是 220 000 元，那么李先生年资金盈余金额就是 30 000 元。

二、家庭收支表的编制步骤

家庭收支表的编制可分为三个步骤：

(1) 确定收入项目(现金流入)并计收入总额，具体项目详见表 2-5。

(2) 确定支出项目(现金流出)并计支出总额，具体项目详见表 2-6。

(3) 根据收入总额和支出总额计算资金盈余(净现金流量 = 现金流入 – 现金流出)。

若净现金流量 > 0，表示客户家庭日常有一定的积累；

若净现金流量 = 0，表示客户家庭日常收入与支出平衡，日常无积累；

若净现金流量 < 0，表示客户家庭日常入不敷出，要动用原有的积蓄或借债。

理财从业人员对客户的家庭收支表分析应重点关注以下几点：

(1) 具体分析各项收入、支出的数额及其在总额中的占比；

(2) 对客户财务状况影响较大的日常支出项目重点关注；

(3) 分析客户的盈余。若客户家庭收支表的盈余是赤字，说明客户财务状况需要优化。

案例2-2　编制家庭收支表

王先生夫妻 2020 年二人税后工资总额 25.2 万元，2020 年王先生夫妻的利息收入 0.5 万元、股票盈利所得 10 万元、基金盈利所得 4 万元，房租收入 4 万元；家庭生活支出 7.6 万元(衣 1 万元，食物 2.5 万元，物业 0.4 万元，行 2.5 万元，通信 0.3 万元，娱乐 0.5 万元，其他 0.4 万元)；赡养父母支出 1.2 万元；保障型保费支出 1.5 万元，储蓄型保费支出 2 万元；房贷本金支出 5 万元，利息支出 3 万元；孩子教育支出 2.5 万元；医疗保健支出 0.2 万元；社交支出 0.3 万元。编制 2020 年王先生的家庭收支表。

✓ **案例分析：**

(1) 确定家庭收入支出表中收入明细，并计收入总额。

- 工资收入：薪金收入 25.2 万元；
- 投资收入：利息所得、股票所得、基金所得 0.5 + 10 + 4 = 14.5 万元；
- 其他收入：房租收入 4 万元；

收入总额 = 43.7 万元。

(2) 确定家庭收入支出表中支出明细，并计支出总额。

- 日常生活消费：1 + 2.5 = 3.5 万元；
- 家庭基础消费：0.4 + 0.3 = 0.7 万元；
- 交通费：2.5 万元；
- 旅游娱乐费：0.5 万元；
- 其他：0.4 + 1.2 + 0.3 = 1.9 万元；
- 还贷费：5 + 3 = 8 万元；
- 保险费：1.5 + 2 = 3.5 万元；
- 教育费：2.5 万元；
- 医疗保健费：0.2 万元；

支出总额 = 23.3 万元。

(3) 根据总收入和总支出计算盈余：

$$盈余 = 收入 - 支出 = 43.7 - 23.3 = 20.4\ 万元$$

(4) 填制王先生 2020 年度家庭收支表，详见表 2-10。

表 2-10　家庭收支表

客户姓名：　王先生　　　　日期：2020 年　　　　单位：万元

项　　目	金　额
收　入	
工资收入(包括奖金、津贴、加班费、公积金、退休金等)	25.20
投资收入(包括利息所得、分红所得、证券买卖所得等)	14.50
其他收入	4.00
收入总额	43.70
支　出	
日常生活消费(食品、服饰费)	3.50
家庭基础消费(水、电、气、物业、电话、上网)	0.70
交通费(公共交通费、油费等)	2.50
医疗保健费(医药、保健品、美容、化妆品)	0.20
旅游娱乐费(旅游、书报费、视听、会员费)	0.50
教育费(保姆、学杂、教材、培训费)	2.50
保险费(投保、续保费)	3.50
税费(房产税、契税、个税等)	—
还贷费(房贷、车贷、投资贷款、助学贷款等)	8.00
其他(赡养父母、社交支出、礼金支出等)	1.90
支出总额	23.30
盈　余	20.40

任务解析 4　客户家庭财务指标分析

理财从业人员通常会利用客户家庭资产负债表和家庭收支表中的相关数据计算家庭财务比率，从各个方面分析客户家庭财务状况及其他相关信息，进而分析客户的心理特征和行为方式，以便保证理财方案的科学性和合理性。

通常我们可以从家庭债务清偿能力、风险抵御能力、家庭储蓄能力等方面运用相关指标进行分析。

一、债务清偿能力指标

家庭偿债能力指标主要包括家庭资产负债率、清偿比率、即付比率、流动比率、负债收入比率。各指标的具体内容如表 2-11 所示。

表 2-11　家庭偿债能力指标

指标	内容
资产负债率	计算公式：资产负债率 = 总负债/总资产 × 100%
	合理区间：小于 50%
	资产负债率越低，则净资产所占的比例越大，说明家庭的经济实力越强，债权的保障程度越高；反之，该指标越高，说明净资产所占的比例越小，家庭的经济实力越弱，偿债风险高，其债权人的安全性较差
清偿比率	计算公式：清偿比率 = 净资产/总资产 × 100%
	合理区间：60%～70%
	清偿比率反映客户综合偿债能力的高低，其数值变化范围在 0～100%之间。通常来讲，客户家庭的清偿比率应高于 50%，在 60%～70%之间较为适宜
即付比率	计算公式：即付比率 = 流动资产/负债总额 × 100%
	合理区间：60%～70%
	即付比率偏低意味着出现突发状况时家庭无法迅速减轻负债，增加了家庭风险；偏高则是流动资产过多，资产结构不合理，降低家庭综合收益率
流动比率	计算公式：流动比率 = 流动资产/流动负债 × 100%
	合理区间：大于等于 200%
	流动比率是指 1 元的流动负债有多少流动资产保障。一般情况下，该比率越大负债越安全；大于等于 200%，表示家庭对流动负债偿还比例比较有保障
负债收入比	计算公式：负债收入比 = 当年负债/当年税后收入 × 100%
	合理区间：30%～40%
	负债收入比是到期需支付的债务本息与同期收入的比值。反映客户在一定时期(如 1 年)财务状况良好程度的指标，该指标过高则容易发生财务危机，很难从银行增贷，也会影响生活水平，但是过低说明没有使用资金杠杆，丧失获得投资收益的机会

二、风险抵御能力指标

为了应对失业等突发状况的出现，家庭需要保有一定的流动资产。通常使用

紧急预备金月数来反映家庭应急能力的强弱，该指标反映了一个家庭的流动资产可以应付家庭几个月的基本生活支出。紧急预备金月数的计算公式为：

$$紧急预备金月数=\frac{流动资产}{月总支出}$$

一般情况下，家庭的应急流动资产以能够覆盖家庭3～6个月的支出为宜，即该指标在3到6之间较为合理。该指标低于3说明家庭流动资产过少，容易导致在家庭出现突发状况时难以为继；该指标大于6则会因为流动资产过多占用资金降低家庭综合收益。

该指标的高低合理度还需参考客户家庭的保险配置度，如家庭投保医疗险或者是财产险，或者拥有备用贷款信用额度，则可将该指标稍微降低。若有离职打算或因行业竞争日趋激烈而具有失业风险，未来或将面临较长的待业期，则需提高紧急预备金的指标。

三、家庭储蓄能力指标

衡量家庭储蓄能力的指标主要是结余比率，它反映了家庭支出结余后的资金余量的比例情况。

结余比率是家庭总收入经过总支出后结余的数额与家庭税后总收入的比值，体现一个家庭所有的收入和所有的支出结余出的数额占税后总收入的高低。结余比率的计算公式为：

$$结余比率=\frac{总收入-总支出}{税后总收入}\times100\%$$

该指标一般建议保持在30%～50%，可通过开源节流(即多挣少)花来提高。

四、其他家庭财务分析指标

除上述家庭财务分析指标外，在客户家庭财务分析时还会用到以下分析指标，详见表2-12。

表2-12　其他家庭财务分析指标

指　标	计算公式	合理区间	说　明
投资净资产比	$\frac{投资资产}{净资产}$	50%～70%	反映家庭投资意识的强弱，是衡量客户能否实现财务自由的重要指标。既不要过高也不要过低，这样既能保持合适的增长率又不会有较大的风险
资产增长率	$\frac{资产增加额}{期初资产}$	10%以上	衡量家庭资产增值速度，提高投资净资产比与提高投资报酬率为资产增长的着力点
财务自由度	$\frac{年理财收入}{年总支出}$	合理的比率与年龄有关。 30岁以下：5%～15%； 30～40岁：15%～30%； 40～50岁：30%～50%； 50～60岁：50%～100%	财务自由是每个家庭要实现的重要目标之一，而财务自由度是衡量财务是否自由的重要指标

案例2-3　家庭财务比率分析

张宇，27 岁，公司管理人员，税后月收入 7000 元。妻子吴菲，25 岁，公务员，税后月收入 2900 元。二人除有社保外，无任何商业保险；自住房贷每月还款 2350 元，尚有 282 000 贷款未还，还款剩余 10 年；基金 25 000 元，每年取得基金分红所得 1200 元。双方父母都有住房，经济条件较好，没有赡养负担，夫妇商量好 3 年后要孩子。请根据张宇家庭的资产负债表(表 2-13)和收支表(表 2-14)分析这个家庭的财务状况，是否能够实现以下理财目标：

(1) 在孩子出生前，为其预先准备好一定数额的抚养教育经费；

(2) 尽可能提前偿还房贷；把月还房贷金额降低到 1000 元；

(3) 补充一定的商业保险，防范家庭风险。

表 2-13　张宇家庭资产负债表

资　产	金额/元	负债及净资产	金额/元
现金及现金等价物		短期负债	
库存现金	6000.00	信用卡透支	3000.00
活期存款	16 000.00	消费贷款	—
货币基金	—	民间借贷	—
合　计	22 000.00	**合　计**	3 000.00
金融资产	—	**长期负债**	—
定期存款	—	汽车贷款	—
债券	—	住房贷款	282 000.00
基金	25 000.00	其他长期借款	—
股票	—		
黄金	—		
外汇	—		
期货	—		
理财产品	—		
合　计	25 000.00	**合　计**	282 000.00
不动产	—	**负债合计**	285 000.00
自用	600 000.00	净资产	452 000.00
投资	—		
合　计	600 000.00	**净资产合计**	452 000.00
其他资产	—		
汽车	90 000.00		
其他	—		
合　计	90 000.00		
资产合计	737 000.00	**负债及净资产合计**	737 000.00

表 2-14 张宇家庭月收支表

项　目	金额/元
收　入	
工资收入(包括奖金、津贴、加班费、公积金、退休金等)	9900
投资收入(包括利息所得、分红所得、证券买卖所得等)	100
其他收入	—
收入总额	10 000
支　出	
日常生活消费(食品、服饰费)	1500
家庭基础消费(水、电、气、物业、电话、上网)	1000
交通费(公共交通费、油费等)	1200
医疗保健费(医药、保健品、美容、化妆品)	1500
旅游娱乐费(旅游、书报费、视听、会员费)	500
教育费(保姆、学杂、教材、培训费)	200
税费(房产税、契税、个税等)	330
还贷费(房贷、车贷、投资贷款、助学贷款等)	2350
其他(赡养父母、社交支出、礼金支出等)	850
支出总额	9430
盈　余	570

✓ **案例分析：**

依据张宇家庭资产负债表、月收支表数据，给出了张宇家庭相关财务指标，如表 2-15 所示。

表 2-15 张宇家庭财务指标分析

指标	计算公式	数值	合理区间	分析结果
资产负债率	总负债/总资产	38.67%	小于 50%	合理
紧急预备金月数	流动资产/月总支出	2.33	3～6 个月	不合理：较低
结余比率	(总收入－总支出)/税后总收入	5.7%	30%～50%	不合理：较低
财务自由度	年理财收入/年总支出	1.06%	5%～15%	不达标：较低

根据表 2-15，可以发现张宇家财务状况良好，但资产结构需进行调整。

紧急预备金月数低说明此家庭的应急能力较弱，应急流动资产不足以覆盖家庭 3～6 个月的支出。如果想提高家庭应对失业或紧急事故的能力需提高该倍数。

结余比率过低说明此家庭是典型的“月光族”，如果想实现理财目标必须提高该比率，攒出第一桶金。

财务自由度过低说明此家庭理财意识很弱，或者理财能力不足，想要提高此比率需要有正确的理财意识，还必须学习相应的理财知识，才能更好地规避风险，提高家庭收益，真正达到财务自由。

综上，张宇家庭要实现既定的理财目标仍需做出相应改善，首先需要针对家庭的流动资产、投资资产、保险资产等金融资产过少的问题设法增加收入，减少开支，制订合理的资产优化配置方案，加大金融产品的投资，以期提高投资收益率，扩大投资收入。其次为了提升家庭抵御风险的能力，还需加强针对意外事件发生的保障措施，最终完成家庭的理财预期目标。

【能力拓展】

- 请整理出您家庭中主要的资产、负债、收入、支出状况，试着编制家庭资产负债表、收入支出表。

- 根据编制的家庭财务报表，选择 3～5 个财务指标进行分析，看看有哪些指标不合理，应如何调整？

任务 2 家庭非财务信息的分析与评价

【任务描述】

- 掌握家庭生命周期各阶段特征及理财重点。
- 掌握家庭理财价值观的类型及理财特点。
- 熟悉家庭理财所面临的风险及规避方法。
- 熟悉理财客户的投资心理。

任务解析 1 家庭生命周期特征分析

生命周期理论是由 F.莫迪利安尼、R.布伦伯格和 A.安多共同创建的。生命周

期理论对人们的消费行为提供了全新的解释，该理论指出：个人是在相当长的时间内计划他的消费和储蓄行为，以实现生命周期内消费和储蓄的最佳配置。也就是说，一个人将综合考虑其即期收入、未来收入、可预期开支及工作、退休时间等因素来决定目前的消费和储蓄，以保证其消费水平处于预期的平衡状态，而不至于出现大幅波动。

家庭生命周期指的是一个家庭从诞生、发展直至终止的过程。家庭生命周期根据家庭成员结构变迁，将家庭生涯分为五个阶段，即单身期、形成期、成长期、成熟期和衰老期。本书后文在进行家庭理财分项规划介绍时，常常会用到该理论的相关内容。这5个阶段的具体特征和理财方向分析如表2-16所示。

表2-16 家庭生命周期各阶段特征及理财重点

比较项目	单身期	家庭形成期	家庭成长期	家庭成熟期	家庭衰老期
特征	从经济独立至结婚的时期	从结婚成立家庭到子女出生，家庭成员数量增加	子女出生到完成学业，家庭成员固定	从子女独立生活至夫妻双方退休为止，家庭成员减少	从夫妻退休到夫妻双方离世为止，家庭主要是夫妻两人
收入及支出	收入比较低且花销大，是家庭未来资金积累期	收入以双薪为主，支出逐渐增加，储蓄随家庭成员增加而减少	收入以双薪为主但收入逐渐增加，支出随子女上学增加，储蓄增加	收入以双薪为主，事业发展和收入进入巅峰期，支出逐渐减少	以理财收入和转移收入为主，医疗费用提高，其他费用减少，支出大于收入
居住	同父母住或自行租房住	同父母同住或自行购房住房	同父母同住或自行购房住房	同老年父母同住或夫妻两人居住	夫妻居住或和子女同住
资产	可积累的资产较少，可能有负债风险承受能力强	可积累的资产有限，但可承受较高风险，高额房贷	可积累资产逐年增加，需开始控制风险投资，降低负债余额	可积累的资产达到巅峰，要逐步降低投资风险，还清债务	开始变现资产来应付退休后的生活，投资以固定收益为主，无新增负债
保险	提高寿险保额	提高寿险保额	以子女教育年金储备高等教育学费为主	以养老保险和递延年金储备退休金为主	投保长期看护险
投资	提高资金门槛低的货币性投资或定投基金，逐步积累资产	预期收益高，风险适度的银行理财产品	预期收益较高，风险适度的银行理财产品	风险较低、收益稳定的银行理财产品	风险低、收益稳定的银行理财产品
信贷	应通过信用卡平衡已有收支，同时为自己积累信用	信用卡、小额信贷为主	房屋贷款、汽车贷款	还清贷款	无贷款或反按揭

作为理财从业人员，应根据家庭生命周期各阶段的特征，为客户提供不同的资产配置方案。同时，随着人们家庭观念多样化的变化趋势，晚婚、不婚、丁克等家庭出现，家庭生命周期阶段的划分并不适合这些特殊家庭，但该理论对家庭的综合理财规划仍具有重要的参考价值。

任务解析 2　家庭理财价值观分析

理财的本质是未雨绸缪，合理安排好人生不同阶段资金需求，最终实现财务自由，是理财的终极目标。理财价值观是客户对于不同理财目标实现重要性的排序，不同客户对理财目标重要性排序方式不同，所以会产生不同的理财价值观。理财从业人员的职责不是改变客户的价值观，而是让客户了解不同价值观下的财务特征和理财方式。在进行家庭理财规划活动时，做到有的放矢。

人生理财目标大多为退休养老、子女教育、居住消费等，我们常形象地将理财价值观分为四种，分别命名为蚂蚁族、蟋蟀族、蜗牛族和慈鸟族。

一、蚂蚁族——偏退休型，先牺牲后享受

蚂蚁族泛指那些将退休目标作为所有目标中的优先考虑目标，工作期间全力以赴，不着重眼前享受的人。他们努力工作，赚取的收入超过生活所需，除家庭日常支出外，很少有其他类型支出；大部分结余作为投资用于未来退休目标的实现，结余比率相对较高。最大的期待是早日达到财务独立提前退休，或者在退休后享受远高于目前消费水准的生活。

二、蟋蟀族——偏当前享受型，先享受后牺牲

蟋蟀族泛指那些注重当前享受，而忽略退休目标，将收入全部用于各项消费，享受当前、对未来缺乏具体规划的人。蟋蟀族工作期间的结余比率偏低，退休后，所累积的资产净值很可能不够老年生活所需，需大幅度降低生活水平甚至靠政府救济维生。

三、蜗牛族——偏购房型，为房辛苦为房忙碌

蜗牛族泛指那些将购买房地产作为理财首要目标，为了拥有自用住宅，宁可节衣缩食甚至背负长期房屋贷款的人们。蜗牛族在工作期间的收入扣除房贷后，既不能维持较高的生活水准，也不能留有结余为退休后准备，难以在退休时过上较好的生活。但如果房价有一定的成长性，退休时也可通过房产变卖所得财产实现退休目标。

四、慈鸟族——偏子女型，一切为儿女着想

慈鸟族泛指那些把子女的成长作为最大目标的一群人，他们不惜举债对孩子进行教育，视子女的成就为最大的满足。甚至退休后不仅不期待子女赡养，反而

把积蓄当作遗产留给子女。这类客户的理财动机是筹集子女的高等教育金、结婚、生育、创业金等。慈鸟族会把过多资源投入在子女身上，而不顾自己退休目标所需的资金积累。

以上四种价值观的理财方式差异也是比较大的，理财规划和理财策略的侧重点也会不同，四种价值观特征、理财特点、理财目标、付出代价、投资建议对比详见表 2-17 所示。

表 2-17 理财价值观对比

比较项目	蚂蚁族	蟋蟀族	蜗牛族	慈鸟族
特征	强调退休后生活品质，注重财富积累	注重当前消费，不考虑日后安排	为拥有房地产节衣缩食，或长期背负房贷	储蓄和消费动机，均以子女高等教育为主
理财特点	结余比率高	结余比率低	购房本息支出占收入 25%以上	教育支出占总收入比率大
理财目标	退休规划	当前消费	房产规划	子女教育规划
付出代价	在青春时过于苛求自己，没有时间享受生活	注重眼前享受，只顾提升当前的生活品质，未来靠政府或儿女	收入扣除房贷后所剩无几，生活水平一般，影响退休生活品质	由于太多资金投资到儿女教育，自己留不下多少退休金，会影响未来的生活水准
理财建议	投资：收益较为稳定的基金或股票，如平衡型基金投资组合。 保险：购买养老保险或投资型保单	投资：稳定基金或股票，如单一指数型基金。 保险：基本需求养老保险	投资：中短期看好的基金。 保险：短期储蓄险等	投资：中长期表现好的基金。 保险：子女教育基金

任务解析 3 家庭理财所面临的风险

家庭理财是通过对家庭资金系统的规划，实现家庭财产的稳定性、增值性和安全性，进而提高家庭财务利用率的活动。随着越来越多的人群开始进行家庭理财规划，理财的风险也随之突显，但并不是每个家庭都能意识到这些风险，因此很容易进入理财误区，进而影响理财收益，甚至导致财务亏损。

一、家庭理财所面临风险

家庭理财面临六大风险，包括政策、法律、市场、机构、诈骗和操作。政策

风险指国家出台实施或调整经济金融政策变化带给投资者的风险；法律风险指投资者进行金融投资时违反国家法律法规而产生的风险；市场风险指市场变化给投资者造成的风险；机构风险指金融机构的经营管理出现问题给投资者带来的风险；诈骗风险指投资者进行投资时因人为因素被诈骗所形成的风险；操作风险指理财时因金融投资操作不当而产生的风险。

想一想

您家庭当前的理财活动是否遇到过上述的六大风险？您是如何规避的？

二、家庭理财风险的规避

(一) 对风险进行测评

家庭理财进行投资时，首先要计算家庭收入、现金、金融资产和实物资产，分析各类投资风险，了解各类理财产品的风险，规避高风险的理财项目，减少投资风险。

(二) 通过转移降低投资风险

家庭理财时可以用合法的方式来分散风险，如转化投资风险，可以通过向项目承担者投资，让利项目承担者，将风险转化给项目承担者，以风险转化的方式规避风险。

(三) 分散风险

投资中常说“不要把所有鸡蛋放在同一个篮子里”，投资者可以对家庭资产的结构进行优化组合，将风险分散到不同的投资上，实现风险的规避。

(四) 做好风险补偿

家庭要定期从理财产生的投资收益中按一定比例提取一定的资金，作为风险损失准备，来应对家庭投资可能遭受的损失，进行风险补偿，实现家庭理财的稳定。

风险是伴随在家庭理财规划一切活动当中的，除上述家庭理财所面临的风险以外，每个家庭或个人都具有不同的风险偏好，每个金融产品都具有各自的金融属性，所以理财从业人员在与客户进行沟通时，首先应做到风险的告知义务。

任务解析 4　客户投资心理分析

对理财客户的心理进行分析可以指导客户理性选择理财规划方案的具体产品，为客户出具更全面、更适合客户的理财规划方案建议。

一、从众心理

从众是人的一种正常心理，在理财规划过程中，某些客户可能会被朋友家、亲戚家、同事家购买的理财产品所引导，认为成功的理财规划可以原样复制，这类客户大多没有主见。理财从业人员应帮助其认识到“具体问题具体分析”的重要性，朋友、亲戚、同事的家庭状况和客户本人未必一样，每一个家庭甚至每一个成员的配置都可能有所不同，适合别人的不一定适合自己。作为理财从业人员要能够在遵循理财规划规律和原则的方向下，针对客户的家庭做出更适合的方案。

二、虚荣心理

虚荣心强的人在生活支出方面更倾向于外人可见的物质消费，比如大面积住房、豪华装修、让孩子读高费用的私立学校、追逐名牌奢侈品消费等，运用这些外在的物质去攀比和炫耀。理财从业人员在为这类客户服务时，应着重建议客户理性消费，控制不必要的消费支出。

三、逆反心理

逆反心理强的客户，对于外界的建议往往会优先从质疑的角度考虑，比如当理财从业人员提供可供选择的 A、B、C 三种理财产品，但优先推荐 A 产品的时候，这种客户反倒可能先会排除掉 A 产品，而从 B、C 产品中进行选择。在面对逆反心理强的客户时，要注意及时调整产品的推荐方式，给客户更高的自由选择空间，通过平和或幽默等方式让沟通尽量顺畅。

四、权威心理

一般权威心理强的客户比较倾向于选择知名机构、大型公司对接其业务需求，这样会使其更具有安全感。比如选择中国银行、农业银行、工商银行、建设银行、交通银行这些国有银行的理财产品。他们对于服务、产品、价格、收益方面的敏感性相对偏低，而过分认可知名机构提出的建议。对于这部分客户，理财从业人员要更加突出自身的服务以及专业能力，在理财规划方案设计过程中增加其信任度和安全感。

【能力拓展】

- 您的家庭处于生命周期的什么阶段？您认为该阶段有什么特征？

章节习题

实战演练 1　分析胡先生的家庭财务状况

【任务发布】

请根据任务展示提供的胡先生家庭情况描述、资产负债情况列表和家庭收支情况列表中的信息，整理编制胡先生的家庭资产负债表和家庭收支表；

基于两张家庭财务报表分析胡先生家庭的资产结构、财务状况，指出该家庭目前资产结构中存在的问题，并给出合理的改进建议。

【任务展示】

胡先生今年 43 岁，为某外企高层管理人员，妻子谢女士现年 41 岁，是某公司财务主管。该家庭 2020 年 12 月 31 日对家庭财务状况进行梳理并列出如下资产负债情况列表、家庭收支情况列表，如表 2-18 和表 2-19 所示。

表 2-18　胡先生家庭资产负债情况列表

项　目	家庭资产、负债情况
现金	2 万元
银行存款	活期 5.5 万元
房屋	150 万元住房一套，300 万元郊区度假别墅一幢
汽车	2 年前 55 万元购买别克轿车一辆，预计使用年限为 10 年，当前市值为 50 万元
国债	年初购入 10 万元，本年利息收入 2 万元，目前市价本息合计 12 万元
字画收藏	以前 50 万购买的名家字画目前市值 120 万元
翡翠及钻石首饰	市价预估 35 万元
信用卡透支	消费使用信用卡 5 万元
住房贷款	别墅贷款 120 万，剩余年限 10 年

表 2-19　胡先生家庭收入支出情况列表

项　目	家庭收入、支出情况
胡先生	月薪 3.5 万元，年终奖 10 万元，年收入 52 万元
谢女士	月薪 1.2 万元，年收入 14.4 万元
国债利息收入	国债利息收入 2 万元
日常消费	支出 2.5 万元
住房贷款	等额本息方式还款，每月还款支出 1 万元，年还款支出 12 万元
汽车	每年花 1 万元购买汽车保险，1 万元油费等
保险缴费	夫妇两人从 2010 年开始每年购买中国平安保险公司的意外伤害医疗保险，每年交保费 1000 元
字画收藏	消费 12 万元
教育投资	每年 5.5 万元
赡养老人	每年 1.2 万元

(1) 请根据表 2-18，填制表 2-20 所示的胡先生家 2020 年 12 月 31 日的家庭资产负债表。

表 2-20 胡先生的家庭资产负债表

客户姓名： 日期： 单位：

资 产	金额	负债及净资产	金额
现金及现金等价物		**短期负债**	
库存现金		信用卡透支	
活期存款		消费贷款	
货币基金		民间借贷	
合 计		**合 计**	
金融资产		**长期负债**	
定期存款		汽车贷款	
债券		住房贷款	
基金		其他借款	
股票			
黄金			
外汇			
期货			
理财产品			
合 计		**合 计**	
不动产		**负债合计**	
自用		净资产	
投资			
合 计		**净资产合计**	
其他资产			
汽车			
其他			
合 计			
资产合计		**负债及净资产合计**	

(2) 请根据表2-19，填制表2-21所示的胡先生家2020年度的家庭收支表。

表2-21 胡先生的家庭收支表

客户姓名： 日期： 单位：

项 目	金额
收 入	
工资收入(包括奖金、津贴、加班费、公积金、退休金等)	
投资收入(包括利息所得、分红所得、证券买卖所得等)	
其他收入	
收入总额	
支 出	
日常生活消费(食品、服饰费)	
家庭基础消费(水、电、气、物业、电话、上网)	
交通费(公共交通费、油费等)	
医疗保健费(医药、保健品、美容、化妆品)	
旅游娱乐费(旅游、书报费、视听、会员费)	
教育费(保姆、学杂、教材、培训费)	
保险费(投保、续保费)	
税费(房产税、契税、个税等)	
还贷费(房贷、车贷、投资贷款、助学贷款等)	
其他(赡养父母、社交支出、礼金支出等)	
支出总额	
盈 余	

(3) 请对胡先生家庭的财务指标进行计算并做合理性判断，填制表2-22。

表2-22 胡先生的家庭财务指标分析表

指标	数值	合理区间	分析结果
资产负债率			□合理 □不合理
紧急预备金月数			□合理 □不合理
结余比率			□合理 □不合理
财务自由度			□合理 □不合理

(4) 请对胡先生家庭的资产负债及收支做出分析与总结并给出改进建议。

【步骤指引】

• 老师协助学生对胡先生家庭资产负债情况列表和收支情况列表中的内容进行梳理分类将对应金额填入家庭资产负债表和家庭收支表中；

• 对资产负债表和家庭收支表中的各项目数额进行小计、合计；

• 老师引导学生回忆各项财务指标的计算公式及合理区间，学生进行计算并判断结果的合理性；

• 根据判断结果，进一步分析家庭目前资产结构及收支中存在的问题，给出改进建议。

【实战经验】

实战演练 2　判断客户家庭生命周期阶段

【任务发布】

根据任务展示中的客户信息表，判断客户家庭所处生命周期阶段，分析客户家庭的财务情况，并给出客户的家庭理财建议。

【任务展示】

(1) 根据表 2-23 所示的客户家庭信息介绍列表，完成表 2-24 所示的客户家庭生命周期分析表。

表 2-23　客户家庭信息介绍列表

客户姓名	家庭基本情况
李胜利	李胜利今年 63 岁，退休，妻子 60 岁，退休，夫妻均有退休金和社保。夫妻有一儿子，32 岁，已工作并已结婚，不同夫妻俩居住，双方老人均已去世。夫妻有存款，有房产，无房贷也无其他外债
王敏	王敏 27 岁，是一位中学数学老师，收入稳定，月收入 6500 元左右，未婚，同父母一起居住
金为念	金为念今年 32 岁，丈夫 34 岁，没有孩子；与父母分开住，有自己房产，但每月需要还房贷和车贷，夫妻双方每月收入 1.8 万元
赵强	赵强今年 40 岁，妻子 37 岁，一个孩子，上初中二年级。与父母分开居住，有自己房产每月需还房贷，无车贷，夫妻每月收入 3 万元
李飞	李飞是一家上市公司的会计，今年 52 岁，月收入 3 万元，妻子今年 49 岁，月收入 1.8 万元；孩子已经毕业开始上班，与夫妻二人同住；父母和李飞夫妻分开住。家里有房产 2 套，无房贷和其他债务

(2) 根据客户基本信息，判断各个客户家庭所处家庭生命周期阶段，并给出理财建议。

表 2-24　客户家庭生命周期分析表

客户名称	家庭所处生命周期阶段	财务情况	理财建议
李胜利		收入： 支出：	
王敏		收入： 支出：	
金为念		收入： 支出：	
赵强		收入： 支出：	
李飞		收入： 支出：	

【步骤指引】

- 老师带领学生梳理每个客户家庭信息情况，判断客户家庭所处生命周期阶段。
- 学生根据客户家庭所处生命周期阶段分析客户收入、支出情况，并给出理财建议。

【实战经验】

项目三

家庭理财产品

项目概述

本项目详细讲解了银行理财产品、保险产品、存款与债券、股票、证券投资基金、金融衍生品、黄金和外汇等家庭投资理财中常用的金融工具，帮助学生了解银行理财产品要素类型、家庭风险及风险的特点、黄金四种投资工具特点、外汇交易特点和外汇市场，熟悉银行存款业务类型、债券特征与分类、家庭保险产品的分类、理财保险产品的类型、股票的概念与特征、股票板块的分类、证券投资基金的概念、金融衍生产品的分类，掌握银行理财产品的分类、股票交易场所、股票类型、证券投资基金的分类等。通过本项目的学习使学生全面了解各种家庭理财工具，能够准确地分析客户对不同投资工具风险、收益、流动性等方面的需求，并推荐适当的投资工具，培养学生对理财产品市场认知的能力。

项目背景

孔子曰："富与贵，是人之所欲也，不以其道得之，不处也；贫与贱，是人之所恶也，不以其道得之，不去也。"这句话的意思是：有钱有地位是人人都向往的，但如果不是用"道"的方式得来，君子是不接受的；贫穷低贱是人人都厌恶的，但如果不是用"道"的方式摆脱，是摆脱不了的。这句话中的"道"就是道理、方式，其实就是阐述了赚钱要善于运用合理合规的投资工具。对于家庭客户而言，投资收益主要依赖于投资产品的选择，因此我们要对金融市场中的家庭理财产品有一个更加全面而深入的认识。

客户进行投资规划决策的基础是理财产品的选择。在进行投资规划前，请问自己几个问题：

我需要什么样的金融机构为我服务？

我对理财产品的收益率要求有多高？

我能承受多大程度的本金损失？

哪些金融机构能为我提供理财服务？

我怎样把多余的资金放到金融市场中进行投资？

风险发生时，我该怎么办？

理财产品是客户实现理财规划的主要工具，掌握各种理财产品的特性、风险、收益等是制订理财规划的重要前提。本项目主要对当前金融市场中的银行理财产品、保险理财产品、证券理财产品等内容进行详细介绍和说明。

项目演示

客户赖先生不知道如何理财，为此咨询吴经理，如图 3-1 所示，是他们之间的对话。

图 3-1　客户赖先生与吴经理的交谈

吴经理要求小琪针对家庭理财的产品为客户赖先生进行系统的介绍，为了能更好地完成吴经理分配的任务，小琪制订了如图 3-2 所示的学习计划。

图 3-2　学习计划

思维导图

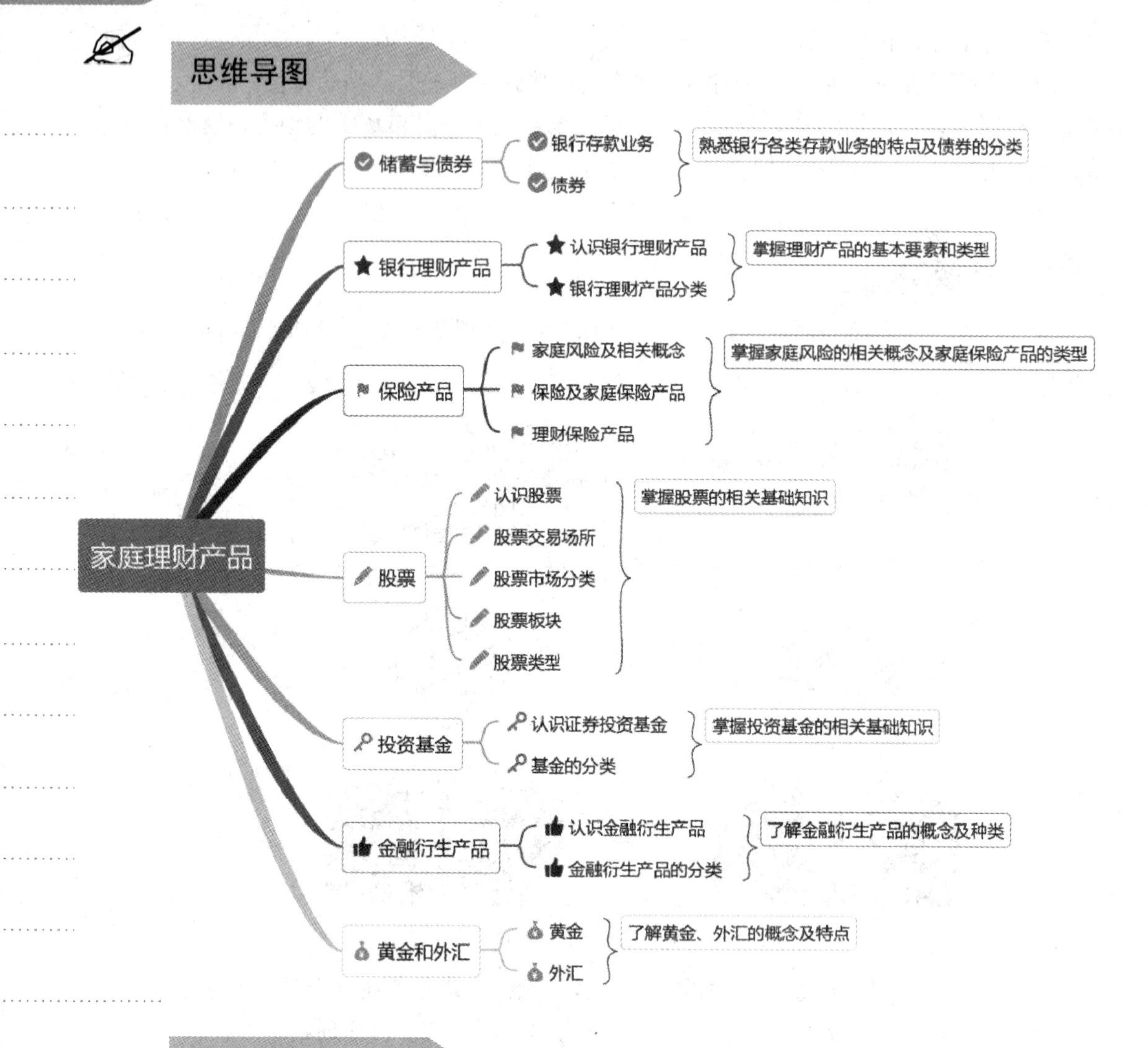

思政聚焦

证券业协会为深入践行行业文化理念，加强证券从业人员职业道德建设，防范道德风险，维护行业声誉，保护投资者及其他利益相关方的合法权益，促进行业健康发展，于2020年8月6日发布《证券从业人员职业道德准则》：敬畏法律，遵纪守规；诚实守信，勤勉尽责；守正笃实，严谨专业；审慎稳健，严控风险；公正清明，廉洁自律；持续精进，追求卓越；爱岗敬业，忠于职守；尊重包容，共同发展；关爱社会，益国益民。

理财从业人员在证券行业开展业务时，应遵守上述的行为准则和职业道德，做一名遵纪、守法、合规的理财从业人员。

教学目标

知识目标

◎了解银行理财产品要素类型
◎了解家庭风险及风险的特点
◎了解黄金四种投资工具特点
◎了解外汇交易特点和外汇市场
◎熟悉银行存款业务的类型与特点
◎熟悉债券的特征及分类
◎熟悉家庭保险产品的分类
◎熟悉理财保险产品的类型及概念
◎熟悉股票的概念及特征
◎熟悉股票板块的分类
◎熟悉证券投资基金的概念
◎熟悉金融衍生产品概念及特征
◎掌握银行理财产品的分类及其内容
◎掌握股票交易场所
◎掌握股票上市地点和所面向投资者划分的类型
◎掌握证券投资基金的分类

能力目标

◎能够运用金融理财产品解决家庭投资规划决策问题

学习重点

◎七大类理财产品工具
◎运用金融理财产品解决家庭投资规划决策问题

任务1 存款与债券

【任务描述】

- 熟悉银行存款业务的类型与特点。
- 熟悉债券的特征及分类。

任务解析1 银行存款业务

银行存款业务是商业银行面向个人或机构投资者开办的存款业务，它为投资者的闲置资金提供了渠道，投资者可以获取利息。银行存款一般来说有以下几类业务：活期存款、定期存款、个人通知存款、大额存单、结构性存款等。

一、活期存款

活期存款是商业银行向社会大众提供的个人活期基本账户。存款人持有本人的活期存款账户能够实现随时存取、转账等功能，存款的形式多样，有支票存款账户、保付支票、本票、旅行支票和信用证等。近几年来，随着经济形势的变化，国际市场上的活期存款利率水平普遍较低，其中一些西方国家的银行开设的活期存款业务是不支付活期利息的，甚至存款人需要向银行支付利息，即负利率。

个人活期存款对存款期限是没有限制的，存款人持自己的银行卡或存折，遵循银行的业务流程规范，可以通过银行柜面或者 ATM 等自助设备来实现随时存取现金的相关业务。

按照币种的差异进行划分，活期存款可以分为两类存款：人民币活期存款和外币活期存款，如表 3-1 所示。

表 3-1 活期存款的类别和功能特色

类别	功能及特色
人民币活期存款	(1) 覆盖面广：支持全国同城或异地通存通取。 (2) 方便快捷：活期存款账户可设置为缴费账户，由银行自动代缴各种日常费用。 (3) 灵活简便：随时存取，资金运用灵活性较高，办理手续简便。 (4) 受众广泛：适用于所有客户
外币活期存款	1 美元起存，随时存取，方便灵活。目前我国商业银行可办理美元、欧元、港币、英镑、日元、加拿大元、澳大利亚元等多币种存款业务

课外链接：负利率的国家

利率是指借方支付给贷方的资金价格。利率一般是正值，也就是说一般来说借款人要向贷款人支付利息。然而，从2009年市场上出现了一种奇怪的现象——存款人不仅获得不了利息，反而要向金融机构支付费用，即负利率。

当前负利率在欧洲和日本都存在。1999年时，日本曾首创零利率政策。2009年，全球第一家实行负利率的银行——瑞典央行，政策利率降至-0.1%，一年后利率又恢复到零水平，到2015年时该行的利率再次回到负利率水平。2014年6月，为了抑制经济下滑、失业率，欧央行开始实施全球最大规模的负利率，它将商业银行在央行的隔夜存款利率降到-0.1%。另外，欧洲的瑞士和丹麦也加入负利率政策的行列。为了更好地解决金融危机引起的经济问题，从2016年开始日本在货币政策中加入了负利率政策。

但是，银行很难将负利率传递给他们的零售客户。因此如果央行实行负利率，倒霉的往往是银行。因为一方面他们在央行那里的准备金得不到丝毫利息，反而要倒贴。银行间的隔夜拆借利率也会因为央行的指导性利率而降到零以下。但另一方面，银行在储户的储蓄上却要支付正利率。这方面不乏实际例子。

比如瑞士央行目前的基准利率是-0.75%，是一个标准的负利率国家。但是瑞士最大的银行之一瑞银(UBS)，却依然对储户支付正利率。比如该银行的个人储蓄账户的利率为+0.25%。如果是退休账户，利率可能还会更高一些(0.5%)。当然，银行也不能无限制的补贴储户。因此这些储蓄户头的正利率往往有一个金额上限，一般在50万瑞士法郎左右。如果账户中的数额超过了50万瑞郎，那么银行就开始向该账户收取利息(负利率)。

另一个类似的典型例子是瑞典。瑞典央行设定的基准利率为-0.5%，也是一个负利率国家。但是瑞典最大的银行之一，瑞典银行的储蓄账户所给予的利息为0，银行并没有把负利率传递给广大的储户。

二、定期存款

定期存款是商业银行向社会大众提供的个人定期基本账户。在定期存款中，商业银行和存款人之间对存款期限、存款利率，本息的结算方式等要素进行事先约定。

相比于银行理财产品，定期存款主要有三大特点：

(一) 存期较为灵活

(1) 可部分提前支取。银行允许定期存款在约定的存期内可以“部分提前支取

一次”，提前支取部分的存款按活期利率计息，未提前支取的部分继续按定期存款利率计息。

(2) 随时支出。定期存款形式上是定期，但实质上是活期，可以随时支出，只是享受的利率不同而已。

(二) 收益灵活

(1) 银行定期存款的收益通常不是一成不变的，它会根据存款的时间长短分别获得不同的利率。这就是银行所说的“套档计息”；

(2) 上浮利率。部分存款设置起点条件，如果满足起点条件，存款人就能享受到更高的存款利率(例如上浮40%、45%或50%)。相反，存款人的单笔存款金额若不能达到大额存单的起存金额，就只能享受低利率。

(三) 保本保息

定期存款本金是安全的，即储户存入多少钱，当支取出来时，绝对不会少于存入的金额，即所谓“保本”。同时定期存款不仅保本，而且保息。定期存款支出时，银行会按照当时存入的条件和约定支付利息，所谓“保息”即保证收益。由于这个特点的存在，能给予存款人实实在在的获得感。

人民银行 银保监会 证监会 外汇局关于规范金融机构资产管理业务的指导意见

2018年4月27日《关于规范金融机构资产管理业务的指导意见》(银发〔2018〕106号)即“资管新规”实施之后，银行理财产品打破了刚性兑付，也就是说，购买银行理财产品有可能是亏损的，不能确定本金100%兑付。同时“资管新规”还要求银行理财产品的收益是预期的，不是保证的收益。换言之，当理财产品到期时，银行支付的收益不一定是销售产品宣传时的收益。

图3-3介绍的是定期存款的四种业务类型及各自特点。

整存整取

•人民币50元起存，多存不限，本金一次存入。存期分三个月、六个月、一年、二年、三年和五年，到期支取本息，存期越长，利率越高。

零存整取

•每月固定存额，集零成整，到期一次支付本息。开户起存金额最低5元，多存不限。存期为一年、三年和五年。不得部分提前支取。

定活两便

•存款时不确定存期，可随时到银行提取，利率随存期长短而变化，兼有定期和活期两种性质。

存本取息

•人民币5000元起存，存期可分为一年、三年、五年。取息日可以一个月或几个月取息一次；取息日未到不得提前支取利息，取息日未取息，以后可随时取息，但不计复息。

图3-3　定期存款的四种类型及特点

三、个人大额存单

个人大额存单是商业银行向社会大众提供的一种记账式大额存款凭证。与定期存款类似，大额存单属于一种存款类金融产品。

个人大额存单的主要功能及特点有四个：

(1) 收益性好：利率一般较同期限定期存款更高，收益有保障。

(2) 安全性强：保本保收益，纳入存款保险范围，安全可靠。

(3) ，流动性好：可办理全部/部分提前支取(当期产品说明书有特别约定的除外)，满足临时性用款需求，还有转让、质押等功能陆续推出。

(4) 灵活性高：多期限选择，可满足客户多元化配置需求。

图 3-4 是一款个人大额存单产品说明书的示例。

平安银行 2017 年第 47 期个人大额存单产品说明书

一、产品要素			
产品名称	2017 年第 47 期个人大额存单（按月付息）		
币种	人民币	**产品期限**	3 年
利率类型	固定利率	**年化利率**	3.905%
付息方式	定期付息	**付息频率**	按月
发行时间	2017 年 4 月 20 日-2017 年 4 月 30 日（含）		
认购起点金额	100 万	**递增金额**	不限
起息日	成功存入当日	**到期日**	存入满 3 年
付息日	存入次月起付息，付息日为存入日对应日期，如付息月没有对应日期，则付息日为该月的月末，最后一笔利息与本金一起到期支付。		
转让	不支持行内转让	**赎回**	否
提前支取条款	只允许全额本金提前支取，并按实际存期和支取日平安银行挂牌活期存款利率计息，对应的已支付定期利息将从提前支取本息中扣除。		
发行范围及渠道	平安银行全行营业网点、个人网银及手机银行		
二、产品相关说明			
利息收益说明	1. 存款人持有到期，我行按照产品发行时约定期限和利率兑付利息。若存款人提前支取，则按产品发行时约定的提前支取计息规则计息。 2. 若本产品遇提前赎回，则产品赎回日为产品到期日，产品利息按实际存续天数计息。 3. 大额存单到期后我行将本息自动划转到存款人认购本产品的银行卡活期账户内，使用存折购买的将转入其指定本行活期账户内，但因办理时段存款证明、质押、司法冻结等业务导致状态异常的大额存单，需待存单状态正常后划转。**逾期时段按照实际支取日平安银行挂牌活期存款利率计息。**		
提前支取	1. 可办理提前支取的大额存单，可在存单未到期前按照提前支取条款约定办理提前支取。 2. 本产品若可部分提前支取，**在部分提前支取后，存单余额应不低于该期产品的的认购起点金额，如低于本期产品的认购起点金额，应办理全额提前支取。** 3. 因办理时段存款证明、质押、司法冻结等业务导致状态异常的大额存单不可提前支取。		
转让	1. 我行行内渠道发行的可转让大额存单可通过我行指定渠道办理转让业务，转让交易限我行个人存款人之间进行。可转让大额存单采用交易过户方式转让，并在该存单存期内进行。 2. 通过人民银行指定第三方交易平台发行的大额存单，可以在该平台二级市场交易。		
赎回	本产品若为可赎回产品，平安银行有权利在发行时约定的赎回条件发生时按约定收益主动向存款人赎回该产品。若平安银行提前赎回该产品，将在提前赎回日前三个工作日内向存款人发出公告。		
税收规定	如国家征收利息税，平安银行按国家有关税收规定执行。		
其他	存款人可根据需要在我行办理大额存单质押、开立存款证明业务。		

图 3-4　平安银行个人大额存单说明书

四、个人通知存款

个人通知存款是商业银行向社会大众提供的一种不约定存期的存款。个人通知存款主要有两种产品：一天通知存款、七天通知存款。

与一般存款相比，个人通知存款的门槛要高很多，它的最低起购金额是 5 万元，单笔购买的最高上限是 500 万元(含)。通知存款的支取较为灵活，可以选择一次支取，或者分次支取。个人通知存款的功能及特点如图 3-5 所示。

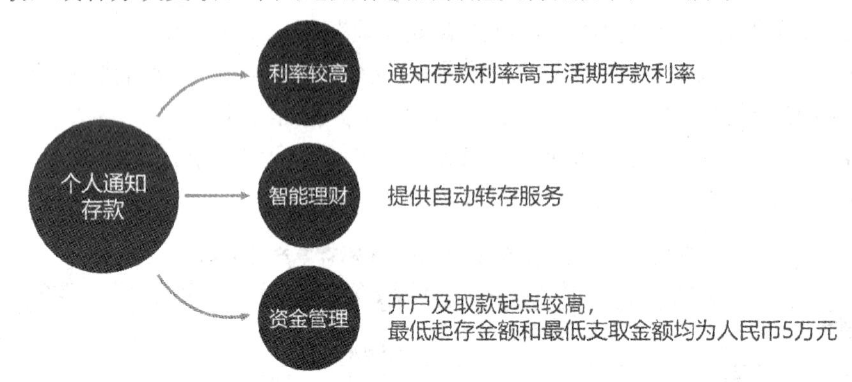

图 3-5　个人通知存款的功能及特点

五、结构性银行存款类产品

在利率市场化条件背景下，各商业银行在传统存款业务的基础上推出了创新型的结构性存款类产品。结构性存款类产品的本质仍是存款，本金安全和传统存款一样受《存款保险条例》保障，但其设计比传统存款更加灵活，能够更好地平衡储户资金流动性和收益性的需求。

中华人民共和国国务院令 第 660 号 存款保险条例

2019 年中国银保监会制定并发布了《关于进一步规范商业银行结构性存款业务的通知》(银保监办发〔2019〕204 号)，明确结构性存款是指商业银行吸收的嵌入金融衍生产品的存款，通过与利率、汇率、指数等的波动挂钩或者与某实体的信用情况挂钩，使存款人在承担一定风险的基础上获得相应的收益。

结构性存款将客户存入的资金分成两部分，一部分通过定期存款获取稳健收益，另一部分资金用来进行“金融衍生品”投资，以求获得高于定期存款的回报。它的本金是安全的，利息由固定+浮动两部分构成。固定部分即“保底收益”是在存入资金时和银行就做出约定，到期保证给付；浮动部分则不进行约定，存款到期后的利息给付根据挂钩标的浮动情况决定。

中国银保监会办公厅关于进一步规范商业银行结构性存款业务的通知

可见，结构性存款的利息总额是不确定的，也就是利息收益是由变化的风险决定，是一款保本浮动收益型产品。较普通存款产品而言，收益部分存在波动的可能性，风险稍高一些。所以，存入结构性存款时，客户需要根据商业银行的历史业绩和该存款产品挂钩的金融衍生品情况自行做出判断，自愿承担收益风险。如平安银行的“结构性存款”系列产品即是嵌入沪深 300 指数、中证 500 指数、美元、日元、黄金等金融衍生品，银行根据投向挂钩指数的不同设置相应的最低收益率，浮动收益部分在产品到期后由实际的管理结果来决定。如图 3-6 所示，挂钩中证 500 看涨敲出产品的最低保证收益率为 0.5%，可参考的历史业绩最高为 5.4%，但产品最终的到期利率水平在购买时是不能确定的。

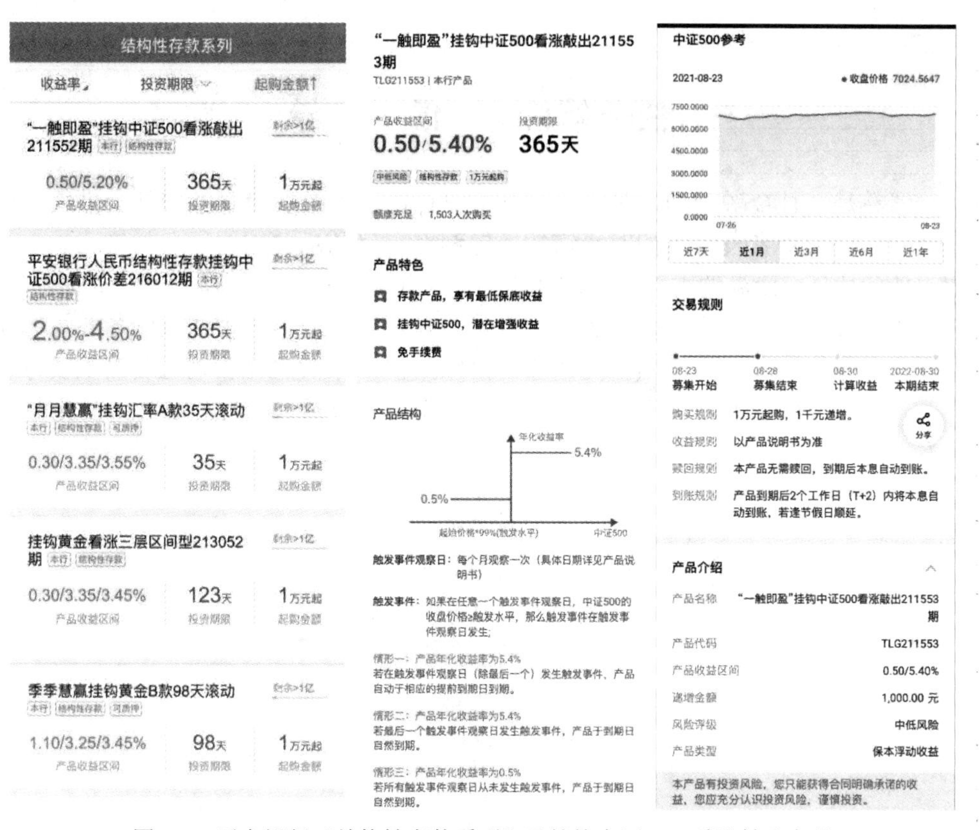

图 3-6　平安银行"结构性存款系列"及挂钩中证 500 看涨敲出产品

平安银行"一触即盈"股指系列人民币结构性存款产品相关资料

在《关于进一步规范商业银行结构性存款业务的通知》中对商业银行销售结构性存款做出了相关要求，主要内容如表 3-2 所示。

表 3-2　商业银行结构性存款销售要求

要求类型	内　容
销售金额	不得低于 1 万元人民币(或等值外币)
销售宣传	销售文本应当全面、客观反映结构性存款的重要特性和与产品有关的重要事实，使用通俗易懂的语言，向投资者充分揭示风险；不得将结构性存款作为其他存款进行误导销售，避免投资者产生混淆
风险揭示	至少包含以下表述："结构性存款不同于一般性存款，具有投资风险，您应当充分认识投资风险，谨慎投资"；在显著位置以醒目方式标识最大风险或损失，确保投资者了解结构性存款的产品性质和潜在风险，从而自主进行投资决策
销售文件内容	包括但不限于产品性质、产品结构、挂钩资产、估值方法、假设情景分析以及压力测试下收益波动情形等
投资冷静期	不少于二十四小时，且在投资冷静期内，如果投资者改变决定，商业银行应当遵从投资者意愿，解除已签订的销售文件，并及时退还投资者的全部投资款项，投资冷静期自销售文件签字确认后起算

任务解析2 债　　券

债券是一种金融契约，是政府、金融机构、工商企业等直接向社会借债筹措资金时，向投资者发行，同时承诺按一定利率支付利息并按约定条件偿还本金的债权债务凭证。债券的本质是债的证明书，具有法律效力，如图3-7所示，形象地描绘了债券的本质。债券购买者或投资者与发行者之间是一种债权债务关系，债券发行人即债务人，投资者(债券购买者)即债权人。债券也是公司融资的重要方式之一，另一方面债券持有人通过债券投资获得固定收益，因此也被称为固定收益证券。

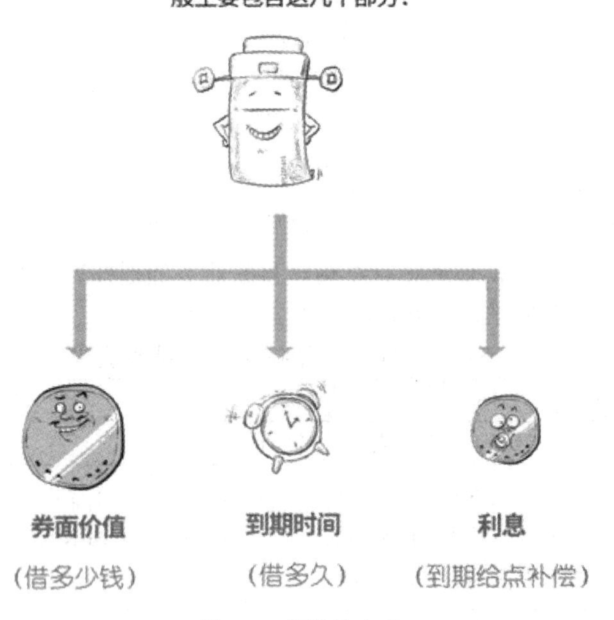

图3-7　债券的本质

一、债券的特征

与其他金融产品相比，债券具有偿还性、流通性、安全性、收益性的特征。

偿还性：指债券有规定的偿还期限，债务人必须按期向债权人支付利息和偿还本金。

流动性：指债券持有人可按需要和市场的实际状况，灵活地转让债券，以提前收回本金和实现投资收益。

安全性：指债券持有人的利益相对稳定，不随发行者经营收益的变动而变动，

并且可按期收回本金。

收益性：指债券能为投资者带来一定的收入，即债券投资的报酬。在实际经济活动中，债券收益可以表现为三种形式：一是投资债券可以给投资者定期或不定期地带来利息收入；二是投资者可以利用债券价格的变动，买卖债券赚取差额；三是投资债券所获现金流量再投资的利息收入。

二、债券的分类

按不同标准，债券可以划分为很多种类，最常见的分类方式有以下两种：

(1) 按发行主体分为政府债券、金融债券、公司债券等。

国债

政府债券是政府为筹集资金而发行的债券，主要包括国债、地方政府债券等，其中最主要的是国债。国债因其信誉好、利率优、风险小而又被称为"金边债券"。

金融债券是由银行和非银行金融机构发行的债券。金融机构一般有雄厚的资金实力，信用度较高，因此金融债券往往有良好的信誉。

公司债券是债券体系中的重要品种，是公司依照法定程序发行的、约定在一定期限还本付息的有价证券。对于持有人来说，它只是向公司提供贷款的凭证，所反映的只是一种普通的债权债务关系。持有人虽无权参与股份公司的管理活动，但每年可根据票面的规定向公司收取固定的利息，且收息顺序要先于股东分红，股份公司破产清理时亦可优先收回本金。公司债券在证券登记结算公司统一登记托管，可申请在证券交易所上市交易，其信用风险一般高于企业债券。2008 年 4 月 15 日起施行的《银行间债券市场非金融企业债务融资工具管理办法》(中国人民银行令〔2008〕第 1 号)进一步促进了企业债券在银行间债券市场的发行，企业债券和公司债券成为我国资本市场体系中越来越重要的投资对象。

(2) 债券按嵌入条款分为可赎回债券、可回售债券、可转换债券等。

可赎回债券亦称"可买回债券"，是指发行人有权在特定的时间(债券到期日前)按照某个价格(通常是平价或溢价)强制从债券持有人手中将其赎回的债券，可视为是债券与看涨期权的结合体。可赎回债券的适用条件：一是当前利率水平较低；二是发行人预期未来利率将会下调。

可回售债券亦称"卖回债券"。允许投资者以事先规定的价格将债券提前回售给发行人权利的债券。可回售债券的适用条件：一般出现在利率上升、债券价格下降的时候。投资者持有的回售权是在标的价格下跌时出售标的资产的权利，所以它是看跌期权。在存在回售条款的情况下，投资者有权根据设定的价格出售债券，这将降低投资者因为利率上升而遭受的损失。

可转换债券是可转换公司债券的简称，又称可转债，是指投资者可以在特定时间、按一定比例或价格转换为普通股票的特殊企业债券。可转换债券兼有债券和股票的特征，具有以下三个特点：债权性、股权性、可转换性。

此外，债券还有其他的分类方式，如表 3-3 所示。

表 3-3 债券的其他分类

标 准	类 型
期限的长短	短期债券
	中期债券
	长期债券
是否记名	记名债券
	不记名债券
担保情况	信用债券
	担保债券
债券票面利率是否变动	固定利率债券
	浮动利率债券
	累进利率债券
发行人是否给予投资者选择权	附有选择权的债券
	不附有选择权的债券

【能力拓展】

- 请根据所学的知识，对政府债券、金融债券、公司债券三种债券产品进行分析，并对它们的产品风险和收益分别进行排序。

任务 2 银行理财产品

【任务描述】

- 了解银行理财产品要素类型。
- 掌握银行理财产品的分类及其内容。

任务解析 1　认识银行理财产品

2018 年 9 月 26 日发布并施行的《商业银行理财业务监督管理办法》(银保监会令〔2018〕年第 6 号)中对商业银行理财业务即理财产品做出了明确规定，此处所指的商业银行包括中资商业银行、外商独资银行和中外合资银行。

商业银行理财业务监督管理办法

该办法要求商业银行理财产品的财产要独立于管理人、托管机构的自有资产，因理财产品财产的管理、运用、处分或者其他情形而取得的财产，都要归入银行理财产品财产。商业银行只能通过本行渠道(含营业网点和电子渠道)销售理财产品，或者通过其他商业银行、农村合作银行、村镇银行、农村信用合作社等吸收公众存款的银行业金融机构代理销售理财产品。

商业银行理财产品可以投资于国债、地方政府债券、中国人民银行票据、政府机构债券、金融债券、银行存款、大额存单、同业存单、公司信用类债券、在银行间市场和证券交易所市场发行的资产支持证券、公募证券投资基金、其他债权类资产、权益类资产以及国务院银行业监督管理机构认可的其他资产。不得直接投资于信贷资产，不得直接或间接投资于本行信贷资产，不得直接或间接投资于本行或其他银行业金融机构发行的理财产品，不得直接或间接投资于本行发行的次级信贷资产支持的证券。商业银行面向非机构投资者发行的理财产品不得直接或间接投资于不良资产、不良资产支持的证券，国务院银行业监督管理机构另有规定的除外。

同时根据“资管新规”要求，银行理财产品要打破刚性兑付，不得承诺保证本金及收益，于 2020 年底完成预期收益型理财产品向净值型理财产品的转变。2021 年 7 月 31 日中国人民银行发文：经国务院同意，人民银行会同发展改革委、财政部、银保监会、证监会、外汇局等部门，充分考虑新冠肺炎疫情影响的实际情况，在坚持资管新规政策框架和监管要求的前提下，审慎研究决定，延长《关于规范金融机构资产管理业务的指导意见》(银发〔2018〕106 号)过渡期至 2021 年底，同时建立健全激励约束机制，完善配套政策安排，平稳有序推进资管行业规范发展。

课外链接：规范理财市场的监管体系

2018 年 04 月由中国人民银行、中国银行保险监督管理委员会、中国证券监督管理委员会、国家外汇管理局联合印发《关于规范金融机构资产管理业务的指导意见》又称“资管新规”，2018 年 7 月中国人民银行下发《关于进一步明确规范金融机构资产管理业务指导意见有关事项的通知》，2018 年 9 月发布并施行了中国银行保险监督管理委员会令 2018 年第 6 号《商业银行理财业务监督管理办法》，2018 年 12 月下发《商业银行理财子公司管理办法》。通过一系列文件的发布，为防范金融风险、规范理财行业起到巨大的作用。目前我国理财市场正在以“资管新规” + “理财新规”为核心的全新监管体系中高速发展。

商业银行理财业务是指商业银行接受投资者委托，按照与投资者事先约定的投资策略、风险承担和收益分配方式，对受托的投资者财产进行投资和管理的金融服务。理财产品是指商业银行按照约定条件和实际投资收益情况向投资者支付收益、不保证本金支付和收益水平的非保本理财产品，商业银行不得发行分级理财产品。银行理财产品的要素类型主要分为三大类，如表3-4所示。

表3-4 银行理财产品的要素类型

产品要素类型	产品要素信息
开发主体信息	发行人、托管机构、投资顾问
目标客户信息	客户风险承受能力、资产规模、等级、发行区域、门槛、最小递增金额等
产品特征信息	资产主类、风险等级、委托币种、产品结构、收益类型、交易类型、预期收益率、银行终止权、客户赎回权、委托期限、起息日、到期日、付息日、起售日等

课外链接：预期收益型理财产品与净值型理财产品

预期收益型理财产品，是指在产品发行时银行对产品的到期兑付收益给出预期收益率指标，投资者持有到期后，可以获得相当于预期收益率的实际收益。如果产品到期时运作的实际回报低于给客户做出的预期收益率则由银行承担差额，如果实际回报高于预期收益率，银行也不会将高出的收益兑付给投资者，可见预期收益型理财产品具有“刚性兑付”的性质。自“资管新规”落地后，预期收益型理财产品已逐步退出银行理财产品的舞台。

净值型理财产品，是指产品发行时不对收益率做出预期，产品收益以净值的形式展示，投资者根据产品的实际运作情况，享受浮动收益的理财产品。当产品到期时根据产品实际市场投资报价来计算产品收益率，如果是开放式的，则是根据开放时间的市场报价进行估价计算。可见净值型产品能更为准确、真实的反应资产的价值，客户投资该产品是非保本、非保证收益的，投资结果以产品的实际运作情况为准，客户需要理性投资自担风险，这是当今银行理财产品的发行管理方式。

任务解析2 银行理财产品分类

为了满足巨大的财富管理市场需求，服务个人及家庭理财客户，目前各大商业银行发行的理财产品十分丰富。银行理财产品可从募集方式、存续形态、投资

性质几方面做出分类，以便于对其构成进行了解。

一、根据募集方式的不同

根据理财产品募集方式的不同可将其分为公募理财产品和私募理财产品，其定义如表3-5所示。

表3-5　公募及私募理财产品定义

分　类	定　　义
公募理财产品	商业银行面向不特定社会公众公开发行的理财产品。(公开发行的认定标准按照《中华人民共和国证券法》执行)
私募理财产品	商业银行面向合格投资者非公开发行的理财产品。私募理财产品的投资范围由合同约定，可以投资于未上市企业股权及其受(收)益权

二、根据存续形态不同

根据银行理财产品的存续形态不同可将其分为开放式理财产品和封闭式理财产品，详情如表3-6所示。

表3-6　开放式及封闭式理财产品

分　类	定　　义
开放式理财产品	开放式理财产品是指自产品成立日至终止日期间，理财产品份额总额不固定，投资者可以按照协议约定，在开放日和相应场所进行认购或者赎回的理财产品
封闭式理财产品	封闭式理财产品是指有确定到期日，且自产品成立日至终止日期间，投资者不得进行认购或者赎回的理财产品

三、根据币种的不同

根据银行理财产品币种不同，银行理财产品可以分为人民币理财和外币理财。

人民币理财产品指商业银行面向个人或机构投资者发售的，以人民币进行购买的理财产品，这种理财产品可以投放到货币市场、债券市场、权益市场等金融市场中。

外币理财产品指商业银行面向个人或机构投资者发售的，以外币进行购买的理财产品。外币理财产品挂钩的标的资产种类很多，如利率、汇率、商品价格、股票价格等。外币理财产品要求投资者必须使用外币购买，可以是欧元、美元、英镑、澳元等国际货币。图3-8所示产品就是国内某银行的外币理财产品。

[美元]中银理财-美元乐享天天（进阶版）-汇(AMHQLXTTUSD01A)

R2中低风险 固定收益类

1.0404
单位净值(11/08)

无固定期限
投资期限

1.00起购 | 剩余额度29.28亿

美元优选理财
1美元起购，超低门槛，美元闲置资金灵活理财

申赎便利
每个开放日9点至15点30分可申购赎回

投资灵活
在固定收益类和货币市场资产中灵活配置金，提升品风险调整后的收益

交易时间 09:00:00-15:30:00
挂单时间 00:00:00-08:59:59
15:30:01-23:59:59

图 3-8　国内某银行的外币理财产品

四、根据投资性质不同

根据理财产品投资性质的不同可将其分为现金管理类、固定收益类、权益类、商品及金融衍生品类、混合类、QDII 境外投资类、另类理财产品，表 3-7 分别对上述类型进行了介绍。

表 3-7　国内人民币理财产品的类型

理财产品类型	投资市场	投 资 工 具
现金管理类	货币市场	信用等级较高、流动性较好的金融资产，包括国债、金融债、央行票据、债券回购、高信用级别企业债、公司债、银行存款等
固定收益类	债权类金融资产	存款、债券
权益类	权益市场	股票、未上市企业股权等权益类资产的比例不低于 80%
商品及衍生品类	商品及衍生品	商品及衍生品的投资比例不低于 80%
混合类	多种资产的资产组合	投资于债权类资产、权益类资产、商品及金融衍生品类资产，且任一资产的投资比例不超过 80%
QDII 境外投资类	境外有价证券市场	投资境外证券市场的股票、债券等有价证券业务的证券投资基金
另类理财产品	实物资产	挂钩酒类、艺术品、普洱茶、钻石等

【能力拓展】

- 周先生听朋友说银行理财产品收益特别高，且与银行存款一样安全。请您向周先生客观地解释银行理财产品是什么，有何特点，收益的高低受什么影响？其风险是否与银行存款一样低？

任务3 保险产品

【任务描述】

- 了解家庭风险及风险的特点。
- 熟悉家庭保险产品的分类。
- 熟悉理财保险产品的类型及概念。

任务解析1 家庭风险及相关概念

在项目二中我们提到了家庭理财所面临的风险，除此之外，作为家庭理财从业人员，我们还应该研究一个家庭所面临的风险，这样才能更好地为客户制订保险规划，并且使用具体的保险产品分散家庭所面临的风险。

客户进行保险规划决策的基础是对风险的认识。在进行保险规划前，请问自己几个问题：

我有充足的汽车保险吗？

我有充足的房屋保险吗？

我有充足的健康和意外险吗？

我需要购买人寿保险吗？

我怎样把多余的资金放到保险产品中来规避风险的发生？

家庭风险，是指家庭面临的可能发生的意外事故，即可能导致家庭经济损失或人身伤亡的事件。面对这些突发性的风险事件，是坐以待毙还是未雨绸缪，这就十分考验投资者对家庭风险的控制能力。

家庭风险的特点有以下五点：

(1) 客观性：风险是客观存在的，无法完全消灭，但风险频率、风险损失的程

度可以改变。

(2) 普遍性：风险的发生具有普遍性。

(3) 不确定性：何时、何地、结果、责任归属等问题存在不确定性。

(4) 可测性：风险发生的概率、风险损失大小的可测。

(5) 发展性：风险的性质、概率、种类都会发生变化

通常，个人或家庭面临的常见风险如图 3-9 所示。

图 3-9　个人或家庭面临的风险

其中，人身风险是指个人和家庭成员因为生命和身体遭受各种损害，导致个人和家庭收入减少、支出增加的风险。各种损害包括受伤、疾病、早亡等。

财产风险是指个人和家庭的财产因水灾、火灾、暴风雨、地震、盗窃、碰撞、恶意破坏等事故导致财产贬值、损毁、灭失的风险。

想一想

股票下跌导致个人持有的股票贬值，属于什么风险？

任务解析 2　保险及家庭保险产品

保险的发展历史悠久，最早可以追溯到公元前 2500 年前后古巴比伦收取税款作为救济火灾的资金、古埃及的石匠成立了丧葬互助组织、古罗马帝国以集资的形式为阵亡将士的遗属提供生活费……之后在人类漫长的历史长河中逐渐形成了现代保险制度，且随着社会发展和人们需求的不断变化，保险产品也在不断发展与完善，它的根本目的是当风险发生时保障受害人的利益。

保险本意是具有稳妥可靠性的保障，后延伸成一种保障机制，是用来规划人生财务的一种工具，是市场经济条件下风险管理的基本手段，是金融体系和社会保障体系的重要的支柱。现代保险源于海上借贷。到中世纪，意大利出现了冒险借贷，冒险借贷的利息类似于今天的保险费，但因其高额利息被教会禁止而衰落。1384 年，比萨出现世界上第一张保险单，现代保险制度从此诞生。

保险从萌芽时期的互助形式逐渐发展成为冒险借贷，再发展到海上保险合约，进而发展到海上保险、火灾保险、人寿保险和其他保险，并逐渐发展成为完善的

现代保险制度。

从经济角度看，保险是分摊意外事故损失的一种财务安排；从法律角度看，保险是一种合同行为，是一方同意补偿另一方损失的一种合同安排；从社会角度看，保险是社会经济保障制度的重要组成部分，是社会生产和社会生活“精巧的稳定器”；从风险管理角度看，保险是风险管理的一种方法。

课外链接：2015 年宁波市公共巨灾保险台风理赔案例

2015 年 7 月、9 月，超强台风“灿鸿”“杜鹃”登陆宁波，造成宁波市全市大降暴雨，无数的居民房屋被水淹没。宁波市各大保险展开理赔工作。在此期间，宁波市的公共巨灾保险接到受灾村(居)民报案高达 13.36 万户。灾害之后，人保财险作为牵头保险公司，太保财险、平安财险、国寿财险、阳光财险、大地财险等保险公司成立了共保体统筹内部协调，他们与政府部门有效联动，第一时间组织人力物力去现场进行查勘定损，国庆长假持续工作。这两次台风过后，仅仅 18 天的时间高效完成了灾区现场查勘工作，然后开始赔款公示、支付到户，从而确保理赔工作依法合规，最大限度地维护了广大居民的权益，这次巨灾中共赔款达到 7667 万元。与此同时，通过这次的巨灾理赔工作，进一步完善了巨灾保险中政府基层组织与保险公司之间的协同机制，对于开展巨灾保险理赔工作积累了丰富的经验。

对家庭而言，保险也是给家庭财富穿上了“防弹衣”，因为不论是个人或家庭往往要面临很多风险，为了利用保险产品更好地规避这些风险，我们首先要了解一下保险产品的种类。通过个人或家庭面临的常见风险可知，家庭保险可分为以下两大类，如表 3-8 所示。

表 3-8　家庭保险的主要产品类别

保险类型	保险标的	保险险种
人身保险	人的生命或身体	人寿保险
		健康保险
		意外伤害保险
财产保险	财产及其有关利益	财产损失保险
		责任保险
		保证保险
		信用保险

任务解析 3　理财保险产品

由于客户对于保险产品越来越丰富和多样化的需求，保险公司对于人寿保险

进行了更深入地开发，从而设计出理财保险产品。所谓理财保险产品本质上属于人寿保险，它兼顾保险的保障和投资两大功能，既实现避险等保障功能，又能为客户提供最大的投资收益。

我国的理财保险产品主要有分红保险、投资连接保险和万能保险三种。

理财保险产品既能满足投资者基本的保障功能，又能实现保险投资资产的保值增值作用，因此受到广大投资者的追捧。

分红保险是保险公司将其实际经营成果优于定价假设的盈余，按一定比例向投保人进行分配的一种人寿保险，简单说，就是投保人可以分享保险公司经营成果的保险。

投资连接保险，简称投连险。包含保险保障功能并至少在一个投资账户拥有一定资产价值的人身保险。投连险除了与传统寿险一样给予投保人生命保障，还可以让投保人直接参与由保险公司管理的投资活动，将保单的价值与保险公司的投资业绩联系起来。投连险的大部分缴费用来购买由保险公司设立的投资账户单位，由投资专家负责账户内资金的调动和投资决策，将投保人的资金投入在各种投资工具上。“投资账户”中的资产价值将随着保险公司实际投资收益情况发生变动，所以投保人在享受专家理财好处的同时，一般也将面临一定的投资风险。

万能保险即万能险，是一种缴费灵活、保额可调整、非约束性的人寿保险，相当于一个定额(或递减)的定期保险与一个递增的累积基金相结合而构成的保险。万能险与传统寿险一样可以给予投保人生命保障，还可以让其直接参与由保险公司为投保人建立的投资账户内资金的投资活动，保单价值与保险公司独立运作的投保人投资账户资金的业绩挂钩。万能险的大部分保费用来购买由保险公司设立的投资账户单位，由投资专家负责账户内资金的调动和投资决策，将资金投入到各种投资工具。

以上三种理财保险产品的特点，如图 3-10 所示。

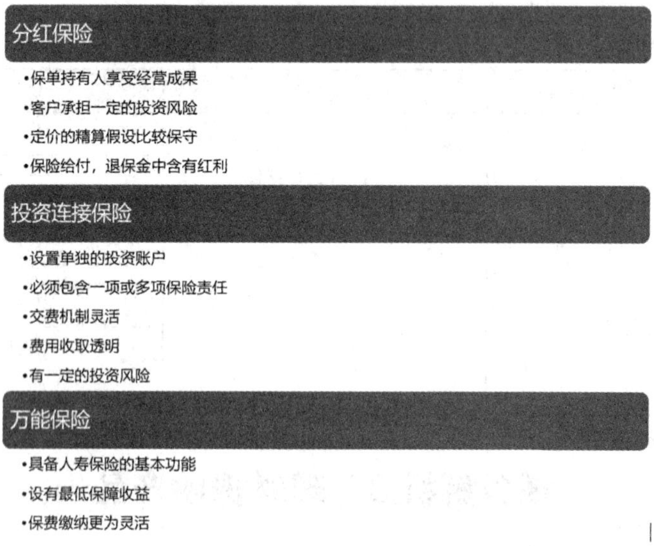

分红保险

- 保单持有人享受经营成果
- 客户承担一定的投资风险
- 定价的精算假设比较保守
- 保险给付，退保金中含有红利

投资连接保险

- 设置单独的投资账户
- 必须包含一项或多项保险责任
- 交费机制灵活
- 费用收取透明
- 有一定的投资风险

万能保险

- 具备人寿保险的基本功能
- 设有最低保障收益
- 保费缴纳更为灵活

图 3-10 理财保险产品的特点

课外链接：投连险和万能险的区别

投资连结保险是集保险与投资于一体的保险产品。投连险是一种新型终身寿险，其最大的特点就是身故保险金和现金价值是可变的。

对于万能险来说，许多人因为这个“万能”，而对它产生了误解。简单来说，万能险就是，保险公司在为你提供保障、为你提供保障额度的情况下，将你交的保费扣除手续费和保障成本后，用剩下的钱在银行为你开了一个账户，账户中的钱你可以随时拿走，也可以在账户余额充足的情况下，随时向保险公司提出增加新保障的要求。用一句话概括万能险，即：这是一种可以任意支付保险费、任意调整死亡保险金给付金额的人寿保险。

投连险和万能险都是保险理财产品，那么这两者有何区别呢？

(1) 这两者都设置多个账户，但投连险是将账户分为收益账户、发展账户等，而万能险则分为保障账户和投资账户。

(2) 投资者承担的风险不同，投连险的收益是没有保障的，它没有保底收益，风险完全由客户承担而万能险会有一个最低的保险收益，通常为1.75%～2.5%，风险是由保险公司和投资者共同承担的。

(3) 投资连结保险的支付方式通常是一年一次，而万能保险的支付没有固定的期限。

(4) 万能保险适合承担较低风险的人群，投资连结保险适合能承担较高风险的人群。

【能力拓展】

- 李先生35岁，和妻子均为公务员，有稳定收入，单位缴纳五险一金，有自住房一套(有房贷)，共同养育一个孩子。请您依据所学的内容，分析李先生的家庭存在哪些风险？如果你是保险公司的业务人员，请利用专业知识分析客户需要做哪类保险的配置？

任务4 股　　票

【任务描述】

- 熟悉股票的概念及特征。
- 掌握股票交易场所。
- 熟悉股票板块的分类。
- 掌握股票上市地点和所面向的投资者划分的类型。

任务解析1 认 识 股 票

股票是股份公司发行的所有权凭证，是股份公司为筹集资金而发行给各个股东作为持股凭证并借以取得股息和红利的一种有价证券。每股股票都代表股东对企业拥有一个基本单位的所有权。股东凭借股票可以分享公司的利润，但也要承担公司的运营风险。股票是股份公司资本的构成部分，可以转让、买卖，是资本市场的主要长期信用工具，但不能要求公司返还其出资。

股票的面值以元/股为单位来表明每一张股票所包含的资本数额，是股份公司在所发行的股票票面上标明的票面金额。在我国，证券交易所流通的股票的面值均为一元，即每股一元。

股票的特征有收益性、风险性、流动性、永久性和参与性。

一、收益性

收益性是股票最基本的特征，它是指股票可以为持有人带来收益的特性。持有股票的目的在于获取收益。股票的收益来源可分成两类：

(一) 来自股份公司

认购股票后，持有者即对发行公司享有经济权益，其实现形式是公司派发的股息、红利，数量多少取决于股份公司的经营状况和盈利水平。

(二) 来自股票流通

股票持有者可以持股票到依法设立的证券交易场所进行交易，当股票的市场价格高于买入价格时，卖出股票就可以赚取差价收益，这种差价收益称为“资本利得”。

二、风险性

股票风险的内涵是股票投资收益的不确定性，或者说实际收益与预期收益之间的偏离。投资者在买入股票时，对其未来收益会有一个预期，但真正实现的收益可能会高于或低于原先的预期，这就是股票的风险。风险不等于损失，高风险的股票可能给投资者带来较大损失，也可能带来较大的收益。

三、流动性

流动性是指股票可以通过依法转让而变现的特性，即在本金保持相对稳定、变现的交易成本极小的条件下，股票很容易变现的特性。股票持有人不能从公司退股，但股票可以在交易市场转让、变现。

四、永久性

永久性是指股票所载有权利的有效性是始终不变的，因为它是一种无期限的法律凭证。股票的有效期与股份公司的存续期间相联系，两者是并存的关系。这种关系实质上反映了股东与股份公司之间比较稳定的经济关系。股票代表着股东的永久性投资，当然股票持有者也可以通过出售股票而转让其股东身份，而对于股份公司来说，由于股东不能要求退股，所以通过发行股票募集到的资金，在公司存续期间是一笔稳定的自有资本。

五、参与性

参与性是指股票持有人有权参与公司重大决策的特性。股票持有人作为股份公司的股东，有权出席股东大会，行使对公司经营决策的参与权。股东参与公司重大决策权力的大小通常取决于其持有股份数量的多少，如果某股东持有的股份数量达到决策所需要的有效多数时，就能实质性地影响公司的经营方针。

任务解析 2　股票交易场所

我国大陆目前有 3 家股票交易所，即 1990 年 11 月 26 日成立的上海证券交易所、1990 年 12 月 1 日成立的深圳证券交易所和 2021 年 9 月 3 日成立的北京证券交易所。

目前上海证券交易所、深圳证券交易所和北京证券交易所均实现了交易无纸化、电子化，投资者进入股市必须在证券登记机构开立对应交易所的股票账户后才能进行股票交易。股票交易的平台有多种选择，比如平安证券手机 App 股票行情页面如图 3-11 所示。

图 3-11 平安证券手机 App 行情页面

任务解析 3 股票市场分类

股票市场可以根据不同的分类方式划分为不同的类别，常见的分类方式有以下两种。

一、根据股票发行和流通划分

根据股票发行和流通划分，股票市场可划分为一级市场和二级市场。

股票的初级市场即发行市场，也被称为一级市场，在这个市场上投资者可以认购公司发行的股票成为公司的股东，从而实现存款转化为资本的过程。发行人筹措到了公司所需资金，实现直接融资。一级市场上的投资人是以相同的价格认购同一只股票。

股票的流通市场也称二级市场，是买卖交易已发行股票的场所。已发行的股票一经上市，就进入二级市场。投资人根据自己的判断和需要买进和卖出股票，其交易价格由买卖双方来决定，投资人在同一天中买入股票的价格是不同的。

二、根据股票发行企业资质要求及交易场所划分

依据股票发行企业资质要求及交易场所的不同，股票市场可划分为主板、创

业板、科创板、新三板及场外市场，它们共同构成了我国多层次的资本市场。

主板市场是一个国家或地区证券发行、上市及交易的主要场所，一般而言，各国主要的证券交易所代表着国内主板市场。主板市场对发行人的营业期限、股本大小、盈利水平、最低市值等方面的要求标准均较高。相对于创业板市场而言，主板市场是资本市场中最重要的组成部分，有“宏观经济晴雨表”之称。主板市场主要为行业龙头、大型和骨干型企业提供上市服务。我国主板市场是指上海证券交易所及深圳证券交易所的主板。

课外链接：深圳交易所中小企业板

2003年2月，国务院出台“九条意见”，其中明确提出了分步推进创业板市场建设的要求，深交所从主板市场中设立中小企业板块是进行创业板市场建设的第一步，是对九条意见的具体落实。中小企业板——是深圳证券交易所为了鼓励自主创新，而专门设置的中小型公司聚集板块。板块内公司普遍具有收入增长快、盈利能力强的特点，而且股票流动性好，交易活跃。中小企业板块是主板市场的一个组成部分，上市的基本条件与主板市场完全一致，按照“两个不变”和“四个独立”的要求，该板块在主板市场法律法规和发行上市标准的框架内，实行包括“运行独立、监察独立、代码独立、指数独立”的相对独立管理。中小企业板块主要安排主板市场拟发行上市企业中具有较好成长性、流通股本规模相对较小的公司。

2021年2月，证监会批复同意深交所合并主板与中小板，同年4月，经中国证监会批准，深交所主板和中小板合并，合并后总市值将超20万亿元，这标志着深圳交易所中小企业板正式退出历史舞台。

2009年，我国在深圳交易所推出创业板市场。创业板市场是为了适应创业和创新的需要而设立的新市场。与主板市场只接纳成熟的、已形成足够规模的企业上市不同，创业板以成长型创业企业为服务对象，重点支持具有自主创新能力的企业上市，具有上市门槛相对较低、信息披露监管严格等特点，它的市场风险要高于主板。在创业板上市的企业大多处于成长期，规模较小，经营稳定性相对较低，总体上投资风险较主板大，因此适合于那些具有成熟的投资理念，有较强的风险承受能力和市场分析能力的投资者。

2019年1月30日经党中央、国务院同意，中国证监会发布了《关于在上海证券交易所设立科创板并试点注册制的实施意见》(证监会公告[2019]2号)(以下简称《实施意见》)。中国证监会和上海证券交易所正在按照《实施意见》要求，有序推进设立科创板并试点注册制的各项工作。2019年7月22日，科创板正式开市，中国资本市场迎来了一个全新板块。科创板是独立于现有主板市场的新设板块，面向世界科技前沿、面向经济主战场、面向国家重大需求，主要服务于符合国家战略、突破关键核心技术、市场认可度高的科技创新企业。

《关于在上海证券交易所设立科创板并试点注册制的实施意见》

新三板市场原指中关村科技园区非上市股份有限公司进入代办股份系统进行股份转让试点，因其挂牌企业均为高科技企业而不同于原转让系统内的退市企业及原 STAQ、NET 系统挂牌公司，故形象地称为“新三板”。现在新三板不再局限于中关村科技园区非上市股份有限公司，也不局限于天津滨海、武汉东湖以及上海张江等试点地的非上市股份有限公司，而是全国性的非上市股份有限公司股权交易平台，主要针对的是中小微型企业。

“北京证券交易所”官方网站

课外链接：北京证券交易所

2021 年 9 月 2 日晚间，习近平总书记在 2021 年中国国际服务贸易交易会全球服务贸易峰会上的致辞中宣布，将继续支持中小企业创新发展，深化新三板改革，设立北京证券交易所，打造服务创新型中小企业的主阵地。

新三板是资本市场服务中小企业的重要探索，自 2013 年正式运营以来持续改革创新，不断探索内部分层管理，2016 年初步分划为创新层、基础层，2020 年设立精选层，同时引入转板上市、公开发行和连续竞价交易，逐步形成了与不同层次企业状况相适应的差异化发行、交易等基础制度，建立了“基础层、创新层、精选层”层层递进的市场结构，可以为不同阶段、不同类型的中小企业提供全口径服务。

北京证券交易所的设立有如下重要意义：

(1) 打造服务中小企业创新发展的专业化平台。进一步破除新三板建设的政策障碍，围绕“专精特新”中小企业发展需求，夯实市场服务功能，完善政策支持体系，形成科技、创新和资本的聚集效应，逐步发展成为服务创新型中小企业的主阵地。

(2) 探索完善契合中小企业特点的制度安排。尊重中小企业发展规律和成长阶段，持续探索具有特色、差异化的制度安排。通过试点注册制，探索适合中小企业的注册制安排；通过实行公司制，探索交易所组织形式和管理模式的创新；通过实施转板制度，强化多层次资本市场之间的互联互通。

(3) 形成支持中小企业持续成长的市场服务体系。创造积极向上的良性市场生态，打造从创投基金和股权投资基金，到区域性股权市场，再到新三板和交易所市场，持续支持中小企业科技创新的全链条服务体系，促进科技和创新资本融合，持续培育发展新动能。同时，也使中小企业增强公司治理意识，增强公众公司意识，增强敬畏投资者意识，为资本市场持续健康发展积累力量。

另外，在改革过程中，证监会宣布将持续加强市场监测，密切关注市场运行情况，严防借机炒作概念，严厉打击内幕交易、市场操纵、虚假披露等违法违规行为，保障市场稳定运行，为北京证券交易所改革平稳落地创造良好市场环境。

主板、创业板、科创板、新三板统称为场内市场，即证券交易所市场，证券交易所是证券买卖双方公开交易的场所，是一个高度组织化、集中进行证券交易的市场，是整个证券市场的核心。证券交易所本身并不买卖证券，也不决定证券价格，而是为证券交易提供一定的场所和设施，配备必要的管理和服务人员，并对证券交易进行周密的组织和严格的管理，为证券交易顺利进行提供一个稳定、公开、高效的市场。我国《证券法》规定，证券交易所是为证券集中交易提供场所和设施，组织和监督证券交易，实行自律管理的法人。

场外市场是指在集中的交易场所之外进行证券交易的市场，没有集中的交易场所和市场制度，又叫店头市场或者柜台市场，主要是一对一交易形式，以交易非标准化的、私募类型的产品为主。随着时代的发展，场外市场的证券交易方式也逐渐演变为通过网络系统汇集订单，再由电子交易系统进行处理，可见场内市场和场外市场都可以采取电子交易的方式，但是场外市场的名字得以延续使用。

上述板块发行股票的企业类型和对应的交易场所如图 3-12 所示。

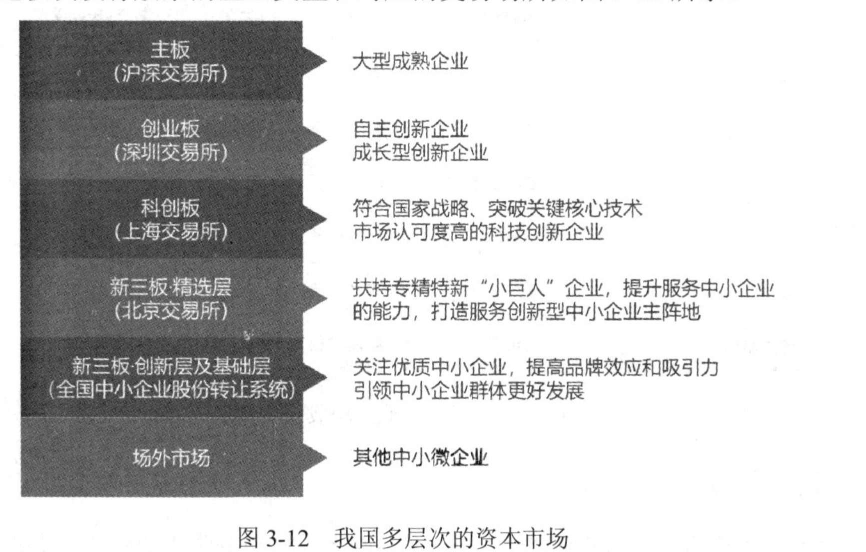

图 3-12 我国多层次的资本市场

任务解析4 股 票 板 块

股票板块是根据发行股票的公司所具有的特定相关要素而做出的分类，并以该要素对类别命名，通常分为行业板块和概念板块，在这两大类板块下还可以进一步划分出更细致的小板块。

一、行业板块分类

根据中国证监会对上市公司发布分类标准(参考上市公司行业分类指引(2012年修订))中划分的行业标准，可将发行股票按所属行业划分为 19 大类，及二级 90 小类。如汽车、银行、券商、有色金属板块等，部分分类见图 3-13 所示。

上市公司行业分类指引(2012 年修订)

行业板块	涨幅↓	领涨股	行业板块	涨幅↓	领涨股
通用设备 991027	1.88%	华辰装备 30.38 19.98%	其他金融 991256	-0.26%	ST安信 5.09 4.95%
黑色金属 991009	1.26%	抚顺特钢 27.49 5.93%	电热供应 991003	-0.35%	协鑫能科 13.48 10.04%
通信网络 991135	1.22%	N电信 6.10 34.66%	纺织业 991029	-0.37%	华生科技 39.88 7.18%
非金属矿 991037	1.16%	天山股份 16.04 10.01%	银行类 991017	-0.37%	南京银行 9.15 1.55%
仓储物流 991136	0.86%	中储股份 6.39 9.98%	软件 991004	-0.38%	德生科技 15.95 10.00%
住宿餐饮 991018	0.86%	首旅酒店 22.45 2.56%	开采辅助 991022	-0.46%	恒泰艾普 4.64 9.18%
化工化纤 991011	0.51%	新疆天业 8.56 10.03%	建筑装饰 991042	-0.54%	*ST雅博 3.36 5.00%
有色金属 991034	0.46%	湖南黄金 13.95 10.02%	其它制造 991041	-0.56%	阿石创 31.60 3.98%
金属制品 991038	0.40%	恒而达 69.55 20.00%	汽车制造 991040	-0.60%	大为股份 14.48 10.03%
房地产 991007	0.14%	西藏城投 28.33 10.02%	煤炭石油 991019	-0.64%	辽宁能源 3.78 1.89%
仪器仪表 991033	0.08%	聚光科技 15.19 15.43%	造纸印刷 991035	-0.66%	盛通股份 8.07 9.95%
电子设备 991006	0.04%	利亚德 10.46 19.95%	土木工程 991002	-0.80%	中材国际 11.26 9.96%
券商 991036	-0.03%	长城证券 12.91 9.97%	能源加工 991030	-0.86%	宝泰隆 5.15 1.58%
保险 991255	-0.15%	中国人寿 29.65 1.72%	供水供气 991010	-0.88%	中泰股份 21.66 4.69%
综合 991025	-0.19%	江泉实业 3.90 2.63%	农林牧渔 991021	-0.95%	ST天山 9.93 15.60%
橡胶塑料 991015	-0.23%	三维股份 19.06 9.41%	电器机械 991014	-0.97%	青岛中程 17.00 13.11%

图 3-13　部分行业板块股票示例

二、概念板块分类

股票的概念分类并没有统一的标准，表 3-9 列举了部分常用的概念板块分类方法。

表 3-9　常见概念板块分类示例表

分类方法	常 见 板 块
地域分类	新疆振兴、雄安新区
政策分类	碳中和概念、自贸区概念
上市时间分类	次新股板块等
投资人分类	社保重仓、外资机构重仓
热点经济分类	无人驾驶、智能汽车、工业硅、芯片概念
公司产业链分类	华为概念、字节跳动概念等

部分概念板块股票示例如图 3-14 所示。

概念板块	涨幅↓	领涨股	概念板块	涨幅↓	领涨股
有机硅 994282	5.80%	金银河 49.25 11.48%	草甘膦 994259	1.54%	新安股份 31.85 10.02%
钛白粉 994156	3.62%	鲁北化工 11.55 10.00%	字节跳动概念 994472	1.47%	N电信 6.11 34.88%
水泥 993761	3.35%	天山股份 16.04 10.01%	磷化工 994105	1.33%	云图控股 10.50 6.60%
药用玻璃 994616	3.21%	旗滨集团 23.86 6.33%	油气管网 994284	1.27%	中密控股 41.31 2.76%
军工电子 994248	2.98%	紫光国微 215.95 10.00%	WIFI概念 994582	1.25%	卓翼科技 8.02 10.01%
昨日涨停 994247	2.74%	西藏城投 28.33 10.02%	新疆振兴 993610	1.13%	新疆天业 8.56 10.03%
VPN概念 994553	2.51%	深信服 283.00 7.24%	HIT电池 994572	1.12%	爱康科技 3.14 10.18%
盐湖提锂 994395	2.48%	西藏城投 28.33 10.02%	第三代半导体 994625	1.11%	利亚德 10.46 19.95%
民爆 994111	2.40%	物产中大 6.73 6.83%	中芯国际概念 994526	1.10%	徕木股份 12.21 10.00%
数字货币 994549	2.31%	紫光国微 215.95 10.00%	态势感知 994508	1.10%	深信服 283.00 7.24%
存储器 994586	2.23%	紫光国微 215.95 10.00%	逆变器 994665	1.10%	铂科新材 93.00 10.58%
高校系 993957	2.02%	众合科技 9.11 10.02%	核废处理 994645	1.04%	中电环保 5.05 4.12%
IDC概念 994587	1.96%	N电信 6.11 34.88%	超宽带 994550	1.02%	智明达 161.90 15.83%
摘帽概念 994320	1.91%	盐湖股份 41.50 9.99%	电池管理 994237	1.02%	中颖电子 68.21 12.84%
LED 993756	1.83%	利亚德 10.46 19.95%	光刻机 994603	1.01%	智光电气 13.68 4.43%
特种玻璃 994283	1.54%	南玻A 12.07 6.44%	智慧物流 994204	1.01%	德马科技 28.75 14.59%

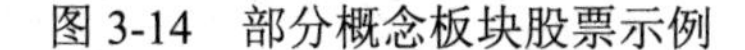

图 3-14　部分概念板块股票示例

任务解析 5　股 票 类 型

通常，中国境内的投资者接触最多的股票类型是 A 股。1990 年，上市交易的只有沪市的“老八股”和深市的“老六股”，总市值不过 20 多亿元。2007 年 2 月，总市值第一次突破 10 万亿元，同年 8 月突破 20 万亿元，12 月超过 30 万亿元。此后市场历经多年调整，2015 年 2 月才得以突破 40 万亿元，当年 4 月、5 月又连上 50 万亿元和 60 万亿元两个台阶。截至 2020 年 12 月 1 日，沪深两市 A 股上市公司总市值达 82.92 万亿元，较 1990 年增长了 3.48 万倍。千亿元市值军团不断扩大，2001 年 8 月 8 日，中国石化上市成为 A 股市场首家千亿元市值公司。截至 2021 年 12 月 1 日，A 股总市值超千亿元公司已扩容至 129 家，较 2019 年末公司数增长三成。在全球市场中，我国 A 股上市公司总市值仅次于美国，位列全球第二。目前，中国资本市场经过 30 年发展，A 股上市公司已成为中国经济体系的重要组成部分。

股票根据不同的划分依据，可分为不同的类型，具体如下：

一、根据股票上市地点和所面向的投资者划分

根据股票上市地点和所面向的投资者的不同，中国上市公司的股票分为A股、B股和H股等。

(一) A股

熔断机制起源及在我国的实践

A股是指由中国大陆注册公司在境内发行上市的普通股票，以人民币标明面值，供境内机构、组织或个人使用人民币进行认购和交易。2013年4月1日起，境内港澳台居民可开立A股账户以人民币认购和交易A股股票。A股股票以无纸化方式电子记账，实行“T+1”交割制度，有涨跌幅的区间限制。

(二) B股

B股的正式名称是人民币特种股票。它在上海或深圳证券交易所上市，以人民币标明面值，投资人以外币认购和买卖。B股的投资人限于外国的自然人、法人和其他组织，中国香港、澳门、台湾地区的自然人、法人和其他组织，定居在国外的中国公民以及中国证监会规定的其他投资人。现阶段B股的投资人，主要是上述几类中的机构投资者。B股公司的注册地和上市地都在境内，只不过投资者在境外或在中国香港、澳门及台湾。

(三) H股

H股是在香港证券市场上市的股票，投资人使用港币交易。

二、根据股东的权利划分

按股东的权利可将股票分为普通股、优先股及两者的混合等。

(一) 普通股

普通股是享有普通权利、承担普通义务的股份，是公司股份的最基本形式。目前在我国证券交易所中交易的股票，都是普通股。

普通股股票持有者按其所持有股份比例享有以下基本权利：

(1) 出席股东大会，具有表决权、选举权及被选举权，可以间接地参与公司的经营；

(2) 公司盈利的税后利润，按股份比例分配给持有者，公司亏损则无股息；

(3) 当公司资产增值，增发新股时，持有者可以按其原有持股比例优先认购新股；

(4) 请求召开临时股东大会；

(5) 公司破产后依法分配剩余财产。

(二) 优先股

优先股股票是指持有该种股票股东的权益要受一定的限制。优先股股票的发行一般是股份公司出于某种特定的目的和需要，且在票面上要注明“优先股”字

样。优先股股东的特别权利就是可优先于普通股股东以固定的股息分取公司收益并在公司破产清算时优先分取剩余资产，但一般不能参与公司的经营活动，其具体的优先条件必须由公司章程加以明确。

一般来说，优先股的优先权有以下四点：

(1) 分配公司利润时可先于普通股且以约定的比率进行分配；

(2) 当股份有限公司因解散、破产等原因进行清算时，优先股股东可先于普通股股东分取公司的剩余资产；

(3) 优先股股东一般不享有公司经营参与权，即优先股股票不包含表决权，优先股股东无权过问公司的经营管理，但在涉及优先股股票所保障的股东权益时，优先股股东可发表意见并享有相应的表决权；

(4) 优先股股票可由公司赎回。

(三) 混合股

混合股是将优先分取股息的权利和最后分配公司剩余资产的权利相结合而构成的股票。混合股是中国初创股票发行市场时出现的一种股票形式。具体地讲，股份有限公司在分配股息时，混合股股东先于普通股股东行使权利，而在公司清算时，混合股股东分配公司剩余财产的顺序又处于普通股股东之后，混合股股票是优先股与后配股的结合体。总之，由于当时股票发行市场本身无规定，这类混合股的股票也没有严格的规定，股东的权利和义务等问题都没有较好的体现。随着中国金融市场改革的深入，资本市场开始走向规范化，这类前期试验性的股票发行类别亦开始向规范化发展。

表 3-10 详细给出了普通股、优先股和债券之间的区别。

表 3-10　普通股、优先股和债券的区别

属　性	普通股	优先股	债　券
权利性质	股权	混合权利	债权
清偿顺序	次于优先股与债券	先于普通股，次于债券	先于优先股和普通股
股东权利	具有表决权在内的股东权利	一般没有表决权	无股东权利
融资期限	无期限	无期限	一般具有不同的期限长短
股利或利息支付是否固定	股利分红不定期、不固定	定期支付固定或浮动的股息	定期还本付息
是否要偿还本金	不需偿还本金	不需偿还本金	需要偿还本金
股利或利息来源	股利来自税后利润	股利一般来自税后利润	利息来自税前利润
是否具有评级	不具备评级	具有评级	具有评级
无法支付股利或利息是否会迫使公司破产	不支付普通股股利不会迫使公司破产	不支付优先股股利不会迫使公司破产	不支付债券利息或本金会迫使公司破产

【能力拓展】

● 依据所学的股票内容，讲述普通股和优先股股东的权利和义务都有哪些？

任务5 证券投资基金

【任务描述】

- 熟悉证券投资基金的概念。
- 掌握证券投资基金的分类。

平安银行基金专区

任务解析1 认识证券投资基金

证券投资基金(以下简称“基金”)是家庭理财规划中主要的工具之一。基金是指通过发售基金份额，把众多投资人的资金集中起来形成独立财产，由基金托管人托管、基金管理人管理，以投资组合的方式进行证券投资的一种利益共享、风险共担的集合投资方式。

投资人向基金管理公司申购基金，由基金管理人基于专业的知识和业务能力以及强大的信息网络，对证券市场进行全方位的动态跟踪与深入分析，通过专业管理实现投资人资金的增值。

过去，在金融市场不发达、专业化分工程度不高的社会环境中，由于交易品种少、交易技术简单，因此证券投资者即便不是专业人士，也可以应付自如，甚至取得不错的业绩。但是，随着中国证券市场的不断发展，交易的品种逐步增加、交易的复杂性不断提高、交易的策略频繁地轮动，普通人与专业人士相比，在基金经营业绩上的差距越来越大。因此，将家庭资金委托给专业的投资管理人集中运作，可以实现投资分散化从而降低投资风险。

任务解析2 基金的分类

基金有多种不同的分类方式，其中最重要的分类方式是根据投资对象的不同，

将基金分为货币市场基金、债券型基金、股票型基金、混合型基金和基金中的基金等。在家庭理财规划当中，理财从业人员必须熟练掌握基金的类型，明确各种类型基金的概念，了解基金的操作方法等，才能为客户推荐合适的基金产品，并提供优质的基金配置方案。

一、根据运作方式的不同

根据运作方式的不同，基金可分为开放式基金和封闭式基金。

开放式基金在申购成功后可随时通过银行、券商、基金公司申购和赎回，基金规模不固定。

封闭式基金是指基金份额在基金合同期限内固定不变，基金份额可以在依法设立的证券交易所交易，但基金份额持有人不得申请赎回的一种基金运作方式。私募基金均为封闭式基金。

二、根据法律形式的不同

根据法律形式的不同，基金可分为公司型基金和契约型基金，我国的证券投资基金均为契约型基金，公司型基金则以美国的投资公司设立的基金为代表。

契约型基金是依据基金合同设立的基金。在我国，契约型基金依据基金管理人、基金托管人所签署的基金合同设立，基金投资者自取得基金份额后成为基金份额的持有人和基金的当事人。

公司型基金在法律上是具有独立法人地位的股份投资公司。它依据基金公司的章程设立，投资者是基金公司的股东，设有董事会。

三、根据购买渠道的不同

根据购买渠道的不同，基金可分为场内购买基金和场外购买基金。

场内购买基金的交易对象为封闭式基金、ETF 基金等，进行交易时不能设置自动定投，也不能进行转换；场外购买基金的交易对象为全部的开放式基金，可以进行自动定投，也可以进行转换。场内购买基金和场外购买基金的交易渠道也不一样。场内购买基金交易时可以通过证券公司开通的账户买卖，场外购买基金可以通过基金公司、代销金融机构、第三方平台等进行交易。不同购买渠道如图 3-15 所示。

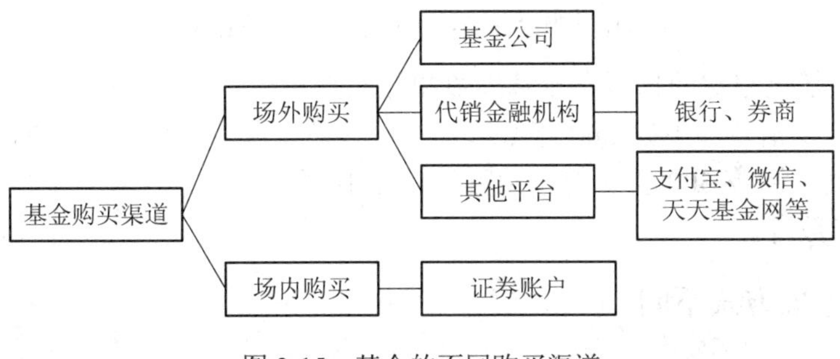

图 3-15　基金的不同购买渠道

四、根据投资理念不同

根据投资理念不同，基金可以分为主动型基金和被动型(指数型)基金。

(一) 主动型基金

主动型基金是根据股票基金投资理念的不同进行的分类。一般主动型基金是以取得超越市场的业绩表现为目标的一种基金。主动型基金的目标是战胜市场，基金经理发挥主观能动性，通过自己的投资策略选择股票，跑赢大盘指数的收益率。

(二) 被动型基金

被动型基金，也称为指数基金，它以特定指数为标的，并以该指数的成分股作为投资对象，通过购买该指数的全部或部分成分股构建投资组合，实现追踪标的指数的表现业绩的目的，指数型基金的命名通常包含其所跟踪的指数。图 3-16 是平安证券指数投资专区和指数排行界面。

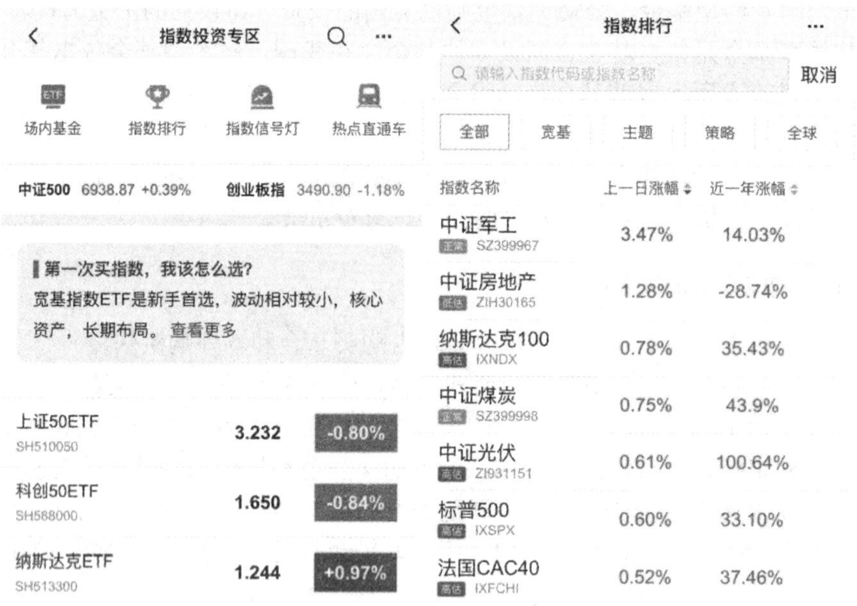

图 3-16　平安证券指数投资专区和指数排行

指数型基金跟踪的指数有宽基指数和行业指数。常用的宽基指数有上证 50 指数、沪深 300 指数、中证 500 指数、创业板指数、红利指数、恒生指数、纳斯达克 100 指数、标普 500 指数等，常见的行业指数有医药、白酒、军工、证券、银行、地产指数等。

五、根据募集方式不同

根据募集方式不同，基金可分为公募基金和私募基金。

公募基金是指面向社会公众公开发售的一类基金，它可以用来投资股票或债券，但不能投资非上市公司股权、房地产等风险较高的资产。

私募基金是指以非公开方式向特定投资者募集资金并以证券为投资对象的证券投资基金，其对投资人数量有所限制。

私募基金的投资人需要满足合格投资者的要求，包括其收入水平、资产规模、风险识别及承担能力等在内的资质情况，只有满足这些合格投资者要求的条件才可以认购私募基金。私募基金具有非公开性、募集性、大额投资性、封闭性和非上市性等特点，它可以投资非上市公司股权这类风险较大的标的。私募基金投资标的的风险程度高，与之对应的收益率也较高，且起投门槛最低 100 万元，因此，投资人若想要通过投资私募基金来实现财富的增值，就需要一定的资本积累和投资经验积累，它是投资难度较高的金融工具。

我国对私募基金的管理十分严格，不允许私募基金以公共宣传的方式对外传播基金信息以实现募集。私募基金应当向合格投资者募集，且单只私募基金的投资者人数累计不得超过《证券投资基金法》《公司法》《合伙企业法》等法律规定的特定数量。公司制、合伙制私募基金的投资人数不得超过 50 人，股份公司制不得超过 200 人；契约型私募基金的投资者人数最多不超过 200 人。

六、根据投资对象的不同

根据投资对象的不同，基金可分为货币市场基金、债券型基金、股票型基金、混合型基金、基金中的基金(FOF)等。

(一) 货币市场基金

货币市场基金以货币市场工具为投资对象，如 1 年以内的银行存款、债券回购、中国人民银行票据、同业存单、期限在 397 天以内的债券、非金融企业债务融资工具、资产支持证券。

(二) 债券型基金

债券型基金是以债券为主要投资对象的证券投资基金，其债券投资比例须达到基金总规模的 80%以上，包括国债、金融债、地方政府债、政府支持机构债、企业债、公司债、短期融资券、超短期融资券、公开发行的次级债券、可分离交易可转债的纯债部分、可交换债券、可转换债券。

(三) 股票型基金

股票型基金主要投资于股票，其股票投资比例需达到基金资产的 80%以上。

股票型基金的名称通常代表着基金的主题，可以让投资者大致了解其投资的方向、关注的行业领域、选取的股票范围等信息。图 3-17 列举了部分使用股票型基金产品的名称。

金鹰医疗健康产业C 004041	股票型	农银医疗保健股票 000913	股票型
招商稳健优选股票 004784	股票型	中欧电子信息产业沪港深股票A 004616	股票型
广发医疗保健股票A 004851	股票型	工银医药健康股票A 006002	股票型
工银养老产业股票A 001171	股票型	中欧电子信息产业沪港深股票C 005763	股票型

图 3-17 股票型基金

(四) 混合型基金

混合型基金投资于股票、债券和货币市场工具，并且股票和债券的投资比例不符合股票型和债券型基金规定的，统称为混合型基金，又称为配置型基金。因此，混合型基金的仓位变化更加灵活。一般来说，混合基金中股票和债券的投资比例会随着市场行情和基金经理对市场看法的变化而发生改变。

根据股债占比的差别可将混合型基金分为偏股型、偏债型、股债平衡型以及灵活配置型。

1. 偏股型混合基金投资

基金合同中股票投资下限是 60%的，不满足 60%股票投资比例下限要求但业绩比较基准中股票比例等于或大于 60%的都是偏股型基金；

2. 偏债型混合基金投资

基金合同中债券投资下限等于或者大于 60%的，业绩比较基准中债券比例值等于或大于 70%，只要满足其中一个条件就是偏债型混合基金；

3. 股债平衡型混合基金投资

在股票和债券的比例分配上比较平均，约在 40%～60%之间调整；

4. 灵活配置型混合基金投资

在股票和债券的比例分配上不做出较为明确的划分，并可按照股票市场和债券市场的行情和状况进行灵活调整。

(五) 基金中的基金

基金中的基金，英文全称 Fund of Funds，简称 FOF，是一种专门投资于其他基金的基金。FOF 并不直接投资股票或债券，其投资范围仅限于其他基金。它是结合基金产品创新和销售渠道创新的基金新品种，通过持有其他证券投资基金而间接持有股票、债券等证券资产。

【能力拓展】

- 依据所学的基金内容，根据产品的风险高低来分析股票型基金、债券型基金、指数型基金和货币基金分别适合哪些投资者？

任务6　金融衍生产品

【任务描述】

- 熟悉金融衍生产品的概念及特征。
- 了解四种衍生产品的相关内容。

任务解析1　认识金融衍生产品

金融衍生产品是与基础金融产品相对应的一种金融合约，是建立在基础产品或基础变量之上的派生金融工具，其价格取决于基础金融产品价格(或数值)的变动。合约的基本种类包括远期、期货、互换和期权。金融衍生品还包括具有远期、期货、互换和期权中一种或多种特征的混合金融工具。

通常来说，金融衍生品有如下四个特征。

(1) 跨期性。金融衍生工具是交易双方通过对利率、汇率、股价等因素变动趋势的预测，约定在未来某一时间按照一定条件进行交易或者选择是否交易的合约，跨期交易特点十分突出。

(2) 杠杆性。金融衍生工具交易一般只需要支付少量的保证金或权利金就可签订远期大额合约或互换不同的金融工具。

(3) 联动性。金融衍生工具的价值与基础产品或基础变量紧密联系，具有规则的变动关系。通常，金融衍生工具与基础变量相联系的支付特征由衍生工具合约规定，其联动关系既可以是简单的线性关系，也可以表现为非线性函数或者分段函数。

(4) 高风险性。金融衍生工具的交易结果取决于交易者对基础工具(变量)未来价格(数值)预测和判断的准确程度。基础工具价格的变幻莫测导致了金融衍生工具交易盈亏的不稳定性。

任务解析2　金融衍生产品的分类

金融衍生工具可按照产品形态、交易方式、基础工具的种类以及交易场所的不同而进行分类。

(1) 按产品形态分类，金融衍生工具分为独立衍生工具和嵌入式衍生工具。独立衍生工具是指本身即为独立存在的金融合约，嵌入式衍生工具是指嵌入到非衍生合同中的衍生金融工具。

(2) 按照基础工具种类分类，金融衍生工具可分为股权类产品的衍生工具、货币衍生工具、利率衍生工具和信用衍生工具。

(3) 按照交易场所分类，金融衍生工具分为交易所交易的衍生工具和场外交易市场交易的衍生工具。

(4) 按照金融衍生工具交易的方式及特点分类，分为金融远期合约、金融期货、金融期权、金融互换和结构化金融衍生工具。

金融远期合约是交易双方约定在未来的某一确定时间，以确定的价格买卖一定数量的某种金融资产的合约。远期合约主要有远期利率协议、远期外汇合约、远期股票合约。远期合约属于场外交易。

金融期货是交易双方约定在未来某一时间，按照约定的价格买卖一定数量某种资产的标准化合约。期货合约的各项条款(标的物的数量、交割地点、交割月份等)是由期货交易所统一制订的，是标准化合约，这一特性使期货合约具有普遍性特征。在期货合约中，只有期货的价格是唯一可变的要素。

金融期权是一种期权持有人在未来某一日期，以约定的价格买入或卖出一定金融工具或资产权利的合约。按照对价格的预期，金融期权可分为看涨期权和看跌期权。按行权日期不同，金融期权可分为欧式期权(到期日才能行权)和美式期权(到期前任何一天均可行权)。按基础资产的性质划分，金融期权可以分为现货期权和期货期权。金融期权有如下功能：

(1) 套期保值功能。利用金融期权进行套期保值，若价格发生不利变动，套期保值者可通过放弃期权来保护利益；若价格发生有利变动，套期保值者通过行权来保护利益。

(2) 价格发现功能。价格发现功能是指在一个公开、公平、高效、竞争的市场中，通过集中竞价形成期权价格的功能。

(3) 投机功能。期权市场上的投机者利用对未来价格走势的预期进行投机交易，预计价格上涨的投机者会买入看涨期权，预计价格下跌的投机者会买入看跌期权。

(4) 盈利功能。期权的盈利主要是由期权的协定价和市价的不一致而带来的收益。盈利功能吸引了众多投资者。

金融互换是指两个或两个以上的当事人按共同商定的条件，在约定的时间内定期交换现金流的金融交易，可分为货币互换、利率互换、股权互换、信用互换

等类别。从交易结构上看，可以将互换交易视为一系列远期交易的组合。

结构化金融衍生工具是指利用上述金融衍生工具结构化特性，通过相互结合或者与基础金融工具相结合，从而产生的更为复杂的金融衍生工具。

【能力拓展】

- 依据所学的内容并查找资料，分析金融期货和金融期权的区别有哪些？

任务7 黄金和外汇

【任务描述】

- 了解四种黄金投资工具的特点。
- 了解外汇交易的特点和外汇市场。

任务解析1 黄　金

黄金投资的投资形式较为丰富，如实物黄金、黄金T+D、纸黄金、现货黄金、国际现货黄金(俗称伦敦金)等。对个人或家庭投资者来说，实物金、黄金ETF、纸黄金、黄金T+D等产品是常见的黄金投资形式，这四种黄金投资工具的对比分析情况如表3-11所示。

平安银行黄金专区

此外，商业银行还创新了黄金的投资方式，比如平安银行对于关注黄金的投资者发行的“金活期”产品。“金活期”是一款与黄金价格挂钩的理财产品，可以享受份额和金价上涨的双重收益，同时也可以通过网点兑换实物金。相关产品内容如图3-18所示。

黄金投资的优势主要有：抵御通货膨胀、避险功能、最大最公平的交易、可以24小时进行交易、价值稳定恒久等。

表 3-11　四种黄金投资工具的对比表

对比项目	实物金	实物贵金属 ETF	纸黄金	黄金 T+D
是否对应实物	是	是	否	否
每手最低交易量	50g	1000 元	商业银行：10g 上海黄金交易所：100g 起	1000g/手
能否双向交易	否	否	否	能
流动性	较差	较强	较强	较差
交易场所	上海黄金交易所、商业银行、专业黄金投资公司等	通过交易软件实时交易	通过交易软件实时交易	通过交易软件实时交易
投资障碍	回购难，保存成本高	国内无直接投资渠道	波动大，专业知识要求高	波动大，专业知识要求高

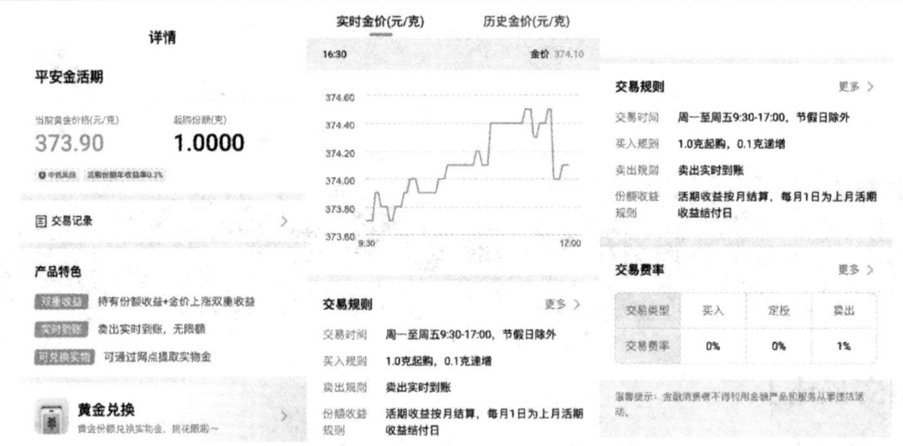

图 3-18　平安银行的“金活期”产品

任务解析 2　外　　汇

外汇是一种以外国货币表示或计值的用于国际结算的支付手段，通常包括可自由兑换的外国货币和外币支票、汇票、本票、存单等。广义的外汇还包括外币有价证券，如股票、债券等。

外汇市场是指由银行等金融机构、自营交易商、大型跨国企业参与的，通过中介机构或电讯系统联结的，以各种货币为买卖对象的交易市场。外汇市场早期产生的主要原因是贸易带来的货币兑换需求及贸易投资的避险需求，后来由于外汇投机的存在，外汇市场进一步大规模发展。

外汇市场的特点是空间统一性和时间连续性。外汇交易没有时间和空间的障碍，它是 24 小时交易的，如图 3-19 所示。世界外汇市场是由各国际金融中心的外汇市场构成的，这是一个庞大的体系。外汇不受地域的限制。目前世界上约有外

汇市场 30 多个，它们各具特色并分别位于不同的国家和地区，它们之间相互联系，形成了全球的统一外汇市场。

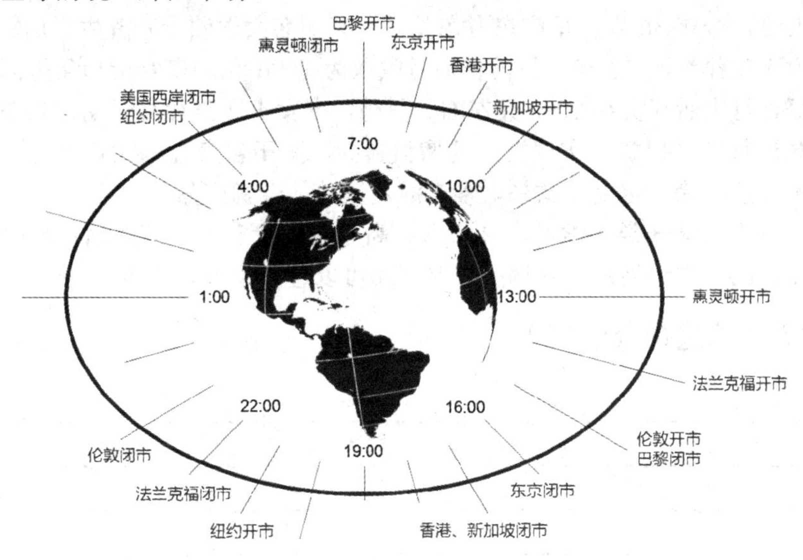

图 3-19　外汇市场的交易时间(北京时间)

【能力拓展】

- 工作一年的张女士，名下流动资产有 3 万元，张女士想购买黄金产品，请您根据学过的知识，并查询今日国内黄金价格，为该客户提出合理的投资建议。

章节习题

实战演练 1　高学历、高收入、高年龄投资者的理财产品建议

【任务发布】

学习家庭理财产品的类型及其特点，对案例内容中客户的情况进行分析，提出合理的产品推介建议。

【任务展示】

李女士，今年36岁，是广东省东莞人，某知名大学硕士研究生学历。

李女士工作将近10年，目前税后月收入为8000元，李女士与父母同住，无不良嗜好，月生活开支在2000元左右。另外，李女士在银行有活期存款20万元，李女士想进行理财投资，实现资产的增值目标，限于自身金融知识匮乏，对金融产品并不了解，除了定期存款外，从未涉足过其他金融产品。

对于李女士这一类高学历、高收入、高年龄的投资者，请您站在理财从业人员的角度，向其详细阐述还有哪些理财产品可以进行投资？

【理财方式的选择及建议】

【步骤指引】

- 老师对各种投资产品进行讲解。
- 学生根据客户的基本情况给出合理的投资工具建议。

【实战经验】

实战演练2　帮助投资焦虑的中年人摆脱困境

【任务发布】

学习家庭理财产品的类型及其特点，对案例内容中客户的情况进行分析，提出合理的产品推介建议。

【任务展示】

刘先生，今年 40 岁，2020 年投资的挂钩原油的基金产品巨额亏损，从此不再投资金融产品。

近期该客户来到网点想购买长期国债，请您站在理财经理的角度，向该投资焦虑型客户详细阐述还有哪些理财产品可以进行投资？

【理财方式的选择及建议】

【步骤指引】

- 老师对各种投资产品进行讲解。
- 学生根据客户的基本情况给出合理的投资工具建议。

【实战经验】

实战演练 3　帮助退休的张大爷制订理财计划表

【任务发布】

学习家庭理财产品的类型及其特点，对案例内容中客户的情况进行分析，提出合理的产品推介建议。

【任务展示】

退休职工张大爷，今年 65 岁。退休后月收入 4500 元。他有一儿一女，全部已经成家立业，经济独立。张大爷是工科出身，对金融知识知之甚少，现有 20 万元货币资产全部放在银行做定期存款。他害怕理财产品、基金这些金融产品有亏损，不敢投资。但随着这几年物价的上涨，张大爷明显感觉“钱不禁花”，他希望通过理财工具或产品，让自己的货币资金能够实现保值增值。当前，张大爷住在自住房，月消费支出在 2000 元，没有其他大的开支，有城镇医疗等。请您分析该客户的家庭财务状况以及投资心理，帮助张大爷实现资产保值增值的心愿。

【理财方式的选择及建议】

【步骤指引】

- 老师对各种投资产品进行讲解。
- 学生根据客户的基本情况给出合理的投资工具建议。

【实战经验】

项目四

现金与消费支出规划

项目概述

本项目从货币的需求与货币供给、现金规划、消费支出规划三个方面进行讲解，使学生深入了解货币需求内容与凯恩斯货币需求理论、货币供给理论与货币层次、制订现金规划的基本思路和流程，熟悉个人融资的工具、汽车贷款的方式和还款方式，掌握现金规划的相关概念和作用、制订现金规划的工具及应用、购房的财务决策及贷款的运用。让学生在了解客户家庭财务信息的基础上，能够根据客户的实际需求，选择适当的现金工具，为客户制订合理的现金规划，并能够准确地分析出客户对住房消费、汽车消费的需求，推荐适当的支付方式，培养学生现金规划、消费支出规划的实务操作能力。

项目背景

2019 年 10 月 30 日，由经济日报社中国经济趋势研究院负责组织编写的《中国家庭财富调查报告 2019》正式发布，如图 4-1 所示。该报告指出，2018 年中国家庭人均财产为 20.89 万元，较上一年增长 7.49%，高于 6.1%的人均 GDP 增速。这份报告的要点可以概括为三句话：金融资产结构单一、预防性储蓄高、房地产占比高。

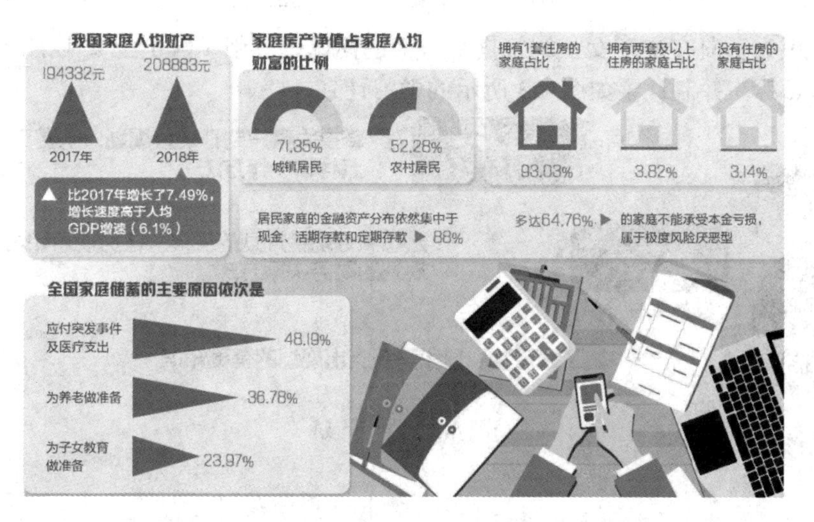

中国家庭财富调查报告 2019

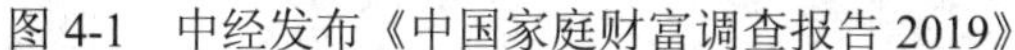

图 4-1　中经发布《中国家庭财富调查报告 2019》

目前，我国居民家庭的金融资产配置结构依然单一，主要是现金、活期存款和定期存款，这三项的占比高达 88%。大多数家庭不知道怎么管钱，仍然习惯于把钱以存款形式放在银行。另外报告中“房产净值”的数据也值得重视，房产净值占家庭人均财富的 71.35%，也就是说，家庭人均财产 20.89 万元当中，有 70% 都来源于家庭的房产。以上这些数据说明我国居民的资产结构严重失衡，抵御风险的能力相对较弱。

那么对于一个家庭而言，既要满足日常生活所需，又要能应对风险，还要将积累的资产用于增值，到底需要保留多少现金资产呢？房子在什么时候买合适？买什么样的房子才能满足家庭生活？这就需要对短期的现金规划、中期的汽车消费规划以及长期的住房消费规划有一定程度的了解。

项目演示

客户王女士有买房的需求，她向吴经理咨询相关信息，如图 4-2 所示。

①吴经理，您好。我打算买房，需要申请住房贷款。想了解一下还贷款的方式有哪些？哪种还款方式更合适我？

②好的，我安排机构员工小琪给您详细介绍一下贷款的还款方式吧。

图 4-2　客户王女士与吴经理的交谈

小琪为了向客户王女士解答贷款方面的问题，详细了解了王女士的财务状况和理财目标，并制订了如图 4-3 所示的学习计划。

第三步　掌握为客户制订现金规划、消费支出规划的流程和操作方法

熟悉制订现金规划的工具、住房规划和汽车规划的财务决策方式

了解现金规划和消费支出规划的基础知识

图 4-3　学习计划

思维导图

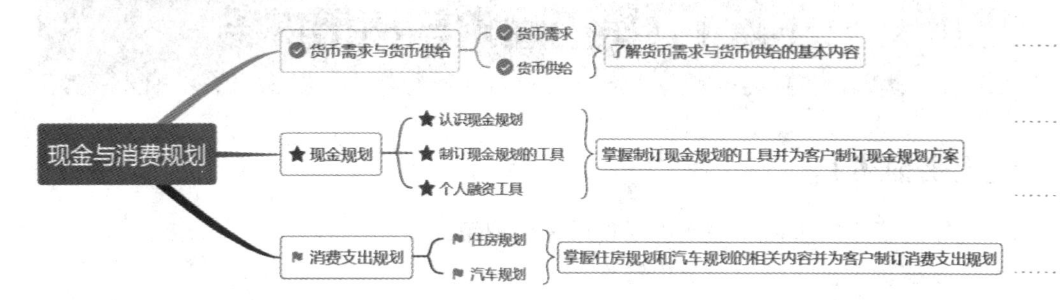

思政聚焦

安居乐业自古以来就是人们生活的理想目标，安居更是人们基本的生活需求，因而住房消费对于家庭理财具有重要意义。住房问题也一直是党和政府高度重视的重大民生问题。2016 年中央经济工作会议首次提出，“房子是用来住的，不是用来炒的”。此后，相关部门陆续出台了与之相配套的政策，涉及房企融资、购房者信贷等方面。2019 年 12 月举行的中央经济工作会议确定了要坚持“房住不炒”的定位。2021 年 3 月 5 日，国务院总理李克强在十三届全国人大四次会议的政府工作报告中指出，要保障好群众住房需求，稳地价、稳房价、稳预期，解决好大城市住房突出问题，通过增加土地供应、安排专项资金、集中建设等办法，切实增加保障性租赁住房和共有产权住房供给，规范发展长租房市场、降低租赁住房税费负担，尽最大努力帮助新市民、青年人等缓解住房困难的状况。

教学目标

知识目标

◎了解货币需求内容与凯恩斯货币需求理论

◎了解货币供给理论与货币层次

◎了解制订现金规划的基本思路和流程

◎熟悉个人融资的工具

◎熟悉汽车贷款的方式和还款方式

◎掌握现金规划的相关概念和作用

◎掌握制订现金规划的工具及应用

◎掌握购房的财务决策及贷款的运用

能力目标

◎能够在分析客户现金需求的基础上为客户制订合理的现金规划

◎能够为客户购房、购车进行消费规划

学习重点

◎现金规划的流程和实施方法

◎购房、购车方案的整体规划，为客户选择适合的贷款方式、贷款额度、还款方式、还款金额等

任务1 货币需求与货币供给

【任务描述】

- 了解货币需求内容与凯恩斯货币需求理论。
- 了解货币供给理论与货币层次。

任务解析1 货 币 需 求

在现代高度货币化的经济社会里，社会各部门需要持有一定的货币去做媒介交换、支付费用、偿还债务、从事投资或保存价值等，因此便产生了货币需求。货币需求量是指经济主体(如居民、企业和单位等)在特定利率下能够并愿意以货币形式持有的金融资产的数量。

一、认识货币需求

众所周知，人们的财富如果不以货币形式持有，而以其他金融资产形式持有，会给他们带来收益。例如，以债券形式持有，会有债券利息收入；以股票形式持有，会有股息及红利收入；以房产形式持有，会有租金收入等。那人们为什么愿意持有不生息或其他形式收入的货币呢？想要弄清这个问题，首先必须认识货币需求。

人们对货币的需求，通常简称货币需求，是人们在日常生活中选择持有现金、支票账户等货币资产的数量。中国在古代就有货币需求思想的萌芽。例如，在2000年前的《管子》一书中，就有“币若干而中用”的说法，意思是铸造多少钱币够用。这反映了当时的治国者在制定和执行其经济政策时，已考虑到按照货币需求来铸造铸币的内容。

每人平均拥有多少铸币即可满足需要一直是中国统治者控制货币铸造数量的主要思路。直至新中国成立前夕，有的革命根据地在计划钞票发行数量时，人均多少为宜仍然是一个考虑的要素。

有许多古典经济学家对于货币流通数量的问题做了多方面的理论分析。早在17世纪，英国的约翰·卢克就提出了商品价格取决于货币数量的学说。后来，货币数量论的代表人物大卫·休谟认为：商品的价格取决于流通中的货币数量；一国流通中的货币代表着国内现有的所有商品的价格；货币的价值取决于货币数量与商品量的对比。法国重农学派的创始人和古典政治经济学的奠基人弗朗斯瓦·魁奈明确指出商品流通决定货币流通的观点。本书仅介绍凯恩斯的货币需求理论。

二、凯恩斯货币需求理论

由于货币具有使用上的灵活性，因此人们才会有宁可牺牲利息收入而储存不生息的货币来保持财富的心理倾向，这一概念首先由凯恩斯提出。凯恩斯是现代经济学最有影响力的经济学家之一，他对货币需求理论的突出贡献是关于货币需求动机的分析，他认为，人们的货币需求行为取决于三种动机，即交易动机、预防动机和投机动机。

凯恩斯指出，交易媒介是货币的一个重要功能，用于交易媒介的货币需求量与收入水平存在着稳定的关系，即交易动机；此外，人们所保有的依赖于收入水平的货币需求不仅出于交易动机，还有预防动机，预防动机是指为了应对可能遇到的意外支出而持有货币的动机；最后，人们还有为了储存财富而产生的货币需求，这就是投机动机。该理论在家庭现金规划上面的体现，具体见表4-1。

表4-1　家庭现金规划目的分类

现金规划目的	含　义	影响因素
交易动机	为日常生活的消费和支出而持有的货币	收入情况 消费习惯
谨慎动机 (预防动机)	家庭为预防意外支出而持有的货币	收入情况 风险承受能力
投机动机	家庭为抓住有利的购买生息资产的机会而持有的一部分货币	风险偏好 投资能力 利率水平

任务解析2　货 币 供 给

货币供给是某一国或货币区的银行系统向经济体中投入、创造、扩张(或收缩)货币的过程，也可以说是货币当局对一国或某一经济体的货币投放的总量。货币供给的主要内容包括：货币层次的划分、货币创造过程、货币供给的决定因素等。本书仅对货币层次进行介绍，其他内容读者可自学了解。

本部分首先讲解什么是货币供给，以及我国历史上货币的几种表现形式，其次对货币层次的划分进行深入讲解。作为理财从业人员在制订现金规划之前，必须认识到是对什么进行规划，才能更好解决如何进行现金规划的问题。

一、认识货币供给

货币供给是与货币需求理论相对应的另一个层面。对于货币供给的研究，在古代，较之对货币需求的研究或许更为深刻。首先需要解决的问题是货币由谁供给？是由君王垄断货币金属的开采和钱币的铸造，还是也允许私人参与？

在金属货币流通时，货币金属不足曾是当时经济生活中的主要矛盾之一，比如中国唐代中期的“钱荒”、南北宋的“钱荒”和明清之际的“银荒”，都曾对

当时的经济生活产生了重大的影响。图 4-4 是我国历史上出现过的一些金属货币。

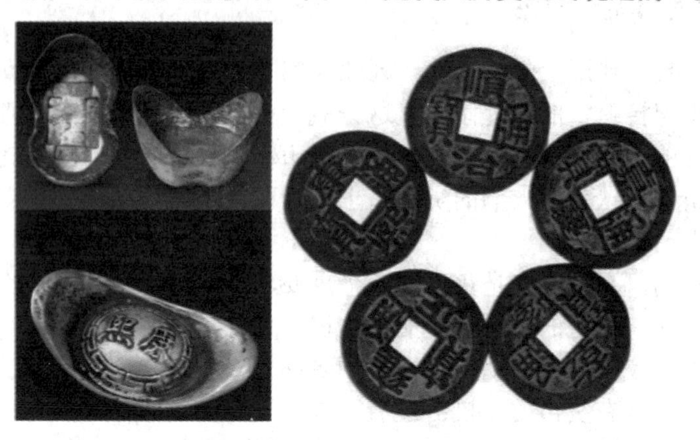

图 4-4 我国历史上的金属货币

在货币金属供给不足的背景下，中国古代出现过“交子”，出现了全国性的纸币流通制度。图 4-5 是世界上最早的纸币——北宋交子。

图 4-5 世界上最早的纸币——北宋交子

然而，真正突破金属货币数量供给不足桎梏的，是现代信用体系货币创造机制的形成和不断发展。一般来说，当今不愁无法解决货币供给不足的难题，但如何才能使货币供给符合经济发展的客观需要，仍是货币当局和经济学专家不断研究和探讨的问题。

课外链接：央行数字货币(CBDC)

国际货币基金组织 IMF 把央行数字货币称作 CBDC，它对 CBDC 的定义是："央行数字货币是一种新型的货币形式，由中央银行以数字方式发行的、有法定支付能力的货币。"

CBDC 就是指通常性的央行数字货币(无国家限制)，如果使用 DC/EP(Digital Currency /Electronic Payment)，则特指中国即将推出的央行数字货币，即数字人民币。

中国人民银行从 2014 年起就成立了专门的研究团队，对数字货币发行和业务运行框架、数字货币的关键技术、数字货币发行流通环境、数字货币面临的法律问题、数字货币对经济金融体系的影响、法定数字货币与私人发行数字货币的关系、国际上数字货币的发行经验等进行了深入研究。经过多年的努力，2019 年底，数字人民币相继在深圳、苏州、雄安新区、成都及未来的冬奥场景启动试点测试，到 2020 年 10 月增加了上海、海南、长沙、西安、青岛、大连 6 个试点测试地区。2021 年 4 月 1 日，中国人民银行表示数字人民币将主要用于国内零售支付，测试场景越来越丰富，考虑在条件成熟时，顺应市场需求使数字人民币可用于跨境支付交易。

二、货币供给的多重口径

货币分层，也称为货币层次，是指各国中央银行在确定货币供给的统计口径时，以金融资产流动性的大小作为标准，并根据本国的政策特点和实际需要，划分的货币层次。

国际货币基金组织采用三个口径：通货、货币和准货币。"通货"指的是流通中的货币；"货币"等于存款货币银行以外的通货加私人部门的活期存款之和，通常称为"M1"；"准货币"相当于定期存款、储蓄存款与外币存款之和，"准货币"加"货币"通常称为"M2"。国际货币基金组织要求它的各成员按照这样的口径报告数字。

我国从 1984 年开始探讨对货币供给层次的划分，并于 1994 年第三季度开始正式按季度公布货币供给量的统计监测指标。现阶段我国货币供给量划分为如下三个层次：

M0＝通货，即流通中的现金；

M1＝M0＋活期存款；

M2＝M1＋定期存款＋储蓄存款＋其他存款＋证券公司客户保证金。

其中，M1 为狭义货币量，M2 为广义货币量，M2-M1 为准货币。

课外链接：国际货币基金组织

国际货币基金组织(International Monetary Fund，IMF)根据1944年7月在布雷顿森林会议签订的《国际货币基金组织协定》，于1945年12月27日在华盛顿成立。它与世界银行同时成立，并列为世界两大金融机构，其总部设在华盛顿特区，职责是监察货币汇率和各国贸易情况，提供技术和资金协助，确保全球金融制度运作正常。

该组织的宗旨是通过一个常设机构来促进国际货币合作，为国际货币问题的磋商和协作提供方法；通过国际贸易的扩大和平衡发展，把促进和保持成员国的就业、生产资源的发展、实际收入的高低水平，作为经济政策的首要目标；稳定国际汇率，在成员国之间保持有秩序的汇价安排，避免竞争性的汇价贬值；协助成员国建立经常性交易的多边支付制度，消除妨碍世界贸易的外汇管制；在有适当保证的条件下，基金组织向成员国临时提供普通资金，使其有信心利用此机会纠正国际收支的失调，而不采取危害本国或国际繁荣的措施；按照以上目的，缩短成员国国际收支不平衡的时间，减轻不平衡的程度等。

【能力拓展】

- 请您查阅相关资料，了解什么叫凯恩斯陷阱(流动性偏好陷阱)。

- 在现代信用体系下，货币是如何创造出来的？

任务2　现金规划

【任务描述】

- 掌握现金规划的相关概念和作用。
- 掌握制订现金规划的工具及应用。
- 熟悉个人融资的工具。
- 了解制订现金规划的基本思路和流程。

任务解析1　认识现金规划

现金规划从货币层次的角度来说，其实是管理M1，即通货和活期存款；从家庭理财规划的角度来说，现金规划是指管理好家庭日常使用的现金。

一、现金规划的含义

现金规划是为了满足个人或家庭短期需求而进行的日常现金管理及现金等价物和短期融资的管理活动，核心是建立家庭紧急储备金，以保障个人和家庭生活质量和状态的持续性、稳定性。

换句话说，现金规划是对个人及家庭日常的现金及现金等价物进行管理的一项活动。合理、高效地进行现金规划，可以确保家庭有足够的费用来支付计划中和计划外的开销，并且将家庭的消费支出控制在预算限制之内。

二、现金规划的作用

现金规划的根本目的是确保每个家庭都具备足够数量的资金来支付其在日常生活中的计划内及计划外的各项费用，并且把消费收入、支出的总额控制在其预算目标之内。在满足根本目的之后，我们对现金规划又提出了更高的要求，即制订现金规划，应该既可以使得个人或者家庭所拥有的资产保持一定的流动性，满足其支付日常生活费用的需求，又可以使部分流动性很强的资产不至于全部闲置，从而避免损失一定的收益。

总体来说，现金规划至少应有如下几方面的作用：

(1) 保证正常的日常生活开支。

(2) 应对突发事件对财务的短期影响，比如突然失业或失能导致工作收入中断，以及紧急医疗导致的预算外费用。

(3) 为未来的大额消费做准备。

(4) 提高资金的收益和使用效率。

(5) 学习和改善财务管理的能力。

三、现金规划的评价指标

紧急预备金月数是现金规划重要的评价指标。紧急预备金月数是家庭流动资产与家庭月支出之间的比率。一般而言，紧急预备金月数越大，应对短期债务的风险能力也就越强。其计算公式为

$$紧急预备金月数=\frac{流动资产}{月总支出}$$

现金与现金等价物是流动性最强的资产。对于那些工作不够稳定、收入不确定的客户来说，资产的流动性显得尤为重要，因此应建议其紧急预备金月数保持在较高的水平上。在确定现金及现金等价物的额度时，可以将紧急预备金月数确定为个人或家庭月均支出的3～6倍。

练一练

某客户家庭收入稳定，现有现金5000元，活期存款20 000元，定期存款50 000元，货币市场基金5000元，其他基金30 000元。每月平均支出5000元，请计算该客户家庭的紧急预备金月数。

任务解析2　制订现金规划的工具

制订现金规划的工具可以分为现金、银行活期储蓄、货币市场基金和银行活期理财四种。

一、现金

现金即通货，是指立刻可以进行流通的交换金融媒介，具有十分普遍的被接受性。现金可以立刻用于购买某种商品、劳务或者用来偿还债务。

现金具有两个极其突出的特点：第一是现金的流动性在所有的金融资产中最强。在货币层次的划分中，现金位于第一层次M0，这就意味着它的流动性非常强；第二是现金的持有者几乎没有收益，这也就意味着手头的现金通常以满足日常正常生活开支为主。但由于通货膨胀的存在，这些持有的现金将随着时间的流逝不断贬值，所以人们为了保持一定的流动性而持有现金，客观上却损失了部分收益。

课外链接：通货膨胀

在经济学的教科书中，通常将通货膨胀定义为：商品和服务的货币价格总水平持续上涨的现象。这个定义包含以下几个关键点：

(1) 强调把商品和服务的价格作为考察对象，目的在于与股票、债券以及其他金融资产的价格相区别。

(2) 强调“货币价格”，即每单位商品、服务用货币数量标出的价格，是要说明，通货膨胀分析中关注的是商品、服务与货币的关系，而不是商品、服务与商品、服务相互之间的对比关系。

(3) 强调“总水平”，说明这里关注的是普遍的物价水平波动，而不仅仅是地区性的或某类商品及服务的价格波动。

(4) 关于“持续上涨”，是强调通货膨胀并非偶然的价格跳动，而是一个“过程”，并且这个过程具有上涨的趋向。

二、银行活期存款

银行活期存款产品在项目三中已详细讲解，这里不再赘述。

三、货币市场基金

货币市场基金虽然在项目三中也有过讲解，但在这里我们还要深入地探究一下货币市场基金在现金规划中的运用。货币市场基金(以下简称“货币基金”)主要是投资于我国货币市场的短期(1 年以内，平均基金交易处理期限 120 天)的有价证券的一种综合投资基金。货币基金往往具有较高的资金安全性、较强的资金流动性和相比活期储蓄来说更稳定和略高的投资收益率，所以通常被人们认为是一种低风险的现金管理工具。货币基金的特点如表 4-2 所示。

表 4-2　货币基金的特点

特　点	内　　容
风险低	大多数货币基金主要投资于流动性和剩余时间有限的货币市场，这些投资的品种直接决定了货币市场基金的风险性很低，可以最大程度保证投资者本金的安全
资金流动性强	货币基金投资组合的平均期限一般为 4～6 个月，流动性与活期存款类似，赎回后资金的到账时间短，T＋2 或 T＋1 甚至 T＋0 就可以取得资金，流动性极强
收益率高于活期储蓄	货币基金年净收益率一般可达 2%～3%，高于同期银行活期储蓄的收益水平
投资成本低	买卖货币基金一般免收手续费、认购费、申购费和赎回费，其管理费用也较低，一般为基金资产净值的 0.3%左右，比传统的基金年管理费率 1%～2.5%低
分红免税，日日复利	货币基金的面值永远保持 1 元，收益天天计算，享受日复利效果，而银行存款只是单利
可灵活转换品种	有些货币基金还可以与该基金管理公司旗下的其他开放式基金进行转换，灵活且成本低，可以根据不同的市场环境调换不同的基金品种

图 4-6 是平安银行代销的“大成货币市场证券投资基金”基本概况以及该货币

基金资产配置的情况。从基金档案可以看出，该货币基金对于 1 年期以内企业债券的配置比例达到 32.63%，总体的资产配置情况相对来说风险较低、安全性高。

< 基金档案

基金概况 基金公告 资产配置

基金名称	大成货币市场证券投资基金
基金代码	090005
基金类型	货币式基金
成立时间	2005-06-03
基金规模	3.16亿元
风险等级	低风险
基金公司	大成基金
基金经理	陈会荣
托管人	光大银行
业绩比较基准	税后活期存款利率

运作费用

管理费率	0.22%
托管费率	0.07%
销售服务费率	0.25%

< 基金档案

基金概况 基金公告 资产配置

资产配置 2021.06.30

股票	0.00%
债券	32.63%
现金	55.01%
其他资产	18.73%

持券明细 更新至2021-06-30

名称	持仓占比
21进出679	5.94%
20厦门国际银行CD092	2.97%
21渤海银行CD243	11.86%
21宁波银行CD164	11.86%

图 4-6 大成货币市场证券投资基金基本概况及资产配置

四、银行活期理财

由于投资者对现金规划产品的需求不断增加，所以各个银行都推出了多样化的活期理财产品，以平安银行代销的“天天成长 2 号”产品为例，就拥有如下特点：① 低门槛，0.01 元起购；② 灵活性高，随时取用；③ 可消费支付，每个自然日最高 50 万额度。“天天成长 2 号”产品说明书(部分)见表 4-3。

表 4-3 “天天成长 2 号”产品说明书(部分)

产品名称	平安理财-天天成长 2 号现金管理类人民币净值型理财产品
产品币种	人民币
七日年化收益率	3.2373%
产品代码	TTXJGS01200002
产品成立日	20210118
全国银行业理财信息登记系统编码	产品登记编码：Z7003320000077，投资者可以根据该登记编号在中国理财网(网址：https://www.chinawealth.com.cn/)查询产品信息

续表

产品名称	平安理财-天天成长 2 号现金管理类人民币净值型理财产品
产品管理人	平安理财有限责任公司
产品托管人	平安银行股份有限公司
理财币种	人民币
产品类型	固定收益类
募集方式	公募发行
运作方式	开放式
产品风险评级	R1(低风险)(主要投资于银行存款、同业存单、货币基金、国债、高评级债券等安全性较高的低风险资产)
目标客户	本产品向机构投资者和个人投资者销售。其中，管理人建议：评定为“进取型”“成长型”“平衡型”“稳健型”“保守型”的客户适合购买本产品
认购起点	首次投资最低金额为 0.01 元；超出首次投资最低金额部分，需为 0.01 元或 0.01 元的整数倍。管理人有权调整认购起点，并以公告方式提前告知投资者
单笔认购/申购上限	投资者单笔认购/申购上限为 3 亿元。管理人有权以公告形式调整单笔认购/申购上限
理财产品份额	理财产品份额以人民币计价，单位为份。产品管理人有权对本产品进行份额分类，并提前 5 个工作日公告，投资者不同意份额分类的，可按照产品说明书约定赎回产品份额

【能力拓展】

- 请您想一想，支付宝的余额宝产品属于什么类型的现金规划工具呢？

任务解析 3　个人融资工具

个人融资工具往往都具有现金价值，短期融资工具募集来的资金，能够解决个人因突发事件而导致的短期资金不足，是解决由于未预料事件而导致现金及现金等价物金额不足的好办法。个人现金融资工具包括信用卡融资、银行个人信贷、保单质押贷款和典当融资。

一、信用卡融资

(一) 信用卡的含义

信用卡是银行或其他发行机构向社会公开发行的、给予持卡人一定信用额度的，持卡人可在信用额度内先消费后还款或在指定机构存取现金的特制卡片。国际卡还可以在境外使用，以某一指定外币予以结算。例如，平安银行发行的标准信用卡如图 4-7 所示。

图 4-7 平安银行发行的“平安标准信用卡万事达双币金卡”

(二) 信用卡的融资功能

信用卡的信用融资功能表现为发卡机构向持卡人核定一个信用额度，当客户急需现金时可先向银行预借现金，所借现金将列在下期账单上，可与消费款一并归还。取现不能享受免息待遇，通常需支付取现手续费。本任务以上述平安银行发行的“平安标准信用卡万事达双币金卡”为例，介绍信用卡的取现流程。

1. 取现途径

可以通过本行营业网点、境内外贴有银联标识的 ATM 取款机和其他自助终端机、境内外贴有银联或 MasterCard 标识的 ATM 取款机和其他自助终端机三种途径办理取现业务。

2. 取现额度

取现额度最高不超过信用额度的 50%，实际可取现额度会根据客户的用卡情

况变化(取现手续费和取现利息都会占用取现额度)。

3．取现限额

人民币、美金的取现限次都是每卡每日最多可累计成功取现 10 笔，超出将无法成功取现。通过境内 ATM 等自助机取现或转账，每卡每日取现金额累计不超过人民币 10 000 元。

4．取现方式

通过境内柜台取现方式，每卡每日累计不超过卡片可取现额度。通过境外取现，则取决于所使用的网络，若通过银联网络取现，每卡每日最多可提取等值 10 000 元人民币的当地货币；若通过万事达等其他网络取现，每卡每日最多可提取等值 1000 美金的当地货币。

5．取现手续费

按支取金额的一定比例收取手续费，自取现交易 $T+1$ 日产生。

6．取现利息

自提取金额交易日起按日利率万分之五每日计收，按月计收复利，直至全额还清取现金额为止。

案例4-1　信用卡取现费用

客户孙先生持平安银行信用卡于 9 月 1 日在 ATM 提取一笔 2000 元人民币现金，并于 9 月 21 日存入人民币 2100 元，请计算孙先生需要负担的取现手续费和利息。

✓ **案例解析：**

取现手续费：9 月 2 日产生取现手续费，金额为 2000 元 × 2.5% = 50 元。

取现利息：2000 元 × 0.05% × 20 天(9 月 1 日至 20 日) = 20 元。

练一练

客户王女士持平安银行信用卡于 6 月 7 日在 ATM 提取一笔 5000 元人民币现金，并于 7 月 2 日存入人民币 5500 元，请计算王女士需要负担的取现手续费和利息。

(三) 注意事项

尽管信用卡使用起来很方便，但在使用信用卡时需要注意以下几方面：注意信用卡消费额度，因为超额透支将不能享受免息待遇，所以在使用信用卡时尽量不要超额透支；注意信用卡取现的手续费和利息，规划好使用现金的时间周期；在信用卡内存款不享受利息，因此不要将信用卡当存款账户；办理信用卡时注意

是否有年费，有年费的信用卡需要按时缴纳年费，否则视为透支提现并计息；可用小额信贷置换信用卡债务负担等。

二、银行个人信贷

银行个人信贷业务又称个人贷款业务，是商业银行向个人提供的一种信贷业务。个人贷款用户因生产经营需求、消费需求、购房需求等原因，向商业银行申请个人贷款，商业银行考核贷款用户的基本情况，然后向其发放贷款本金，个人贷款用户按合同规定偿还本息。个人贷款用户模型如图 4-8 所示。个人信贷业务的还款方式主要有两种：一种是等额本金，一种是等额本息。

图 4-8　个人贷款用户模型

信贷业务属于银行的资产业务，以传统的“利差”为盈利模式，这也是银行的主要利润来源之一。个人贷款为满足一定要求的贷款人提供大项购买的融资，且必须有明确的还款计划。

我国商业银行的个人信贷业务一般来说分为两类，即个人经营贷款和个人消费贷款。

(一) 个人经营贷款

个人经营贷款是指商业银行向个人客户发放的信贷产品，其贷款资金用在合法生产经营活动中的贷款业务。该类贷款业务的资金用途必须用在生产经营中，比如生产流动资金的周转、经营性设备的更换、经营场所的租金费用、商业用房装修的费用等。表 4-4 列举了个人经营性贷款的业务特色。

表 4-4　个人经营性贷款业务的特色

业务特色	特色描述
贷款额度高	如招商银行的个人经营性贷款的贷款金额最高可达 3000 万元，中国工商银行为 1000 万元
贷款期限长	一般授信最长可达 10 年，单笔贷款最长可达 5 年
担保方式多	采用质押、抵押、自然人保证、专业担保公司保证、市场管理方保证、联保、互保、组合担保等灵活多样的担保方式
具备循环贷款功能	国内有些商业银行的此类贷款一次申请后，可以循环使用，随借随还，方便快捷

以平安银行为例，该银行的个人经营性贷款业务主要是“新一贷”。“新一贷”产品的内容介绍详见表4-5，申请页面如图4-9所示。

表4-5　平安银行个人经营性贷款“新一贷”产品介绍

产品要素	具 体 内 容
产品名称	新一贷——用于个人除购买住房以外其他合法消费或经营用途的无担保人民币贷款业务
优势和特色	① 时效承诺：资料齐全，1～3个工作日放款，申请门槛低； ② 0抵押0担保：无须任何担保，仅凭个人信用； ③ 申请便捷：只需到银行1次，签署1份合同； ④ 额度适宜、还款灵活：贷款额度为人民币1万元～50万元；贷款期限12个月、24个月、36个月任选，优良职业更可长达48个月； ⑤ 针对寿险、车险客户特供授信方案，简便快捷； ⑥ 尊享平安守护“还款+盗刷”双重保障(该产品需另行自选购买)
申请材料	第二代身份证，收入证明、资产证明等，贷款用途证明等； 企业经营材料等(自雇人士适用)
申请条件	具有完全民事行为能力的中国公民，并持有第二代身份证； 年龄23周岁(含)～55周岁(含)； 在现工作单位连续工作时间不少于6个月； 月平均收入4000元以上(北上广深杭客户申请月收入不低于5000元)

图4-9　平安银行“新一贷”申请页面

(二) 个人消费贷款

个人消费贷款是指商业银行向个人客户发放的信贷产品，其贷款资金用于合

理用途下的消费品或服务。

当前，我国商业银行的个人消费贷款业务种类繁多，表 4-6 是常见商业银行贷款业务种类。值得说明的是，随着金融市场的变化、国家监管新政的发布和金融机构业务的调整等，具体的贷款种类、用途、期限、额度、申请方式等都在不断地更新，表 4-6 的内容仅作为参考。

表 4-6　商业银行贷款业务种类

种　类	贷款用途	贷款期限	贷款额度	贷款性质
个人短期信用贷款	临时需要	一年以内	2000 元至 2 万元	人民币信用贷款
个人综合消费贷款	不限定具体用途	六个月至三年	2000 元至 5 万元	质押担保或抵押担保
个人旅游贷款	支付旅游费用	六个月至两年	2000 元至 5 万元	质押担保或保证贷款
国家助学贷款	经济困难的本专科在校学生的学费和生活费	学制加十五年	学费和生活费	无
个人汽车贷款	购买汽车	不超过五年	最高为车款的 70%	质押或保证贷款
个人住房贷款	购买住房	期限最长三十年	跟随国家政策	房产抵押

以平安银行为例，该银行的个人小额消费贷款业务用途较为广泛，可以用于应急、提高生活质量、个人进修、医疗急用、购物等领域。该行的消费贷款产品有新一贷快贷、平安白领贷、智贷星等，如图 4-10 所示。

图 4-10　平安银行个人小额消费贷款的种类

三、保单质押贷款

保单质押贷款是以保单作为质押物，按照保单现金价值的一定比例获得短期资金的一种融资方式。目前有两种方式：一种是投保人把保单直接质押给保险公司，直接从保险公司取得贷款；另一种是投保人将保单质押给银行，由银行支付贷款给借款人。

《人身保险公司保单质押贷款管理办法（征求意见稿）》

对于个人或家庭而言，保险既可以防范风险，在资金周转困难时，质押保单还可以融资。这是保单质押融资最大的优势。

课外链接：质押与抵押

质押和抵押的根本区别在于是否转移担保财产的占有。抵押不转移对抵押物的占管形态，仍由抵押人负责抵押物的保管；质押改变了质押物的占管形态，由质押权人负责对质押物进行保管。除此以外，质押与抵押还有如下不同：

(1) 抵押的标的物通常为不动产、特别动产；质押则以动产为主。

(2) 抵押要登记才生效；质押则只需占有就可以。

(3) 抵押只有单纯的担保效力，而质押中质权人既支配质物又能体现留置效力。

(4) 抵押权的实现主要通过向法院申请拍卖，而质押则多直接变卖。

四、典当融资

典当融资是指当户将其动产、财产权利作为当物质押或者将其房地产作为当物抵押给典当行，同时交付一定比例费用取得当金，并在约定期限内支付当金利息、偿还当金、赎回当物的行为。

任务解析4　制订现金规划方案

一、现金规划的必要性

合理地规划现金及现金等价物的额度，既可以帮助客户实现短期资金需求，又可以避免因过度持有现金及现金等价物而导致的收益过低。现金规划的重要性就体现在保持合理的现金及现金等价物额度，把多余的可用资金投资到其他理财产品中以获得更大收益。

二、现金规划的基本思路

一个家庭在日常生活中到底应该预留多少现金呢？我们可以从以下几个方面来探索。

(一) 紧急备用金的必要性

紧急备用金是指家庭面临失业、工作能力丧失、紧急医疗或者意外灾害等各种风险的应急资金，若工作稳定就可以预留较少的现金，如果没有相关的医疗保险等，就需要预留较多的现金。

(二) 风险偏好程度

家庭风险偏好的程度，可以决定预留现金的数量。一般成反比，即风险偏好高，可以少留现金。

(三) 非现金资产的流动性

一个家庭除了现金外，大量的资产是房产等流动性差的资产，则需要预留较多的现金。

(四) 现金收入来源及稳定性

当家庭中工作人员较多，工作稳定性较好，并有除工作收入之外的其他收入来源，如房屋租金收入等时，可预留较少的现金。

现金持有量的决定因素如图 4-11 所示。

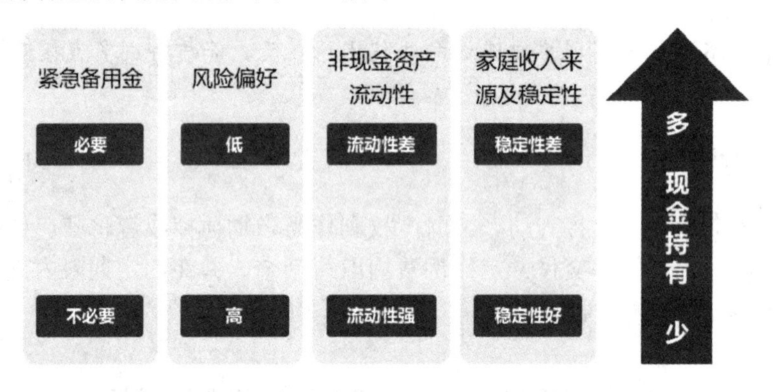

图 4-11　现金持有量的决定因素

三、现金规划的基本流程

(1) 向客户说明现金规划的作用、意义。在此基础上，理财从业人员还应该及时地搜集与理财客户的现金规划计算密切相关的资料，比如客户的工作岗位、家庭状况、收入和财务支出情况等。

(2) 根据收集到的信息，为客户编制收入支出表，用表格的形式反映出客户的基本情况。

(3) 根据收入和支出量表、紧急预备金月数来决定现金和现金等价物的数量和额度。

(4) 将客户月支出 3～6 倍的金额在现金规划的一般工具中进行分配。

(5) 向客户详细介绍现金规划和融资模式，以解决客户的融资需求。

(6) 形成报告、交付给客户。

经过以上的工作流程，理财从业人员在充分了解和分析客户的需求后，选择适当的工具制订出满足客户需求的现金规划方案，并最终完成整体规划方案的制订。现金规划的基本流程可以遵从图 4-12 所示的步骤。

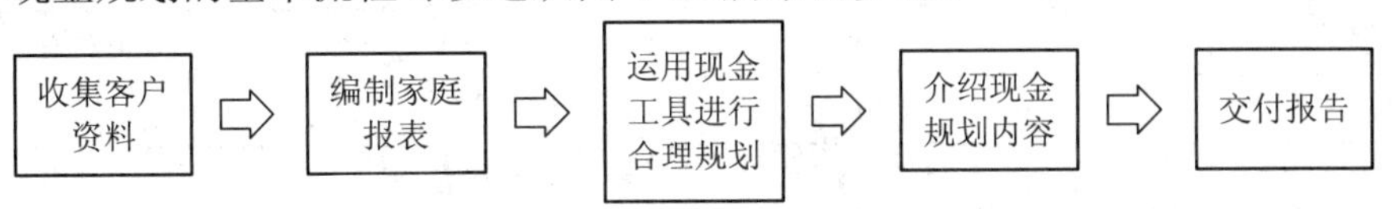

图 4-12　现金规划的基本流程

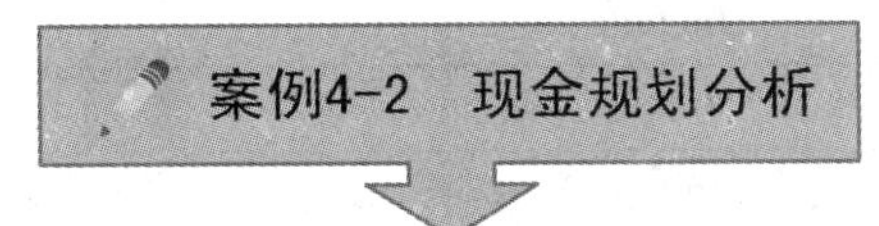

李先生，40 岁，在某公司任部门经理，年收入 150 000 元，年底一次性奖金 100 000 元，缴纳五险一金。妻子王女士，38 岁，设计师，在某设计公司就职，年收入 120 000 元，缴纳五险一金。李先生家庭有一个女儿，10 岁，在某小学上四年级。

该家庭有现金 100 000 元，银行定期存款 200 000 元、一年的存款利息为 10 000 元，活期储蓄 30 000 元，现有一套住房，价值 1 500 000 元，房屋贷款为 300 000 元，家中家具约值 50 000 元，有一辆汽车，价值为 100 000 元。

李先生家一年的膳食费用为 60 000 元，通信及交通费用为 30 000 元，水电煤气费用为 10 000 元，子女教育费用为 40 000 元，一年房屋还贷 48 000 元。另外，一年的旅游费用为 30 000 元，衣物购置费用为 10 000 元，每年需缴纳的保险费用为 5000 元。

请为李先生家庭制订现金规划方案。

✓　**案例解析：**

(1) 编制李先生家庭的资产负债表和家庭收支表，分别如表 4-7 和表 4-8 所示。

表 4-7　李先生家庭资产负债表

资　产	金额/元	负债及净资产	金额/元
现金及现金等价物		**短期负债**	
库存现金	100 000	信用卡透支	—
活期存款	30 000	消费贷款	—
合　计	**130 000**	**合计**	—
金融资产		**长期负债**	
定期存款	200 000		
债券	0	汽车贷款	—
基金	0	房屋贷款	300 000

续表

资　产	金额/元	负债及净资产	金额/元
合　计	**200 000**	**合　计**	**300 000**
不动产		**负债合计**	300 000
自用	1 500 000	净资产	1 680 000
投资	0		
合　计	**1 500 000**	**净资产合计**	1 680 000
其他资产			
汽车	100 000		
其他	50 000		
合　计	**150 000**		
资产合计	1 980 000	**负债及净资产合计**	1 980 000

表 4-8　李先生家庭收支表

项　目	金额/元
收　入	
工资收入(李先生)	150 000
工资收入(王女士)	120 000
利息收入	10 000
奖金	100 000
收入总额	380 000
支　出	
房贷还款	48 000
膳食费用	60 000
通信交通	30 000
水电煤气	10 000
子女教育	40 000
旅游费用	30 000
衣物购置	10 000
保险支出	5000
房贷还款	48 000
支出总额	233 000
盈　余	147 000

(2) 分析家庭财务状况。

李先生家庭的流动资产有 100 000 元库存现金和 30 000 元活期存款，且一年的支出总计为 233 000 元，月支出为 233 000 ÷ 12 = 19 416.67 元。李先生家庭的紧急预案金月数 = 130 000 ÷ 19 416.67 = 6.7。

(3) 结合上述数据和李先生的生活情况，制订现金规划方案。

现金储备是一般家庭保持正常生活的基础，可以避免因失业或疾病等意外事件的发生而影响家庭正常生活。现金储备一般维持在月支出的 3～6 倍，根据不同的家庭情况定倍数。就李先生家庭而言，夫妇俩的工作比较稳定，且除了房贷之外，没有其他生活压力(如赡养老人)，因此建议其储备金保留在月支出的 4～5 倍即可，即 85 000 元左右。其中，建议保留现金和活期存款 20 000 元，以支付每月生活消费；20 000 元左右投资到货币市场基金，作为生活开支储备金；其余的 45 000 元可以银行活期理财的形式保留，这样既可获得利息收入又可应对临时性支出。根据其现在家庭的紧急预备金月数来看，李先生可以将其多余的现金及现金等价物投资到其他更高收益的理财产品上，用以获取更大利益。除此之外，建议李先生和太太申请 1～2 张信用卡，额度在 3 万元左右，可以作为短期应急资金的来源。

【能力拓展】

- 根据您家庭的资产负债表和现金流量表，制订合理的现金规划。

任务 3　消费支出规划

【任务描述】

- 掌握购房的财务决策及贷款的运用。
- 熟悉汽车贷款的方式和还款的方式。

任务解析 1　住房规划

正如前文所述，安居乐业自古以来就是人们生活的理想目标，也是人生基本的生活需求。居住消费是普通家庭的巨额开支，也是大多数人们进行投资理财最关键的目标，所以一定要对居住消费进行提前计划。住房规划的重要性具体如下：

(1) 可以起到强制储蓄的作用。买房前要累积首付，买房后要付月供。

(2) 可以帮助人们尽早实现购房梦。早规划、早储蓄、早投资，可以更快、更早地筹集到购房资金。

(3) 最佳贷款计划的选择能够帮助人们节省支出。在购房时，首付多少、贷款多少、贷款期限的长短、还贷方式的选择等都影响深远。首付多、贷款少，首付的压力大，以后还款的压力小，利息负担轻；反之，首付少、贷款多，则首付的压力小，但是以后还款的压力大，利息负担重贷款期限长。还款时，若月供的压力小，那么利息负担重；反之，月供的压力大，则利息负担轻。诸如此类问题，通过住房规划，会得到综合的考虑和分析，从而找出最佳的方案，使人们在首付、月供和利息负担三者之间获得平衡。

一、家庭生命周期与住房选择

在项目二中我们学习了家庭生命周期理论，不同的家庭阶段对住房的需求各有不同。一个家庭从自己的单身住宅开始直至退休再到养老，每个阶段都会具有其特殊的房屋需求，而不同时期的不同购房需求就会产生不同的房屋定位。基于家庭生命周期理论，初步地将家庭对于购房的需求划分为以下几个层次。

(一) 单身期

单身期指从大学毕业参加工作走上社会到结婚这一阶段。在单身期间人才的流动性相对较大，人与人之间往来密切，收入水平相对较低，用于社会交际及吃饭、旅行、教育等各个方面的支出相对较多，住房的购买能力低，而单身公寓也许就是这个过渡时期的需要。

(二) 家庭形成期

家庭形成期指从结婚到子女出生这一阶段。处于这一阶段的家庭是目前我国住房消费市场上最有发展潜力的消费者。处在新婚期的年轻人购房的主要需求不仅是为了满足生活，还在结构、整体装饰及布置设计等各个方面，体现出他们的性格特征和兴趣爱好。

这一时期的年轻人群经济能力比较稳定，家庭结构相对简单，对于住房建筑面积的要求也并不高，小户型更加符合他们的需要，也很容易满足他们的使用需求。但也存在部分考虑到未来孩子问题的人群，希望购置多居室婚房。

(三) 家庭成长期

家庭成长期主要是指一对夫妇开始自己抚养小孩到子女独立生活这一阶段。这一阶段家庭花费中的一大部分将被用来抚养子女，生活中的负担也随之增加。但是由于家庭和夫妇两人的工作更加趋于安全和稳定，其消费量和购物能力还将会逐年得到改善。在对区位和地段选择方面，本阶段客户所需要重视的影响因素主要包括校园、交通运输使用、购物便捷等。为子女挑选学区房也是这个阶段重点会考虑的问题。

(四) 家庭成熟期

家庭成熟期指从子女独立生活到自己退休这个阶段。由于子女独立，使父母的负担减轻，同时在个人消费方面对品质的追求会提高。本阶段家庭经济能力较成熟，购房的需求主要是为将来养老打算，因此成熟期可能是购房欲望最不强烈的阶段，现有住房的改造提升可能是比较普遍的需求。

(五) 家庭衰老期

太大或者远离生活服务区的房子，都不利于衰老期的家庭生活居住。为了能和子女亲人住得较近，且便于照料，处于这一阶段的家庭会产生房屋置换的需求。该时期购房的需求主要是幽雅的居住环境、便利的生活条件、距离医疗机构和亲友更近等。

二、购房与租房的决策

(一) 购房与租房的比较

十大关键变化 盘点2021年住房租赁市场

住房规划首先要决定是以购房还是租房来满足居住的需求。在我国，住房作为一种特殊商品，大多数的家庭在购买住房时，会同时考虑其消费需求和投资需求。购房和租房分别更适合哪一类家庭，它们各自拥有怎样的优势和劣势，具体见表 4-9。

表 4-9　购房与租房的比较

比较项目	购　房	租　房
优势	拥有房屋产权，可以自由处置房屋； 能保证长期、稳定的居住环境； 心理上具有满足感和安全感； 房子具有较好的保值增值的能力； 可以就近入学	不用承担购房成本，经济压力小； 能较灵活地选择居住地点和住房面积； 拎包入住，无房产处置的麻烦； 不用承担房屋维修的费用； 不用担心房价下跌
劣势	较高的购房成本，涉及税费、利息等； 居住环境改变的余地较小； 变现能力较差； 需负担房屋维修及其他费用等； 面临房价下跌的风险	只有使用权，不能随意装修或处置所租房； 没有长期、稳定的居住场所； 心理上没有足够的安全感； 孩子没法落户，入学困难； 面临租金上涨、房价上涨的风险
适宜人群	工作多年、具有一定经济实力的首次购房人群； 具有置业升级需求的再次购房人群	刚踏入社会的年轻人； 工作流动性较大、工作地点不固定者； 收入不稳定、经济基础较薄弱的人群

与购房相比，租房最大的优势就是可以减轻经济压力，但是对于部分家庭来说，特别是毕业生群体，房租也是一笔不少的支出。比如在北京，整租套间月租大概就需要 5000 多元。图 4-13 所示是 2021 年不同城市整租套均租金对比的情况表。

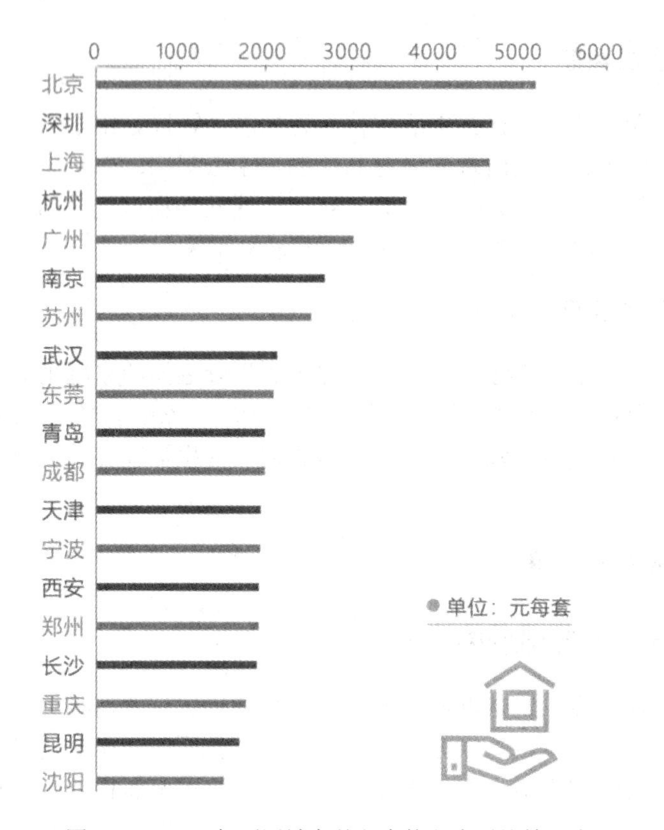

图 4-13 2021 年不同城市整租套均租金对比情况表

(二) 购房与租房决策的基本方法

决策的基本方法包括两种：年成本法和净现值法。

1. 年成本法

购房的成本主要包括占用首付款损失的利息、房屋贷款的利息以及税费和装修费用的支出；租房的成本主要包括租金以及占用房屋押金损失的利息。那么，可以通过考虑成本影响因素，进行购房与租房决策。年成本法的计算公式如下：

租房年成本 = 年租金 + 房屋押金 × 投资收益率

购房年成本 = 自付款 × 投资收益率 + 贷款余额 × 贷款利率 + 年维修及税收费用

李小姐最近正在关注一套位于北京海淀某小区的二手房，面积 80 平方米，该房可租可售。如果租房，房租每月 5500 元，押金为 1 个月房租；如果购房，购买的总价是 120 万元，李小姐可以支付 60 万元首付款，另外 60 万元拟采用 6%的商业贷款利率向某商业银行贷款。另外，购买二手房需要较多的税费支出和装修费用，这些税费如果按年平摊，大约每年 5000 元。假定，李小姐的年平均投资收益率是 4%，请使用年成本法，判断李小姐应该租房还是买房。

✓ **案例解析：**

(1) 李小姐租房年成本：

$$5500 \times 12 + 5500 \times 4\% = 66\,220\ (\text{元})$$

(2) 李小姐购房年成本(第一年)：

$$600\,000 \times 4\% + 600\,000 \times 6\% + 5000 = 65\,000\ (\text{元})$$

按年成本法计算，李小姐的租房成本大于购房成本，因此，李小姐应该购房。

想一想

运用年成本法制订购房和租房的决策有什么弊端？年成本法没有考虑到的因素有哪些？

2. 净现值法

净现值法是指在一个期间内，将租房及购房的现金流量运用资金的时间价值还原至现值，通过比较两者的现值，做出决策的方法。现值相对比较低的那个，对客户而言较适合。净现值法的计算公式如下：

$$\text{NPV} = \sum_{t=0}^{n} \frac{\text{CF}_t}{(1+i)^t}$$

其中，NPV 为净现值，CF_t 为 t 期净现金流量，i 为项目的投资收益率。

(三) 影响购房与租房决策的主要因素

购房与租房的决策与收入水平、房租增长率、房价增长率、利率水平、居住年限等有关，如图 4-14 所示。

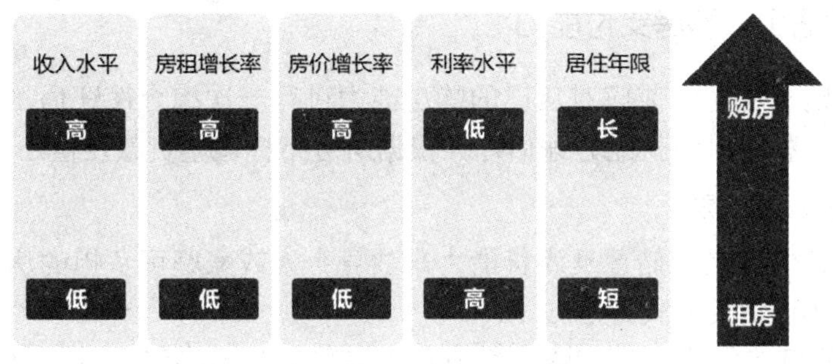

图 4-14　购房与租房决策因素

三、购房的财务决策

(一) 确定购房目标

理财从业人员在充分了解客户的购房意愿后，需要帮助他们合理地制订购房

计划，且目标一定要量化。购房目标主要包含客户或者家庭制订的计划购房时间、购房面积、购房单价三大因素。

1. 购房时间

明确购房时间，可以让理财从业人员更清晰地判断客户在购房时的财务状况。如果目前阶段客户已经有买房计划，那么理财从业人员的重点工作是为客户整合现有财务资源，规划购房贷款的选择、还款方式的确定。如果客户目前没有足够的资金购房，理财从业人员的重点工作是帮助客户梳理财务资源，制订合理的购房基金积累方法，以达到预期购房目标。

2. 购房面积

确定购房的面积时须把握的基本原则包括：第一，不必盲目求大；第二，不必一步到位；第三，量力而行。

可以根据家庭居住人口情况选择经济合理的购房面积。一般而言，工作趋于稳定的单身客户或者新结婚的夫妇二人可以选择60平方米以下的小户型，这样的小户型总价低，不仅能够满足生活的基本需求，在经济条件允许时转手也方便，还可以作为老人居所；对于三口之家，由于夫妻双方已经具备一定的经济实力，因此适合购买面积在 80～120 平方米之间的中等户型的房屋；对于三代同堂的家庭，为了方便年轻人照顾老人和老人照顾孙辈，可以选择三口之家的中等户型，或者经济条件允许的话，亦推荐选择面积在120～140平方米的大户型。

此外，购买房地产的多少和面积大小也是由客户的资金实力和偿付贷款比例所决定的，以银行贷款占总额70%的购房贷款为例，如果一个客户拥有60万元的首付款，则可以选择购买一套总价在200万元的住宅。

3. 购房单价

由于房价起伏变化较大，因此，在考虑未来房价时，理财从业人员可以参考房地产市场的专业报告或者其他资料并结合房价的历史走势估算得出。

(二) 评估个人购房支付能力

个人在购买住房之前应对自己的购房能力进行一次综合性评估，通常包括首付款支付能力和每月还款能力评估，并根据财务指标调整贷款及偿还金额。

1. 年收入评估法

年收入评估法是以储蓄及还贷能力来估算个人或家庭可负担的房屋总价的一种方法。具体评估的方式方法如下：

(1) 可负担首付款 = 目前资产净值在未来购房时的终值 + 以目前到未来购房这段时间内的年收入在未来购房时的终值之和 × 年收入中可负担首付款的比例上限。

(2) 可负担房贷 = 以未来购房时年收入为年金的年金现值 × 年收入中可负担贷款的比例上限。

(3) 可负担住房总价 = 可负担首付款 + 可负担房贷。

(4) 可负担住房单价 = 可负担住房总价 / 需求面积。

案例4-4　购房决策分析

赵先生家庭目前在银行有活期存款 4 万元，打算 5 年后再购买住房。赵先生家庭的年收入保持在 20 万元左右，年增长率为 3%，每年度的储蓄金额保持在 40%。赵先生有几年的投资经验，报酬率大约为 10%。赵先生贷款 20 年买房，采用等额本息偿还的方式，假设房产贷款利率大约为 6%。请问：

(1) 赵先生可以负担的住宅首付款金额为多少？

(2) 赵先生能负担的住宅贷款金额为多少？

(3) 赵先生能负担的全部房产的总价金额为多少？

✓ **案例解析：**

(1) 可负担首付款。

现有储蓄的终值 FV=40 000×(F/P, 10%, 5)=64 420 (元)

未来 5 年积累的资金可以利用增长型年金终值公式进行计算：

$$FV=\frac{A(1+i)^n}{i-g}\left[1-\left(\frac{1+g}{1+i}\right)^n\right]=\frac{80\ 000(1+10\%)^5}{10\%-3\%}\left[1-\left(\frac{1+3\%}{1+10\%}\right)^5\right]=515\ 698\ (元)$$

因此，赵先生可负担的购房首付款为 64 420 + 515 698 = 580 118 元。

(2) 可负担房贷。

未来购房时(第六年)年收入为

FV = 200 000 × (F/P，3%，5) = 231 854 (元)

假设赵先生家庭用于住房消费支出的比率不变，即为年收入的 40%，则赵先生可负担的年还款额为

231 854 × 40% = 92 742 (元)

根据现行的银行贷款规定，假定贷款后每年的还款额不变，则

PV = 92 742 × (P/A，6%，20) = 1 063 743 (元)

因此，可负担的贷款部分为 1 063 743 元。

(3) 可负担的房屋总价 = 可负担首付款 + 可负担房贷

= 580 118 + 1 063 743 = 1 643 861 (元)

$$房屋贷款额占房屋总价的比率=\frac{1\ 063\ 743}{1\ 643\ 861}\times100\%=64.71\%$$

一般来说，房屋贷款占房价比例应小于 70%，因此上述贷款计划较为合理。

2. 总房价评估法

总房价评估法是以拟购住房的总价来计算每月需要负担费用的一种方法。具体评估的方式方法如下：

(1) 欲购买的房屋总价 = 房屋单价 × 需求面积。

(2) 需要支付的首期部分 = 欲购买房屋总价 × 首付比例。

(3) 需要支付的贷款部分 = 欲购买房屋总价 × 按揭贷款成数比例。

(4) 每月摊还的贷款本息费用 = 需要支付的贷款部分以月为单位的年金。

3. 购房规划的主要财务指标

1) 住房负担比

住房负担比是指住房月供款占借款人税后月总收入的比率，参考值为 25%～30%，其计算式为

$$住房负担比 = \frac{房屋月供款}{税后月收入}$$

2) 财务负担比

财务负担比是指所有贷款年还款额(房贷、车贷等)与税后收入的比率，一般控制在 40%以内，其计算式为

$$财务负担比 = \frac{年负债支出}{年税后收入}$$

案例4-5 购房财务指标

李先生每月税后收入为 11 000 元，打算购买总价为 100 万元的住房。李先生对购房首付及贷款等问题不是很了解，想请理财从业人员给出建议。假设首付款为三成，李先生可贷款 20 年，贷款利率为 6%，采用等额本息还款。请问李先生每月需负担的房贷费用是多少元？他能否负担该还款金额？

✓ **案例解析：**

(1) 拟购住房总价 = 1 000 000 (元)；

(2) 需支付的首付款 = 1 000 000 × 30% = 300 000 (元)；

(3) 需支付的房贷 = 1 000 000 × (1 − 30%) = 700 000 (元)；

(4) 求每月还款额，实质是已知年金现值和年金现值系数，求年金。代入公式可得

$$每月还款额 = \frac{700\,000}{(P/A,\ 0.5\%,\ 240)} = 5015.02\ (元)$$

(5) 住房负担比 $= \frac{5015.02}{11\,000} = 45.59\%$。

通过计算可知，李先生购买住房后每月需负担的费用是 5015.02 元，他的住房负担比为 45.59%，远远超过了住房负担比的参考值 25%～30%，所以李先生不能负担该房产还款，需要重新拟定购房规划。

四、购房贷款

《关于进一步强化金融支持防控新型冠状病毒感染肺炎疫情的通知》

(一) 住房贷款方式

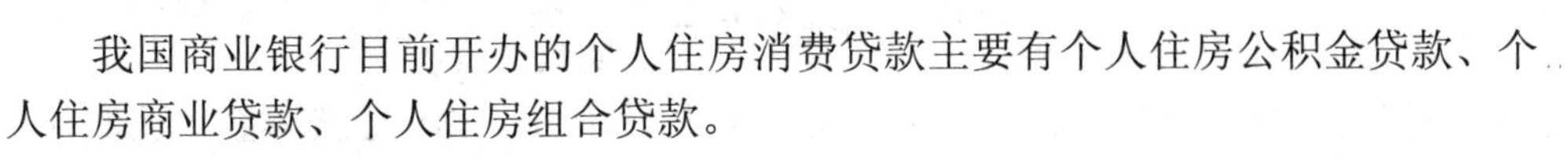

我国商业银行目前开办的个人住房消费贷款主要有个人住房公积金贷款、个人住房商业贷款、个人住房组合贷款。

1．个人住房公积金贷款

个人住房公积金贷款主要是指通过政策性的住房公积金所办理发放的委托贷款，泛指按时向我国住房公积金监督管理服务中心正常缴存住房公积金单位的全体在职员工，在本市购买、修建自用住房(其中包括二手房)时，以其所拥有的产权住房作为主要抵押品，并由具备担保资格和能力的法人提供担保而向我国住房公积金监督管理服务中心申请的贷款。该项贷款通常由住房公积金监督管理中心或者委托商业银行办理。

2．个人住房商业贷款

个人住房商业贷款是中国公民因购买商品房而向银行申请的一种贷款，是银行用其信贷资金所发放的自营性贷款，俗称“按揭”。具体是指具有完全民事行为能力的自然人，在购买本市城镇自住住房(包括二手房)时，以其所购买的产权住房为抵押，作为偿还贷款的保证而向银行申请的住房商业性贷款。

3．个人住房组合贷款

个人住房组合贷款是指住房公积金管理中心和银行对同一借款人所购的同一住房发放的组合贷款。借款人申请的住房公积金贷款不足以支付购房所需资金时，其不足部分可向银行申请住房商业性贷款。申请个人住房组合贷款时，只要同时符合个人住房商业贷款和个人住房公积金贷款的贷款条件即可。

(二) 还款方式

住房贷款偿还的方式很多，其中最基本且常用的两种还款方式是等额本金偿还和等额本息偿还，借款人在偿还期内应按照购房还款计划按时足额还款。此外，在保障客户财务安全的基础上，可以适当地调整购房还款规划，比如提前还贷和延期还贷。

1．等额本金偿还方式

等额本金偿还，是指在规定的还款年限内，每月偿还等额的本金，每月利息按未偿还本金乘以月利率计算的还款方式。

1) 等额本金偿还的特点

等额本金偿还的特点是：每月偿还本金相同，利息随着未偿还本金的减少每月递减，因此本息和也逐月递减。由于每月付款金额不同，因此不易制订资金规划。该方式前期还款压力大，但后期还款会越来越轻松。

这种偿还方式适用于经济能力充裕，在前期还款能力强的借款人，或年龄较

大收入逐渐减少的借款人。

2) 等额本金偿还的计算

等额本金偿还的计算公式如下：

$$每月偿还本金=\frac{贷款本金}{贷款期数}$$

$$每月偿还利息=当月贷款余额\times月利率=(贷款本金-累计已还本金)\times月利率$$

$$月供=每月还款金额=每月偿还本金+每月偿还利息$$

其中，贷款期数 = 贷款年限 × 12，月利率 = 年利率 ÷ 12。

案例4-6 等额本金还款

李先生向住房公积金管理中心申请了年限为 20 年、金额为 30 万元的个人住房公积金贷款。假设贷款利率为 4%，采用等额本金还款法，请为李先生计算他第一个月、第二个月和最后一个月需要偿还的本金和利息以及月供分别为多少。

✓ **案例解析：**

$$每月偿还本金=\frac{300\ 000}{240}=1250\ (元)$$

$$第一个月偿还利息=\frac{(300\ 000-0)\times4\%}{12}=1000\ (元)$$

$$第二个月偿还利息=\frac{(300\ 000-1250)\times4\%}{12}=995.83\ (元)$$

$$最后一个月偿还利息=\frac{(300\ 000-1250\times239)\times4\%}{12}=4.17\ (元)$$

第一个月月供 = 1250 + 1000 = 2250 (元)

第二个月月供 = 1250 + 995.83 = 2245.83 (元)

最后一个月月供 = 1250 + 4.17 = 1254.17 (元)

2. 等额本息偿还方式

等额本息偿还是指在规定的还款年限内，每月偿还等额的本金和利息的还款方式。

1) 等额本息偿还的特点

等额本息偿还的特点是每月偿还本息和相同，其中每月偿还本金逐月递增，偿还利息逐月递减。由于每月还款金额相同，因此较容易制订资金规划，且整个还款期限内还款进程均衡，还款压力相对较小。这种偿还方式适用于前期收入较低的借款人，比如刚工作的年轻人或收入处于稳定状态的家庭。

2) 等额本息偿还的计算

等额本息偿还的计算公式如下：

$$每月还款金额=\frac{贷款本金}{普通年金现值系数}$$

案例4-7　等额本息还款

李先生向住房公积金管理中心申请了年限为 20 年、金额为 30 万元的住房公积金贷款。假设银行贷款利率为 4%，采用等额本息还款法，请为李先生计算他的月供。

✓ **案例解析：**

月供的计算即每月还款金额的计算，实质是已知年金现值 300 000 元、年金现值系数，求年金。

$$月利率=\frac{4\%}{12}=0.33\%$$

$$期数=20\times 12=240$$

根据年金现值公式可得

$$月供=\frac{300\ 000}{(P/A,\ 0.33\%,\ 240)}=1817.94\ (元)$$

练一练

王女士向银行申请了 20 年期 30 万元贷款，年贷款利率为 6.27%。请问：

(1) 如果采用等额本息还款，每月还款额为多少？

(2) 如果采用等额本金还款，每月还款本金是多少？王女士第一个月所还利息为多少元？王女士第二个月所还利息为多少元？王女士最后一个月所还利息为多少元？

任务解析 2　汽 车 规 划

随着人们生活水平的提高，对于个人和家庭而言，汽车逐渐成为一项不可或缺的大额消费。虽然相对于住宅来说，汽车价格较低，但对于一个工薪阶层的家庭来说，购置汽车仍是一个较大的开支，需要进行合理的筹划。一般而言，贷款购车时的首付只占到实际购车款的 15%～30%，而且通常还需要缴纳一笔不小的

贷款手续费用，这也就意味着在贷款购车之后每月仍将会发生持续的现金流出。若没有稳定、充裕的收入来源，这样持续的现金流出就可能给自己和家人带来一定的压力。

一、全款购车与贷款购车的比较分析

汽车是消费品，不像房屋有升值功能，因此如果通过贷款的方式购车，可以省下自有资金另作投资而实现增值。但汽车贷款的期限短、每月需偿还本息高、手续烦琐、额外的成本开支大等都是贷款购车客户的顾虑。

全款购车可以避免贷款的很多成本开支和烦琐程序，但会使手头的现金吃紧。比如很多人为了避免支付银行的高额利息，将资金全部用于购车，最后造成家庭现金短缺，影响日常生活。

案例4-8 全款购车与贷款购车对比

某客户准备明年购买一辆 20 万元左右的小型轿车。当年商业银行可以向客户提供 8 成的购车按揭汽车贷款，期限 5 年，采用等额本息还款方式，贷款利率为 7.55%。此外，贷款同期的银行理财产品或平衡型基金，年收益率可以达到 6%。请问，全款购车和贷款购车这两种方式，客户应如何选择？

✓ **案例解析：**

(1) 计算贷款购车的月供：

$$\text{贷款金额}=200\,000\times80\%=160\,000\ (\text{元})$$

$$\text{月利率}=\frac{7.55\%}{12}=0.63\% \quad \text{期数}=5\times12=60$$

计算贷款月供的过程为：已知年金现值 160 000、年金现值系数，求年金。

$$\text{贷款月供}=\frac{160\,000}{(P/A,\ 0.63\%,\ 60)}=3209.87\ (\text{元})$$

(2) 计算累计支付的贷款利息总额：

$$\text{累计支付利息}=3209.87\times12\times5-160\,000=32\,592.48\ (\text{元})$$

(3) 计算可能的投资收益：

$$\text{投资收益}=160\,000\times(F/P,6\%,5)-160\,000=54\,116.09\ (\text{元})$$

(4) 比较投资收益和利息支出：54 116.09 > 32 592.48。可以看出，如果采用贷款方式购车，并将这部分资金用于投资，获取的收益要高于贷款利息的支出。因此，采用贷款方式购车是划算的。

所以，在贷款利率和投资收益率权衡比较下，有时贷款方式不但有利于增加资金使用效率，而且支付的利息比全款购车付出的机会成本更小。总之，理财从

业人员需根据客户的财务情况，通过衡量、比较，帮助其决定是否贷款。

二、个人汽车贷款

(一) 银行汽车贷款

我们在任务二中已经了解到，银行汽车贷款就是向申请购买汽车的借款人发放的人民币贷款，在这里我们以平安银行“车主费用贷”为例，详细介绍一下银行汽车贷款的内容，同时比较一下其他的汽车贷款渠道和方式。图 4-15 是车主费用贷业务的说明。

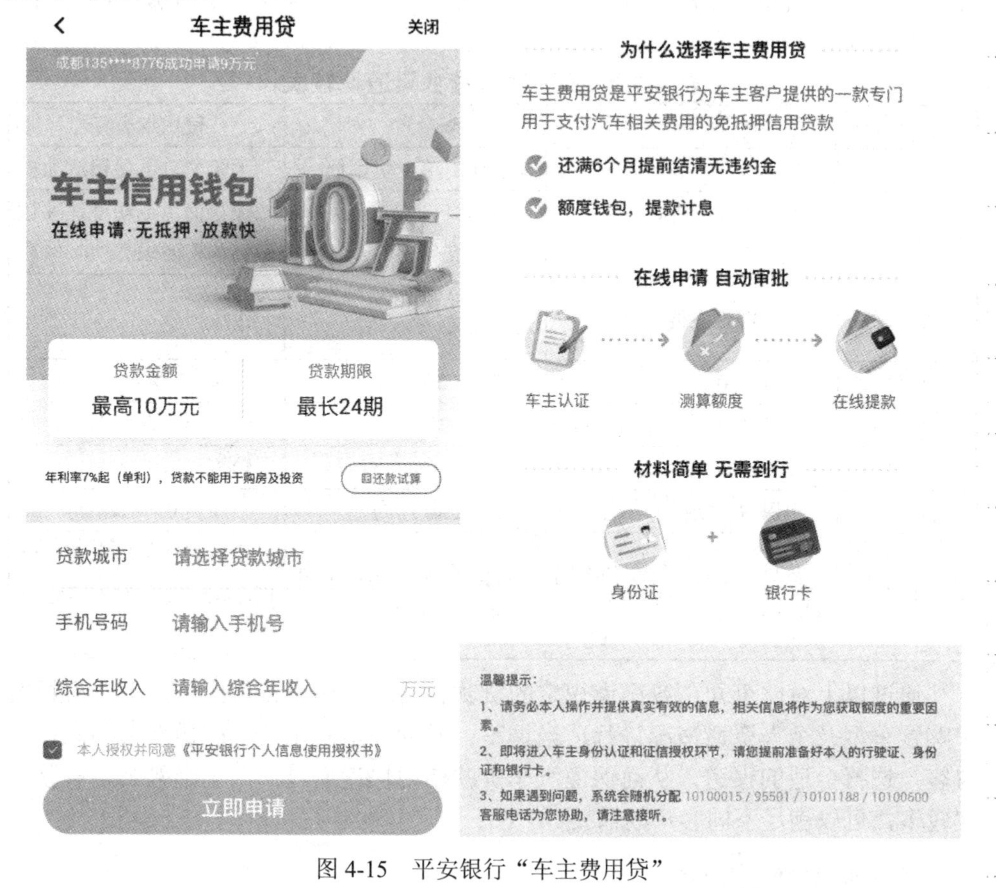

图 4-15　平安银行“车主费用贷”

车主费用贷是平安银行为购车客户提供的一款专门用于支付汽车相关费用的免抵押信用贷款，详细内容如下。

1. 贷款对象和条件

申请贷款的个人必须具有有效身份证明且具有完全民事行为能力，具有正当的职业和稳定合法的收入来源或足够偿还贷款本息的个人合法资产，个人信用良好，并在平安银行(所贷银行)开立个人账户，能够支付规定的首期付款。

2. 贷款期限、利率和金额

(1) 贷款期限：最长 24 期。

(2) 贷款利率：年利率 7%起。

(3) 贷款金额：最高 10 万元。

3. 还款方式

等额本息和等额本金两种，贷款人可自行选择。

(二) 汽车贷款的其他渠道及比较

常用的汽车贷款渠道有银行、汽车金融公司、信用卡分期三种。虽然这三种渠道都可以满足购车贷款的需要，但客户最关心的贷款成本和审批速度等问题却有很大的区别，现对三种渠道优缺点加以对比，从而为制订汽车消费信贷规划提供依据，具体见表 4-10。

表 4-10　三种汽车贷款渠道比较表

对比项目	银　行	汽车金融公司	信用卡分期
优点	利率低	手续简单、费用低	手续简单、促销活动多
不足	可能需要抵押，手续相对烦琐	利率高，提前还款可能需要支付违约金	银行信用卡额度往往达不到购车要求
适合人群	收入稳定人群	已选定固定品牌车型的消费者	年轻白领
首付	20%～30%	20%～30%	10%～20%
贷款利率	基准利率上下浮动	8%～11%	信用卡分期利率
审批时间	较长	适中	较短
贷款费用	担保费、抵押费、服务费	提前还款违约金	手续费 0～8%不等
贷款提示	首付、期限、贷款利率因人而异	注重个人信用，无须抵押，无户籍限制	多数银行信用卡支持分期，额度受平时刷卡还款情况影响

通过以上对比可知，各渠道规定的贷款首付均为最低首付比例，但会根据客户购置车型及个人资质情况进行适当调整；不同渠道对申请者门槛要求不同，建议客户选择合适的渠道，从而保证汽车贷款申请快速通过；汽车金融公司贷款方案较多，可以满足不同客户的需要。

三、汽车消费规划步骤

理财从业人员在给客户制订汽车消费支出规划时可以遵从以下步骤:

(1) 跟客户进行交流，确定客户的购车需求。

(2) 收集客户信息。

(3) 综合分析客户的信息，对其现状进行梳理，列出家庭资产负债表和收入支出表。

家庭结构不同，这两个表的结构也会有所不同，理财从业人员只需掌握这两个表的内涵与基本框架即可，具体表格可参考现金规划中的资产负债表和现金流量表。

(4) 确定贷款方式、还款方式及还款期限。

汽车消费抵押贷款的还款方式与住房贷款非常相似，可参照执行，这里不再赘述。

(5) 购车计划的实施。

汽车消费信贷计划的实施具体可以遵从图 4-16 所示的流程。

图 4-16　汽车贷款的流程

【能力拓展】

- 根据自己的实际情况，设计您的买车计划。并根据计划计算出按揭贷款的月供情况。

章节习题

实战演练 1　家庭现金规划报告

【任务发布】

请根据任务展示中对赵先生家庭财务状况的描述，分析赵先生家庭的财务状况(利用家庭资产负债表、家庭收支表)，为赵先生家庭制订合适的现金规划方案。

【任务展示】

赵先生，本科学历，今年 32 岁，外企公司的部门经理(每月税后收入 15 000 元)；赵太太，研究生学历，今年 29 岁，任职于某大型国有企业(每月税后收入 7000 元)。两人现在住房为 2019 年结婚时购买，市值为 1 500 000 元，目前贷款余额为 300 000 元，每月还款额为 3600 元。夫妇俩有五年定期存款 150 000 元，还有半年到期；活期存款 50 000 元；另外还拥有赵太太公司的股票 100 000 元，2019 年起三年内不能转让，年平均收益在 6.4%左右。

商业保险方面，由于夫妇俩对保险的了解较少，而且两人单位福利都较好(配合社会保险提供了较为完备的单纯寿险和意外保险)，所以均未购买任何商业保险。日常生活开支约 6000 元/月，交通费 3000 元/月，空闲时间他们经常会参加一些娱乐活动，每月花销在 1000 元左右。每年出去旅游一次，费用保持在 15 000 元左右。

一、编制家庭资产负债表和家庭收支表

表 4-11 和表 4-12 为赵先生的家庭资产负债表和家庭收支表。

表 4-11 赵先生的家庭资产负债表

资　产	金额/元	负债及净资产	金额/元
现金及现金等价物		**短期负债**	
库存现金		信用卡透支	
活期存款		消费贷款	
合　计		**合　计**	
金融资产		**长期负债**	
债券		汽车贷款	
基金		房屋贷款	
股票		其他借款	
合　计		**合　计**	
不动产		**负债合计**	
自用		净资产	
投资			
合　计		**净资产合计**	
其他资产			
汽车			
其他			
合　计			
资产合计		**负债及净资产合计**	

表 4-12 赵先生的家庭收支表

项　目	金额/元
收　入	
工资收入(包括奖金、津贴、加班费、退休金)	
收入总额	
支　出	
日常生活消费(食品、服饰费)	
交通费	
医疗保健费(医药、保健品、美容、化妆品)	
旅游娱乐费(旅游、书报费、视听、会员费)	
家庭基础消费(水电气物业电话上网)	
教育费(保姆、学杂、教材、培训费)	
保险费	
税费(房产税、契税、个税等)	
还贷费(房贷、车贷、投资贷款、助学贷款等)	
支出总额	
盈　余	

二、分析家庭财务状况

三、制订现金规划方案

【步骤指引】

- 老师协助学生完成赵先生家庭资产负债表和家庭收支表的填写；
- 对家庭的财务指标进行分析，计算紧急预备金月数；
- 老师引导学生按照现金规划的流程，完成现金规划报告。

【实战经验】

实战演练 2　家庭购房能力评估

【任务发布】

请根据任务展示中冯先生的收入和资产情况，结合年收入评估法，帮助冯先生计算可积累的首付金额、贷款金额、总房价，并判断贷款计划的合理性。

【任务展示】

冯先生年收入为 12 万元，假定五年内收入不变，每年的储蓄比率为 40%，全部进行投资。五年以后预计冯先生的年收入可达到 15 万元，储蓄比率不变。冯先生目前有存款 5 万元，打算 5 年后买房。假设冯先生的投资报酬率为 8%。冯先生买房时准备贷款 25 年，假设房贷利率为 6%。请问：

(1) 如果冯先生以现有银行存款 5 万元进行投资，那么在他打算买房时这笔钱的终值为多少?

(2) 冯先生可负担的首付款为多少?

(3) 如果冯先生每年拿出 6 万元用于偿还贷款，则冯先生可负担的贷款为多少?

(4) 冯先生可负担的房屋总价为多少?

(5) 房屋贷款占总房价的比率为多少?

(6) 冯先生的贷款计划是否合理?

【步骤指引】

- 教师帮助学生回顾货币时间价值中关于终值、现值以及年金的计算方法;
- 计算家庭购房可以积累的首付款、可贷款的金额，进而计算出可购房屋的总价;
- 根据银行现行的住房贷款规定，衡量贷款计划是否可行。

【实战经验】

项目五

人 生 规 划

项目概述

本项目详细讲解了教育规划、养老规划、财产分配与传承规划、个人税务筹划的内容、原则、工具和流程。帮助学生了解教育、养老、财产分配与传承、个人税收的基本知识，熟悉教育规划、养老规划、财产分配与传承规划的工具、个人所得税的计算，掌握教育规划、养老规划、财产分配与传承规划、个人税务筹划的流程。让学生在了解客户信息和理财目标的基础上，能够准确分析出客户对教育、养老、财产分配与传承、个人税收等方面的需求，并选择适当的方法和工具，为客户制订教育规划、养老规划、财产分配与传承规划、提供个人税务筹划方案，培养学生为客户制订人生各方面规划方案的能力。

项目背景

《中国的全面小康》白皮书

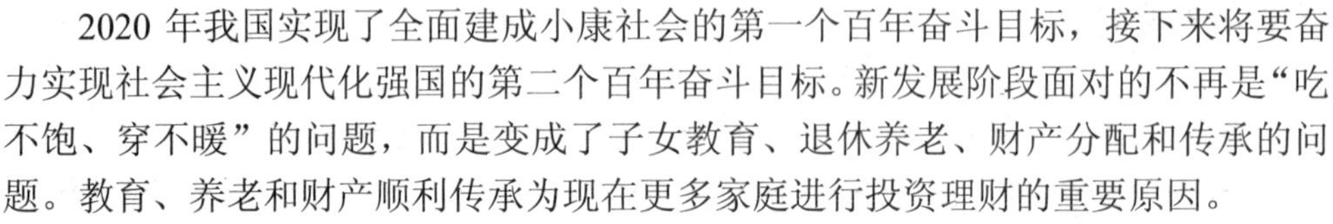

2020 年我国实现了全面建成小康社会的第一个百年奋斗目标，接下来将要奋力实现社会主义现代化强国的第二个百年奋斗目标。新发展阶段面对的不再是“吃不饱、穿不暖”的问题，而是变成了子女教育、退休养老、财产分配和传承的问题。教育、养老和财产顺利传承为现在更多家庭进行投资理财的重要原因。

首先，在家庭子女教育方面，“望子成龙、望女成凤”是每个家长对子女教育的热切期望，为此很多家长给孩子报名各种辅导班、特长班，希望孩子将来能够读名牌大学或出国深造。所以，为了实现优质的“教育梦”，子女教育金的储备已经成为家庭理财的核心计划。

其次，在家庭成员养老方面，人们考虑的基本问题就是“等到多年以后，谁来赡养我？”我们能选择的无非就是国家、自己、子女这三个对象。但是第七次全国人口普查数据显示，我国 60 岁以上人口占比 18.70%，65 岁以上占比 13.50%，预计 2050 年将分别达到 34.10%、28.10%。从此，我国将进入重度老龄化社会，部分人群未富先老，到时国家养老压力会很大，可能很难满足高品质的生活需求，养老更多地还是要靠自己。

最后，家庭财产分配和传承方面。《2021 中国私人财富报告》指出，我国高净值人群(个人可投资资产超过 1 千万元)的规模持续增长，2020 年达到 262 万人，2018～2020 年间的年均复合增长率为 20%(见图 5-1)。随着改革开放后第一代创业人年龄的增长，他们已逐步进入退休养老期，开始将家庭财产交由第二代传承。

在外部环境不确定因素的影响下，财富传承的重要性进一步凸显，高净值人群家族传承的意识也不断加强。2019 年 53%的受访高净值人群已经在准备或已开始进行财富传承的相关安排，2021 年这一比例升至 65%。与此同时，财富传承理念受到新富人群青睐，如何进行财富传承规划成为家庭财富管理的重要需求。

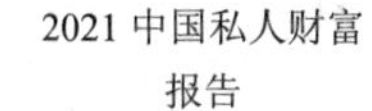
2021 中国私人财富报告

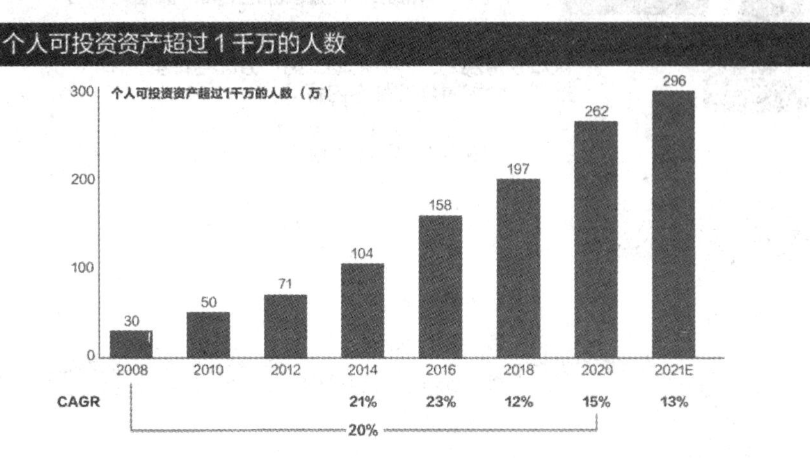

图 5-1　2018—2020 我国高净值人群规模分析

项目演示

小琪在学习国家“十四五”规划时，遇到了一些问题向吴经理请教，如图 5-2 所示。

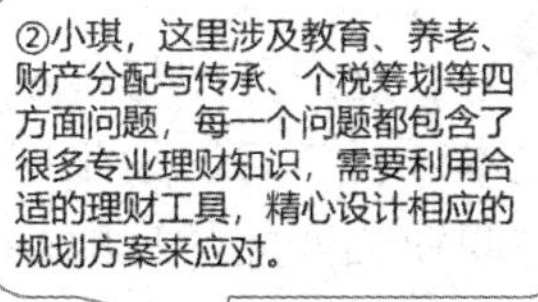

图 5-2　小琪与吴经理的交谈

根据吴经理的提示，为了更好进行教育、养老、财产分配与传承的规划及个税筹划方面的工作，小琪制订了如图 5-3 所示的学习计划。

图 5-3 学习计划

思维导图

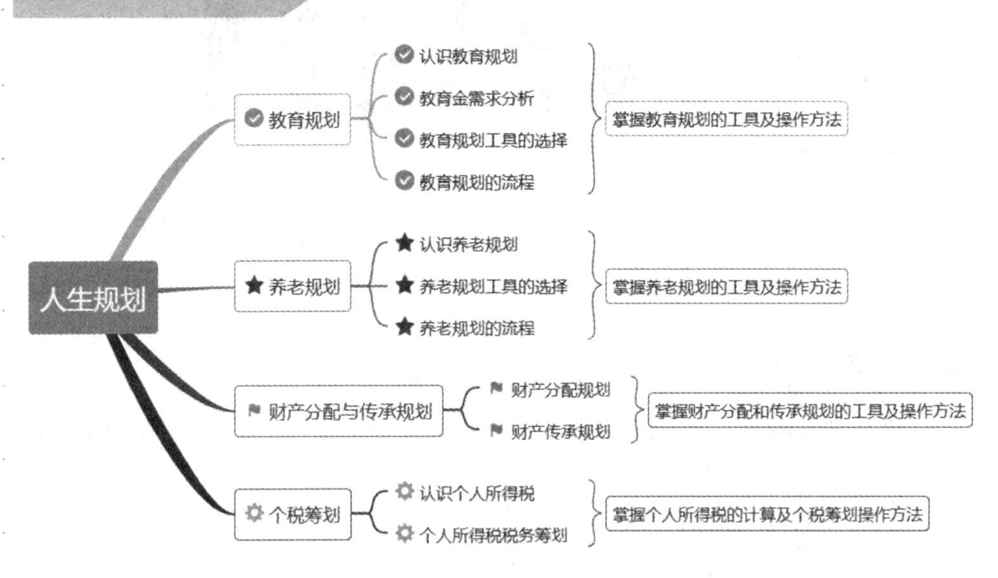

思政聚焦

教育、养老、财产分配与传承、个税筹划是每个人在不同生命周期阶段的重要事件，通过本项目学习，学生应熟悉人生规划相关的法律法规，树立依法依规意识，掌握与职业相匹配的理财规划技能。在从事理财规划工作时，遵循“了解你的客户”原则，审慎对待客户的风险偏好及风险承受能力，在充分了解客户人生规划目标和需求的基础上，设计与其匹配的教育规划、养老规划、财产分配与传承规划、个税筹划方案，在此过程中严格遵守诚实守信、依法依规、客观公正、勤勉履职、专业胜任、为客户保密等职业道德准则。

教学目标

知识目标

◎了解教育规划、养老规划、财产分配与传承规划的含义

◎熟悉教育规划、养老规划、财产分配与传承规划等方案的设计流程

◎熟悉个人所得税各税目计算、个人所得税税务筹划流程
◎掌握教育规划、养老规划、财产分配与传承规划的工具
能力目标
◎能够根据客户不同理财需求，选择合适的规划工具
◎能够按照客户的人生规划需求，设计合适的规划方案
◎能够根据客户实际收支情况，进行个税筹划
学习重点
◎教育规划、养老规划、财产分配与传承等方案的设计流程
◎教育、养老、财产分配与传承规划方案的设计
◎个税筹划方法

任务1 教育规划

【任务描述】

- 熟悉教育规划的定义及原则。
- 掌握分析教育金需求的方法。
- 掌握教育规划的相关工具。
- 了解教育规划的流程。

任务解析1 认识教育规划

当前，教育规划逐渐成为每个家庭的重要理财目标之一。通过接受良好的教育，可以增长知识、提升技能，从而获得较多的就业机会和职业适应性，进而获得较高的收入和社会地位。因此，教育规划支出并非单纯的消费支出，而是对人力资本的直接投资。教育规划包括一个家庭中父母自身的教育规划及其子女的教育规划。考虑到我国家庭对子女教育非常重视的现状，本项目主要讨论子女教育规划。

一、家庭教育规划的内容

教育规划是对家庭成员教育事项支出的测算、筹集和运用，目标在于实现家庭成员在不同阶段的教育期望。教育规划是一项长期投资，贯穿于家庭成员尤其是子女成长的每个阶段，是家庭理财规划的核心部分。教育规划也是一种人力资本投资，可以提升家庭成员的文化素质和生活质量，增强其在劳动力市场的竞争力。

课外链接：人力资本理论

20世纪60年代，舒尔茨和贝克尔较早提出了人力资本理论，认为人的素质(知识、技能和健康等)对经济社会发展起着重要作用，而且要比物质资本的作用要大，强调教育投资是人力资本形成的最主要手段。通过教育可以提升劳动者的工作能力、技术水平和生产效率。实际上教育投资过程是人力资本积累的过程，换言之，人力资本的形成和积累主要通过教育，如果没有教育，将难以形成强大的人力资本。

按照教育对象不同，教育规划通常被分为职业教育规划和子女教育规划。职业教育是针对自身的个人发展而进行专业技能方面的继续教育，比如MBA、专业

证书的相关培训学习等。相对于家庭中父母对于自身的职业教育规划，子女教育更是家庭教育规划的核心。无论在子女成长的哪个阶段，都有相应的教育目标要实现，这些目标的实现涉及各种教育支出，如何使教育资金得到合理安排，是教育规划的主要内容。实际生活中，许多家庭将对子女的教育培养当作是一种投资行为，即在子女成长期进行教育投资，使子女获得良好的教育，这样待子女成年工作后，预期获得的收益远大于早期的教育培养投入，因此子女教育投资无疑是家庭财务决策中最具有价值回报的事项。

为了让子女获得良好的教育机会和条件，大部分家庭会倾注全力进行教育投资，这是我国家庭在教育规划方面的现实写照，但面对不断上涨的教育费用支出，如何准备充足的教育金成为多数家庭所关注的重要问题。既然子女教育金已是家庭理财规划的首要需求，那么尽早进行合理的教育投资规划，进而准备充分且适当的教育金，对于每个家庭而言就显得尤为重要。

二、教育规划的原则

(一) 尽早规划

由于教育支出的时间弹性和费用弹性具有刚性，教育投资周期长，金额大，增长快，同时受不同因素的影响而存在较大差异，且存在难以掌控的不确定性因素，因此，“宜早不宜迟”，教育金的准备需要提前规划，这样不仅可以减缓教育支出给家庭带来财务陡增的压力，而且更容易实现教育规划目标。此外，对于很多家庭，尤其晚育家庭来说，子女接受高等教育阶段正是准备养老金的时期，如果不提前进行教育规划，届时大额的教育费用支出会削弱家庭财力，甚至可能会影响养老规划的顺利进行，所以需要家长具备提前规划的意识，尽早确定好教育目标。一般建议在孩子出生后，就要开始着手准备其未来的教育费用。如表 5-1 所示，相同的投资总金额，越早开始着手投资，最终所得到的投资总价值越高。

表 5-1　不同时间进行高等教育规划的对比情况

开始时间	0 岁	6 岁	12 岁
年投资额/元	1800	2700	5400
投资时间/年	18	12	6
年投资收益率/%	5	5	5
投资总额/元	32 400	32 400	32 400
投资总价值/元	50 638	42 976	36 730

(二) 适当宽松

任何事物都是不断发展变化的，在子女成长过程中，父母的教育期望与子女自身的教育目标很大可能会发生偏离。在中小学阶段，孩子的性格、发展方向尚未完全确定，加上社会阅历和经验欠缺，往往父母在教育目标的确定上具有较大话语权，但随着子女逐步成长，其兴趣爱好、工作期望、人生理想等会发生改变，

社会多元化使得选择空间越来越大，各种不确定性的教育支出会随之产生，比如是出国留学深造、继续攻读研究生，还是大学毕业后参加工作等。因此，教育金的准备要从宽松角度加以全面考虑，宁多勿少，适当宽裕，如果到时出现多余，多出来的部分可以留作养老准备金的有效补充。

(三) 定向积累

教育投资周期长，金额大，增长快，而且大额教育金支出通常发生在高等教育阶段，但其间家庭可能会发生其他大额消费支出或家庭财务遇到困难，这时就可能会动用已经准备的子女教育金。如果挪用的教育金在需要时不能及时补齐，则会影响教育目标及其相关教育活动的如期实现。因此，教育金应专门设立定向储蓄和投资账户，并进行专项积累，避免家庭在遇到临时困难时将其用于其他支出，导致子女教育金在需要时出现不足的状况。

(四) 稳健投资

教育金支出需求刚性较大，弹性较小。教育投资的目的不是获得短期高额回报，而是要在注重风险分散、安全稳健的基础上，力求实现教育金投资的长期保值、合理增值，做到长期投资，收益稳健。一般来讲，教育金的投资收益率要高于学费增长率，但需要注意的是，由于教育金需求的时间和金额相对固定，因此在教育投资过程中既不能太激进，也不能太保守。如果简单地将教育金储存到银行，则受到通货膨胀和学费上涨等因素的影响，教育金不仅不会增值，反而会出现贬值和准备不足的情况，造成子女教育费用紧张。因此，家长应结合家庭实际情况，精打细算，根据孩子的不同年龄段，采取多元化教育投资策略，以多种理财方式或理财产品组合，如教育储蓄、教育保险、基金定投等，从而实现长期保值增值。

任务解析 2　教育金需求分析

教育金支出是指家庭围绕子女教育活动所需的必要支出。根据教育周期和规律，每个人的成长大体要经历幼儿园、小学、中学、大学、研究生等不同的学程(见图 5-4)，每个阶段都需要一定教育费用支出。家庭的教育金支出与子女全部学程的教育活动相关联，只要有孩子的家庭都必须要充分考虑到这项支出。为了子女的美好未来，家长需要未雨绸缪做好教育规划，以便有效应对不同阶段的教育金支出需求。

随着教育的重要性和相关费用的增加，从学前教育、中小教育到高等教育等各阶段学程，子女教育到底要花费多少钱，很多家庭还不是很清楚。受教育地点、教育目标等影响，不同教育阶段的每个家庭都会有不同的教育费用需求。考虑到区域经济社会发展的不同，下面的教育金支出仅为一种代表性分析，不同地区会存在一定差异，如表 5-2 所示。

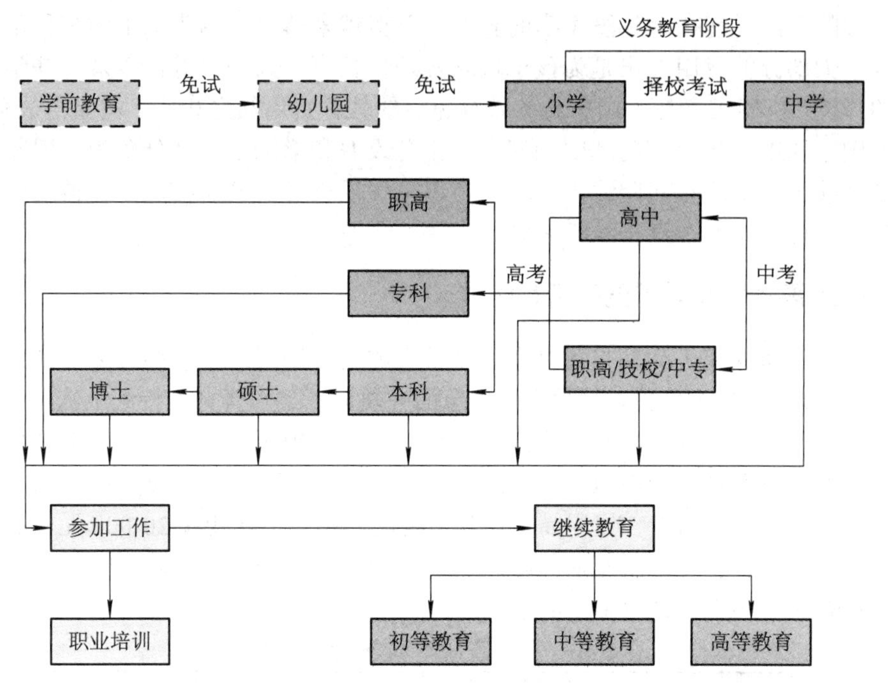

图 5-4 中国教育体系情况

表 5-2 不同阶段的年教育费用情况

办学性质	幼儿园	小 学	初 中	高 中	大 学
公办	0.5～1 万元	免费	免费	0.5～1 万元	0.5～1.5 万元
民办	1～10 万元	10～20 万元	10～20 万元	10～20 万元	1～5 万元

一、教育金需求

《关于进一步减轻义务教育阶段学生作业负担和校外培训负担的意见》

(一) 学前教育阶段的教育金需求

该阶段不属于我国义务教育阶段，各地的教育费用不尽相同，并且收费种类也不相同。一般而言，幼儿园阶段每年的教育金支出在 5000～10 000 元之间。如果考虑到公立、民办属性的幼儿园，不同地区的教育费用差异也较大，通常民办幼儿园要比公立幼儿园总体收费高。此外，家长们也越来越重视早教问题，提前给孩子报名各种早教班，也会增加家庭教育金的支出。

(二) 中小学阶段的教育金需求

该阶段的小学和初中属于义务教育时期，不需要交学费，个人家庭只需缴纳学杂费、制服费等。一般按照正常收费来讲，小学年均教育金支出 1000 元左右，初中年均教育金支出 1500 元左右，这对于一般家庭而言负担不算太大。高中教育阶段不是义务教育时期，家庭教育金支出相对较多。各地、各校的收费标准也不尽相同，公办高中年均教育金支出合计在 5000～10 000 元之间，民办高中费用支出相对较高一些。

实际上，目前在该阶段家庭的教育金负担越来越重，因为除了学校日常教学之外，大部分的费用支出是为孩子报名各种特长班、兴趣班等，以及一些学校收取的择校费、赞助费等，国家义务教育免除的教育费用与之相比，就显得很渺小。尽管国家和地方教育部门都明确规定禁止乱收费和增加学生课外负担，但家长们为了使孩子“不输在起跑线上”，以及追求优质教育的升学需求，使得这一阶段的家庭教育金支出一直在不断增加。

(三) 高等教育阶段的教育金需求

接受优质的高等教育是每个家庭对子女的美好期望，但要准备多少的大学教育金呢？自1997年我国高等教育招生全面并轨以后，学费开始持续上涨，从近几年高校收费的情况看，公办高校普遍在5000～15 000元之间，特殊专业要再高一些，民办高校收费普遍在10 000元以上。此外，高校生活费主要包括住宿费、伙食费、通信费、交通费、日用品费及其他费用，年均生活费在20 000元左右。同时考虑到高校所在的地域差别，大学生的生活费用也会有所差异。表5-3所示为国内公办普通本科学校教育费用的示例。

表5-3　公办普通本科学校教育费用

项　目	学　费	住宿费	生活费
每年费用/元	5500	800	6300
4年费用/元	22 000	3200	25 200
4年教育费用合计/元	22 000 + 3200 + 25 200 = 50 400		

表5-3的示例假定在较节省的情况下，只计算了学费、住宿费、生活费等基本费用，其他花销还未考虑。若在基础费用上加上其他一些支出，那么，子女在大学期间60 000元以上的支出是较普遍的情况。

(四) 研究生教育阶段的教育金需求

我国在2014年研究生教育收费改革后，取消了公费研究生，也就是现在的研究生(硕士和博士)都是自费生。当前全日制研究生教育的学费，硕士生每年 8000元，博士生10 000元，专业型硕士每年8000～30 000元，不同学校存在一定差异。但国家和高校制订了相应的奖学金或助学金政策，如每年的助学金博士生 10 000元、硕士生6000元，学业奖学金博士生10 000元、硕士生8000元。此外，全日制研究生每月还有一定金额的津贴补助，通过奖学金、补助的方式资助优秀研究生学费和生活费，可以缓解家庭的教育金压力。

(五) 出国求学的教育金需求

当下，随着人们对子女教育的重视程度越来越高，出国求学成为很多家庭的重要选择之一，在国内完成适当的教育学程后，很多家长有意愿送子女出国求学。对于每一个家庭而言，除非公派留学，否则出国求学的费用都是一笔不小的负担，同时还需要为子女准备出国求学的各项教育金。对于不同的国家，教育费用差距

也较大，一般欧美国家普遍较高，如美国、英国的年总费用为25～30万元人民币，澳大利亚、加拿大的年总费用为20～30万元人民币，相对而言，亚洲国家留学费用较低，年总费用为7～15万元人民币，如表5-4、表5-5所示(以下费用根据实际情况不同会有所出入，内容仅供参考)。

表5-4 出国留学准备阶段的费用

项　目	金　额
托福、雅思等考试	1800元
外语培训	20 000元
签证	1200元
院校申请费	每所100美元，5所总计3250元 (以人民币兑美元汇率为6.5计算)
交通费	往返13 000元
电脑	12 000元
生活必备品	5000元
合计	56 250元

表5-5 国外上学时期所需的费用

项　目	金　额
学费	美、英、澳、加，年均150 000元 日、韩，年均60 000元 马来西亚，年均70 000元
年生活费	欧、美、澳约150 000元，其他70 000元
教材费	每年5000元
交通费、网费	每年7000元
探亲费	每年13 000元
年合计	欧美约325 000元，韩日约155 000元
两年总计	欧美约650 000元，韩日约310 000元

二、教育金的特性

(一) 缺乏时间和费用弹性

从时间角度来看，教育周期与孩子年龄具有相对刚性的匹配要求，即一般孩子到了一定年龄就要进入学校接受相应的教育。如6岁上小学、18岁上大学，因此子女教育规划相对来说缺乏时间弹性，不会像养老规划、购房规划那样，在家庭财务状况不具备的条件下可以延期实现目标。

《关于优化生育政策 促进人口长期均衡发展的决定》

从费用角度来看，一定时期内不同阶段的教育费用相对固定，因为家庭在面对教育机构时，只能成为教育费用的被动接受者。对于大部分家庭来讲，不管家庭收入和资产状况如何，对于接受相同的教育而言，教育费用对每一个家庭的负

担基本相同，弹性空间相对较小。与养老规划、消费规划不同，教育规划很难在家庭财力欠缺时适当降低标准。

(二) 教育投资周期长且金额大

通过以上教育金需求分析可以看出，对于一般家庭来讲，教育投资时间长，至少经历 15 年。如果践行“活到老、学到老”的终身教育理念，教育持续时间将更长，所需要的开支也就更大。随着教育程度的提升，教育费用的支出也将随之提高，尤其高等教育支出相对增加得更加明显，所以教育投资是大部分家庭的一项长期投资。近年来，教育费用总体呈现增长趋势，且其增长率已经超过了通货膨胀率，如 2013—2019 年我国高校学费增长率年均为 2.77%，超过了同期 1.95% 的通货膨胀率，这无疑又增加了家庭的教育负担。此外，对于有出国求学需求的家庭来说，相关教育费用更是一笔金额较大的家庭经济支出。

(三) 不确定性因素较多

由于每个家庭的地域、经济条件、子女资质、兴趣爱好等都不同，因此教育规划面临着较多的不确定性，它受到各种复杂性因素的影响，这就使得教育支出比较难以掌控。一般来说，子女的资质、注意力和学习能力难以充分预测，如果孩子成绩优异，将来就可能会接受更高阶段的学历教育，甚至出国留学深造；如果孩子学习能力和成绩不太理想，父母又想让其考上较好的学校，接受更优质的教育，那么各种课外的教育培训和辅导费用就不可缺少；同时在素质教育呼吁下，如果子女在体育、音乐、舞蹈等方面有兴趣或禀赋，父母一般会选择在课外时间让孩子接受相关技能教育，这些教育费用支出也不可小觑，但其相关支出并不能事先完全预知和控制。因此，在长期的教育过程中，由于难以预料的众多不确定性因素，使得家庭在确定子女教育目标时，要适当准备宽裕的相关教育费用。

三、教育负担比

随着教育需求程度越来越高和教育费用的持续增长，所需准备的教育金也越来越多，家庭支出中的教育费用占比也愈来愈高，可以用“教育负担比”来评估教育费用对家庭财务的影响。通常，如果家庭的教育负担比超过 30%，就意味着存在较大的教育支出压力，需要及早筹备。教育负担比的计算公式如下：

$$\text{教育负担比}=\frac{\text{子女教育金费用}}{\text{家庭税后收入}}\times 100\%$$

案例5-1 教育金需求分析

李女士有一个儿子，今年考入了国内某大学，在儿子正式入学之前，李女士测算了一下大学一年的教育费用，每年学费 13 000 元、住宿费 1500 元，日常生活各项开支每月大概 1500 元，按 9 个月计算(寒暑假 3 个月)，共计 13 500 元。预计

李女士全家的每年税后收入 90 000 元。请问李女士家庭的教育负担比是多少？

✓ **案例解析：**

$$教育金费用 = 学费 + 住宿费 + 日常开支 = 13\,000 + 1500 + 13\,500 = 28\,000\ (元)$$

$$教育负担比 = \frac{28\,000}{90\,000} \times 100\% = 31.11\%$$

结论：李女士儿子大学所需的费用占家庭税后收入的 31.11%，超过了 30%。尽管对李女士家庭而言可以负担，但可能会影响到其他财务安排。

需要注意的是，考虑到学费上涨率可能会超过家庭收入增长率，那么以当前水平估算的教育负担比，结果可能会偏低，所以充分考虑学费增长率和通货膨胀率后，应该适当从宽准备教育金。

任务解析 3 教育规划工具的选择

子女教育规划一般周期跨度长、金额大，这也为提前开展教育规划留出了较大空间，其中选择教育金筹集方式和教育投资工具是一项重要内容。

一、短期教育规划工具

教育金的来源除了自身储备的家庭收入或社会资助外，还有专门为学生提供的教育贷款，我国的教育贷款主要包括国家助学贷款、商业助学贷款和出国留学贷款。

(一) 国家助学贷款

国家助学贷款是面向家庭经济困难学生发放的专项助学贷款，具有较强的政策性，享受财政贴息，主要包括高校助学贷款和生源地助学贷款两种，如表 5-6、表 5-7 所示。

《关于进一步完善国家助学贷款政策的通知》

表 5-6 国家助学贷款分类对比情况

类别对比	高校助学贷款	生源地助学贷款
发放主体	银行、教育部门、高校共同操作	国家开发银行或其他地方性金融机构发放
申请对象	家庭经济困难的高校学生	家庭经济困难的高校新生和在校生
申请地点	经就读高校的学生资助部门向经办银行申请、统一管理	在学生入学前户籍所在县(市、区) 的学生资助管理中心或金融机构申请
贷款用途	学费、住宿费、基本生活费	学费、住宿费、基本生活费

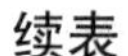

续表

类别对比	高校助学贷款	生源地助学贷款
贷款额度	全日制普通本专科学生(含第二学士学位、高职学生、预科生)每人每年不超过 8000 元，不低于 1000 元；全日制研究生每人每年不超过 12 000 元，不低于 1000 元	全日制普通本专科学生(含第二学士学位、高职学生、预科生)每人每年不超过 8000 元，不低于 1000 元；全日制研究生每人每年不超过 12 000 元，不低于 1000 元
贷款期限	学制加 15 年、最长不超过 20 年；在校期间利息由财政全额贴息；毕业后 5 年内为还本宽限期，期满后开始还本付息	申请时所在年级加 15 年，最长不超过 20 年；在校期间利息由财政全额贴息；毕业后 5 年内为还本宽限期，只付息不还本，之后按约定分期还本付息
贷款利率	2020 年 1 月 1 日起按同期同档次 LPR 减 30 个基点	2020 年 1 月 1 日起按同期同档次 LPR 减 30 个基点
贷款方式	借款人信用担保，学生本人申请和还款；一次申请、一次授信、分期发放	借款人信用担保，学生和家长(或其他法定监护人)共同借款、共同还款；按年度申请、审批和发放

表 5-7 某银行国家助学贷款相关信息

产品名称	国家助学贷款
产品说明	为家庭经济困难的全日制本专科生(含高职生、预科生)、研究生和第二学士学位学生提供国家助学贷款服务，用于支付学生在校学习期间的学费和住宿费
贷款额度	全日制本专科学生(含第二学位、高职学生、预科生)国家助学贷款的最高限额原则上每人每学年最高不超过 8000 元，全日制研究生每人每年申请贷款额度不超过 12 000 元，每个学生的具体贷款额度按照学费和住宿费标准总和确定
贷款期限	国家助学贷款期限为学制剩余年限加 15 年，最长不超过 22 年
贷款利率	国家助学贷款利率按照同期同档次贷款市场报价利率(LPR)减 30 个基点(BP)执行
贷款申请	申请贷款学生可在入学前或入学后通过电子渠道(例如网上银行、手机银行等)提交贷款申请。申请国家助学贷款需提交以下材料： (1) 本人学生证或新生入学录取通知书； (2) 本人居民身份证(未成年人须提供法定监护人的有效身份证明和书面同意申请贷款的声明)； (3) 经学生本人填写并签字确认的《家庭经济困难学生认定申请表》
贷款发放	根据合同规定，按学年及时将学费、住宿费贷款划入学校指定的账户
贷款贴息	借款学生在校学习期间，国家助学贷款所发生的全部利息由财政安排专项贴息资金给予补贴。借款学生毕业后的贷款利息及贷款逾期后产生的罚息由其本人全额支付。 借款学生毕业后，在还款期内继续攻读学位的，须在申请贴息起始日 20 个工作日之前，提供录取通知书、身份证明等证明资料，向原所在高校提出继续贴息申请。借款学生在校期间，因患病等原因休学的，可申请休学贴息
贷款偿还	(1) 借款学生毕业当年不再继续攻读学位的，可享受 60 个月的还本宽限期，还本宽限期内只需还息无须还本。 (2) 有条件的借款学生可在银行经办网点、网上银行和手机银行等电子渠道提前偿还贷款

家庭经济困难学生认定申请表（样例）

案例5-2 助学贷款还款计划

某位大学一年级新生(学制 4 年)，在 2021 年申请了一笔期限为 15 年的生源地信用助学贷款，请为其做出还款计划(一年按 360 天计算)。

✓ **案例解析：**

还款计划见表 5-8。

表 5-8 还款计划表

时 间	还本付息日	应还本金和利息
在校期间	—	无须承担利息或本金
毕业当年 2025 年 (毕业第 1 年)	12 月 20 日	承担本年度 9 月 1 日至 12 月 20 日的利息，共 111 天，无须偿还本金。 利息 = 贷款总金额 × 年利率 × $\frac{111}{360}$
2026 年—2029 年 (毕业第 2～5 年)	12 月 20 日	承担上一年度 12 月 21 日至本年度 12 月 20 日的利息，共 365 天，无须偿还本金。 利息 = 贷款总金额 × 年利率 × $\frac{365}{360}$
2030 年至 2034 年 (毕业第 6～10 年)	12 月 20 日	承担一年的利息+一年的本金。 利息 = 贷款余额 × 年利率 × $\frac{365}{360}$
2035 年 (毕业第 11 年)	9 月 20 日	承担上一年度 12 月 21 日至本年度 9 月 20 日的利息+剩余的本金。 利息 = 贷款余额 × 年利率 × $\frac{275}{360}$

案例5-3 助学贷款还款计划

小琪在国内某本科高校大一入学时，申请了生源地信用助学贷款，每年 8000 元，用于交纳学费和住宿费，4 年总计 32 000 元，贷款期限 11 年，在校期间免息。请问小琪毕业后需要偿还的利息是多少？假设 5 年期以上贷款利率为 4.6%(一年按 360 天计算)。

✓ **案例解析：**

(1) 第 1 年还款利息：$32\,000 \times 111 \times \frac{4.6\%}{360} = 453.87$ (元)(毕业当年 9 月 1 日—12 月 20 日，共 111 天)。

(2) 第 2-5 年还款利息：$32\,000 \times 365 \times \frac{4.6\%}{360} = 1492.44$ (元)(去年 12 月 21 日—当年 12 月 20 日)。

(3) 第 6 年还款利息：$32\,000 \times 365 \times \frac{4.6\%}{360} = 1492.44$ (元)(去年 12 月 21 日—当年 12 月 20 日)。

第 6 年还款本金：$\frac{32\,000}{2} = 16\,000$ (元)。

(4) 第 7 年还款利息：$18\,000 \times 275 \times \frac{4.6\%}{360} = 632.5$ (元)(去年 12 月 21 日—当年 9 月 20 日)。

第 7 年还款本金：$\frac{32\,000}{2} = 16\,000$ (元)。

温馨提示：尽管 32 000 元的国家助学贷款按 4 年分期申请，但仅在校期间免息。毕业当年起，要按 32 000 元的全部贷款金额开始偿还利息，还款日为每年 12 月 20 日(最后一年为 9 月 20 日)，享受 5 年内的还本宽限期。自毕业第 6 年起，开始分期偿还本金和利息，本息还款日相同。

(二) 商业助学贷款

商业助学贷款是银行面向在校学生发放的商业贷款，用于学费、住宿费和基本生活费等。实行“部分自筹、有效担保、专款专用、按期偿还”的原则，需要自筹部分本金，同时提供抵押或担保，不享受财政贴息，贷款期限为半年到 5 年，最长不超过 8 年，贷款金额最高 5 万元。

(三) 出国留学贷款

出国留学贷款是银行面向出国留学人员或近亲发放的一种消费贷款，一般用于国外在读期间的学费、生活费等。贷款额度不超过报名费、一年内的学费和生活费等的等值人民币总和，且最高为人民币 50 万元，需要借款人提供抵押或担保，不享受财政贴息。

二、长期教育规划工具

教育规划具有典型的长期性特征，因此家庭应重视长期工具的运用和管理，

尽早进行子女的教育规划。

(一) 教育储蓄

教育储蓄是国家为了发展教育事业，在2000年前后推出的储蓄品种。它采用的是零存整取的存款方法和定期存款的存款利息，分一年、三年、六年三档，最高存款额2万元，如表5-9所示。利率按照同档次整存整取计算，其中六年期的利率同五年期整存整取利率。适合于工资收入不高、但要求资金流动性高的家庭。教育储蓄的收益稳定，而且能够积少成多，适用于筹集小额的教育费用。

表5-9 教育储蓄的主要特点

存期灵活	存额固定	利率优惠	适用对象
1年、3年、6年	每次固定存入的金额50元起存，最高2万元	2万元以内可免征利息税，但要提供接受非义务教育的证明	在校小学四年级(含)以上学生

1999年11月至2007年8月，国家对储蓄存款的个人，按照利息收入的20%征收个人所得税，2007年8月至2008年10月9日，该税率降到5%。教育储蓄面市时，它最吸引人的地方就是免缴利息所得税，因此受到不少家长的青睐。后来财政部和国家税务总局在2008年10月9日发布了《关于储蓄存款利息所得有关个人所得税政策的通知》(财税〔2008〕132号)，宣布全国取消利息税，教育储蓄的优势也就不复存在了。

随着理财渠道多元化、理财产品越来越丰富，教育储蓄因收益偏低、支取困难等，变为冷门储蓄品种，逐渐淡出公众视野，多家商业银行陆续停办该项业务，教育储蓄也逐步被一些新型教育保险、银行理财产品等所取代。

(二) 教育保险

教育保险又称教育金保险，主要是用于筹集子女教育基金的一种商业保险。教育保险既有长期强制储蓄性，也有保险保障功能，同时具有保费豁免、投资分红等特点。教育保险与教育储蓄存在一定的差异，具体见表5-10。

表5-10 教育保险与教育储蓄的比较

项目	教育保险	教育储蓄
属性	储蓄性保险	储蓄存款
条件	0～17岁未成年人，投保手续简单，交费周期长，教育金领取方式多样	开立实名存款账户，在校小学四年级(含)以上的学生
优势	强制储蓄和保险保障，保费豁免	免征利息税，零存整取，按整存整取利率计息，本息有保证

(三) 基金

基金是家庭理财规划比较常用的投资产品，也可以作为教育规划工具，因为基金可以满足不同类型客户教育规划的需求。家庭可以灵活方便地根据教育规划需求，选择基金的品种、金额和时间，或进行组合投资。基金投资没有上限要求，

可以按约定的金额进行追加。

由于教育金积累时间较长，且需要保障增值和稳健投资，则基金定投是准备教育金的一种较好选择。基金定投的特点是可以积少成多，适合于长期的教育理财规划。基金定投起点较低，每个家庭可以根据需要对购买数量进行优化调整，分期小量进场。基金定投具有“价格—份额”自动调节机制，可以均衡建仓成本，降低投资风险。比较适合于风险承受能力较低的工薪家庭，也适用于具有特定理财目标的家庭(如教育金、养老金)，以及投资经验不足的家庭。

“基金定投微笑曲线”可以更加深入、直观地让投资者了解基金定投的优势，该曲线强调通过持续的定期投资实现最终的获利，也可以解释“基金定投为什么能够实现低风险赚钱”的理论。如图 5-5 所示，微笑曲线是一条开口朝上的抛物线，好似一张微笑的嘴巴，它其实形象地描述了基金定投的投资过程。假如市场呈现先下跌后上升的趋势，只要投资者坚持定投基金，就可以不断降低成本，当市场价格回升后卖出即可获利。

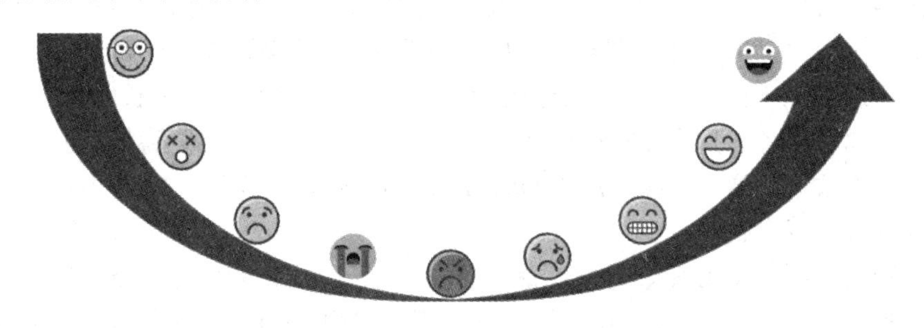

图 5-5　基金定投微笑曲线

(四) 教育金信托

教育金信托是以信托方式实现教育规划目标的一种投资行为。一般由家长和信托机构签订信托协议，基于子女的利益或特定目的，将一定的财产所有权委托给信托机构进行管理和分配。信托财产的独立性较强，可以规避家庭财务危机，防止财产被恶意侵占，避免未成年子女滥用资金和挥霍财产。比较适合于子女有出国留学计划的家庭、以共有财产养育子女的离异家庭、高净值人群等。

除以上教育规划工具外，家庭还可以选择政府债券、公司债券、银行理财产品等其他投资产品。在子女学龄前时期，可以将基金定投作为首选，在孩子上学之后，家长可根据自身的家庭情况，选择教育保险、教育储蓄或其他理财方式。

案例5-4　基金定投收益率

王先生计划进行基金定投，开始投入 1000 元，基金净值 1 元，之后每月投入 100 元，连续定投 4 个月，基金净值分别为 0.85 元、0.7 元、0.8 元、0.9 元，当第 5 个月赎回时基金净值为 1.10 元，假设不考虑相关费用，则该基金的投资收益率是多少？

✓ **案例解析：**

基金定投收益见表 5-11。

表 5-11 基金定投收益

月份	投入金额/元	基金净值	购买份额
1	1000	1	1000
2	100	0.85	117.65
3	100	0.7	142.86
4	100	0.8	125
5	100	0.9	111.11

方法 1 利用总收益计算：

$$\text{总投入} = 1000 + 100 \times 4 = 1400\ (\text{元})$$

$$\text{总份额} = 1000 + 117.65 + 142.86 + 125 + 111.11 = 1496.62\ (\text{份})$$

$$\text{总收益} = 1.10 \times 1496.62 = 1646.28\ (\text{元})$$

$$\text{定投收益率} = \frac{\text{总收益}}{\text{总投入}} = \frac{1646.28 - 1400}{1400} = 17.59\%$$

方法 2 利用平均成本计算：

$$\text{平均成本} = \frac{\text{总投入}}{\text{总份额}}$$

$$\text{定投收益率} = \frac{\text{赎回时基金净值} - \text{平均成本}}{\text{平均成本}} = \frac{1.1 - \dfrac{1400}{1496.62}}{\dfrac{1400}{1496.62}} = 17.59\%$$

任务解析 4 教育规划的流程

教育规划的流程主要包括五个步骤，如图 5-6 所示。

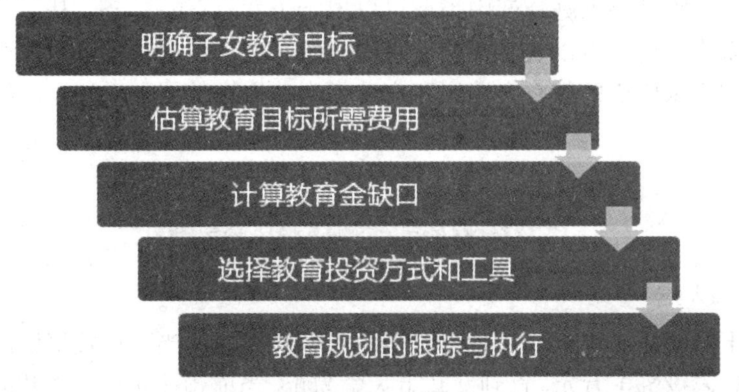

图 5-6 教育规划的流程

一、明确家庭子女教育目标

家庭首先需要明确对子女未来期望的教育目标，并了解要实现该目标当前所需费用。可以通过以下问题辅助确定教育目标：

您的子女当前的年龄是多少？

您希望子女进入何种类型的学校？

您希望子女接受教育的程度？

您是否希望子女出国留学？

您希望子女在何地完成教育？

您希望子女选择什么专业方向？

您是否了解子女的兴趣和天赋？

以上问题相互影响，共同构成对子女教育目标分析的重要组成要素，影响着家庭所需要准备的教育费用。

二、估算实现教育目标所需费用

在明确子女的教育目标后，就要估算各个教育阶段所需的教育金。进行费用估算时要充分考虑以下问题：

(1) 预设一个通货膨胀率或学费增长率(生活费及其他费用增长率)。

实际操作中，可将通货膨胀率和学费增长率的关系设定为

$$学费增长率 = 通货膨胀率 + 1\%$$

例如，2013 至 2019 年期间，我国年均通货膨胀率为 1.95%，则学费增长率为 2.95%。

(2) 按预计的学费增长率，计算未来入学时所需的教育金。

三、计算教育金缺口

教育金缺口是指已有的家庭教育金供给与实现教育目标所需教育金的差额，用公式表示为

$$教育金缺口 = 教育金总需求 - 家庭教育金供给$$

教育金供给是指家庭资产中当前可以用于子女教育的资金，基于一定的预期收益率在未来需要时可以实现的资金总额。教育金总需求是指在家庭明确教育目标后，根据未来所需的教育金费用和充分考虑费用增长因素后计算出的教育资金总额。

案例5-5 教育金缺口

张女士的女儿目前 10 岁，目标是 18 岁上大学本科，当前可投资资产 10 万元，计划每年年末投资 1 万元，直到女儿上大学为止。当前预计 4 年大学共需 20 万元。假设教育费用增长率为 6%，年投资回报率 4%。请问张女士是否可以实现预期目

标，若不能，教育金缺口为多少？

✓ **案例解析：**

(1) 计算8年后大学的教育费用。

现在估计4年大学费用是20万元，教育费用年增长率为6%，8年后大学的教育费用其实质就是求复利终值，代入公式计算得

$$FV = PV \times (F/P, i, n) = 20 \times (F/P, 6\%, 8)=31.88\ (万元)$$

(2) 计算张女士8年后的投资收益总额。

当前投资10万元，以后每年年末投1万元，8年后的投资收益总额实质是求利率4%、期限8年、本金10万元的复利终值和利率4%、期限8年、年金1万元的复利终值。代入公式可得

$$总收益 = 10 \times (F/P, 4\%, 8) + 1 \times (F/A, 4\%, 8) = 22.90\ (万元)$$

(3) 计算教育金缺口：

$$教育金缺口=31.88 - 22.90 = 8.98\ (万元)$$

可见，当前张女士的投资方式不能实现预期的女儿教育目标，教育金缺口高达8.98万元。建议张女士通过提高投资回报率、增加储蓄或两者结合的方式实现教育金预期目标。

四、选择教育金投资方式和工具

计算出家庭教育金缺口之后，就要选择开始进行教育规划投资的时间和每年准备的资金。教育金投资方式可以选择一次性投资，并将利息进行再投资，也可以选择定期定额的投资方式，定期投入一定金额，或者将以上两种方式结合。根据家庭的风险承受能力，按时间长短确定合适的预期投资收益率，计算采用一次性投资所需的金额现值，或采用分期投资每期(年或月)所需支付的年金，然后选择与其相适应的教育规划工具，进而设计出适合该家庭的教育规划方案。

教育投资工具的选择要注重稳健和安全，尤其是越接近教育金的使用时间，对投资工具的安全性要求就越高。对于具体应当运用何种工具进行教育规划，可以参考上文所述“教育规划工具选择”的内容。

五、教育规划的执行与跟踪

教育规划是一项复杂的整体性方案，理财从业人员不可能做到全面周到，大多数情况下仅靠理财从业人员也难以完成全部教育规划方案的实施工作。教育规划方案的实施过程会涉及其他领域的专业人员，如会计师、律师、证券投资顾问、基金投资顾问、保险经纪人、税务师等，同时还需要家庭成员一起参与。

由于教育规划也是一项长期规划，在规划执行的期间影响因素也有很多，如家庭收入、支出以及家长职位等的变化，又比如子女的兴趣、专业、职业规划等的变化，这些都会对教育目标产生影响。但当前的教育规划是根据家庭现有信息来制订的，所以在教育规划实施过程中，理财从业人员需要关注各种影响因素，

及时与客户沟通并适时调整实施方案。总体而言，考虑到教育规划一般期限较长，在前期可以采取较为积极的投资策略，后期随着子女年龄增大，越来越接近教育金的使用时间，则应采取相对稳健保守的投资策略。

【能力拓展】

- 为什么说教育规划是一项长期投资？

- 请您算一算，培养一个孩子需要多少教育支出？

- 教育金的特性和教育规划的原则是什么？教育规划工具有哪些？结合自身实际家庭情况，您会选择哪种？

任务2 养老规划

【任务描述】

- 了解养老规划及其原则。
- 掌握养老规划工具的种类及内容。
- 熟悉养老规划的流程。

任务解析1 认识养老规划

实现美好的家庭生活，不光在于追求当前的财务自由，更在于退休后能过上幸福富裕的养老生活。退休养老是每一个人生命周期中必经的人生历程，过上高

品质的退休生活，是每个家庭都期望的理财目标之一。一般退休养老的时间长、成本高、风险多，所以需要家庭提前做出规划。

一、家庭养老规划的内容

“将来如何养老”，如今已经成为每个家庭难以回避的现实问题。养老规划的目标就是通过合理的规划方案设计，让家庭成员在退休后，能够过上高质量的养老生活。

(一) 养老规划的重要性

“老有所养、老有所依、老有所乐、老有所安”的社会生态，是每一个人都向往的。随着时代的不断发展变化，年轻人背负着来自社会各方面的压力，诸如工作、结婚、房贷等，他们对于“如何赡养老人”的需求已经心有余而力不足了。“当我老了，谁来养我”已成为让所有家庭都难以回避的重要现实问题。

人口老龄化是今后较长时间的基本国情

1. 人口老龄化程度加深

当前我国人口老龄化速度加快，老年人口规模越来越大，同时老年人口综合素质也在不断提高。第七次全国人口普查数据显示：60 岁以上人口占比 18.70%，65 岁以上占比 13.50%。60 岁及以上人口中，拥有高中及以上文化程度的有 3669 万人，比 2010 年增加了 2085 万人；高中及以上文化程度的人口比重为 13.90%，比十年前提高了 4.98 个百分点；此外，人均寿命持续提高，2020 年已达到 77.3 岁。

人口老龄化意味着强大的劳动力正在减少，劳动力的资源和分布不均衡，这不仅会减少劳动力的供给数量，还会增加家庭养老负担以及基本公共服务供给的压力。

课外链接：人口老龄化

人口老龄化是指人口生育率降低和人均寿命延长导致的总人口中因年轻人口数量减少、年长人口数量增加而导致的老年人口比例相应增长的动态。按照国际通则，当一个国家或地区 60 岁以上人口占比 10%以上，65 岁以上人口占比 7%以上，则该国家或地区进入老龄化社会。

预计 2025 年，我国 65 岁及以上的老年人将超过 2.1 亿，占总人口数的约 15%；2035 年和 2050 年时，65 岁及以上的老年人将达到 3.1 亿和接近 3.8 亿，占总人口比例则分别达到 22.3%和 27.9%。

人口老龄化严重会带来很多危害，日本就是很好的例子。日本是老龄化最严重的国家之一，2019 年底日本 15 岁至 64 岁的劳动年龄人口占总人口的 59.5%，跌至历史新低，连续 3 年低于 60%。不少企业不得不将生产制造基地转移到国外，很多产业难以为继。同时，随着老年人口增加，日本政府需要负担更多的养老金和医疗费用开支，面临更加严峻的财政压力。

2. 医疗保健费用持续增加

随着人均预期寿命的延长、居民健康意识的提高、医疗保险制度的变革和医疗技术的发展，家庭面临的医疗健康费用支出逐步增多，由家庭或个人承担的医疗费比例也随之提高。2020 年我国城镇和农村居民人均医疗保健支出分别为 21 210 元和 1843 元，分别是 2010 年的 24 倍和 6 倍。在进行养老规划时，要充分考虑到实际寿命高于预期寿命的情况，否则会导致规划的养老金不足以支撑实际的养老金支出需求。同时在通货膨胀的作用下，家庭准备的养老金还会随着时间发生缩水，并且时间越长，贬值情况就越严重。因此，不仅要定期修改养老规划和合理有效地估计预期寿命，还要确保养老金的投资收益率高于通货膨胀率，以防止养老金不断贬值。

3. 社会养老保障制度尚不完善

当前，我国已经建立了基本养老保险、企业年金或职业年金、商业养老保险等养老金体系，其中基本养老保险的“广覆盖”特征明显，是目前我国居民养老最重要的支柱。但我国企业年金覆盖面较窄且发展迟缓，商业养老保险等个人养老金的发展还处在起步阶段，目前其“支柱”作用尚未体现，主要体现在：

中国保险行业协会发布《中国养老金第三支柱研究报告》

(1) 养老金缺口压力加大。2020 年 11 月 20 日，中国保险行业协会发布的《中国养老金第三支柱研究报告》显示：未来 5 年至 10 年，我国社会养老金缺口可能高达 8 万亿元至 10 万亿元，且随着时间推移缺口还会快速扩大。

(2) 养老金替代率逐步下降。近年来，我国基本养老金替代率逐步下降，全国平均已不足 50%。

课外链接：养老金替代率

养老金替代率是指劳动者退休时的养老金领取水平与退休前工资收入水平之间的比率。

养老金替代率=退休后月收入/退休前月收入

养老金替代率是衡量劳动者退休前后生活保障水平差异的基本指标之一，是一个国家或地区养老保险制度体系的重要组成部分，是反映退休人员生活水平的经济指标和社会指标。根据世界银行建议，要维持退休前的生活水平不下降，养老金替代率需不低于 70%，国际劳工组织建议养老金替代率最低标准为 55%。

(3) 老年人口抚养比不断提升。近十年来，我国劳动年龄人口逐步下降，老年抚养比上涨较快，2020 年该值已达到 19.7%，比 2010 年上升 7.8%，如图 5-7 所示。中国社会科学院人口与劳动经济研究所与社会科学文献出版社共同发布的《人口与劳动绿皮书：中国人口与劳动问题报告》中预计，随着 20 世纪 50 年代出生高峰队列陆续超出劳动年龄，我国劳动人口将加速减少。

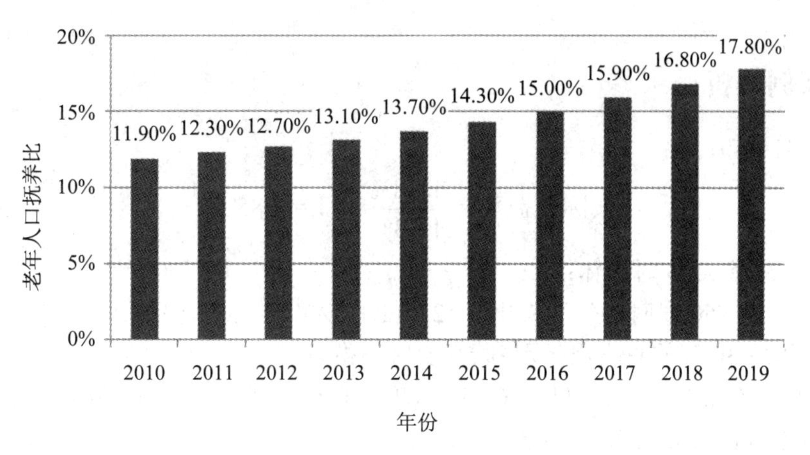

图 5-7　2010—2019 年我国老年人口抚养比趋势

课外链接：老年人口抚养比

老年人口抚养比是指人口中老年人口数与劳动年龄人口数之比。用以表明每 100 名劳动年龄人口要负担多少名老年人。老年人口抚养比是从经济角度反映人口老龄化社会后果的指标之一。计算公式为

$$老年人口抚养比=\frac{65岁及以上人口数}{劳动年龄人口数}$$

其中，劳动年龄人口指 15～64 周岁人口。

(二) 养老规划的影响因素

1. 退休年龄

退休年龄关系到养老金准备的多少，直接决定了养老生活的时间长短及其支出金额。通常，退休年龄越早，退休后的养老生活时间就越长，所需准备的养老金也就越多。

案例5-6　不同退休年龄养老金的准备

王先生今年 40 岁，当前年支出 12 万元，预期寿命 80 岁，如果王先生选择在 50 岁和 60 岁退休时，当前需分别准备多少养老金？假设通货膨胀为 3%，投资回报率为 8%。

✓ **案例解析：**

由题可知：

$$实际收益率 = \frac{1+8\%}{1+3\%} - 1 = 4.85\%$$

(1) 选择50岁时退休：

$$50岁时年生活支出 = 12 \times (1+3\%)^{10} = 16.13\ (万元)$$

退休后30年的总支出折现到50岁时，得

$$PV = A \times [(P/A, i, n-1) + 1] = 16.13 \times [(P/A, 4.85\%, 30-1) + 1] = 264.49\ (万元)$$

退休后总支出从50岁折现到40岁时，得

$$PV = FV \times (P/F, i, n) = 264.49 \times (P/F, 8\%, 10) = 122.51\ (万元)$$

可知，王先生需要在40岁时准备122.51万元的养老金。

(2) 选择60岁时退休：

$$60岁时年生活支出 = 12 \times (1+3\%)^{20} = 21.67\ (万元)$$

退休后20年的总支出折现到60岁时，得

$$PV = A \times [(P/A, i, n-1) + 1] = 21.67 \times [(P/A, 4.85\%, 20-1) + 1] = 286.79\ (万元)$$

退休后总支出从60岁折现到40岁时，得

$$PV = FV \times (P/F, i, n) = 286.79 \times (P/F, 8\%, 20) = 61.53\ (万元)$$

可知，王先生需要在40岁时准备48.58万元的养老金。

表5-12列出了退休年龄在50岁和60岁时需准备的养老金。

表5-12　养老金的准备

退休年龄	需准备的养老金
50岁	122.51万元
60岁	61.53万元

2. 寿命长短

随着预期寿命的延长，高龄老人越来越多，在制订养老规划时，要充分考虑由于实际寿命高于预期所带来的养老金准备不足的风险。

案例5-7　不同预期寿命养老金的准备

李先生今年50岁，打算60岁退休，当前年支出12万元，请计算李先生的预期寿命为70岁和80岁时，需分别准备多少养老金？假设通货膨胀为3%，投资回报率为8%。

✓ 案例解析：

由题可知：

$$实际收益率=\frac{1+8\%}{1+3\%}-1=4.85\%$$

(1) 预期寿命 70 岁：

$$60岁时年生活支出=12\times(1+3\%)^{10}=16.13\ (万元)$$

退休后 10 年的总支出折现到 60 岁时，得

$$PV=A\times[(P/A,i,n-1)+1]=16.13\times[(P/A,4.85\%,10-1)+1]=131.55\ (万元)$$

退休后总支出从 60 岁折现到 50 岁时，得

$$PV=FV\times(P/F,i,n)=131.55\times(P/F,8\%,10)=60.93\ (万元)$$

可知，李先生预期寿命 70 岁时，需要准备 60.93 万元的养老金。

(2) 预期寿命 80 岁：

$$60岁时年生活支出=12\times(1+3\%)^{10}=16.13\ (万元)$$

退休后 20 年的总支出折现到 60 岁时，得

$$PV=A\times[(P/A,i,n-1)+1]=16.13\times[(P/A,4.85\%,20-1)+1]=213.47\ (万元)$$

退休后总支出从 60 岁折现到 50 岁时，得

$$PV=FV\times(P/F,i,n)=213.47\times(P/F,8\%,10)=98.88\ (万元)$$

可知，李先生预期寿命 80 岁时，需要准备 98.88 万元的养老金。

表 5-13 列出了寿命分别为 70 岁和 80 岁时需准备的养老金。

表 5-13 需准备的养老金

预期寿命	需准备的养老金
70 岁	60.93 万元
80 岁	98.88 万元

3. 通货膨胀率

由于通货膨胀的存在，在做家庭养老规划过程中，养老金会受到通货膨胀的稀释。如果通过银行储蓄存款方式积累养老金，则当通货膨胀率较高时，很可能会产生实际利率为负的情况，从而导致养老金贬值。所以，在制订养老规划时，要充分考虑通货膨胀因素，合理预估通货膨胀率大小，以保障养老金投资收益率为正值。

案例5-8 不同通货膨胀率下养老金的准备

赵先生今年 50 岁，预计 60 岁退休，当前年支出 12 万元，预期寿命 80 岁，

投资回报率为 8%。如果通货膨胀率分别为 3%和 5%，赵先生当前分别需要准备多少养老金？

✓ **案例解析：**

(1) 通货膨胀率为 3%时，得

$$\text{实际收益率} = \frac{1+8\%}{1+3\%} - 1 = 4.85\%$$

$$60\text{ 岁时年生活支出} = 12 \times (1+3\%)^{10} = 16.13\ (\text{万元})$$

退休后 20 年的总支出折现到 60 岁时，得

$$\text{PV} = A \times [(P/A, i, n-1) + 1] = 16.13 \times [(P/A, 4.85\%, 20-1) + 1] = 213.47\ (\text{万元})$$

退休后总支出从 60 岁折现到 50 岁时，得

$$\text{PV} = \text{FV} \times (P/F, i, n) = 213.47 \times (P/F, 8\%, 10) = 98.88\ (\text{万元})$$

可知，通货膨胀率为 3%时，赵先生需要准备 98.88 万元的养老金。

(2) 通货膨胀率为 5%时，得

$$\text{实际收益率} = \frac{1+8\%}{1+5\%} - 1 = 2.86\%$$

$$60\text{ 岁时年生活支出} = 12 \times (1+5\%)^{10} = 19.55\ (\text{万元})$$

退休后 20 年的总支出折现到 60 岁时，得

$$\text{PV} = A \times [(P/A, i, n-1) + 1] = 19.55 \times [(P/A, 2.86\%, 20-1) + 1] = 303.08\ (\text{万元})$$

退休后总支出从 60 岁折现到 50 岁时，得

$$\text{PV} = \text{FV} \times (P/F, i, n) = 303.08 \times (P/F, 8\%, 10) = 140.38\ (\text{万元})$$

可知，通货膨胀率为 5%时，赵先生需要准备 140.38 万元的养老金。

表 5-14 列出了通货膨胀率为 3%和 5%时需准备的养老金。

表 5-14　需准备的养老金

通货膨胀率	需准备的养老金
3%	98.88 万元
5%	140.38 万元

4. 资产状况

家庭当前的资产状况是家庭养老规划的财务基础和逻辑起点，现有资产状况的多寡、资产负债结构等都会对养老规划产生直接影响。其他条件不变的情况下，用于养老投资的家庭资产越多，未来退休后的养老金缺口就越小。

案例5-9　不同资产状况下养老金的准备

孙先生今年 50 岁，计划 60 岁退休，预期寿命 80 岁，当前年支出 12 万元。

若当前孙先生可用于投资的资产分别为 80 万元和 60 万元，则养老金缺口分别是多少？假定通货膨胀率为 3%，投资收益率为 8%。

✓ **案例解析：**

由题可知：

$$实际收益率 = \frac{1+8\%}{1+3\%} - 1 = 4.85\%$$

$$60 岁时年生活支出 = 12 \times (1 + 3\%)^{10} = 16.13 (万元)$$

退休后 20 年的总支出折现到 60 岁时，得

$$PV = A \times [(P/A, i, n - 1) + 1] = 16.13 \times [(P/A, 4.85\%, 20 - 1) + 1] = 213.47 (万元)$$

退休后总支出从 60 岁折现到 50 岁时，得

$$PV = FV \times (P/F, i, n) = 213.47 \times (P/F, 8\%, 10) = 98.88 (万元)$$

可知，孙先生预期寿命 80 岁时，需要准备 98.88 万元的养老金。

(1) 可投资资产为 80 万元时，养老金缺口 = 98.88 – 80 = 18.88 (万元)；

(2) 可投资资产为 60 万元时，养老金缺口 = 98.88 – 60 = 38.88 (万元)。

表 5-15 给出了可投资资产分别为 80 万元和 60 万元时的养老金缺口。

表 5-15　养老金缺口

可投资资产	养老金缺口
80 万元	18.88 万元
60 万元	38.88 万元

5．预期投资回报率

投资回报率对养老金的投资价值具有直接影响，同样一笔投资资产，分别选择收益率不同的投资工具时，所产生的最终收益也会大不相同。一般来说，当预期投资回报率越高时，家庭需要筹备的养老金数额就越少。但由于养老规划的稳健性要求，在选择养老规划的投资方式时，家庭不宜承担过高的产品风险，也不应过高估计投资回报率。

案例5-10　不同投资回报率下养老金的准备

陈先生今年 50 岁，计划 60 岁退休，预期寿命 80 岁，当前年支出 12 万元，若投资回报率分别为 6%和 10%时，陈先生当前分别需要准备多少养老金？假定通货膨胀率为 3%。

✓ **案例解析：**

(1) 投资回报率为 6%时：

$$实际收益率 = \frac{1+6\%}{1+3\%} - 1 = 2.91\%$$

$$60 岁时年生活支出 = 12 \times (1 + 3\%)^{10} = 16.13 (万元)$$

退休后 20 年的总支出折现到 60 岁时，得

$$PV = A \times [(P/A, i, n-1) + 1] = 16.13 \times [(P/A, 2.91\%, 20-1) + 1] = 249.02 (万元)$$

退休后总支出从 60 岁折现到 50 岁时，得

$$PV = FV \times (P/F, i, n) = 249.02 \times (P/F, 6\%, 10) = 139.05 (万元)$$

可知，当投资回报率为 6%时，陈先生需要准备 139.05 万元的养老金。

(2) 投资回报率为 10%时：

$$实际收益率 = \frac{1+10\%}{1+3\%} - 1 = 6.8\%$$

$$60 岁时年生活支出 = 12 \times (1 + 3\%)^{10} = 16.13 (万元)$$

退休后 20 年的总支出折现到 60 岁时，得

$$PV = A \times [(P/A, i, n-1) + 1] = 16.13 \times [(P/A, 6.8\%, 20-1) + 1] = 185.37 (万元)$$

退休后总支出从 60 岁折现到 50 岁时，得

$$PV = FV \times (P/F, i, n) = 185.37 \times (P/F, 10\%, 10) = 71.47 (万元)$$

可知，当投资回报率为 8%时，陈先生需要准备 71.47 万元的养老金。

表 5-16 列出了投资回报率为 6%、10%时需准备的养老金。

表 5-16　需准备的养老金

投资回报率	需准备的养老金
6%	139.05 万元
10%	71.47 万元

二、养老规划的原则

(一) 早规划原则

通过养老金的累积和时间的复利效应可知，越早开始进行养老规划，同样的投资资产，早规划要比晚规划产生的养老金积累额度多，如表 5-17 所示。因此，为了过上更加富裕的退休养老生活，应尽早进行养老规划和养老金积累。

表 5-17　不同年龄和收益率下养老金的投资效应

初始准备年龄	养老金积累额度(单位为万元，假设 60 岁退休，忽略通货膨胀因素)					
	每年累积 2 万元			每年累积 5 万元		
	预期年化收益率/%			预期年化收益率/%		
	4	6	8	4	6	8
55 岁	10.83	11.27	11.73	27.08	28.19	29.33
45 岁	40.05	46.55	54.30	100.12	116.38	135.76
35 岁	83.29	109.73	146.21	208.23	274.32	365.53
25 岁	147.30	222.87	344.63	368.26	557.17	861.58

(二) 谨慎性原则

在制订养老规划时，要避免发生过于乐观的估计，切忌高估退休后的收入、低估退休后的支出，要充分考虑通货膨胀、医疗费用、生活开支等上涨的因素，同时在预估寿命时要尽量多预算几年。在做家庭养老规划时，建议以退休较早的成员为基础(通常为女性)，计算夫妻两人需要的养老金费用，多估计支出，少估计收入，预期寿命在当地人均寿命基准上增加 5 岁左右。同时还要考虑退休后生活方式、子女经济帮助、身体健康状况等，避免出现养老金不足，甚至影响退休后的养老生活。

(三) 平衡性原则

退休养老的不可逆性决定了养老金投资首先要遵循稳健性原则，但这不意味着要放弃对投资收益的追求。如果养老金投资过于保守，投资收益率过低，尤其遇到低于通货膨胀率的情况，则会直接稀释养老金价值，甚至于保值都将难以实现，更不用说保证家庭成员退休后有足够的资金去实现美好的养老生活；同时也不能为追求高的投资收益而过于激进、冒险，如果决策失误或遇到经济环境不利而导致投资失败，也会影响到退休后的正常养老生活。所以，家庭养老规划应在稳健性和收益性之间寻求平衡，制订科学的资产配置方案，选择合适的投资工具或组合。

任务解析 2　养老规划工具的选择

总的来说，我国养老规划工具主要有基本养老保险、企业年金、商业养老保险等三个支柱构成，如图 5-8 所示。它们能适应不同经济条件、不同需求群体的养老需要，从而更好地保障人们退休后的生活。

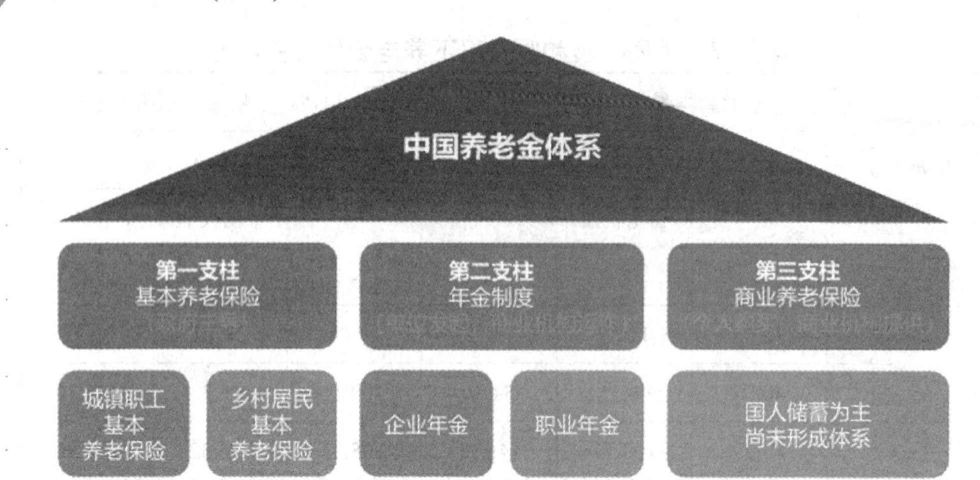

图 5-8 我国养老金体系基本框架

一、基本养老保险

基本养老保险是由国家强制建立和实施的一种社会保险制度，主要包括城镇职工养老保险和城乡居民养老保险。城镇职工养老保险费用由单位和职工共同缴纳，个体工商户、灵活就业人员等由个人缴纳。

城镇基本养老保险实行社会统筹与个人账户相结合，用人单位缴纳部分计入社会统筹基金，职工本人缴纳部分计入个人账户。个体工商户、灵活就业人员等由个人缴纳，按国家规定分别计入统筹基金和个人账户。缴费基数在各地全口径城镇单位就业人员平均工资的60%～300%之间核定。相应地，基本养老金包括统筹养老金和个人账户养老金，达到法定退休年龄且累计缴费满15年，可按月领取。详细的个人账户养老金月计发情况见表5-18。

退休基本养老金 = 基础养老金 + 个人账户养老金

基础养老金 = (当地上年度在岗职工月平均工资 + 本人指数化月平均缴费工资) ÷ 2 × 缴费年限 × 1%

= 当地上年度在岗职工月平均工资 × (1 + 本人平均缴费指数) ÷ 2 × 缴费年限 × 1%

个人账户养老金 = 个人账户储存额 ÷ 计发月数

表 5-18 个人账户养老金计发月数表

退休年龄	40	41	42	43	44	45	46	47	48	49	50	51	52	53	54	55
计发月数	233	230	226	223	220	216	212	207	204	199	195	190	185	180	175	170
退休年龄	56	57	58	59	60	61	62	63	64	65	66	67	68	69	70	—
计发月数	164	158	152	145	139	132	125	117	109	101	93	84	75	65	56	—

案例5-11　养老金的提取

陈先生社会养老保险的个人平均缴费基数为 1.2，缴费年限为 15 年，退休时当地上年度在岗职工月平均工资为 9000 元，个人账户累积额为 12 万元。当陈先生 60 岁退休时，每月领取的养老金是多少？

✓ **案例解析：**

根据基础养老金的计算公式，可得

$$基础养老金 = 9000 \times (1 + 1.2) \div 2 \times 15 \times 1\% = 1485\ (元)$$

$$个人账户养老金 = 120\ 000 \div 139 = 863.31\ (元)$$

$$退休基本养老金 = 1485 + 863.31 = 2348.31\ (元)$$

因此，陈先生退休后每月可领取 2348.31 元的养老金。

课外链接：我国基本养老保险制度

2005 年 12 月，国务院发布的《关于完善企业职工基本养老保险制度的决定》(国发〔2005〕38 号)规定，自 2006 年 1 月起，个人缴纳基本养老保险费的比例统一为 8%。2019 年 4 月，国务院办公厅印发的《降低社会保险费率综合方案》(国办发〔2019〕13 号)规定，自 2019 年 5 月 1 日起，降低城镇职工基本养老保险(包括企业和机关事业单位基本养老保险)单位缴费比例至 16%。个体工商户和灵活就业人员参加企业职工基本养老保险，可以在本省全口径城镇单位就业人员平均工资的 60%至 300%之间选择适当的缴费基数。

2014 年 2 月国务院发布的《关于建立统一的城乡居民基本养老保险制度的意见》(国发〔2014〕8 号)规定，将新型农村社会养老保险(新农保)和城镇居民社会养老保险(城居保)两项制度合并实施，在全国范围内建立统一的城乡居民基本养老保险制度。年满 16 周岁(不含在校学生)，非国家机关和事业单位工作人员及不属于职工基本养老保险制度覆盖范围的城乡居民，可以在户籍地参加城乡居民养老保险。城乡居民养老保险待遇由基础养老金和个人账户养老金构成，支付终身。参加城乡居民养老保险的个人，年满 60 周岁、累计缴费满 15 年，且未领取国家规定的基本养老保障待遇的，可以按月领取城乡居民养老保险待遇。

《关于完善企业职工基本养老保险制度的决定》

二、企业年金和职业年金

企业年金和职业年金是基本养老保险的重要补充。企业年金是指企业及其职工在依法参加基本养老保险的基础上，自主建立的补充养老保险制度。职业年金是指机关事业单位及其工作人员在参加机关事业单位基本养老保险的基础上，建立的补充养老保险制度。两者最大的区别是：前者是企业的自愿行为，后者具有强制性。两者的区别对比可见表 5-19。

表 5-19 职业年金与企业年金的区别

项目	缴交对象	参保性质	缴 费 标 准
企业年金	企业	企业自愿	单位不超过 8% 、单位和个人合计不超过 12%
职业年金	机关事业单位	强制性	单位 8%、个人 4%

小李缴费工资是 8000 元/月，其职业年金个人账户每月是多少钱?

✓ **案例解析：**

由职业年金的缴费标准可得

职业年金个人账户 = 8000 元/月 × 8% + 8000 元/月 × 4% = 960 元/月

一年总计为 11 520 元，如果按最低缴交年限 15 年来算，15 年后就有 172 800 元，这期间预见工资还会增长，缴费金额也会增加，再加上利息，这样算下来是一笔可观的补充养老金。

三、商业养老保险

商业养老保险又称为退休金保险，是当被保险人退休或保险期满后，由保险公司按合同约定支付养老金的一种商业保险。它是商业保险公司经营人寿保险的一个保险种类，也是社会养老保险的有效补充。

在项目三保险产品的概述中，我们讲解了三种理财保险产品：分红保险、投资连接保险和万能保险，就都属于商业养老保险。它们与传统养老保险的具体比较，见表 5-20。

在购买商业养老保险时，要注意适当缩短缴费期限，其额度应占全部养老保险需求的 25%～40%，并且越早投保越好。

表 5-20 商业养老保险与传统养老保险的对比

类型	传统养老保险	分红保险	投资连接保险	万能保险
优势	回报固定	收益与保险公司经营业绩挂钩，理论上可以回避或者部分回避通货膨胀对养老金的威胁，使养老金相对保值甚至增值	以投资为主，兼顾保障，不同账户之间可自行灵活转换。坚持长线投资，有可能收益很高	有保底利率，上不封顶，每月公布结算利率，按月结算，复利增长，可有效抵御银行利率波动和通货膨胀的影响。账户比较透明，存取相对比较灵活，追加投资方便，寿险保障可以根据不同年龄阶段提高或降低
劣势	利率固定，易遭受通货膨胀风险	分红具有不确定性	风险较高，有可能损失较大	由于存取灵活的特点，储蓄习惯不好、自制能力不强的投资人，有可能存不够所需的养老金
适合人群	比较保守，年龄偏大的投资人	理财比较保守，不愿意承担风险，容易冲动消费，比较感性的投资人	年轻人或能承受一定的风险，坚持长期投资理念的投资人	比较理性，坚持长期投资，自制能力强的投资人

任务解析 3 养老规划的流程

养老规划流程主要包括四个步骤，如图 5-9 所示。

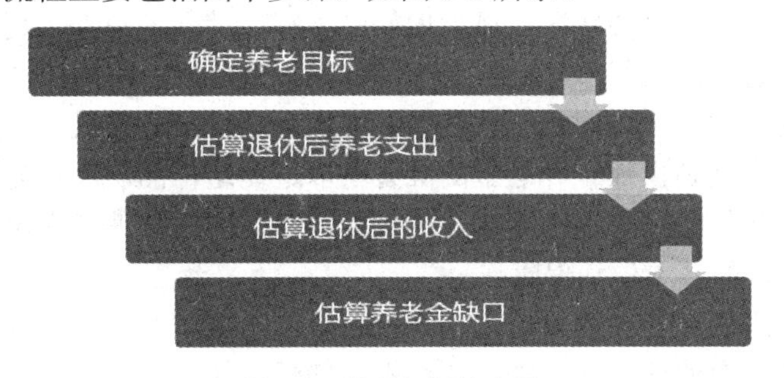

图 5-9 养老规划的流程

一、确定养老目标

养老目标是家庭成员退休后所希望实现的生活状态。在确定养老目标时，要充分考虑与财务目标相关的一些事项，主要包括：退休年龄、退休生活年数、退休后的生活费用、预期年化投资收益率、通货膨胀率、可能得到的养老保险金等。

例如，王先生的养老目标是：在 60 岁时退休，预计退休后首年生活费用 10

万元，预期寿命到 80 岁，其间实际投资收益率 3%，每月能够领取基本养老保险金 3000 元。

二、估算退休后养老支出

根据确定的退休养老目标，进一步大体估算退休后的养老资金需求。具体估算时应注意以下几点：确定退休后第一年的生活费用和退休养老时间；考虑通货膨胀率因素；估算出退休后养老费用的总需求；将计算出的总养老金结果折现到退休时间点，进而得到退休时点需要准备的资金。

三、估算退休后的收入

退休后的收入来源主要包括基本养老保险金、家庭储蓄、企业年金或职业年金、商业养老保险、养老投资收益、子女赡养费、兼职工作收入等，稳定的现金流是维持退休后养老生活品质的重要手段。将退休养老期间的全部收入折现到退休时点的现值，可以用“养老金替代率”衡量退休前后的养老保障水平差异。

四、估算养老金缺口

将上述计算出的退休后的养老支出减去所有收入，如果差额大于零就存在养老金缺口，否则不存在。

考虑退休前已经积累的养老准备金及其投资增值，则退休养老金缺口计算公式如下：

养老金缺口 = 养老金总需求(折现值) − 退休前积累资金终值 − 退休后收入现值

上述公式中的现值和终值计算时间点是退休当年时点。

五、制订养老规划方案

基于前期对家庭财务状况、风险偏好的了解，综合考虑养老金缺口，确定养老规划工具和选择投资组合，制订合理的养老规划方案。一般来说，用于养老金的投资以稳健为主，可以通过一次性投资或定期定额投资方式，选定合适的投资回报率进行养老规划设计。养老金的准备可以遵循这样的次序：先做好基本养老保险和商业养老保险，再追求养老金的投资收益。如此即使投资出现风险，也不会影响到退休后的基本生活保障。

当前养老规划可选择的投资工具越来越多，除上述的基本养老保险、企业年金或职业年金、商业养老保险外，还有银行储蓄、债券、基金、股票等投资工具可供选择。

六、养老规划的执行与监控

在养老规划制订之后，就要按照规划方案进行具体的投资工具选择和投资组合。由于退休养老规划覆盖时间长，其间会产生各种不确定性因素，所以一份合理有效的养老规划方案并非一成不变的，而应该根据家庭实际情况和投资环境的变化，定期跟踪规划的执行并适时做出相应调整。

【能力拓展】

- 请思考，退休后有子女赡养和基本养老金，是否还需要制订养老规划。

任务3 财产分配与传承规划

【任务描述】

- 熟悉财产分配规划的工具及相关内容。
- 熟悉财产传承规划的工具及相关内容。

任务解析1 认识财产分配与传承规划

在当今社会中，随着家庭财富的积累和增长，仅靠传统道德观念对人们的约束力是远远不够的，关系到家庭财产方面的纠纷也越来越多。这不仅会造成家庭成员之间的矛盾，甚至还会导致整个家庭的破裂、衰败，财产的分配与传承规划显得越来越有必要。财产的分配与传承规划包含了两个方面：一是针对夫妻关系而言的财产分配，财产分割的核心是约定财产制和法定财产制；二是针对人们去世后财产的传承，财产如何继承的核心是遗嘱继承和法定继承，如图5-10所示。

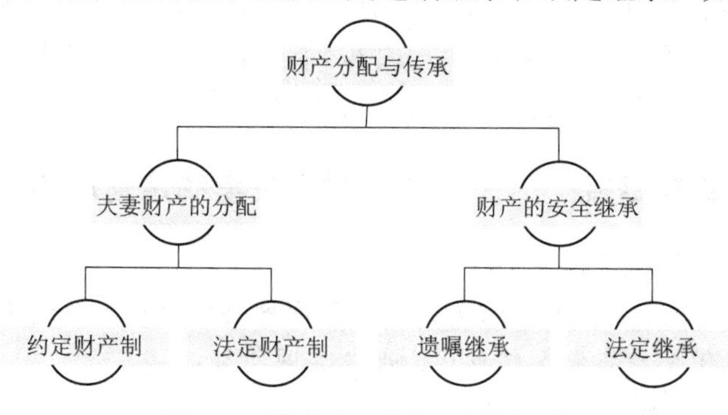

图5-10 财产分配与传承规划分类

任务解析2 财产分配规划

家庭财产的合理分配对于维护家庭和谐非常重要，合适的财产分配规划是对

个人和家庭规避风险的一种保障机制，当个人和家庭在遭遇现实中存在的风险时，其可以帮助家庭隔离风险或降低风险带来的损失。考虑到家庭面临的财产风险众多，本任务主要介绍夫妻关系间的家庭财产分配规划。

一、认知财产分配规划

(一) 财产分配规划的含义

财产分配规划是指将家庭财产在家庭成员间进行合理分配的财务规划。通常，家庭财产分配主要针对夫妻双方的财产，对在婚姻关系存续期间的家庭财产进行的调整。合理的财产分配规划有利于避免家庭财务纠纷，清晰界定家庭财产的归属。

(二) 界定家庭财产属性

家庭财产分配中涉及的夫妻财产关系主要包括约定财产制和法定财产制两种，如图 5-11 所示。

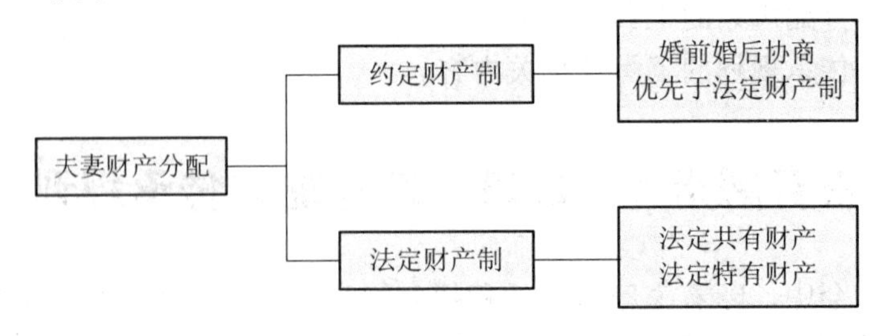

图 5-11　夫妻财产制分类

1. 夫妻约定财产制

夫妻约定财产制是指在婚前或婚后由夫妻双方通过平等协商的方式，对夫妻财产关系所做的约定。约定财产制主要通过协议方式，对婚姻关系存续期间的夫妻财产或婚前财产，进行归属、管理、使用、收益、处分和债务清偿、财产清算等约定。夫妻约定财产制要优先于法定财产制，若夫妻双方已有了明确约定，财产分割时则按照约定进行，进而不适用于法定的夫妻共有财产制。

课外链接：《民法典》对于夫妻约定财产的规定

我国现行《民法典》第 1065 条规定：

(1) 男女双方可以约定婚姻关系存续期间所得的财产以及婚前财产归各自所有、共同所有或者部分各自所有、部分共同所有。

(2) 约定应当采用书面形式。

(3) 夫妻对婚姻关系存续期间所得的财产以及婚前财产的约定，对双方具有法律约束力。

(4) 夫妻对婚姻关系存续期间所得的财产约定归各自所有，夫或者妻一方对外所负的债务，相对人知道该约定的，以夫或者妻一方的个人财产清偿。

2．夫妻法定财产制

夫妻法定财产制又称补充财产制，是指按照法律规定处理夫妻财产关系的夫妻财产制度。主要包括夫妻法定共有财产和夫妻法定特有财产。适用于无夫妻财产约定或约定无效的情形，是对约定财产制的重要补充。

《中华人民共和国民法典》

课外链接：《民法典》对于夫妻法定财产的约定

我国现行《民法典》第 1062 条规定，夫妻在婚姻关系存续期间所得的下列财产，为夫妻的共同财产，归夫妻共同所有，夫妻对共同财产，有平等的处理权：

(1) 工资、奖金、劳务报酬；

(2) 生产、经营、投资的收益；

(3) 知识产权的收益；

(4) 继承或者受赠的财产，但遗嘱或赠予合同中确定只归一方的除外；

(5) 其他应当归共同所有的财产。

我国现行《民法典》第 1063 规定，下列财产为夫妻一方的个人财产：

(1) 一方的婚前财产；

(2) 一方因受到人身损害获得的赔偿或者补偿；

(3) 遗嘱或者赠与合同中确定只归一方的财产；

(4) 一方专用的生活用品；

(5) 其他应当归一方的财产。

我国现行《民法典》第 1092 条规定：

夫妻一方隐藏、转移、变卖、毁损、挥霍夫妻共同财产，或者伪造夫妻共同债务企图侵占另一方财产的，在离婚分割夫妻共同财产时，对该方可以少分或者不分。离婚后，另一方发现有上述行为的，可以向人民法院提起诉讼，请求再次分割夫妻共同财产。

3．夫妻债务

夫妻共同债务主要是夫妻双方共同签名或一方事后追认的债务，以及婚姻关系存续期间一方以个人名义为家庭生活所承担的债务，不包括夫妻一方以个人名义超出家庭生活需要所造成的债务，但是债权人能够证明该债务用于夫妻共同生活、共同生产经营或者基于夫妻双方共同意思表示的除外。夫妻共同债务在双方离婚时需要共同偿还。

二、财产分配规划的工具

财产分配规划所涉及的工具主要有夫妻财产公证和家族信托。

(一) 夫妻财产公证

夫妻财产公证，也称为婚前财产公证，是指通过公证机构对夫妻双方婚前的个人财产或婚后共同财产的界定。包括未婚夫妻在婚姻登记前进行的婚前财产公证和夫妻双方在婚姻关系存续期间办理婚前财产公证。办理婚前财产公证需要夫妻双方本人到公证处申请，通过婚前财产公证可以有效地减少家庭财产纠纷。

(二) 家族信托

家族信托是指个人或家庭作为委托人，以家庭财富的管理、传承和保护为目的的信托，受益人一般为本家庭成员。家族信托的资产与委托人、受托人和受益人的其他财产相互隔离。

通过家族信托，可以避免夫妻双方产生心理隔阂，防止因婚姻关系破裂而导致的财富缩水，也可以把个人婚前财产单独隔离，避免因婚姻变动而导致财产流失和企业动荡，还可以有效地防范特殊目的的婚姻。

任务解析3　财产传承规划

财富的代际传承是家庭理财规划的重要内容之一。随着我国居民财富的不断积累，以及改革开放后的创业者或第一代富裕群体逐渐步入中年和老年，如何高效稳妥地传承财产，成为人们越来越关心的内容。本任务主要介绍财产传承规划的含义、工具以及制订财产传承规划的流程。

一、认知财产传承规划

(一) 遗产

遗产是自然人死亡时遗留的个人合法财产，包括不动产、动产和其他具有财产价值的权利。遗产具有以下特征：

(1) 范围限定性。遗产必须是被继承人个人财产，他人的不能作为遗产。在共同财产中，只有属于被继承人的部分才可以依法继承。保险合同中，如果未约定受益人的，保险金可以视作遗产来继承，否则由受益人享有。职工、军人因公死亡、生病或其他意外事故死亡后的抚恤金，不能作为遗产，但因公伤残而丧失劳动能力而发给职工、军人的生活补助，可以作为遗产。

(2) 特定时间性。遗产只能是被继承人去世后的遗留财产，对于生存公民的财产，任何人无权提出“继承”，否则是对个人财产的侵权。

(3) 合法性。遗产必须是自然人遗留的合法财产。

(4) 可转移性。遗产要依法可以转移给他人，不能转移的不能视作遗产。在我国，原属于被继承人的人身权利不能被转移，如姓名权、肖像权，不能作为遗产。

(二) 财产传承规划

财产传承规划是指实现个人财产的代际传递，实现个人为其家庭确定的目标而进行的一种财产安排，从而有效降低债务、税务、财产所有权变更等因素带来的财富损失。财产传承规划是为了保证财产可以按照自身意愿实现传承，是基于财务角度对个人生前财产的总体规划。

二、财产传承规划的工具

(一) 遗嘱

遗嘱是指个人在生前按照法律规定，对遗产或其他事项做出的相关处理，且在立遗嘱人去世后生效的法律行为。

遗嘱继承是指按照被继承人所立的合法有效遗嘱，来承受其遗产的继承方式，所以又称为“指定继承”。

1. 遗嘱继承的特征

(1) 合法有效的遗嘱和立遗嘱人死亡；

(2) 被继承人遗愿的直接体现；

(3) 与法定继承人的范围一致，但遗嘱继承不受法定继承顺序和应继份额的限制；

(4) 遗嘱继承的效力优于法定继承。

2. 遗嘱继承的适用条件

(1) 被继承人生前立有遗嘱，并且遗嘱合法有效;

(2) 立遗嘱人死亡；

(3) 被继承人生前没有签订遗赠抚养协议；

(4) 遗嘱中指定的继承人，既未丧失继承权，又未放弃继承权，也未先于被继承人死亡。

3. 遗嘱继承的形式

法定遗嘱继承形式如表 5-21 所示。

表 5-21　遗嘱继承的形式分类

遗嘱形式	注 意 事 项
自书遗嘱	遗嘱人亲笔书写、签名
代书遗嘱	两个以上见证人在场见证，由其中一人代书，并由遗嘱人、代书人和其他见证人签名
打印遗嘱	两个以上见证人在场见证，遗嘱人和见证人应当在遗嘱每一页签名
录音遗嘱	两个以上见证人在场见证，遗嘱人和见证人应当在录音录像中记录其姓名或者肖像
口头遗嘱	两个以上见证人在场见证。危急情况解除后，遗嘱人能够以书面或者录音录像形式立遗嘱，所立口头遗嘱无效
公证遗嘱	立遗嘱人亲自到公证机构办理，不能委托他人代理

《民法典》第一千一百四十二条第三款规定：立有数份遗嘱，内容相抵触的，以最后的遗嘱为准。最高人民法院《关于适用〈中华人民共和国民法典〉时间效力的若干规定》第二十三条：被继承人在《民法典》施行前立有公证遗嘱，《民法典》施行后又立有新遗嘱，其死亡后，因数份遗嘱内容相抵触发生争议的，适用《民法典》第一千一百四十二条第三款的规定。可见，根据《民法典》的新规定，公证遗嘱不再具有高于其他遗嘱的优先效力，目的在于保障立遗嘱人的最后意志得以实现。

不能作为遗嘱见证人的人员包括：无民事行为能力人、限制民事行为能力的人以及其他不具有见证能力的人；继承人、受遗赠人；与继承人、受遗赠人有利害关系的人。

课外链接：民法典遗嘱效力认定

李老先生夫妇生育两子，他们于2017年立下公证遗嘱：两人名下的房产由小儿子继承。2021年8月，李老先生夫妇相继去世。当小儿子持公证遗嘱要去办理房产过户手续时，大儿子拿着一份李老先生夫妇于2019年手写的遗嘱进行阻拦。该自书遗嘱称，两人原先做的公证遗嘱作废，其名下的房产由大儿子继承。这两份遗嘱，到底要以哪份为准呢？

2021年1月1日《民法典》施行前，根据《继承法》规定，公证遗嘱效力最高；而《民法典》施行后，应当以最后的遗嘱为准。

根据最高人民法院《关于适用〈中华人民共和国民法典〉时间效力的若干规定》第二十三条规定，只有在《民法典》施行后又立有新遗嘱的，才适用《民法典》的规定。如果多份遗嘱都是在《民法典》施行之前所立，而立遗嘱人是在《民法典》施行之后死亡的，还是要遵照《继承法》规定。

因此，本案应以公证遗嘱为准，李先生夫妇的房产由小儿子继承。

4. 遗嘱的内容

遗嘱内容要明确具体，且便于执行。一般应包括：指定遗嘱继承人或受遗赠人；指明遗产的名称和数量；指明遗产的分配方法和具体遗嘱继承人或受遗赠人接受遗产的项目及份额；指明某项遗产的用途和使用目的；指定遗嘱执行人。

5. 遗嘱的撤回、变更

遗嘱人可以撤回、变更自己所立的遗嘱。

立遗嘱后，若遗嘱人实施与遗嘱内容相反的民事法律行为，视为对遗嘱相关内容的撤回。

立有数份遗嘱，且内容相抵触时，以最后的遗嘱为准。

6. 遗嘱的有效和无效

无民事行为能力人或者限制民事行为能力人所立的遗嘱无效。

遗嘱必须表示遗嘱人的真实意思，受欺诈、胁迫所立的遗嘱无效。

伪造的遗嘱无效。

若遗嘱被篡改，篡改的内容无效。

(二) 遗嘱信托

遗嘱信托是指遗嘱人以遗嘱的方式设立信托处分身后遗产的制度。与家族信托相比，遗嘱信托是以遗嘱而非信托合同设立，对受托人的选择没有限制，信托公司或立遗嘱人的亲属、法定继承人等自然人均可，没有金额门槛要求。当立遗嘱人去世时，遗嘱信托才能生效。遗嘱信托要以书面形式设立，在生效之前，应当办理信托登记。

同为家族财富传承的方式，遗嘱信托与家族信托相辅相成、互为补充。对于超高净值家族，如现金类资产受托资产量达1000万元，那么设立家族信托仍为其生前未雨绸缪、财富传承的首选方式；对于不动产、股权类等暂无法纳入家族信托的非现金资产，以遗嘱信托的方式，约定在立遗嘱人身故后将处置收益纳入家族信托，也可作为身后传承的一种备选方案，两者结合应用可充分满足高净值客户多元化的财富管理需求。

课外链接：中国首例遗嘱信托的司法判例

2015年8月11日，李先生在上海瑞金医院因病去世。之前，李先生于2015年8月1日立下亲笔遗嘱一份，内容包括:

(1) 财产合计: 500万元货币市场基金、500万元股票，房产3套(售卖价400万元)，李先生财产总计1400万元。

(2) 财产处理: 将1000万元基金、股票等资产变现，用650万元在上海再购买房产1套，只传承下一代，永久不得出售，剩余350万元资金。3套房产的售卖价400万元。将上述1400万元资产由成立的“李先生家族基金会”进行专门管理。现有3套房产可以出售，售卖所得计入李先生家族基金会，不出售则收取租金。

(3) 财产使用: 妻子钦女士、小女儿可以每月领取生活费1万元，医疗费全部报销。小女儿国内学费全部报销。李先生的三兄妹每年从家族基金各领取1万元管理费，大女儿、三兄妹医疗费中的自费部分报销50%。

(4) 财产管理: 财产由妻子钦女士、三兄妹共同负责管理。对于新购的650万元房产，妻子钦女士、小女儿、大女儿(前妻所生)都有居住权，不居住者则不能向居住者收取租金。

从以上遗嘱内容推测，李先生知晓信托的基本特点，并在遗嘱中对自己的财产进行了详尽规划。李先生希望把自己的财产集合起来以房产和基金会的形式进行传承，并安排自己的妻子与兄妹进行管理，部分财产主要用于妻子、两个女儿与三个兄妹的生活及医疗费用。

对于李先生的遗产，一审法院原则上认可按遗嘱信托方式处理。钦女士、小女儿上诉认为应按法定继承方式分割李先生的遗产，而非以信托方式进行。大女儿则认同以信托方式对遗产进行处理。经审判，二审法院对于一审判决中涉及遗嘱信托的安排，基本维持原判。

在上述案情中，立遗嘱人李先生的自书遗嘱并未出现“信托”字眼，而指定成立“李先生家族基金会”管理受托财产，在文义上虽与信托相悖，但遗嘱目的在于指定钦女士、三兄妹为受托人，由其根据李先生的意志对遗产进行管理并让受益人获得收益，基本符合信托的法律特征，应当认为李先生希望通过遗嘱信托实现财富传承。

该遗嘱信托案显示了法院对于私益信托效力认定采取宽容和促进生效的司法态度。信托本身是一种带有目的的契约型独立财产集合，只要委托人/立遗嘱人的真实意思表示符合信托的特性，即使措辞不具规范，仍可以得到信托成立的司法认定，而非机械地根据具体文义去判定信托文件的存废。从司法实践角度，该案对遗嘱信托作为财富管理工具的普及运用，具有里程碑意义。

(三) 人寿保险信托

人寿保险信托是以保险金或人寿保单作为信托财产，由委托人(投保人)和信托机构签订信托合同，在发生保险事故或保险期满时，保险公司将保险给付款或期满保险金交付于受托人，由受托人依照信托合同约定的方式管理、运用信托财产，在信托终止时将信托资产及运作收益交付给信托受益人。

人寿保险信托具有保险和信托的双重功能，能够使未成年人的保险金合法权益得到保障，在其不具备合理处理保险金的能力和条件时，帮助其进行有效的管理和保值增值。

三、财产传承规划的流程

(一) 客户财产情况审核

除需要了解客户基本信息外，还必须审核客户的财产权属证明原件，留存影印件，指导客户填写相关表格。

(二) 计算和评估客户的遗产

首先确定个人财产范围，通过计算个人财产价值，可以帮助客户对其资产的种类和价值有一个总体的了解。这是在选择财产传承规划工具和策略时需要考虑的重要因素。

(三) 确定财产传承规划的目标

通常是为后代留下足够的生活资源、保障有特殊需要的受益人、维持家庭成员的和谐关系等。一般需要确立财产传承的受益人、继承人或受赠人、执行人，同时还要充分考虑客户直接债务的偿还情况。

(四) 制订财产传承规划方案

在制订规划时，要充分考虑到财产传承规划的可变性，保障现金流动性，合理筹划纳税金额，选择适当的财产传承规划工具。

(五) 财产传承规划的调整

由于家庭财务状况和财产传承规划目标是不断变化的，因此有必要对规划方案进行定期检查和评估，并根据最新情况对其进行修订，这样才能保证规划的可行性。

案例5-13 财产分配与传承规划

陈先生家庭资产 2000 万元(含企业经营资产 800 万元)，子女两个，计划由其中一个孩子来继承家业。陈先生夫妇计划退休后，将家庭资产均分给两名孩子。

请按照有无家庭资产传承规划两种情况，分别制订陈先生家庭资产传承规划。

✓ **案例解析：**

1. 没有家庭资产传承规划

陈先生夫妇预留退休养老支出 800 万元，其余 1200 万元资产留给子女，如果均分，每人将获得 600 万元。

2. 有家庭资产传承规划

如果陈先生夫妇拿出 300 万元购买人寿保险，保额 800 万元，一次性趸交。如此，在不用分割家业的情况下，一个孩子继承家庭的企业经营业务 800 万元，另一个获得保额 800 万元，同时陈先生夫妇的可用退休费用将增加到 900 万元。

【能力拓展】

- 您认为财产分配和传承规划的工具还有哪些？制订财产传承规划的具体流程是什么？

任务4　个税筹划

【任务描述】

- 熟悉个人所得税的相关计算。
- 掌握个税筹划步骤及方法。

任务解析1　认识个人所得税

理财从业人员在为客户提供投资理财建议时会遇到许多与税收相关的问题，本教材中个税筹划部分主要讲解常用的个人所得税税务筹划。

个人所得税是以个人取得的各项应税所得为征税对象所征收的一种税。我国现实行的个人所得税法是2018年修改通过的新税法，新税法实行了分类与综合相结合的新税制，修改了税率，提高了专项扣除标准，并增加了专项附加扣除。

一、个人所得税纳税人

个人所得税纳税人依据住所和居住时间两个标准，分为居民纳税人和非居民纳税人。《个人所得税法》规定的“住所”，指的是因户籍、家庭、经济利益关系而在中国境内习惯性居住，不是指实际居住或在某一特定时期内的居住地。居民纳税人指的是在我国境内有住所或无住所但在中国境内居住满183天的个人，居民纳税人从中国境内和境外取得的所得，依照法律规定缴纳个人所得税。非居民纳税人指的是在我国境内无住所且在中国境内居住不满183天的个人，非居民个人从中国境内取得的所得，依照法律规定缴纳个人所得税。关于居民纳税人和非居民纳税人的界定见表5-22。

表5-22　个人所得税纳税人种类

<table>
<tr><th>纳税人种类</th><th colspan="2">界定标准</th><th>征税范围</th></tr>
<tr><td rowspan="3">居民纳税人</td><td colspan="2">有住所</td><td>全部境内境外所得征税</td></tr>
<tr><td rowspan="2">无住所</td><td>一个纳税年度在中国境内居住大于等于183天、无单次离境超30天且连续6年</td><td>从第6年起，境内外全部所得征税</td></tr>
<tr><td>中国境内居住累计满183天的年度连续不满六年的，或者纳税年度单次离境超过30天</td><td>➢ 境内所得：征税。
➢ 境外所得：境内支付部分征税，境外支付部分不征税</td></tr>
<tr><td rowspan="2">非居民纳税人</td><td colspan="2">中国境内居住小于90天</td><td>➢ 境内所得境外支付部分：不征税。
➢ 境内所得境内支付部分：征税</td></tr>
<tr><td colspan="2">中国境内居住满90天小于183天</td><td>境内全部所得征税</td></tr>
</table>

二、个人所得税的计算

(一) 综合所得

综合所得具体包括工资薪金所得、劳务报酬所得、稿酬所得、特许权使用费所得。我国从 2019 年 1 月 1 日实施新税法，对综合所得中工资薪金、劳务报酬、稿酬、特许权使用费实行每个月预扣预缴，年终按综合所得实行汇算清缴。

关于办理 2021 年度个人所得税综合所得汇算清缴事项的公告

1. 工资薪金所得预扣预缴

工资薪金指个人因任职或者受雇而取得的工资、薪金、奖金、年终加薪、劳动分红、津贴、补贴以及与任职或者受雇有关的其他所得。计算公式如下：

本期应预扣预缴税额＝(累计预扣预缴应纳税所得额×预扣率－速算扣除数)－累计已预扣预缴税额

累计预扣预缴应纳税所得额＝累计收入－5000×累计月数－累计专项扣除－累计专项附加扣除－其他扣除

说明：

(1) 上述公式中，计算居民个人工资、薪金所得预扣预缴税额的预扣率、速算扣除数，按表 5-23 执行。

表 5-23 个人所得税税率表一(综合所得适用)

级数	全年应纳税所得额	税率/%	速算扣除数
1	不超过 36 000 元的部分	3	0
2	超过 36 000 元至 144 000 元的部分	10	2520
3	超过 144 000 元至 300 000 元的部分	20	16 920
4	超过 300 000 元至 420 000 元的部分	25	31 920
5	超过 420 000 元至 660 000 元的部分	30	52 920
6	超过 660 000 元至 960 000 元的部分	35	85 920
7	超过 960 000 元的部分	45	181 920

(2) 专项扣除指“三险一金”，即养老保险、失业保险、医疗保险和住房公积金。

(3) 专项附加扣除包括子女教育、继续教育、大病医疗、住房贷款利息、住房租金、赡养老人、3 岁以下幼儿照护七项，具体扣除标准和方式参照表 5-24。

表 5-24　个人所得税专项扣除项目一览表

<table>
<tr><th rowspan="2">扣除项目名称</th><th colspan="3" rowspan="2">扣除范围</th><th colspan="2">扣除标准</th><th colspan="2" rowspan="2">扣除方式</th><th rowspan="2">备　注</th></tr>
<tr><th>每年</th><th>每月</th></tr>
<tr><td rowspan="3">子女教育</td><td colspan="2">学前教育</td><td>包括年满 3 岁至小学前教育</td><td rowspan="3">12 000 元/每个子女</td><td rowspan="3">1000 元/每个子女</td><td rowspan="3">父母分别扣 50%</td><td rowspan="3">父母约定一方全扣</td><td rowspan="3">扣除方式在一个纳税年度内不能变更</td></tr>
<tr><td colspan="2" rowspan="2">学历教育</td><td>小初高</td></tr>
<tr><td>专本硕博</td></tr>
<tr><td rowspan="3">继续教育</td><td colspan="2">学历继续教育</td><td>在学历教育期间</td><td>4800 元</td><td>400 元</td><td>本人扣</td><td>父母扣</td><td>父母和子女不得同时扣；不超过 48 个月</td></tr>
<tr><td rowspan="2">职业资格继续教育</td><td>技能人员</td><td rowspan="2">在取得相关证书的年度</td><td rowspan="2">3600 元</td><td rowspan="2">—</td><td colspan="2" rowspan="2">本人扣</td><td rowspan="2">人社部发〔2017〕68 号</td></tr>
<tr><td>专业技术人员</td></tr>
<tr><td>大病医疗</td><td colspan="3">在社会医疗系统记录的，由本人负担超过 15 000 元的医药费用支出部分</td><td>80 000 元限额据实扣除</td><td>—</td><td colspan="2">本人或配偶扣/未成年子女医疗费用父母一方扣</td><td>汇算清缴时扣除，保留收费票据原始或复印件</td></tr>
<tr><td>住房贷款</td><td colspan="3">首套住房贷款利息支出</td><td>12 000 元</td><td>1000 元</td><td colspan="2">夫妻双方约定一方扣除/婚前各自买房的，选择一套扣除，或各扣 50%</td><td>留存住房贷款合同、贷款还款支出凭证，最长不超过 240 个月</td></tr>
<tr><td rowspan="3">住房租金</td><td colspan="3">直辖市、省会城市、计划单列市以及国务院确定的其他城市</td><td>180 000 元</td><td>1500 元</td><td colspan="2" rowspan="3">谁签订租赁住房合同谁扣除，夫妻同城只能一方扣，两地分居且工作城市没有住房可以分别扣</td><td rowspan="3">主要工作城市没有住房，不能同时分别享受住房贷款利息和住房租金；留存租赁合同、协议</td></tr>
<tr><td colspan="3">其他城市的，市辖区户籍人口超过 100 万的城市</td><td>13 200 元</td><td>1100 元</td></tr>
<tr><td colspan="3">市辖区户籍人口不超过 100 万的城市</td><td>9600 元</td><td>800 元</td></tr>
<tr><td rowspan="2">赡养老人</td><td colspan="2" rowspan="2">60 岁(含)以上父母以及其他法定赡养人</td><td>独生子女</td><td>24 000 元</td><td>2000 元</td><td colspan="2">子女单独扣除</td><td rowspan="2">约定或者指定分摊的必须签订书面分摊协议，每人分摊扣除每月不超过 1000 元</td></tr>
<tr><td>非独生子女</td><td>分摊每年 24 000 元</td><td>分摊每月 2000 元</td><td colspan="2">指定/约定/平均</td></tr>
<tr><td>3 岁以下婴幼儿照护</td><td colspan="2">纳税人照护 3 岁以下婴幼儿子女的相关支出</td><td>每个婴幼儿每年 12 000 元</td><td>每月 1000 元</td><td>父母分别扣 50%</td><td colspan="2">父母约定一方全扣</td><td>扣除方式在一个纳税年度内不能变更</td></tr>
</table>

注意：(1) 住房贷款利息与住房租金两项扣除政策只能享受其中一项，不能同时享受。

(2) 3 岁以下婴幼儿照护个人所得税专项附加扣除自 2022 年 1 月 1 日起实施。

2．劳务报酬、稿酬、特许权使用费所得预扣预缴

劳务报酬指个人独立从事非雇佣的各种劳务所取得的收入，包括从事设计、装潢、安装、制图、法律、会计、咨询、讲学、表演、广告等劳务取得的所得。稿酬指个人因其作品以图书、报刊形式出版、发表而取得的所得。特许权使用费所得指个人提供专利权、商标权、著作权、非专利技术以及其他特许权的使用权所得。

劳务报酬所得、稿酬所得、特许权使用费所得，属于一次性收入的，以取得该项收入为一次；属于同一项目连续性收入的，以一个月内取得的收入为一次。具体预扣预缴方式见表 5-25。

表 5-25　劳务报酬、稿酬、特许权使用费所得计算

<table>
<tr><th>序号</th><th>所得类型</th><th>收入</th><th>减除费用</th><th>预扣预缴
应纳税所得额</th><th>预扣率</th><th>应预扣预缴税额</th></tr>
<tr><td>1</td><td>劳务报酬</td><td>全额</td><td rowspan="3">(1) 每次收入不超过 4000 元的，减除费用按 800 元计算；
(2) 每次收入 4000 元以上的，减除费用按 20%计算</td><td>全额 – 800 或
全额 × (1 – 20%)</td><td>20%、30%、40%的超额累进预扣率</td><td>预扣预缴应纳税所得额 × 预扣率 – 速算扣除数</td></tr>
<tr><td>2</td><td>稿酬</td><td>全额</td><td>全额 – 800 或
全额 × (1 – 20%) × 70%</td><td rowspan="2">20%的比例预扣率</td><td rowspan="2">预扣预缴应纳税所得额×20%</td></tr>
<tr><td>3</td><td>特许权使用费</td><td>全额</td><td>全额 – 800 或
全额 × (1 – 20%)</td></tr>
</table>

说明：劳务报酬预扣预缴试用税率见表 5-26。

表 5-26　个人所得税税率表二(居民个人劳务报酬预扣预缴适用)

级数	累计预扣预缴应纳税所得额	预扣率/%	速算扣除率
1	不超过 20 000 元的部分	20	0
2	超过 20 000 元至 50 000 元的部分	30	2000
3	超过 50 000 元部分	40	7000

3. 综合所得年度汇算

年度汇算指的是，居民个人将一个纳税年度内取得的工资薪金、劳务报酬、稿酬、特许权使用费四项所得(以下称“综合所得”)合并后按年计算全年最终应纳的个人所得税，再减除纳税年度已预缴的税款后，计算应退或者应补税额，向税务机关办理申报并进行税款结算的行为，如图 5-12 所示。

某一年度汇算应退或应补税额=

[(综合所得收入额 - 60000元 - “三险一金”等专项扣除 - 子女教育等专项附加扣除 - 依法确定的其他扣除_- 捐赠) × 税率 - 速算扣除数] - 当年已预缴税额

综合所得类型	收入额的计算
工资、薪金所得	全部工资薪金税前收入
劳务报酬所得	全部劳务报酬税前收入 × (1-20%)
特许权使用费所得	全部特许权使用费税前收入 X (1-20%)
稿酬所得	全部稿酬税前收入X (1-20%) X 70%

图 5-12　综合所得年度汇算计算

案例5-14 应纳个人所得税

个人居民王静 2020 年共取得工资 154 000 元，取得劳务报酬 10 000 元，取得稿酬 10 000 元，转让专利使用权取得收入 30 000 元，符合条件的专项扣除和专项附加扣除共计 62 400 元。求王静的全年应纳个人所得税。

✓ **案例分析：**

(1) 确认综合所得收入总额：

$$154\ 000 + 10\ 000 \times (1-20\%) + 10\ 000 \times (1-20\%) \times 70\% + 30\ 000 \times (1-20\%) = 191600(\text{元})$$

(2) 确认应纳税所得额：

$$191\ 600 - 60\ 000 - 62\ 400 = 69\ 200\ (\text{元})$$

(3) 确认税率和速算扣除数：10%，2520。

计算应纳个人所得税：

$$69\ 200 \times 10\% - 2520 = 4400\ (\text{元})$$

(二) 其他个人所得税应税项目

个人所得税应税项目共有 9 项，除了并入综合所得四项外，还包括经营所得，利息、股息、红利所得，财产租赁所得，财产转让所得和偶然所得五项，该五项计税标准和应纳税额计算可参照表 5-27。

表 5-27 其他个人所得税应税项目个税计算

<table>
<tr><th>所得类型</th><th colspan="2">相关规定</th><th>应纳税所得额</th><th>税 率</th><th>应纳个税</th></tr>
<tr><td>经营所得</td><td colspan="2">个体工商户的生产、经营所得中发生成本费用、税金、损失、其他支出及以前年度亏损</td><td>全年收入总额—成本费用、税金、损失、其他支出及以前年度亏损</td><td>超额累进税率表(见个人所得税税率表三)</td><td>应纳所得税 ×适用税率 – 速算扣除数</td></tr>
<tr><td rowspan="3">利息股利红利所得</td><td rowspan="3">个人从公开发行和转让市场取得的上市公司股票</td><td>不超过1个月</td><td>股息、红利所得全额</td><td rowspan="3">20%</td><td rowspan="3">应纳税所得额×20%</td></tr>
<tr><td>持股1个月至一年</td><td>股息、红利所得的50%</td></tr>
<tr><td>一年以上</td><td>免征</td></tr>
<tr><td rowspan="2">财产租赁所得</td><td colspan="2">每次收入不超过 4000 元的，减除费用按 800 元计算</td><td>每次收入 – 800 元</td><td rowspan="2">20%，对个人出租房屋的租金所得暂且按 10%的税率征收个人所得税</td><td rowspan="2">应纳税所得额×20%(10%)</td></tr>
<tr><td colspan="2">每次收入 4000 元以上的，减除费用按 20%计算</td><td>每次收入×(1 – 20%)</td></tr>
<tr><td>财产转让所得</td><td colspan="2">转让财产的收入额减除财产原值和合理费用后的余额计算纳税</td><td>收入总额 – 财产原值 – 合理费用</td><td>20%</td><td>应纳税所得额×20%</td></tr>
<tr><td>偶然所得</td><td colspan="2"></td><td>偶然所得收入</td><td>20%</td><td>偶然所得×20%</td></tr>
</table>

说明：表 5-27 中提到的个人所得税税率表三如表 5-28 所示。

表 5-28 个人所得税税率表三(经营所得税税率表)

级数	全年应纳税所得额	税率/%	速算扣除数
1	不超过 30 000 元的部分	5	0
2	超过 30 000 元至 90 000 元的部分	10	1500
3	超过 90 000 元至 300 000 元的部分	20	10 500
4	超过 300 000 元至 500 000 元的部分	30	40 500
5	超过 500 000 元的部分	35	65 500

《国家税务总局关于个人所得税若干业务问题的批复》(国税〔2002〕146 号)规定，纳税义务人负担的财产租赁中发生的实际开支的修缮费用，允许扣除，以每次 800 元为限，一次扣除不完的，准予在下一次继续扣除，直至扣完为止。

任务解析 2 个人所得税税务筹划

个人所得税税务筹划是指纳税人在个人所得税法的法律法规允许的前提下，通过对投资理财等涉税事项做出事先筹划安排，以达到少缴税或延期缴税，从而实现客户整体税后经济利益最大化目标的理财行为。个人所得税税务筹划一定要注意符合国家政府相关法规，着重考虑税务筹划执行的便利性和节约性的同时，还需注意税务方案执行及客户相应活动安排中可能发生的政策、市场变化等风险。

一、个人所得税税务筹划的步骤

理财从业人员首先要了解客户的基本情况，包括但不限于客户家庭婚姻、子女扶养、老人赡养、薪资收入、风险偏好等；其次，理财从业人员要精通税务基础知识和基本技能，便于为客户进行税务筹划业务；第三，理财从业人员根据客户情况和税务专业知识为客户进行税务筹划，实现合理避税；最后是税务筹划方案实施、跟踪和执行。个人所得税税务筹划步骤如图 5-13 所示。

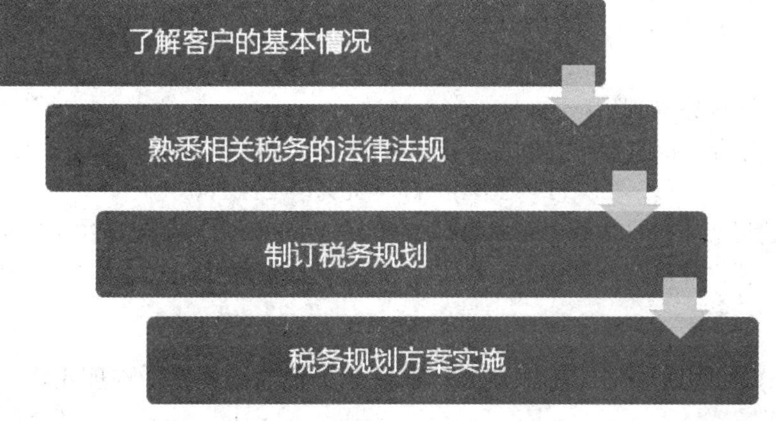

图 5-13 个人所得税税务筹划步骤

二、个人所得税筹划的操作

(一) 综合所得内部项目转换的纳税筹划

新个税将工资薪金、劳务报酬、稿酬及特许权使用费并入综合所得，实行年终汇算清缴制度，同时规定劳务报酬、特许权使用费按实际收入的 80%计入综合所得收入，稿酬按实际收入 56%计入综合所得收入，那么理财从业人员可以利用这个政策进行税务筹划，如客户从多渠道取得工资薪金，适用税率超过 20%时，可以将一部分收入调整为劳务报酬，并签订劳务合同，从而达到节税效果。

案例5-15　利用综合所得内部转换的个税筹划

如郭某是某大学老师，每月收入为 10 000 元，除了学校工作外，郭某兼职 A 公司技术顾问每月 6000 元，同时郭某还受聘某杂志社为其专栏写稿，杂志社付给其每月 5000 元，请制订郭某的个税筹划方案。

✓ **案例分析：**

(1) 政策依据：新个税规定将工资薪金所得、劳务报酬、稿酬、特许权使用费所得并入综合所得；工资薪金所得收入额=全部工资薪金税前收入；劳务报酬所得收入额 = 全部劳务报酬税前收入 × (1 – 20%)；稿酬所得收入额 = 全部稿酬税前收入 × (1 – 20%) × 70%

(2) 税务筹划：郭某可以和 A 公司和杂志社商定雇佣关系类型，非正常雇佣关系，A 公司工资按劳务报酬所得，杂志社按稿酬所得，这样就可降低郭某综合所得收入，实现少缴税的目标。

(3) 应纳税额：假定郭某专项扣除为 30 000 元，专项附加扣除为 24 000 元；那么，不进行税务筹划，全部收入都并入工资薪金：

$$\text{应纳税额} = [(10\,000 + 6000 + 5000) \times 12 - 60\,000 - 30\,000 - 24\,000] \times 10\% - 2520 = 11\,280 \text{ 元}$$

进行税务筹划后：

$$\text{综合所得收入} = 10\,000 \times 12 + 6000 \times 12 \times (1 - 20\%) + 5000 \times 12 \times (1 - 20\%) \times (1 - 30\%) = 211\,200 \text{ 元}$$

$$\text{应纳税额} = (211\,200 - 60\,000 - 30\,000 - 24\,000) \times 10\% - 2520 = 7200 \text{ (元)}$$

通过比较可得，进行税务筹划后，郭某可少缴税 11 280 – 7200 = 4080 (元)。

(二) 利用专项附加扣除政策，家庭成员灵活选择专项附加扣除

专项扣除一共七个项目，除了继续教育由本人扣除，赡养老人由兄弟姐妹分

摊扣除外，其他五个项目都可以夫妻中一方选择扣除，理财从业人员在进行税务筹划时可根据客户夫妻双方收入的情况，灵活选择专项附加扣除的对象，从而实现家庭收入节税效果。

案例5-16　利用专项附加扣除的个税筹划

李先生一家有两个孩子，均处在义务教育阶段，李先生父母健在，有一位妹妹，兄妹均在工作。李先生为公司的部门经理，年薪 33 万元，专项扣除 75 000 元，李先生家中还有一套房屋贷款，李先生妻子在孩子上小学后才开始上班，月薪 6000 元，每月三险一金扣除额为 1250 元。请为李先生做出个税筹划方案。

✓ **案例分析：**

(1) 政策依据：根据新个人所得税税法规定的专项附加扣除项目，其中子女教育每人每月 1000 元可由父母一方全扣或各扣 50%；住房贷款每月 1000 元可由夫妻双方约定一方全扣或各扣 50%；老人赡养独生子一月扣 2000 元，非独子女双方约定，但扣除限额不超 1000 元。

(2) 税务筹划：李先生妻子月薪 6000 元，减除每月 5000 元扣除额和三险一金专项扣除 1250 元，李先生妻子不用缴纳个税；李先生工资较高，税率较高，应该充分利用专项附加扣除政策，把子女教育、房贷利息扣除全由李先生进行扣除，赡养老人由李先生和其妹妹每人每月各扣 1000 元。

(3) 应纳税额计算：

李先生应纳税所得额 = 330 000 − 60 000 − 75 000 − (1000 + 1000) × 12 − 1000 × 12 − 1000 × 12= 147 000 (元)

李先生应纳所得税 = 147 000 × 20% − 16 920 = 12 480 (元)

(三) 利用税目转换进行个税筹划

新个税税目有 9 个，除并入综合所得的工资薪金、稿酬、劳务报酬和特许权使用费所得适用 3%至 45%的超额累进税率外，个体工商户的生产经营所得、承包承租企事业单位的经营所得适用 5%至 35%的超额累进税率；利息、股息、红利所得适用 20%的税率；财产转让所得适用 20%的税率。理财从业人员在对客户进行税务筹划时，可根据客户具体情况通过对个税税目的转换进行个税筹划。

如公司高管的工资薪金所得，可以考虑将工资薪金转为经营所得，经营所得应纳税所得额为收入总额扣除成本费用，对于没有综合所得的个人，还可以减去专项扣除和专项附加扣除，通过将综合所得转为经营所得，利用税率差降低个人所得税。

案例5-17 利用税目转换的个税筹划

如某企业高管胡先生，全年税前工资 300 万元，“三险一金”等专项扣除、专项附加扣除为每年 9 万元。请为胡先生进行个人所得税税务筹划。

✓ **案例分析：**

(1) 政策依据：工资薪金所得税率超过 960 000 元后的税率为 45%，经营所得税率为 35%。

(2) 税务筹划：胡先生可以将工资薪金所得转为经营所得，利用税率差降低个人所得税。具体做法是胡先生与原来企业解除劳动合同后，成立个人独资企业为原单位提供业务服务，每年收取服务费 300 万元。假定发生成本费用 10 万元，胡先生代步汽车出租给公司。

(3) 筹划前后净收入对比：

① 未筹划前：

$$个人所得税 = (3\,000\,000 - 60\,000 - 90\,000) \times 45\% - 181\,920 = 1\,100\,580\ (元)$$

$$净收入总额 = 3\,000\,000 - 1\,100\,580 = 1\,899\,420\ (元)；$$

② 筹划后：

$$个人所得税 = (3\,000\,000 - 100\,000 - 60\,000 - 90\,000) \times 35\% - 65\,500 = 897\,000(元)$$

$$净收入总额 = 3\,000\,000 - 100\,000 - 897\,000 = 2\,003\,000\quad (元)$$

(四) 公益捐赠扣除筹划

《中华人民共和国个人所得税法》

《中华人民共和国个人所得税法》第六条第三款规定：“个人将其所得对教育、扶贫、济困等公益慈善事业进行捐赠，捐赠额未超过纳税人申报的应纳税所得额百分之三十的部分，可以从其应纳税所得额中扣除；国务院规定对公益慈善事业捐赠实行全额税前扣除的，从其规定。”

纳税人通过中国境内非营利的社会团体、国家机关向教育事业的捐赠，向福利性、非营利性的老年服务机构的捐赠，向公益性青少年活动场所的捐赠，向中华健康快车基金会和孙冶方经济科学基金会、中华慈善总会、中国法律援助基金会和中华见义勇为基金会的捐赠，对于支持新型冠状病毒感染的肺炎疫情防控有关捐赠，以及个人直接向承担疫情防治任务的医院捐赠准予在个人所得税前全额扣除。

案例5-18 利用公益捐赠个税筹划

某企业高管蒋女士，2020年全年综合所得30万元，“三险一金”等专项扣除、专项附加扣除为每年9万元，2020年蒋女士向当地传染病医院捐赠2万元物资用于支持新型冠状病毒感染的肺炎疫情防控(已取得公益性捐赠税前扣除资格)。请分析蒋女士的个税筹划效果。

✓ **案例分析：**

(1) 政策依据：《财政部 税务总局关于支持新型冠状病毒感染的肺炎疫情防控有关捐赠税收政策的公告》(财政部 税务总局公告2020年第9号，以下简称“财税2020年第9号公告”)规定，个人通过公益性社会组织或者县级以上人民政府及其部门等国家机关的捐赠，以及个人直接向承担疫情防治任务的医院捐赠物品，都可以在个人所得税前扣除，而且可以全额税前扣除。

(2) 税务筹划：蒋女士可以在年底汇算时上传捐赠凭证，实现税收全额扣除。

(3) 应纳税额

$$(300\,000 - 60\,000 - 90\,000 - 20\,000) \times 10\% - 2520 = 10\,480\ (\text{元})$$

财务部 税务总局关于支持新型冠状病毒感染的肺炎疫情防控有关税收政策的公告

(五) 汇算清缴税务筹划

为进一步减轻纳税人负担，经国务院批准，以下情况，无须办理年度汇算：

(1) 纳税人年度汇算需补税但年度综合所得收入不超过12万元的；

(2) 纳税人年度汇算需补税但补税金额不超过400元的；

(3) 纳税人在办理年度汇算时，如果出现以上两种情况，可以不用补交税款。

【能力拓展】

- 分析一下你的家庭能享受的专项附加扣除项目都有哪些？如何利用专项附加扣除进行个税筹划？

章节习题

实战演练1 帮助王先生准备教育金

【任务发布】

学习家庭教育金需求及其特性，对案例内容中的教育金需求进行测算，帮助

客户进行教育规划。

【任务展示】

王先生的儿子今年 11 岁，他希望孩子将来在国内读大学和研究生。当前，大学本科四年费用为，学费每年 1.30 万元，生活费每月 0.13 万元。研究生 3 年，学费每年 1.50 万元，生活费每月 0.16 万元。假设学费年均增长率为 3%，通货膨胀率为 4%，年投资收益率 7%。请问：现在王先生选择一次性投入和每年年末分期定额投入的方式，分别需要准备多少教育金？

【步骤指引】

- 老师对王先生的子女教育计划进行分析讲解；
- 学生测算实现子女教育目标所需费用；
- 学生计算不同阶段的子女教育金缺口；
- 学生帮王先生选择教育金投资方式和工具。

【实战经验】

实战演练 2　帮助陈先生准备养老金

【任务发布】

学习养老规划的内容及工具，对案例内容中的养老金需求进行测算，帮助客户进行退休养老规划。

【任务展示】

陈先生今年 45 岁，月收入 9000 元，月支出 5000 元，计划 60 岁退休，预计退休后生活 25 年，并保持现有的生活水平。陈先生退休时个人养老金账户本息合计 20 万元。陈先生社会养老保险的平均缴费指数为 1.3，缴费年限为 15 年。假设陈先生退休时，当地社会月平均工资每月 6000 元，通货膨胀率 3%，投资回报率 6%。请问陈先生退休第一年养老准备金缺口和退休期间养老费用总需求是多少？

【步骤指引】

- 老师对陈先生的退休养老计划进行分析讲解；
- 学生测算实现退休养老目标所需费用；
- 学生计算退休第一年养老金缺口和退休期间养老费用总需求；
- 学生为陈先生制订养老规划方案。

【实战经验】

实战演练 3 分析李先生的财产分配情况并进行规划

【任务发布】

学习财产分配规划的内容及工具，分析案例中的遗产分配情况，并帮助客户

进行财产分配规划。

【任务展示】

李志和陈丽夫妇，两人的父母均已去世，女儿李琳与王峰结婚，2017 年生有一子王丁丁，儿子李强在上研究生。李志的弟弟李显游手好闲，经常依靠李志接济。2019 年 5 月李琳因病去世，丈夫王峰因工作繁忙将王丁丁交给李志夫妇照管。2020 年 7 月李志因车祸去世，事故原因为对方违章。李志夫妇的住房市值 100 万元，银行存款 20 万元。李志生前立有两份遗嘱，一份是 2019 年 5 月立的公证遗嘱，将自己的全部财产均分给陈丽和王丁丁；另一份为 2020 年 3 月立的自书遗嘱，将自己所有财产留给陈丽。

根据案例，请回答以下问题：

(1) 李志的遗产总额是多少？

(2) 李志的遗产法定继承人是谁？

(3) 李志的遗产分割前，陈丽的财产是多少？

(4) 李志的遗产应当按照何种方式进行分配？

(5) 李志的两份遗嘱中哪个有效，为什么？

(6) 李志的遗产应该怎样分配？

【步骤指引】

- 老师对李志的遗产进行分析讲解；
- 学生回顾财产分配规划相关知识；
- 学生分析和确定要使用的财产分配工具；
- 学生为李志制订财产分配规划。

【实战经验】

项目六

保 险 规 划

项目概述

本项目从保险概念、保险规划的原则及需求、保险规划流程三个方面讲解了保险的含义、原则、常用保险术语、保险的分类、保险的功能，保险规划的原则、不同家庭生命周期的保险需求，保险规划流程及保险规划实务。通过学习本项目，学生可以了解保险的概念及特征、保险规划的五项基本原则，熟悉保险的四大原则、保险的分类方法，掌握家庭保险的常用术语、保险在家庭理财规划中的功能、不同人生阶段的保险规划需求、保险规划的制订方法，进而在了解客户家庭信息的基础上，根据客户的实际需求，选择适当的保险工具，为客户制订合理的保险规划。

项目背景

2014 年 8 月习近平总书记签署了第十四号主席令《全国人民代表大会常务委员会关于修改〈中华人民共和国保险法〉等五部法律的决定》。

《国务院关于加快发展现代保险服务业的若干意见》

2014 年 8 月 13 日，国务院正式发布的《国务院关于加快发展现代保险服务业的若干意见》(以下简称“新国十条”，如图 6-1 所示)提出，到 2020 年基本建成保障全面、功能完善、安全稳健、诚信规范，具有较强服务能力、创新能力和国际竞争力，与我国经济社会发展需求相适应的现代保险服务业，努力由保险大国

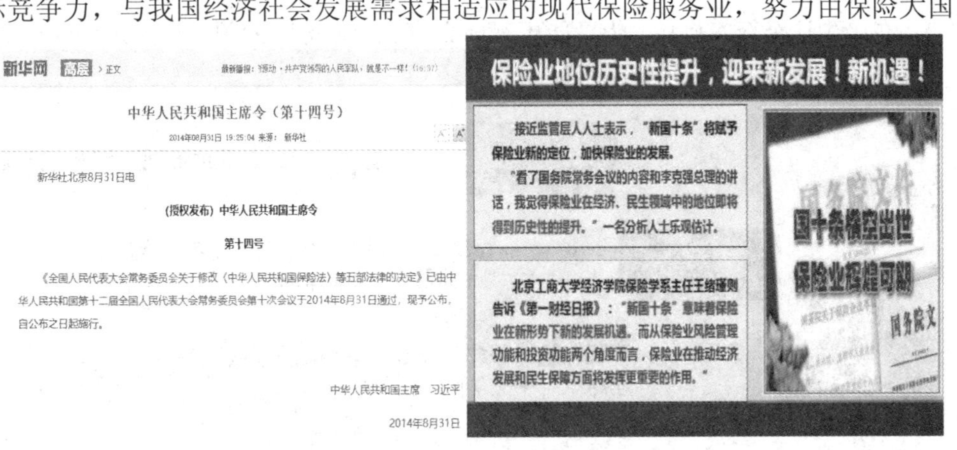

新华网 高层 > 正文

中华人民共和国主席令（第十四号）

2014年08月31日 19:25:04 来源：新华社

新华社北京8月31日电

(授权发布) 中华人民共和国主席令

第十四号

《全国人民代表大会常务委员会关于修改〈中华人民共和国保险法〉等五部法律的决定》已由中华人民共和国第十二届全国人民代表大会常务委员会第十次会议于2014年8月31日通过，现予公布，自公布之日起施行。

中华人民共和国主席　习近平

2014年8月31日

图 6-1 “新国十条”的发布

向保险强国转变。保险成为政府、企业、居民风险管理和财富管理的基本手段，成为提高保障水平和保障质量的重要渠道，成为政府改进公共服务、加强社会管理的有效工具。

目前，已经有越来越多的家庭开始关注保险市场，考虑个性化的保险产品，因此做好家庭保险规划就显得尤为重要。

项目演示

吴经理给助理小琪布置了一份保险规划业务，图 6-2 是他们交谈的具体内容。

图 6-2　小琪与吴经理的交谈

在接到这个新案例后，为了能更好地完成吴经理分配的关于保险规划的任务，小琪制订了如图 6-3 所示的学习计划。

图 6-3　学习计划

思维导图

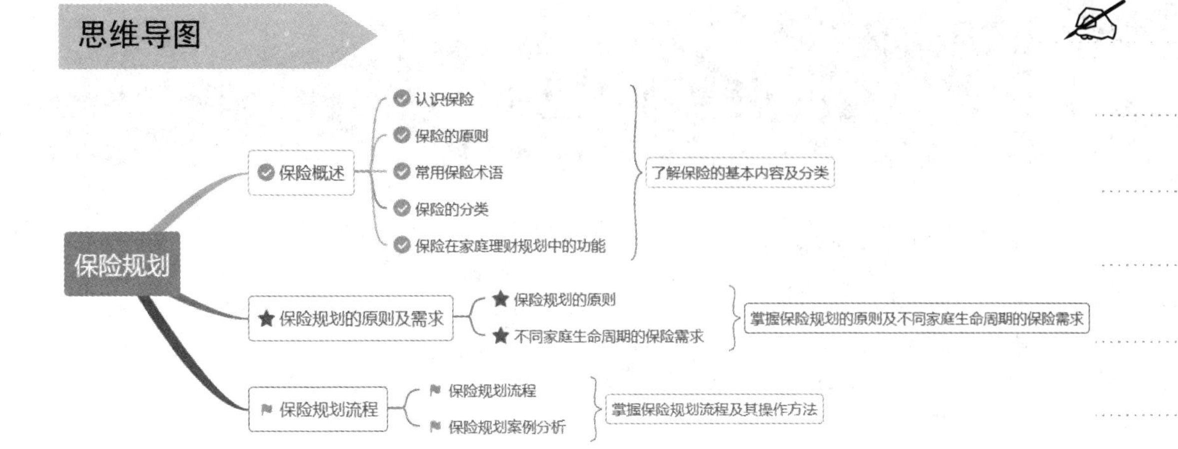

思政聚焦

保险是关乎社会经济稳定的重要行业，保险业在我国全面建成小康社会进程中有着至关重要的作用，根据《保险从业人员行为准则》第十三条、第十四条和第十五条中规定，保险服务人员“应根据客户需求、经济承受能力推荐适合的保险产品。”“应以客户易懂的方式提供保险产品的信息，不得进行任何形式的误导。”“应主动提示保险产品可能涉及的风险，不得有意规避。”保险服务人员应自觉把好合法关，要能够根据不同的家庭背景及风险承受能力合理规划保险理财产品。

《保险监管人员行为准则》和《保险从业人员行为准则》

教学目标

知识目标

◎了解保险的概念及特征

◎了解保险规划的五项基本原则

◎熟悉保险的四大原则

◎熟悉保险的分类方法及各类保险的定义

◎熟悉保险规划流程

◎掌握家庭保险的常用术语

◎掌握保险在家庭理财规划中的功能

◎掌握不同人生阶段的保险规划需求

◎掌握制订保险规划的方法

能力目标

◎能够根据不同的家庭条件进行保险规划方案的设计

学习重点

◎保险规划的原则

◎保险规划的流程

任务1 保险规划

【任务描述】

- 了解保险的概念及特征。
- 熟悉保险的四大原则。
- 掌握家庭保险的常用术语。
- 熟悉保险的分类方法及各类保险的定义。
- 掌握保险在家庭理财规划中的功能。

任务解析1 认识保险

《中华人民共和国保险法》

保险是进行风险管理和提供经济保障的一种非常有效的财务手段。投保人针对未来可能面对的风险，与保险人之间达成合同约定，将可能发生的风险转移给保险人，保险人根据大数法则厘定保险费率向被保险人收取一定的保费。当风险发生的时候，被保险人会面临金额不确定的损失，而保险人需向被保险人给付经济赔偿。保险能起到分散风险、补偿损失的作用。

《中华人民共和国保险法》规定，保险是一种保险人与被保险人之间的合同关系。投保人向保险人缴纳保费，保险人在被保险人发生合同规定的损失时给予补偿。

投保人通过缴纳一定金额的保费购买保险，并定期支付确定的小额保费，当家庭发生保险合同规定的风险或遭受巨额损失时，可以通过保险金额获得赔偿。从家庭理财的角度看，这样大大增加了资金的效益。另外，在人寿保险中，保险除了提供基本风险保障外，还增加了资金的保值增值功能，具有投资储蓄的特征。

课外链接：大数法则

大数法则又称“大数定律”或“平均法则”。人们在长期的实践中发现，在随机现象的大量重复中往往出现几乎必然的规律，例如房屋失火，人的死亡，这些风险对某一房屋和某一个人而言，是无法预测其发生的，但尽可能地汇集更多的人或房屋，观察一定期间，则可测出死亡人数或失火件数发生的概率。再比如1个60周岁的人，在未来一年中的生死情况是未知的，但若对50万个60周岁的人的个人资料进行统计分析，就会发现这类人群的死亡概率有一个稳定的值。据此，保险人就可以比较精确地预测危险，合理的厘定保险费率，使在保险期限内收取的保险费和损失赔偿及其它费用开支相平衡。大数法则是近代保险业赖以建立的数理基础。

任务解析 2　保险的原则

保险业在发展的过程中逐渐形成了一些基本原则，如图 6-4 所示，这些原则作为人们进行保险活动的准则，贯穿于整个保险实务。坚持这些基本原则有利于维护保险双方的合法权益，从而更好地发挥保险的职能和作用。

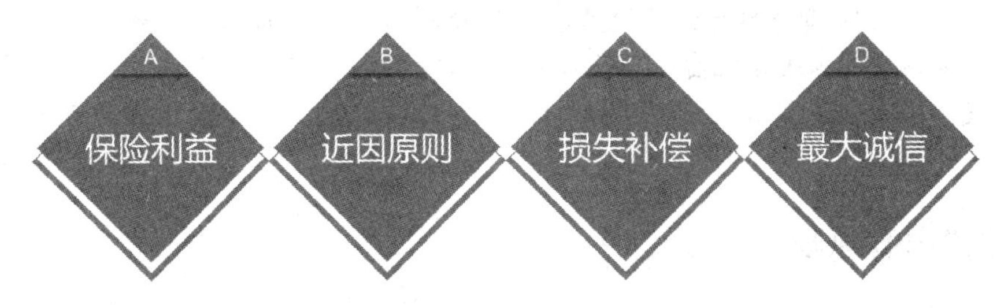

图 6-4　保险原则

一、保险利益原则

保险利益原则又称“可保利益”或“可保权益”，即被保险人对保险标的具有法律承认的利益，当保险标的受损时，被保险人会遭受损失。人身保险与财产保险因为保险标的不同，适用的保险利益原则也不同，一般人身保险只要求在订立保险合同时投保人对保险标的具备保险利益，当事故发生时可以不具备保险利益；而财产保险要求从保险合同签订到事故发生整个过程中被保险人对保险标的必须具备保险利益，在保险有效期内若需要转让保单，一定要征得保险人的同意并签字，否则保单无效，即当风险发生时，被保险人无法从保险人处获得赔偿。

想一想

外地游客来上海旅游，在游览完东方明珠电视塔后，出于爱护国家财产的动机，自愿交付保险费为电视塔投保。问保险公司是否予以承保?为什么?

二、近因原则

近因原则是事故发生后，保险人在理赔时遵循的一大原则，近因指造成事故的最直接、最有效、起决定作用的原因。近因并不是时间或空间最为接近，而是指造成损失的因果关系中起到最主导作用的原因。保险人只针对承保范围内的近因承担保险责任，对承保范围外的原因引起的损失，不负赔偿责任。

课外链接：近因原则

一架飞机在飞行过程中遇到雷击，致使机尾受到严重损坏。为了机上乘客安全起见，飞机必须紧急迫降。而由于机尾受损，紧急迫降时机身发生剧烈的震动，机上一名乘客因此突发脑溢血而身亡。在这次事故中，其因果关系为：

雷击→机尾受损→紧急迫降→震动→突发脑溢血→身亡

从这个因果关系链看，导致该乘客死亡的最根本原因还是在于雷击，而突发脑溢血只是雷击造成的一系列后果之一，因此这次事故的近因为雷击。

三、损失补偿原则

损失补偿原则，是指由于保险事故的发生造成保险标的损毁，致使被保险人产生经济损失时，保险人给予的赔偿只能以被保险人的实际损失为准，且必须在保额范围内，赔偿金额正好弥补因保险事故造成的损失，被保险人不能从赔偿金额中获得额外的收益。在实际赔偿过程中，有损失、就补偿；无损失、不补偿；以实际损失为限。补偿的金额不能过多也不能过少，如图 6-5 所示。

有损失、就补偿；无损失、不补偿

•在保险合同有效期内，因保险事故而造成被保险人遭受经济损失，被保险人有权按合同规定向保险人索取相应的赔偿。

以实际损失为限

•按保险合同规定，被保险人提出索赔后，保险人给予的赔偿以被保险人的实际损失为限度，而被保险人不能从中获得额外的经济利益。

图 6-5 损失补偿原则的内容

从道德层面上来看，损失补偿原则是为了维护保险双方的利益，并且有利于防止道德风险的发生。

课外链接：损失补偿原则案例

小张前段时间生病住院，花费了 3 万多元。出院后想起自己曾投保过一份商业医疗险，保额 200 万元，小张心想若自己能够获得保险公司的“巨额赔偿”，也算因祸得福。不过，在小张申请理赔后，最终只获得了 2 万多元的赔偿款。这让小张疑惑不解，“不是保额 200 万元吗，怎么才赔 2 万元？”

其实，小张的想法也正是许多人对医疗险的误解，大家误以为医疗险的高保额就是自己生病住院以后的保险赔偿金，但却不知大部分的商业医疗险是一种补偿型保险，遵守损失补偿原则。

四、最大诚信原则

最大诚信是指诚实、守信，即保险人与被保险人在订立保险合以及在保险合同履行过程中，应依法向对方提供足以影响对方做出订约与履约决定的全部实质性重要事实，同时绝对信守合同订立的约定与承诺。如果保险人或被保险人存在任何虚报、欺骗和隐瞒的行为而造成一方受到损害，按民法规定可以此为由宣布合同无效，或解除合同，或不履行合同约定的义务和责任，直至对因此受到的损害要求对方赔偿。保险合同是建立在诚实信用基础上的一种射幸合同。所谓射幸合同，就是指合同当事人一方支付的代价所获得的只是一个机会，对投保人而言，他有可能获得远远大于所支付的保险费的效益，但也可能没有利益可获；对保险人而言，他所赔付的保险金可能远远大于其所收取的保险费，但也可能只收取保险费而不承担支付保险金的责任。

练一练

李某购买了一辆家用轿车，并投保了一年期的商业车险(含盗抢险)，半年后李某将该车辆转卖给刘某，保险部分未变更，之后刘某的车辆发生丢失，此时李某当时投保的保单还在有效期内，但保险公司根据(　　)原则不予赔付。

A. 最大诚信　B. 近因　C. 可保利益　D. 损失补偿

任务解析 3　常用保险术语

2018 年 9 月 17 日，中国保险行业首个国家标准《保险术语》(GB/T 36687—2018)发布，并于 2019 年 4 月 1 日正式实施。该标准共收纳 817 项保险专业术语，既包含面向业内人士的专业术语，也包含面向消费者的一般术语，它是保险行业内部沟通和外部交流的规范性、通用性语言，是保险业各类标准的基础标准。表 6-1 列出了家庭理财规划中常用的保险术语及其名词解释。

表 6-1　常用保险术语

保险术语	名 词 解 释
投保	对财产、人身、责任及权益等具有保险利益的自然人或法人，通过购买保险与保险人建立保险合同关系的行为
承保	保险人接受投保人的投保申请，并与投保人签订保险合同的过程
投保人	与保险人订立保险合同，并按照保险合同负有支付保险费义务的人
保险人	与投保人订立保险合同，并承担赔偿或者给付保险金责任的保险公司
被保险人	其财产或者人身受保险合同保障，享有保险金请求权的人
受益人	人身保险合同中由被保险人或者投保人指定的享有保险金请求权的人

《保险术语》(GB/T 36687—2018)

续表

保险术语	名词解释
保险合同	投保人与保险人约定保险权利义务关系的协议
投保单	投保人为订立保险合同而向保险人提出的书面要约
保险单/保单	保险合同成立后，保险人向投保人签发的保险合同的正式书面凭证
保险标的	作为保险对象的财产及其有关利益或者人的寿命和身体
保险费/保费	投保人为取得保险保障，按保险合同约定向保险人支付的费用
保险金额/保额	保险人承担赔偿或者给付保险金责任的最高限额
保险金	保险事故发生后，保险人根据保险合同约定的方式、数额或标准，向被保险人或受益人赔偿或给付的金额
直接损失	由风险事故导致的财产本身的损失
间接损失	由直接损失引起的额外费用损失、收入损失和责任损失等无形损失
保险责任	保险合同中约定的，保险事故发生后应由保险人承担的赔偿或给付保险金的责任
主险	可单独投保的保险产品
附加险	不可单独投保而必须附加于主险或基本险，用来补充主险的保险范围的保险产品
续保	保险合同即将期满时，被保险人向保险人提出申请，要求延长该保险合同的期限或重新办理保险手续的行为

任务解析4 保险的分类

根据国家标准《保险术语》(GB/T 36687—2018)中的定义，保险以保险标的作为分类特征，可以分为人身保险和财产保险，如图6-6所示。

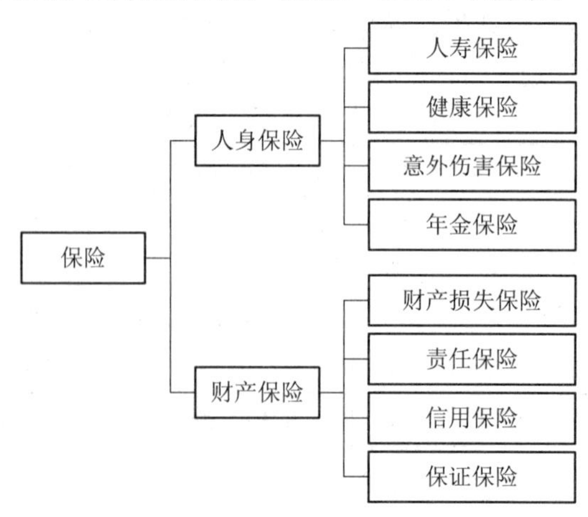

图6-6 保险的分类

一、人身保险

人身险备案
产品目录查询

人身保险是指以人的身体或生命为保险标的，在被保险人的生命或身体发生保险事故或保险期满时，依照保险合同的规定，由保险人向被保险人或受益人给付保险金的保险形式。根据其保障风险类型的不同，常见的人身保险有人寿保险、健康保险、意外伤害保险和年金保险等。

(一) 人寿保险

人寿保险是以被保险人的寿命为保险标的、以被保险人的生存或死亡为保险事故的一种保险。在保险期间，当被保险人发生合同约定的保险事故(生存或死亡)时，由保险公司按照合同约定给付保险金。人寿保险是家庭风险规划选择中最基本和最主要的险种。人寿保险按不同的保障形式又可细分为定期寿险、终身寿险和两全保险等。

1. 定期寿险

定期寿险是指在保险合同有效期内，若被保险人死亡，保险人按照合同约定的保险金给予赔偿的一种保险。若保险合同到期，被保险人仍生存，保险终止，保险人无须支付保险金或退还已缴纳的保费。定期寿险的保险费较低，可续保，可在保险期内转换成终身寿险或两全保险，适用于经济能力有限又需要较高保障的被保险人购买。

2. 终身寿险

终身寿险是指保险从合同生效开始，直至被保险人在100岁(或105岁)前死亡，保险人支付死亡保险金。终身寿险保费固定，越早投保每年的平均保费越低，经济压力越小；具有储蓄功能，若中途退保，可按照保单价值予以返还；被保险人身故后，保险收益人得到的死亡赔偿金具有合理避税的功能。终身寿险适用于收入相对稳定并具有一定资产储蓄的人。图6-7是中国平安人寿保险有限公司发行的“御享金生”终身寿险的产品介绍。

图6-8为平安“御享金生”终身寿险条款示例，由于篇幅有限只列举了部分，更多详细内容读者可扫码获取。

3. 两全保险

两全保险也称为生死两全险，是指被保险人在保险合同约定的保险期内身亡或合同期满生存均给付保险金。两全保险是定期寿险与终身寿险的结合，因此其保险费率较高，一般为定期寿险与终身寿险的保费之和；两全保险兼顾储蓄功能，投保年龄较宽，适用性较广。

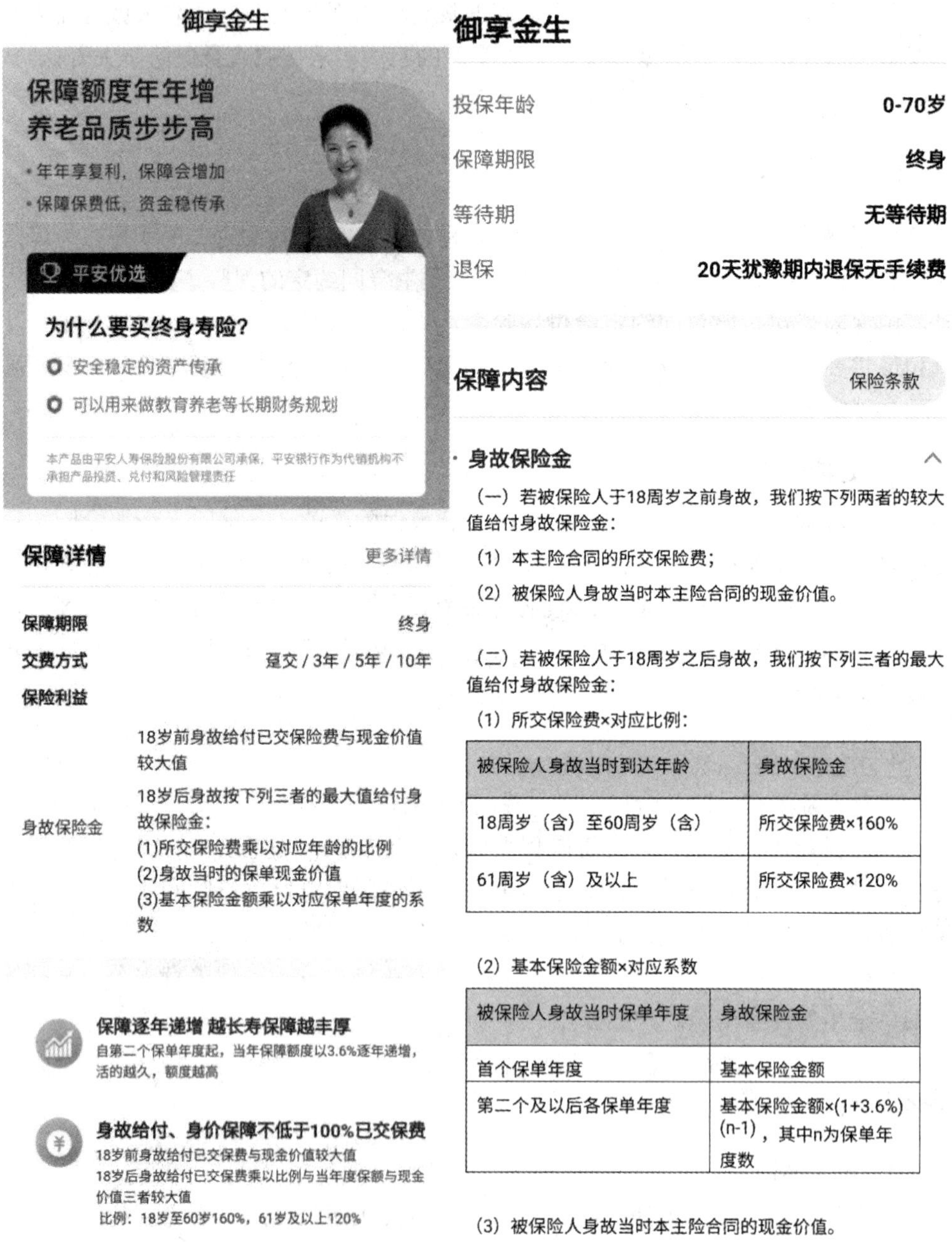

御享金生

保障额度年年增
养老品质步步高

• 年年享复利，保障会增加
• 保障保费低，资金稳传承

平安优选

为什么要买终身寿险?

- 安全稳定的资产传承
- 可以用来做教育养老等长期财务规划

本产品由平安人寿保险股份有限公司承保，平安银行作为代销机构不承担产品投资、兑付和风险管理责任

保障详情 更多详情

保障期限	终身
交费方式	趸交 / 3年 / 5年 / 10年
保险利益	
身故保险金	18岁前身故给付已交保险费与现金价值较大值 18岁后身故按下列三者的最大值给付身故保险金: (1)所交保险费乘以对应年龄的比例 (2)身故当时的保单现金价值 (3)基本保险金额乘以对应保单年度的系数

保障逐年递增 越长寿保障越丰厚

自第二个保单年度起，当年保障额度以3.6%逐年递增，活的越久，额度越高

身故给付、身价保障不低于100%已交保费

18岁前身故给付已交保费与现金价值较大值
18岁后身故给付已交保费乘以比例与当年度保额与现金价值三者较大值
比例：18岁至60岁160%，61岁及以上120%

御享金生

投保年龄	**0-70岁**
保障期限	**终身**
等待期	**无等待期**
退保	**20天犹豫期内退保无手续费**

保障内容 保险条款

身故保险金

(一) 若被保险人于18周岁之前身故，我们按下列两者的较大值给付身故保险金:

(1) 本主险合同的所交保险费;

(2) 被保险人身故当时本主险合同的现金价值。

(二) 若被保险人于18周岁之后身故，我们按下列三者的最大值给付身故保险金:

(1) 所交保险费×对应比例:

被保险人身故当时到达年龄	身故保险金
18周岁（含）至60周岁（含）	所交保险费×160%
61周岁（含）及以上	所交保险费×120%

(2) 基本保险金额×对应系数

被保险人身故当时保单年度	身故保险金
首个保单年度	基本保险金额
第二个及以后各保单年度	基本保险金额×(1+3.6%)(n-1)，其中n为保单年度数

(3) 被保险人身故当时本主险合同的现金价值。

图 6-7　平安“御享金生”终身寿险产品介绍及保障详情

中国平安 PINGAN
金融·科技

中国平安人寿保险股份有限公司

平安御享金生终身寿险条款

在本条款中，“您”指投保人，“我们”、“本公司”均指中国平安人寿保险股份有限公司。

❶ 我们保什么、保多久

这部分讲的是我们提供的保障以及我们提供保障的期间。

1.1 保险责任 在本主险合同保险期间内，我们承担如下保险责任：

身故保险金

（一）若被保险人于**18周岁的保单周年日**[1]之前（不含18周岁的保单周年日）身故，我们按下列两者的较大值给付身故保险金，本主险合同终止：

（1）本主险合同的所交保险费；

（2）被保险人身故当时本主险合同的现金价值。

上述“所交保险费”按照被保险人身故当时本主险合同的年交保险费×**已交费年度数**[2]计算。

（二）若被保险人于18周岁的保单周年日之后（含18周岁的保单周年日）身故，我们按下列三者的最大值给付身故保险金，本主险合同终止：

（1）本主险合同的所交保险费乘以下表所对应的比例：

被保险人身故当时**到达年龄**[3]	比例
18周岁（含18周岁）至60周岁（含60周岁）	160%
61周岁（含61周岁）及以上	120%

上述“所交保险费”按照被保险人身故当时本主险合同的年交保险费×已

[1] **周岁**指按有效身份证件中记载的出生日期计算的年龄，自出生之日起为零周岁，每经过一年增加一岁，不足一年的不计。过了周岁生日，从第二天起，为已满××周岁。

保单周年日指本主险合同生效日以后每年的对应日，如果当月无对应的同一日，则以该月最后一日作为对应日。

18周岁的保单周年日举例： 假设保单生效日是2021年11月1日，则以后每年11月1日为保单周年日；被保险人出生日期是2010年12月1日，那么2028年12月2日被保险人年满18周岁，而18周岁的保单周年日为2029年11月1日（因2028年11月1日时被保险人尚未满18周岁）。

[2] **已交费年度数：** 本主险合同交费期间未满时，已交费年度数指保单年度数；本主险合同交费期间已满时，已交费年度数指您与我们约定的交费年期。

交费期间指从保险合同生效日起至保险合同的最后一个保险费约定支付日后的下一个保单周年日零时止的期间。若最后一个保险费约定支付日发生变更，则以变更后的保险费约定支付日计算交费期间。

举例： 假设保单生效日是2021年8月1日，交费期间为10年，2030年8月1日为最后一个保险费约定支付日，2031年8月1日为2030年8月1日后的下一个保单周年日，则自2021年8月1日起至2031年8月1日零时止为交费期间。

[3] **到达年龄**指的是被保险人原始投保年龄，加上当时保单年度数，再减去1后所得到的年龄。

图6-8 平安“御享金生”终身寿险条款-部分

平安人寿-平安御享金生终身寿险条款

(二) 健康保险

健康保险是指以被保险人的身体为保险标的，对保险人因疾病或意外事故所致伤害时发生的直接费用和间接损失进行补偿的一种人身保险。按保障的内容不同，健康保险可以分为医疗保险和疾病保险。

1. 医疗保险

医疗保险是指当保险合同约定的医疗行为发生后，保险人需要向被保险人支付保险金的一种保险。医疗保险在被保险人治疗期间为其提供治疗费用支出的保障。图 6-9 是平安健康保险股份有限公司发行的“平安 e 生保”个人住院医疗保险的产品介绍。

平安人寿平安 e 生保保险条款

图 6-9 “平安 e 生保”个人住院医疗保险

2. 疾病保险

疾病保险是指以疾病作为保险金是否支付的标准，为被保险人生病后提供一定的经济保障，无论被保险人生病后是否支付治疗费用，均可获得保险人的定额给付。常见的疾病保险有重大疾病保险和特种疾病保险。

(三) 意外伤害保险

意外伤害保险是指被保险人因遭受意外伤害，而导致残疾或死亡时，保险公司按照合同约定的残疾给付比例支付残疾保险金或者按规定的保险金额支付身故保险金的一种人身保险产品。意外伤害保险的保险期限短，投保简单，保费低廉，适用范围广泛，出差或出游均可选择相应的意外伤害保险。图 6-10 是中国平安财产保险股份有限公司发行的平安公共场所意外伤害保险的产品介绍。

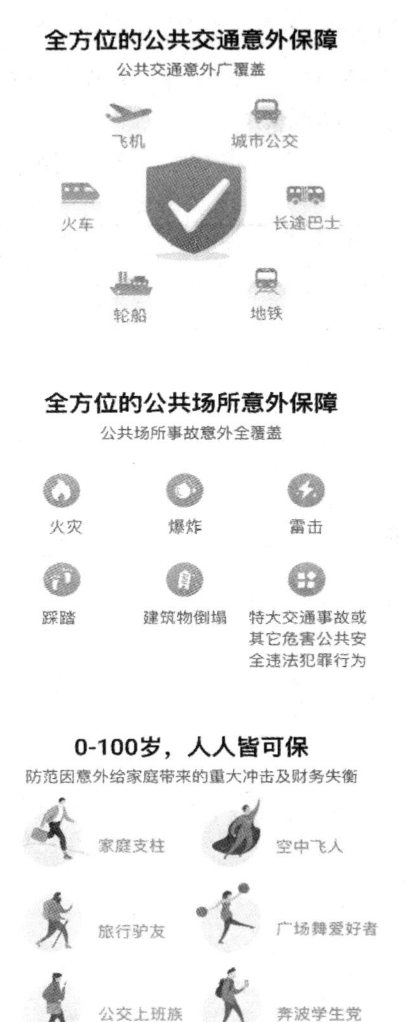

图 6-10　平安公共场所意外伤害保险内容

平安财险平安公共场所意外伤害保险条款

(四) 年金保险

年金保险是指以被保险人生存为保险金给付条件，保险人按照合同约定的金额、方式，在约定的时间内向被保险人给付保险金的人身保险。年金保险具有强制储蓄、定额给付的特点，比较适用于中高收入阶层，可通过年金保险实现强制储蓄，从而达到资产的保值增值。

由于年金保险兼顾保险的保障和投资两大功能，所以往往又被称为理财保险产品，具体有分红保险、投资连接保险和万能保险三种类别，我们在项目三保险产品中有详细介绍，此处不再赘述。

二、财产保险

财产保险是指以各类有形财产为保险标的，一旦保险事故发生造成财产损失，财产保险对实际损失进行补偿的一种保险。财产保险主要包括家庭财产保险、企业财产保险等。

财产险备案
产品目录查询

表 6-2 为平安保险公司家庭财产保险的保障项目介绍。

表 6-2 平安家庭财产保险的保障项目

类别	保障项目	保险金额/万元	保 障 范 围
主险	房屋主体	20～2000	承保由于火灾、爆炸等造成的房屋损失。房屋指房屋主体结构以及交付使用时已存在的室内附属设备。 注：本保险所称的房屋为被保险人拥有合法产权的钢筋混凝土或砖混结构的住宅
	房屋装修	5～200	承保由于火灾、爆炸等和自然灾害引起地陷或下沉而造成的装修损失，包括房屋装修配套的室内附属设备
	室内财产	2～100	承保由于火灾、爆炸等和自然灾害引起地陷或下沉而造成的室内财产损失，包括便携式家用电器和手表，但不包括金银、首饰、珠宝、有价证券以及其他无法鉴定价值的财产
附加险	室内盗抢保障	2～20	承保家用电器、床上用品等室内财产由于遭受盗窃、抢劫丢失而造成的损失，经报案由公安部门确认后，可获得赔偿
	水暖管爆裂损失	1～20	承保因高压、严寒等造成水暖管爆裂而导致的房屋内财产毁损
	家用电器用电安全	1～20	承保因电压异常引起的家用电器损毁
	居家责任	1～30	承保在房屋内及房屋专属庭院、天台因发生意外事故而导致的第三者人身伤亡或财产损失
	雇主财产损失	1～20	承保因被保险人雇佣的家政人员在从事家政服务工作中的疏忽、过失行为而造成的保险标的的直接经济损失
	家养宠物责任	0.2～1	承保被保险人合法拥有的宠物造成的第三者的人身伤害或财产损失，依法由被保险人承担经济赔偿

练一练

张先生想购买满足如下条件的保险：一是如果在保险有效期内被保验人死亡，保险人向其受益人支付保单规定数额的死亡保险金；二是如果被保险人生存至保险期满，保险人也向其支付保单规定数额的生存保险金。作为理财从业人员，您向他推荐的险种为(　　)。

A. 定期寿险　　B. 万能寿险　　C. 生死两全险　　D. 终身寿险

任务解析 5　保险在家庭理财规划中的功能

一般而言，保险具有分散风险，分摊损失，补偿损失等基本职能，以及由此派生出的防灾，防损，投资理财等功能。若从家庭理财这一角度来看，保险主要具有以下功能，如图 6-11 所示。

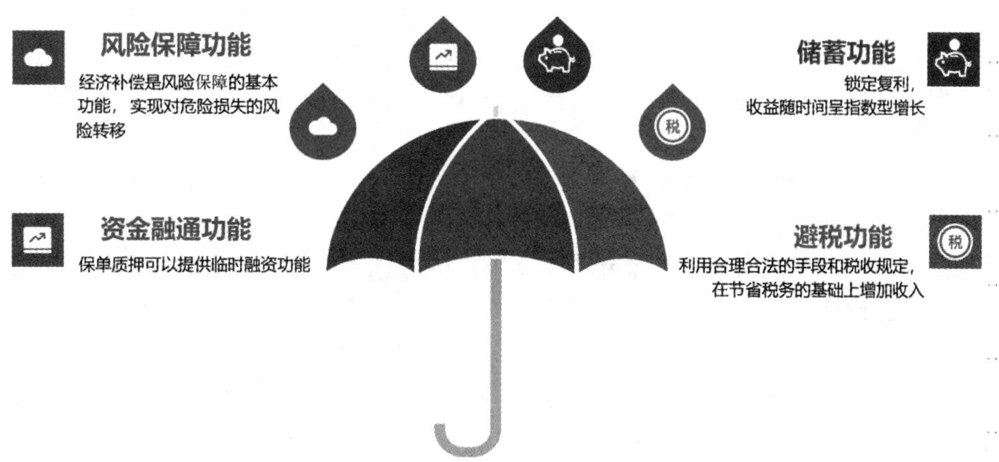

图 6-11　保险在家庭理财规划中的功能

一、风险保障功能

每个小家庭都是社会中的一个小个体，家庭成员的疾病、残疾、身故，家庭财产受损等各种风险事件都有可能严重影响一个家庭的正常生活，甚至会对一个家庭带来毁灭性的打击。单独一个小家庭的风险承受能力通常比较弱，可以通过购买保险，将某一个人或家庭的经济损失分摊给所有被保险人，从而达到风险分散的目的。风险分散、损失补偿正是保险的基础功能。

二、储蓄功能

保险是家庭资产配置中非常重要的理财产品之一，尤其是人寿保险产品还具有非常优秀的保值增值的功能。现阶段涉及的带有储蓄功能的人寿保险产品主要为分红保险、投连险、万能保险三种类型，且一般采用复利计息形式，以年为

单位进行利滚利。

三、资金融通功能

保险还具有资金融通的功能，尤其是人寿保险。由于人寿保险的保单具有长期性特征、且保单不能买卖，为了解决这一弊端，并增强人寿保险保单的变现能力，寿险公司设计出各种保单质押贷款，通过保单质押贷款的方式增强保单的现金流通性。在项目四中，我们也介绍过保单质押贷款是个人融资工具之一，特别是在家庭资金周转困难时，拥有人寿保险也是一种解决债务危机的方式。

四、避税功能

《个人税收优惠型健康保险业务管理暂行办法》

《个人税收递延型商业养老保险业务管理暂行办法》

保险在避税方面的作用主要表现在：一是依据《中华人民共和国个人所得税法》规定，风险发生后，受益人获得的赔款免纳个人所得税；二是身故保险金不属于被保险人遗产，一般不用缴纳遗产税；三是部分商业保险享有税收减免的优惠。

2015 年 8 月 10 日，原中国保监会印发关于《个人税收优惠型健康保险业务管理暂行办法》(保监发〔2015〕82 号)的通知，2018 年 5 月 16 日，中国银行保险监督管理委员会关于印发《个人税收递延型商业养老保险业务管理暂行办法》(银保监发〔2018〕23 号)的通知。这两份《管理办法》从经营要求、产品管理、销售管理、投资管理、财务管理、信息平台管理、服务管理、信息披露等方面对保险公司的税收优惠型健康保险业务和个税递延型养老保险业务提出了具体要求，旨在引导保险机构强化产品保障功能，提供便捷高效服务，加强资金运用管理，强化信息披露，确保安全稳健、公开透明。如图 6-12 所示，是这两种具有税收减免优惠功能的商业保险。

税收优惠型健康保险

纳税人在购买商业健康险后，可以在当年(月)计税时予以税前抵扣。根据现有政策规定，个人购买税收优惠型健康险可按照2400元/年的限额标准以税前扣除。

个税递延型养老保险

投保人在税前列支保费，领取保险金时再缴纳税款。由于保险期间较长，投保人处于不同的生命周期，边际税率就有较大的区别，递延纳税减轻税负的效果就较为明显。

图 6-12　具有税收减免优惠功能的商业保险

【能力拓展】

- 谈谈您对我国目前保险市场未来的发展以及现有保险产品的看法。

任务2　保险规划的原则及需求

【任务描述】

- 了解保险规划的五项基本原则。
- 掌握不同人生阶段的保险规划需求。

任务解析1　保险规划的原则

保险规划是家庭理财规划的重要部分，家庭理财从业人员通过分析客户个人和家庭的保险需求，为其选择合适的保险品种、保险期限、保险金额等，用以减弱和避免风险发生对家庭生活带来的影响。

家庭理财从业人员在做出合理的保险规划时需遵循以下五项基本原则，分别是：根据客户需求配置保险，保险方案要量力而行，保险的险种要合理配置，保额至重、重视高额损失，并对保险规划方案实施动态管理，如图6-13所示。

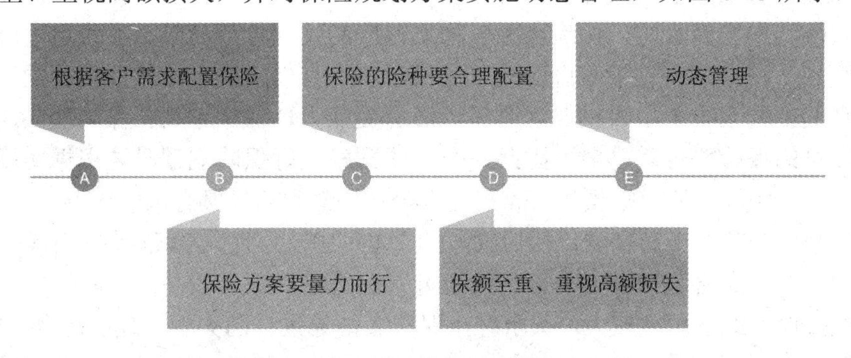

图6-13　家庭保险规划的五项基本原则

一、根据客户需求配置保险

遵循根据客户需求配置原则是指理财从业人员在为客户制订保险规划时，应秉持首先让配置的保险产品发挥转移风险作用的理念，在对客户家庭的实际情况充分了解的前提下，为没有配置保险或保险配置不足的客户设计符合其家庭实际保障需求，且能覆盖基本风险的保险方案。对客户已配置的不合理方案如重复配置、保额过高等给予调整建议。

理财从业人员在充分了解客户情况后应对其进行全面分析，包括：客户家庭成员已经配置的保险类型，家庭所面临的风险种类，保费保额的支出，各类风险发生的概率，风险发生后可能造成的损失情况，家庭资产、负债、收入等财务状况，自身的经济承受能力等。根据分析数据将家庭保障缺失和不足的部分做出补

足建议，针对重复或比重过大的已购置保险做出方案调整建议，重新构建客户家庭的保险规划框架。图 6-14 列出了理财从业人员需要梳理的家庭主要信息。

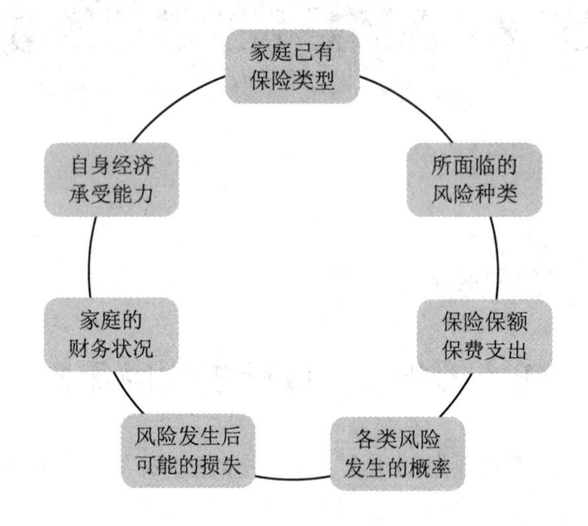

图 6-14 理财从业人员需要梳理的信息

二、保险方案要量力而行

保险理财过程中涉及财产保险和人身保险，投保的险种选择很多。财产保险以补偿财产损失为目的，保险金额以物质财产的实际价值为限。在为家庭财产投保的时候，没有必要购买多份保险重复投保。人身保险属于给付性质合同，保险金额高低主要取决于个人投保意愿和经济承受能力，保额越高、保险期限越长，所需支付的保险费也就越多。因此，个人或家庭进行保险规划时要根据实际经济情况投保。保额太低，则风险保障程度有限；保额太高，又有可能影响生活品质，一般家庭保费负担在其家庭年税后收入的 7%～10%为宜。若家庭收入不高，这时又考虑购买终身寿险或其他分红、投资型保险等这些保费较高的保险，很有可能会造成投保人经济压力较大，甚至终止保费缴纳导致合同失效。对于这类投保人，可以选择保障型产品，用相对较低的保费，保证在风险发生的时候，有保险金额作为补偿，不至于对投保人的家庭产生过大的影响，应循序渐进、量力而行地选择适合的保险产品。

三、保险的险种要合理配置

在上述保险的五项基本功能中，制订个人与家庭保险规划的目的首先是“保障”，其次才是“收益”。不同的保险产品，其保险标的不同，风险保障程度、风险保障内容、储蓄或投资功能都有不同的侧重。一般来说，意外伤害保险、健康保险和定期寿险等险种侧重于保障；终身寿险、两全保险和年金保险等险种侧重于储蓄投资。在进行保险规划时，应优先考虑保障型保险，意外、健康、定期寿险是保险保障的基础标配，在此基础上，适当选择收益型保险，从而达到保险险种合理配置的目的。

四、保额至重、重视高额损失

保险产品转移家庭风险是通过杠杆性来体现的，即通过可核算的较低的成本去购买较高的不可预知的风险补偿，所以要尽可能放大保险保额才能更好地发挥杠杆效应，只有保额足够覆盖风险才能在关键时刻发挥作用，对冲风险给家庭带来的冲击。

如图 6-15 所示，在为家庭主要劳动力投保人寿保险时，需要核算家庭的负债总额和年生活支出总额，理想的足额保额需要覆盖家庭总负债余额和至少 3 年的家庭生活开支，有子女的还需要考虑覆盖子女当下直至大学毕业所需的教育资金。如果对家庭主要劳动力配置人寿保险的保额过低，那么在其离世后，家人仍要面临生活费用不足和偿还剩余负债的压力，这也就失去了配置人寿保险的实际意义。

图 6-15 人寿保险的足额保额

课外链接：家庭保险“双十定律”

家庭保险“双十定律”包含保费和保额两层含义，它对家庭每年应支付的保险费和获得的保险额度做出了建议。第一个“十”的含义是家庭保险年保费支出应该约为家庭年收入的 10%；第二个“十”的含义是指家庭年收入约为保险额度的 10%，如图 6-16 所示。

图 6-16 家庭保险“双十定律”

家庭保险“双十定律”给理财从业人员提供了保险保费支出在客户家庭理财规划中所应设置的限额参考，并给出了合理的保额区间，为理财从业人员实现保险产品选择和优化配置提出要求。应用它可以帮助理财从业人员非常直观地做出保险规划分项的框架，处理好保险分项与家庭理财规划的关系，从而得到比较科学的结论。

比如，某家庭年总收入 35 万元，那么年保险费支出应该为多少？所配置的家庭保险理赔额度应该达到多少较为理想？根据家庭保险“双十定律”，购买意外险、医疗险、重大疾病险、寿险等在内的保险组合的保费支出应为35 万元的 10%，约为 3.5 万元，需要组合出约 350 万以上的保险额度。

五、动态管理

人在一生中的不同的阶段里，需要面对的风险各不相同，因此对保险的需求也有所不同，同理一个家庭也一样。所以保险规划方案不能是一成不变的，必须要进行动态跟踪和积极管理。这就要求理财从业人员要不断关注和了解客户家庭的变化，并根据变化的具体情况调整保险规划内容。动态管理不仅是为客户提供优质的后续维护服务的过程，也是对客户保险需求的不断挖掘。

任务解析 2　不同家庭生命周期的保险需求

在项目二中，我们学习了生命周期理论，那么针对家庭的各个生命周期，应对不同年龄阶段的特征，理财从业人员应该给予客户什么样的保险建议呢？

一、单身期(0～23 岁)

该阶段主要为孩童时期及接受教育时期，活动量比较大，没有自我保护能力或自我保护能力有限，面对意外的处理能力较弱，且身体免疫系统未发育完全，较容易生病。该阶段由于处于生长期及求学期，一般没有经济收入，故保险的主要需求集中在人身意外伤害保险险种。

二、家庭形成期(23～35 岁)

该阶段的人刚步入社会，开始组建家庭，并养育幼儿期的子女，基本收入处于起点阶段，虽然工资水平不高，但可以利用结婚后到生育前一段时期进行资本积累。家庭责任的增加，使人们在考虑人身意外伤害保险之余开始考虑更多的生活风险保障险种，例如财产保险。

三、家庭成长期(35～45 岁)

该阶段主要为青年时期，积累了一定的工作经验和资本，此时投资能力最强，但在这一阶段绝大部分普通家庭负有住房贷款车贷等债务，这个时期主要考虑人

身意外伤害保险，财产保险及健康保险，尤其要重视对家庭主要收入者的保险投入，当其发生意外时，保险赔偿金可以减轻家庭贷款压力。

四、家庭成熟期(45～55 岁)

这个时期多为中年，子女逐渐长大成人开始进入高等教育阶段，家庭趋于稳定，支出逐渐减少，此时逐渐接近法定退休年龄，要开始规划退休后的生活，因此不宜进行较激进的投资，应逐步降低投资风险，主要保险需求为人寿保险，通过寿险来保障家庭收入的稳定性，另外可以选择养老年金保险，利用高额的保单来降低个人收入所得税，从而进行合理避税。

五、家庭衰老期(55 岁以上)

这个时期多为中老年，此时进入已退休或接近退休状态，收入水平下降，但是随着年龄的增加，身体健康状态也逐渐下降，生病的概率逐渐增大，医疗保险成为最必要的选择。

对于家庭各生命周期的保险建议，如图 6-17 所示。

图 6-17　家庭各生命周期的保险建议

练一练

某客户提出其现在还未婚，家庭责任不重，尚不需要高额的人身保险保障，10 万左右的额度应该就可以满足其需求，但随着以后结婚和生育子女，人身保险保障的额度就需要不断调高，直到其子女独立再调减。根据该客户的需要，理财从业人员向其介绍(　)产品可能会引起客户的兴趣。

A. 重大疾病保险　B. 万能寿险　C. 人身意外伤害保险　D. 责任保险

【能力拓展】

● 您的家庭目前正处于什么生命周期中？有什么样的保险需求？

任务3 保险规划流程

【任务描述】

- 熟悉保险规划流程。
- 掌握制订保险规划的方法。

任务解析1 保险规划流程

理财从业人员在制订保险规划方案时应遵循图6-18所示的流程。

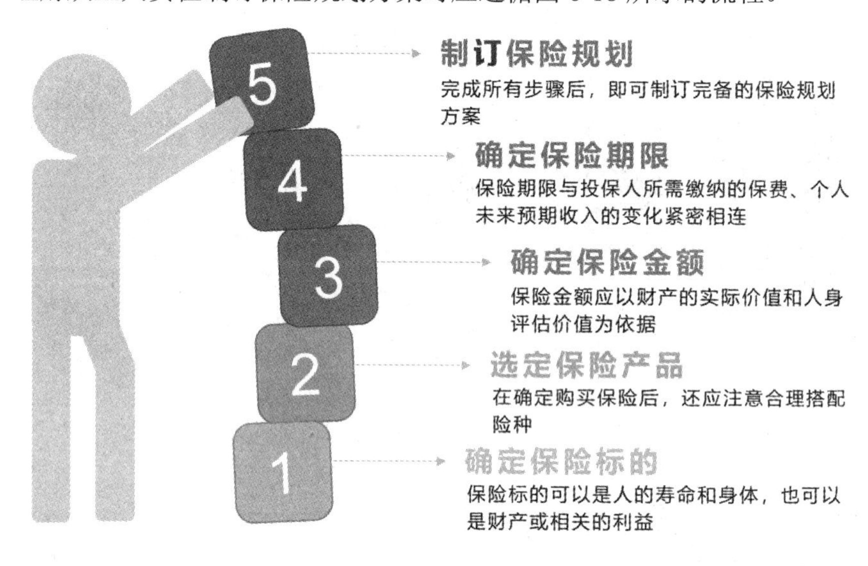

图6-18 保险规划流程

一、确定保险标的

制订保险规划首先要确定保险标的。保险标的是指保险对象，它可以是有形的物资财产也可以是人的寿命和身体。投保人或被保险人应对保险标的具有可保利益。

对于人身保险特别值得注意的是保障的先后顺序。首先应确保家庭主要劳动力的风险保障。保险的存在并不能保证风险不会发生，而是当家庭或个人发生意外、疾病后，通过保险获得相应的经济支持来维持家庭财务的稳定，所以对于家庭而言最主要的经济收入者即家庭主要劳动力应首选作为标的，其次是家庭次要劳动力，最后再考虑对子女的保障。

二、选定保险产品

保险规划的顺序以风险保障的优先顺序为基础，这样有助于合理分散家庭风险。如图 6-19 所示，在选择保险产品前要先针对家庭可能面临的风险进行保险需求诊断。首先，应考虑保障性险种，即优先配置意外伤害、定期寿险这类纯粹的保障性产品，以应对该类风险导致的家庭失去主要收入或者完全失去收入，保障性产品作为防范风险的最基础需求，只需要投入较低的保费就能获得较切实有效的保障，适用于所有人群。其次，考虑个人与家庭的健康保险，如重大疾病险和医疗保险。健康保险有助于减轻被保险人患病时大部分经济压力，同时保险的赔偿金也可以保证被保险人生病时的收入不会受损。购买保险时要先考虑保险的“保障”作用，再考虑保险的“理财”作用，在考虑储蓄型或理财型保险时，可选择养老保险、分红保险等，作为个人资产管理的手段，在获得保障的同时还可以发挥储蓄增值的功能。

除此以外，在确定购买保险产品时，还应该注意合理搭配险种。特别要注意，针对一种保险标的尽量选择一种保险进行投保，避免重复投保。

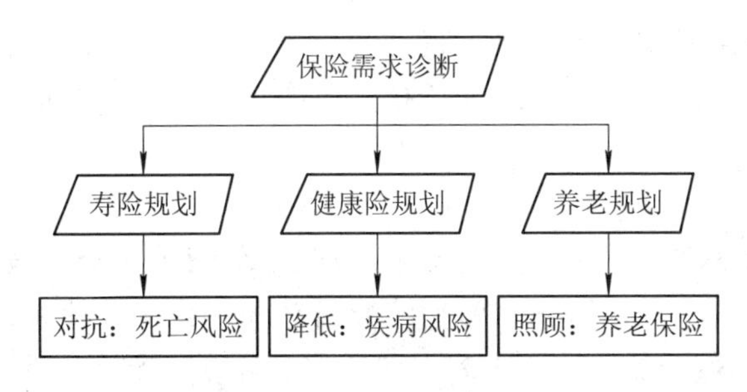

图 6-19　保险需求诊断

三、确定保险金额

保险金额是在合同中规定的保险公司承担赔偿的最高限额。不同保险种类保险金额的确定方式不同，财产保险中保险金额一般依据物质的实际价值来确定。对一般财产，如汽车、房屋等财产保险的保险金额由投保人根据可保财产的实际价值自行确定，也可以按照重置价值即重新购买同样财产所需的价值确定。对特殊财产，如古董、珍藏等，则要请专家评估。购买财产保险时可以选择足额投保，也可以选择不足额投保，由于保险公司的赔偿是按实际损失程度进行赔偿的，所以一般不会出现超额投保或者重复投保。一般来说，投保人会选择足额投保，因为只有这样，在发生意外灾难时，才能获得足额的赔偿。如果是不足额投保，一旦发生损失，保险公司只会按照比例赔偿损失。

比如价值 20 万元的财产如果只投保了 10 万元，那么发生财产损失时，保险公司只会赔偿实际损失的 50%，也就是说，如果实际财产损失是 10 万元，投保人所获得的最高赔偿额只能是 5 万元，这样就得不到充分的补偿，因而也不能从购买的保险产品中获得足够的保障。

但是在人身保险中，保险金额的确定却有很大的不同，理论上，个人的价值是无法估量的，因为人的身体和生命不能用金钱来衡量。但是，仅从保险的角度，可以根据诸如性别、年龄、配偶的年龄、月收入、月消费、需抚养子女的年龄、需赡养父母的年龄、银行存款或其他投资项目、银行的年利率、通货膨胀率、贷款等，计算虚拟的“人的价值”。在保险行业，对“人的价值”存在着一些常用的评估方法，如生命价值法、财务需求法、遗属需求法、资产保存法等。需要注意的是，这些方法都需要每年重新计算一次，以便调整保额。因为人的年龄每年在增大，如果其他因素不变，那么他的生命价值和家庭的财务需求每年都在变小，其保险就会从足额投保逐渐变为超额投保。如果他的收入和消费每年都在增长，而其他因素不变，那么其价值会逐渐增大，原有保险就会变成不足额投保，所以理财从业人员每年检视投保客户的保单是十分必要的。

课外链接：生命价值法、遗属需求法

➢ 生命价值法：

生命价值法事实上是一种补偿型的算法，个人未来收入扣除税收及本人生活费后的现值，即为“人的价值”，并根据“人的价值”来确定需要的保险金额。

➢ 遗属需求法：

遗属需求法这种计算方法的基本原理是，假设被保险人当下出了事故，然后计算事故发生之后家人生活所需费用总和。具体的计算公式是：

家庭总负债(房贷，孩子上到大学所需教育费，赡养父母的费用，家人未来固定年限的生活费用等) − 家庭总资产(储蓄，有价证券，投资性房产，已有人寿保险的保额，配偶未来工作所能得到的收入) = 寿险的总额度。

另外，通常建议意外伤害保险金额为年收入的5～10倍；重大疾病险保险金额设定为年收入的5～10倍；长期储蓄型人寿保险的金额则根据到期需要使用金额与已有储备和其他投资渠道获得金额之间的需求缺口确定。

四、确定保险期限与缴费期限

1. 保险期限

在确定保险金额后，就需要确定保险期限，因为这涉及投保人预期缴纳保险费的多少与频率，所以与家庭未来预期收入的联系尤为紧密。

如图6-20所示，财产保险、意外伤害保险等保险品种一般多为中短期保险合同，如半年或者一年，但是在保险期满之后可以选择续保或者停止投保；而人寿保险保险期限一般较长，有定期和终身两种选择，比如15年甚至到被保险人死亡为止，其中最主要的差异在于保费水平高低，定期保险相对保费便宜，可以较低的保费获得最大的保障。如果预算充足，可增加终身寿险的配置，以实现理财规

划和财富传承；如果预算有限，可考虑以配置定期型产品为主。一般来说，在预算不足的情况下，可相应缩短定期寿险的保险年限。

中短期保险合同
•财产保险、意外伤害保险、健康保险等
长期保险合同
•人寿保险

图 6-20 保险期限的分类

2. 缴费期限

一年期以上的人身保险保费缴纳方式分一次缴清(也称为趸缴)和分期缴清。选择一次缴清，通常缴纳费用较高，如果家庭闲置资金较充裕，且暂时无其他使用渠道，或者个人收入是项目性、一次性、短期高收入却不稳定的投保人，可选择一次缴清或短期缴清。如果家庭属于长期稳定的持续收入，建议选择长期的分期缴费，平稳地支付保费。这里应特别注意投保人是否具有持续性缴费能力，否则，由于保费缴纳不及时导致保费缴纳中断，投保人可能会丧失保险保障并承担退保损失或者丧失部分保险合同利益。此外，有些保险产品会涉及保费豁免，即当被保险人出现合同中约定的特殊情况比如全残或某些保险事故时，保险人会免除被保险人余下的保费，但合同继续有效，此时选择较长的缴费期更为合适。

五、制订保险规划

经过了前面四个步骤，其实我们已经完成了详细的保险规划方案，但是在具体的实践过程中，理财从业人员要对客户面临的风险、需要配置的保险等内容进行综合规划，做到不重不漏，才能使保费支出发挥最大的效益。

任务解析 2 保险规划案例分析

李先生，30 岁，硕士生，从事教育行业，年薪 20 万元，由单位缴纳社会保险；王女士，29 岁，本科生，从事保险行业，年薪 10 万元，由单位缴纳社会保险；二人育有一子，目前 10 个月。李先生与王女士现有一套自住房，市价 100 万元，尚欠银行 20 万元房贷，夫妻二人有银行活期存款 4 万元及各种基金 20 万元；家中老人都有养老保险退休金，不需要小两口资助。家庭每年日常固定开支约需要 15 万元，夫妻俩除基本社保外没有任何商业保险。夫妻俩认为现在生活的重点在于孩子的生长问题及教育问题；另外，又因为家中有亲戚得了重疾，对家庭拖累较大，使他们意识到面对生活中出现的各种风险时，配备一套合理保险规划的重要性。

请结合李先生一家的情况为他做出合理的保险规划方案。

首先，要对客户家庭基本情况及家庭背景进行分析，确定其生命阶段并对资产财务状况做出基本判断；

其次，做出保险需求诊断；

之后，确定保险规划目标；

最后，做出保险产品组合推荐，制订保险规划方案。

一、家庭基本情况分析

在进行家庭基本情况分析时，需要了解如下内容：

(1) 客户的家庭关系和教育、职业情况；

(2) 客户的消费状况和消费倾向(1 年和长期)；

(3) 客户的资产和收入情况；

(4) 客户可能影响保险支出的财务计划；

(5) 客户已经具备的各种保障资源。

在进行收入分析时发现，李先生的收入占比较高，是家里的经济支柱，因此在制订保险规划时应以李先生为规划重点。表 6-3 所示是李先生家庭情况分析表。

表 6-3 李先生家庭基本情况分析表

姓　名	李先生	王女士
年　龄	30 岁	29 岁
职　业	教育	保险
家庭收入	20 万元	10 万元
家庭保障	基本社会保险	基本社会保险
家庭资产	自住房一套，20 万元贷款 银行活期存款 4 万元，基金 20 万元	
家庭计划	宝宝养育计划 家庭保障计划 家庭投资计划	

二、家庭背景分析

如图 6-21 所示，根据家庭背景分析的内容，针对客户李先生的家庭分别做生命周期阶段分析，职业特征分析及资产财务状况分析。

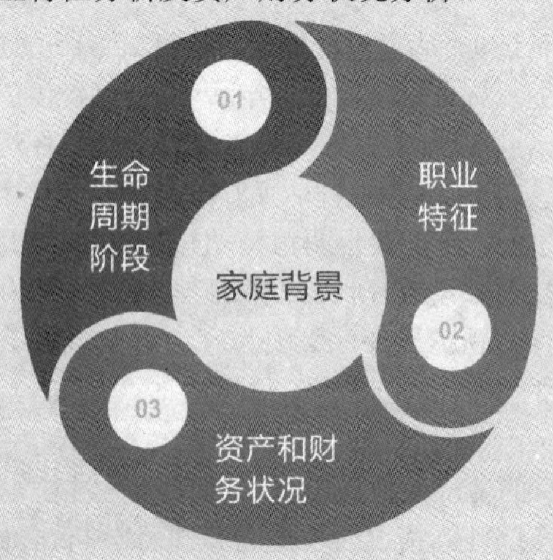

图 6-21 家庭背景分析的内容

(一) 生命周期阶段

➢ 李先生家目前处于家庭形成期向家庭成长期过渡的阶段；

➢ 宝宝 10 个月，以后主要侧重于养育花费及教育花费；

➢ 在理财规划中应重点考虑育儿方面，总体规划主要以稳步增长为主。

(二) 职业特征

➢ 李先生与王女士的职业都属于比较稳定且收入较高的类型；

➢ 但是由于工作压力大，经常会加班，加上环境因素、食品安全问题，所以考虑选择一些医疗险。

(三) 资产和财务状况

➢ 李先生家庭收入在当地处于较高水平，但是日常花销也较大，除银行存款、基金、理财之外有一定结余。

综上所述，李先生的家庭生命周期阶段处于家庭形成期向家庭成长期过渡的阶段，风险承受能力较强，李先生与王女士的职业也较稳定且收入较高，但是由于要养育儿女，日常花销较大，年终资产虽有一定的结余但不是很富足。

三、财务状况分析

(一) 基本财务状况

表 6-4 和表 6-5 分别列出李先生家庭资产负债表及家庭收支表。

表 6-4 李先生家庭资产负债表

资　产	金额/元	负债及净资产	金额(元)
现金及现金等价物		**短期负债**	
库存现金	0	信用卡透支	0
活期存款	40 000	消费贷款	0
合　计	**40 000**	**合　计**	0
金融资产		**长期负债**	
基金	200 000	房屋贷款	200 000
合　计	**200 000**	**合　计**	**200 000**
不动产		**负债合计**	200 000
自用	1 000 000		
合　计	**1 000 000**		
其他资产			
其他	0		
合　计	**0**	**净资产**	**1 040 000**
资产合计	**1 240 000**	**负债及净资产合计**	**1 240 000**

表 6-5 李先生家庭收支表

项 目	金额/元
收 入	
工资收入(包括奖金、津贴、加班费、退休金)	300 000
投资收入(包括利息所得、分红所得、证券买卖所得等)	0
其他收入	0
收入总额	300 000
支 出	
日常生活消费(食品、服饰费)	30 000
家庭基础消费(水、电、气、物业、电话、上网)	5000
交通费(公共交通费、油费等)	5000
医疗保健费(医药、保健品、美容、化妆品)	10 000
旅游娱乐费(旅游、书报费、视听、会员费)	30 000
教育费(保姆、学杂、教材、培训费)	50 000
保险费(投保、续保费)	0
还贷费(房贷、车贷、投资贷款、助学贷款等)	20 000
支出总额	150 000
盈 余	150 000

(二) 财务状况诊断

根据李先生的家庭资产负债表及家庭收入支出情况表可以计算出其关键性财务指标，如表 6-6 所示，按照成长性与保值性的总需求，李先生家庭的金融资产比率只有 16.13%(生息资产比率只有 19.35%)，占比较低，家庭资产流动性较差，且支出率高达 50% ，花销占收入比重较大，现金流不是很充裕。

表 6-6 关键性财务指标

关键性财务指标	计算公式	计算结果	合理区间	分析结果
资产负债率	总负债/总资产	16.13%	20%～60%	□合理 ☑ 不合理
支出比率	总支出/总收入	50%	40%以内	□ 合理 ☑ 不合理
清偿比率	净资产/总资产	83.87%	60%～70%	□ 合理 ☑ 不合理
金融资产比率	金融资产/总资产	16.13%	50%以上	□ 合理 ☑ 不合理

图 6-22 所示是李先生家目前的财务安排主要存在的问题。

图 6-22 客户目前财务安排存在的问题

四、家庭理财保险规划

(一) 确定保险规划目标

(1) 确保育儿及保障性支出。

(2) 偿还住房按揭贷款。

(3) 增加合理的投资项目。

(4) 增加风险保障项目。

(二) 产品组合推荐原则及理由

1. 保障全面

保险产品组合的推荐应首先分析客户的年龄、家庭情况、薪资及工作、现有保障情况，然后确定保障需求缺口，根据客户的实际情况分析其保险需求，在进行保险规划时要能做到符合客户需求且尽量完善全面。这里要注意，由于个人及家庭的保险需求不是一成不变的，所以应该每隔一段时间或在家庭发生重大事件之后，针对个人及家庭的财务状况、消费水平、家庭结构变动等情况重新制订保险需求评估分析及规划。保险需求诊断的计算原理如图 6-23 所示。

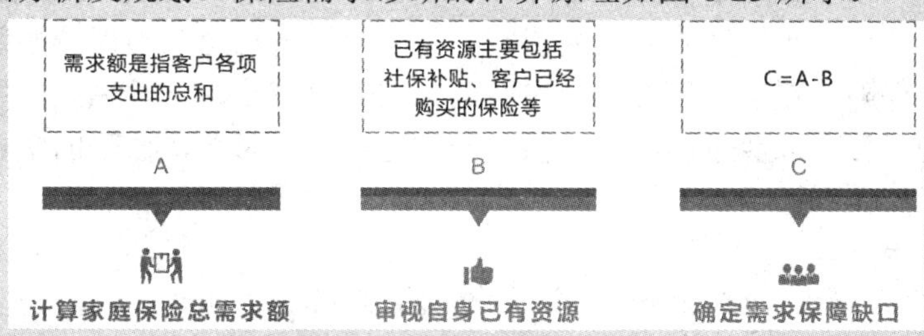

图 6-23　保险需求诊断的计算原理

2. 保障额度适当

1) 寿险保障的额度测算公式

寿险保障的额度测算公式：

应投保金额 = 家庭未来十八年(具体年限可根据实际情况自行调整)的生活费用 + 教育基金 + 赡养基金 + 贷款总额 − (现金及现金等价物 + 金融资产)

考虑到客户李先生孩子的抚育及教育问题，未来李先生要负担至孩子成人的生活费，且假设孩子未来在国内读大学，则至大学毕业最少需要准备 40 万元的教育费用，父母暂时不需要考虑赡养问题，目前李先生尚有 20 万元房贷未还清，另外有银行存款及各种基金 24 万元。

李先生应投保金额 = 15 万元 × 18 年 + 40 万元 + 20 万元 − 24 万元 = 306 万元

按照夫妻二人的收入比例对投保金额进行分配，李先生的保额应为 204 万元，王女士的保额为 102 万元。

2) 重疾险保障

可以从治疗费、工资损失、康复费用三方面考虑来计算重疾险保障额度。

因为李先生及王女士单位均有缴存社保，所以在重疾险规划中治疗费用主要是涵盖自费部分；另外一旦得了重疾，一般会有 2～5 年的治疗及康复时间，在这段时间内由于工作受影响，可能收入会呈断崖式下降，这一情况给家庭带来的打击也很致命；康复费用主要是在康复期间需要的营养费用及由于生活自理能力受影响而请的护工费用等。

由此可知，李先生家重疾险投保额度至少要涵盖四到五年的收入，最终确定李先生投保100万元重疾险，王女士投保40万元重疾险。

3) 意外险保障

生活中，一旦发生意外风险，造成身体不同程度的残疾，导致工作能力部分或全部丧失，会导致家庭收入的急剧降低或中断，这对一个家庭的打击将会是致命的。意外保险一般与被保险人的收入相关，通常，建议意外险的额度至少是年收入的5～10倍，且重点要倾向于家庭经济支柱。因此，建议李先生至少投保100万元保险额度，王女士至少投保50万元保险额度。

4) 教育金保险

由于孩子的教育需求是确定的，且教育金受父母收入波动影响较大，因此在教育金保险规划中要充分考虑父母的收入情况。另外，一旦父母遭遇疾病、意外、身故等风险，会导致家庭收入受到影响，甚至导致教育金保险保费缴纳的中断，因此教育金保险一般需要选择具有保费豁免的保险产品，一旦风险发生，收入中断，后面的保费可以免于缴纳，且孩子的教育金不受影响，孩子的学业甚至人生轨迹不会受到较大影响。

五、方案总结

本组合方案完全按照客户的预算与需求，根据客户的实际家庭情况，全面地考虑了客户家庭对健康、意外、人身保障及子女教育金各方面的保险需求。但随着李先生家庭结构的变化、家庭收入的变动等，李先生家的保险需求也会随之产生变化，我们应不断对李先生家的保险规划进行适时的调整，比如补充养老规划等。

【能力拓展】

章节习题

- 客户张先生28岁，未婚，目前年收入10万元，个人支出3万元，赡养父母支出2万元，每年储蓄2万元，目前家庭金融资产价值10万元，若客户计划60岁退休，退休后余命25年，父母目前余命20年，若折现率3%，请分别以双十法、生命价值法、遗属需求法计算应有保额是多少？(请考虑资金时间价值)

实战演练1　帮助王先生制订家庭保险规划

【任务发布】

请根据任务展示中对王先生家庭情况的描述和其资产负债情况表、家庭收支情况表中的信息，完成以下任务：

(1) 分析王先生家庭基本情况，计算关键性财务指标并对其进行分析。

(2) 分析王先生家庭保险规划目标及保险需求。

(3) 请为王先生制订合理的保险规划(保险额度计算依照“双十定律”)。

【任务展示】

王先生，38 岁，某律师事务所合伙人；妻子李女士，36 岁，教师；女儿 11 岁，上小学 5 年级。

对该家庭 2020 年 12 月 31 日家庭财务状况及家庭收入情况，进行梳理并列于表 6-7 和表 6-8 中。

表 6-7　家庭财产情况

项　目	家庭财产情况
王先生年薪	34 万元
妻子李女士年薪	12 万元
房屋	100 万元住房一套，贷款 20 万元
汽车	1 年前 25 万元购入小轿车一辆，当前市值 20 万元
基金存款	30 万元
保险	夫妻俩除单位基本社保外，王先生分别为自己购买了一份保额 300 万元的意外险，和一份保额 30 万元的寿险，为女儿购买了保额为 30 万元的青少年综合保险(未购买社保)

表 6-8　家庭收入情况

项　目	家庭收入情况
王先生收入	月薪 2 万元，年终奖 10 万元
妻子李女士收入	月薪 1 万元
日常消费支出	每月 1 万元
汽车	每年花 1 万元购买汽车保险，1 万元油费等
保险缴费	王先生的意外险年费 6000 元，寿险年费 12 600 元，女儿的青少年综合保险年费 6000 元
教育投资	每年 2.5 万元
赡养老人	每年 3 万元

请对王先生家庭的保险规划做出分析与总结建议：

【步骤指引】

- 在老师的协助下，学生将王先生家庭资产负债情况表及收支情况表中的内容及家庭基本情况梳理分类，计算出关键性财务指标并做出基本分析；
- 学生分析王先生家庭所处人生阶段、面临的风险种类，做出保险需求诊断；
- 学生确定王先生家庭保险规划目标；
- 在老师的协助下学生回忆“双十定律”；
- 学生制订王先生家庭保险规划方案，推荐保险产品组合并计算相应的保险金额。

【实战经验】

实战演练 2 帮助黄先生制订家庭保险规划

【任务发布】

请根据任务展示中对黄先生家庭情况的描述，完成以下任务：

(1) 分析黄先生家庭情况。

(2) 分析王先生家庭保险规划目标及保险需求。

(3) 请根据黄先生家庭的实际情况为其制订保险规划(保险额度计算依照“双十定律”)。

【任务展示】

黄先生，40 岁，某医院医师，税后年收入为 12 万元；妻子郑女士，35 岁，律师，税后年收入为 8 万元；女儿，现年 8 岁。一家人居住在一个两居室(无贷款)。除社保外，黄先生还分别为自己购买了一份保额 100 万元的意外险，年缴保费 2000 元，和一份保额 20 万元的人寿险，年缴保费 8600 元，受益人均为其女儿。黄先生所在医院可以报销每年全部的医疗费用。郑女士除了公司购买的社保外没有任何保险；夫妇俩为女儿购买了保额为 50 万元的少儿商业保险(无社保)。黄先生考虑为女儿购买教育金保险，为太太购买重大疾病保险，由于自己已经购买过保险，黄先生没有再为自己购买保险的打算。

请对黄先生家庭的保险规划做出分析与总结建议：

【步骤指引】

- 在老师的协助下，学生分析黄先生家庭所处人生阶段、面临的风险种类等情况；
- 学生对黄先生家庭做出保险需求诊断；
- 学生确定保险规划目标；
- 在老师的协助下，学生回忆“双十定律”；
- 学生制订黄先生家庭保险规划方案，推荐保险产品组合并计算相应的保险金额。

【实战经验】

项目七

投资规划

项目概述

本项目通过树立正确的投资理念和投资目标、评估客户的风险承受度、投资规划工具、投资规划步骤四个方面的讲解，帮助学生了解投资规划目标设立的四项原则、投资规划目标的分类方式、设定投资目标需要注意的内容，熟悉风险态度与风险承受能力的内容，掌握投资中正确的投资理念、评估客户风险属性的方法、根据客户风险属性进行资产配置的方法、股票的分析方法和操作策略、基金的分析方法和操作策略、理财产品的分析方法和操作策略、债券的分析方法和操作策略、制订投资策略和选取投资产品的方法、投资计划的正确实施方法，让学生在了解投资规划流程的基础上，能运用相关计算工具解决投资规划中的实际问题，能够根据客户的实际需求，选择适当的投资工具，制订合理的投资规划方案，培养学生投资规划的实务操作能力。

项目背景

为了解我国证券投资者在当前经济和市场环境下的心理和预期变化，中国证券投资者保护基金有限责任公司自 2008 年 4 月起，按月开展证券投资者信心调查并编制“中国证券市场投资者信心指数”(以下简称投资者信心指数)。

中国证券投资者保护基金有限责任公司于 2020 年 9 月 8 日发布《2020 年上半年投资者信心指数运行情况分析报告》，2020 年上半年投资者信心指数及各项子指数统计表如表 7-1 所示。

2020 年上半年投资者信心指数运行情况分析报告

表 7-1　2020 年上半年投资者信心指数及各项子指数统计表

2020 年	1 月	2 月	3 月	4 月	5 月	6 月	平均值
证券投资者信心指数	55.9	54.3	52.2	55.6	58.3	63.8	56.7
国内经济基本面	49.1	44.9	34.9	50.6	54.1	64.7	49.7
国内经济政策	64.3	62.7	58.7	62.4	65.9	73.2	64.5
国际经济金融环境	47.5	41.5	24.1	37.0	39.6	47.2	39.5
股票估值	56.3	52.3	60.2	57.5	56.4	56.6	56.6
大盘乐观	51.8	55.4	49.0	51.1	54.1	58.2	53.3
大盘反弹	62.1	61.3	62.0	64.6	66.2	68.4	64.1
大盘抗跌	62.1	61.3	62.0	64.6	66.2	68.4	64.1
买入指数	55.2	50.1	52.6	51.6	53.7	60.1	53.9

从表 7-1 中可以看出，2020 年上半年，投资者信心指数较直观地反映了投资者对新冠肺炎疫情影响下 A 股走势和市场内外部环境的看法和预期，尤其投资者信心指数在一、二季度走势分化明显，6 月指数更是创 2019 年 4 月以来新高。同时上半年投资者信心指数延续了 2019 年 1 月以来历史最长偏乐观运行周期，“稳”的特征进一步显现。

可见，在新冠肺炎疫情的大背景下，虽然全球经济面临着需求供给双重冲击，但是中国资本市场仍然朝气蓬勃，并保持平稳、有序地运行，这也展现出中国资本市场强大的投融资功能和自我修复的韧性。甚至海内外投资者都对中国金融市场的发展充满信心，认为中国资本市场的融资能力会持续提升，产品也将更多元化，股票以外的交易也会变得更活跃，将为投资者带来更多的投资机会。

项目演示

吴经理和小琪在探讨王先生的投资案例，交谈的具体内容如图 7-1 所示。

图 7-1 吴经理与小琪的交谈

为了能更好地分析王先生投资失败的原因，小琪制订了如图 7-2 所示的学习计划。

第四步 掌握投资规划的步骤

第三步 熟悉股票、基金、理财产品等投资规划工具的应用

第二步 认识风险态度、风险承受能力以及风险属性的评估方法

第一步 了解正确的投资理念和投资目标

图 7-2 学习计划

思维导图

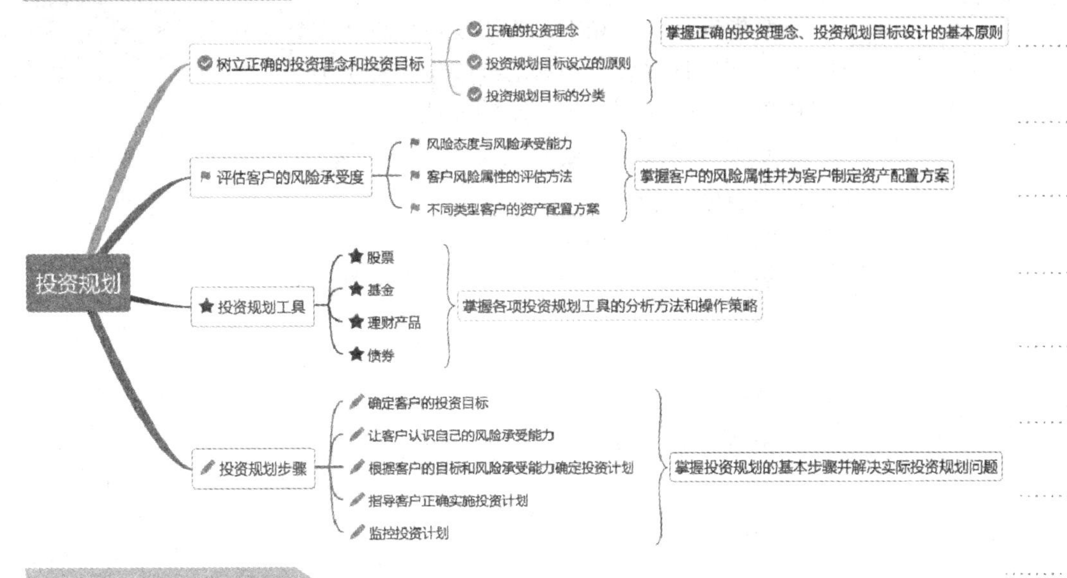

思政聚焦

在2021年的“5.15全国投资者保护宣传日”活动中，中国证券监督管理委员会副主席阎庆民发表了“守初心 担使命 办实事 推动资本市场投资者保护工作再上新台阶”的讲话。其中提到：我国资本市场拥有全球规模最大、交易最活跃的投资者群体，截至目前，A股投资者数量已超过1.8亿。站稳资本市场监管的人民立场、保护好广大投资者的合法权益，是资本市场践行初心使命的内在要求。总体来说，投资者保护是一项系统工程，需要汇聚立法司法机关、相关部委、地方政府、市场主体和媒体等各方之力，也需要广大投资者持续增强自我保护意识，进一步树立理性投资、价值投资、长期投资的理念，共同营造健康可持续的良好发展生态，推动投资者保护事业不断取得新发展。

阎庆民副主席在2021年“5.15全国投资者保护宣传日”活动上的讲话

教学目标

知识目标

◎了解投资规划目标设立的四项原则
◎了解投资规划目标的分类方式
◎了解设定投资目标需要注意的内容
◎熟悉风险态度与风险承受能力的内容
◎掌握投资中正确的投资理念
◎掌握评估客户风险属性的方法
◎掌握根据客户的风险属性进行资产配置的方法
◎掌握股票的分析方法和操作策略
◎掌握基金的分析方法和操作策略

◎掌握理财产品的分析方法和操作策略
◎掌握债券的分析方法和操作策略
◎掌握在投资规划中风险承受能力的重要性
◎掌握制订投资策略和选取投资产品的方法
◎掌握投资计划正确实施的方法
◎掌握监控投资规划的重要性

能力目标

◎能够评估家庭的风险承受度
◎能够运用投资规划工具进行家庭理财规划

学习重点

◎风险评估
◎投资规划工具
◎投资规划步骤

任务1　树立正确的投资理念和投资目标

【任务描述】

- 掌握投资中正确的投资理念。
- 了解投资规划目标设立的四项原则。
- 了解投资规划目标的分类方式。

任务解析1　正确的投资理念

投资规划的起点是树立正确的投资理念。如果没有正确的投资理念，任何投资技巧都发挥不了作用。所以理财从业人员要树立正确的投资观念，并且要与客户达成共识，这样才能帮助客户树立正确的投资理念。

一、风险、流动性与收益的观念

理财从业人员首先要指导客户认识金融产品的风险性，因为任何投资都是有风险的。从理论上来说，收益是对风险的补偿，即风险与收益呈正相关关系。对一般投资者而言，投资的安全性至关重要，投资的每项资产高收益必然面临着高风险。

其次，理财从业人员要正确评估金融产品的收益，这往往是投资者最关心在意的问题。投资者在研究金融产品或购买金融产品的时候，最关心的是这项投资的收益性如何，常常追求收益的最大化。很多投资者都希望自己投资理财能赚得高收益、获得高回报，甚至希望投资收益能迅速翻倍。实际上，这是不正确的。因为在追求收益最大化的同时，资产的安全性就会降低，即收益越高，风险越大。

最后，投资者往往很容易忽略金融产品的流动性。流动性是指金融资产在短时间内转变为现金而本金不受损失的能力。流动性主要关注两点，即卖出该金融资产的时间和卖出该金融资产的价格是否合理。比如投资者持有一只股票，当在市场大量抛售这只股票的时候，这只股票就只能低于市场价卖出，甚至卖不出去。那就可以说，这只股票流动性很差。

风险性、流动性和收益性的关系如图7-3所示。

低风险、高收益和高流动性是投资任何金融产品都需要进行权衡的三个关键要素。但是这三者不能同时存在，做投资时需要在三者之间进行取舍。比如投资者追求低风险、高流动性，那活期存款、货币基金、活期理财就是最佳选择。但劣势是这类金融产品获得的收益率普遍不高，一般货币基金年化利率在2%～4%之间，活期存款则更低。如果投资者不想承担太大的风险，希望金融产品能保证流动性和保值，那么选择这类型产品就比较合适，如图7-4所示。

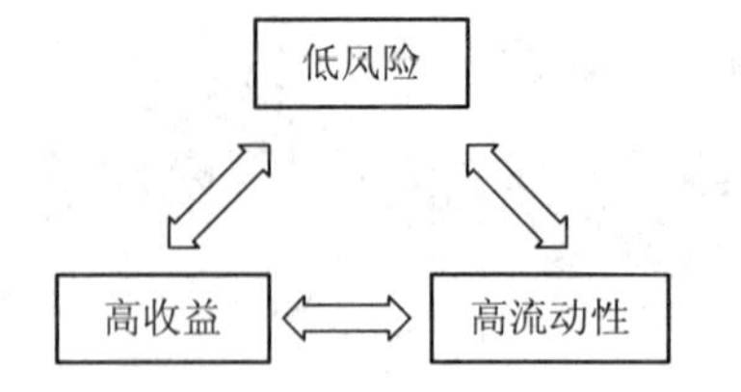

图 7-3 风险性、高流动性和收益性的关系

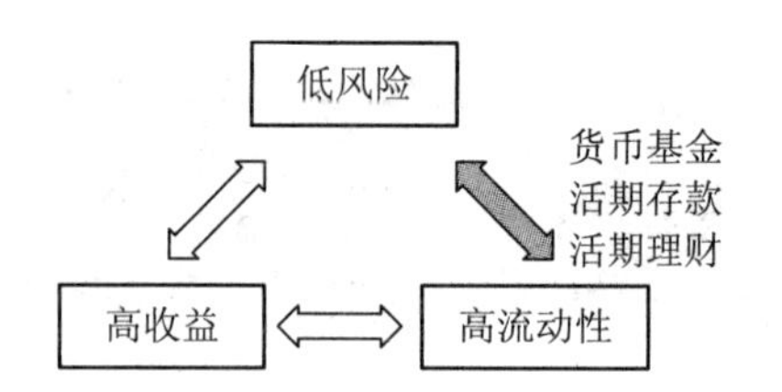

图 7-4 低风险、高流动性、低收益类型

如果投资者希望金融产品在提高收益的同时风险还要低，那就只能选择牺牲流动性。比如从活期理财转向定期理财、银行定期存款、封闭式基金等。以封闭式基金为例，该类产品的封闭期约 1～2 年甚至更高，一定程度上避免了短期波动影响，相比于开放式基金则风险较小、预期收益较高。实质上是用时间换空间，获得投资产品的长期回报。再比如某家庭将 10 万元存了两年期的银行定期存款，在一年的时候因家里突发变故急需用这笔钱，但由于两年的定期期限还没到，如果强行取出，收益仅是活期存款利息，这也就是在收益和流动性之中选择了流动性而牺牲收益，如图 7-5 所示。

如果选择高收益、高流动性的产品，那就必须牺牲风险。类似的投资方式品种很多，比如股票、期货甚至赌博和买彩票都可以视为高风险高收益高流动性的“三高”品种。但是在选择产品时务必要注意，这种高风险的产品往往收益波动幅度大，涨跌和过山车一样惊险，所以投资者不能只关注高收益，而无视了背后的风险。在投资者产生错误判断时，理财从业人员一定要加强投资者教育工作。但这类产品的好处是，只要把握好短期机会的确可以获得收益颇丰的回报，而且流动性相对较好，基本在交易时间内随时可以买卖或者申赎，如图 7-6 所示。

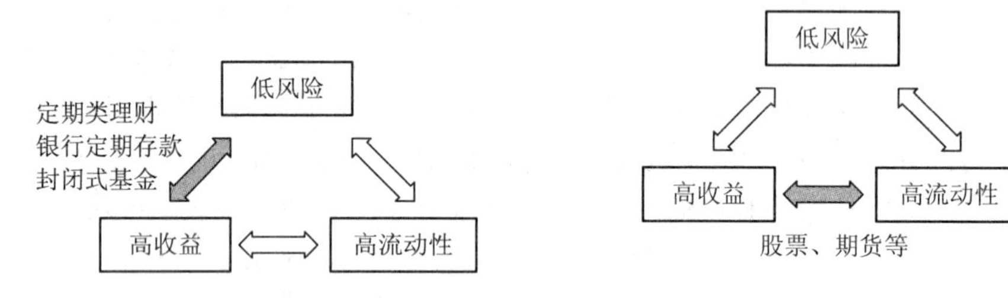

图 7-5 低风险、低流动性、高收益类型　　图 7-6 高风险、高流动性、高收益类型

由此可见，在投资之前，理财从业人员一定要指导客户正确认识金融产品，树立正确的风险、收益和流动性理念，从而使金融产品能够满足客户的客观投资目标。

二、合理的资产配置及规划

资产配置是指通过将不同风险收益类型的资产进行组合，从而构建出一个满足投资者个性化需要的投资组合，这是资产配置最基本的作用。每个人的投资目标、投资期限和风险承受能力不一样，所以不存在标准化的资产配置方案，理财从业人员应该根据客户承受风险的程度以及家庭情况为其量身制订合理的资产配置方案及规划。例如，如果客户要求的收益高，但其风险承受能力强，则可以多

配置一些高风险、高收益的资产。如果客户的风险承受能力低，应该降低投资目标，多配置一些低风险资产。具体的资产配置规划将在项目八“家庭理财规划资产配置宝典——金手掌”中进行详细阐述。

资产配置的具体产品可以通过平安口袋银行 App 平台进行查阅，平安口袋银行(手机银行)是由平安银行推出的移动金融服务平台，致力于为客户提供一个安全、快捷、便利的移动银行服务体验，让用户随时随地掌控自己的金融资产。平安口袋银行可以让理财从业人员从家庭目标与规划出发，为客户提供一站式的家庭财务分析，投资策略研究以及跨周期、全品类、多元化的资产配置方案规划等，服务涵盖了基于移动端、PC 端、微信端便捷的产品搜索、基金申赎、净值查询、财富记账、配置规划、投资咨询等，最终帮助家庭实现财富的保值、增值与传承。

平安银行在售产品清单

三、成本与收益

投资规划不仅仅是追求收益，而且要考虑到该项投资的成本。例如，部分信托产品的收益率较高，有的甚至达到了 10%以上，但其投资门槛通常要求在 100 万元起，大部分家庭或个人难以达到此类金融产品的高门槛。另外，作为理财从业人员，最先关注的并非收益的绝对值，而应是收益率的高低，同时还要考虑在众多投资中该项投资涉及的机会成本。假如某客户考虑购买平安银行发行的理财产品“平安财富-180 天成长(净值型)”(详见表 7-2)，该理财产品对于一般家庭而言，成本和风险都在可承受范围之内，近六个月年化收益率在 4.42%左右。显然，若某家庭投资 5 万元购买该产品，一期将获得的收益约为 1105 元。但若将此 5 万元用作购买基金，而该基金在 180 天中的收益率为 5%，则该客户投资平安银行理财产品的机会成本就是投资基金产生的 2500 元；若将此 5 万元用作购买股票，而该股票在这 180 天中的收益率为 10%，则该客户投资银行理财产品的机会成本就是投资股票产生的 5000 元。故此，在投资规划中，客户还需要了解成本与收益的计算问题，以做出较为合理的选择。

表 7-2 平安财富-180 天成长(净值型)人民币理财产品

产品名称	平安财富-180 天成长(净值型)人民币理财产品
产品代码	DK4LK180004 (行内标识码：DLK180004)
登记编码	理财信息登记系统登记编码是 C1030718000134，投资者可依据该编码在中国理财网(www.chinawealth.com.cn)查询该产品信息
产品结构	本产品是开放式净值型非保本浮动收益理财产品，按照固定费率扣除产品相关费用后，投资者可以在约定的开放日按照“金额申购，份额赎回”的原则对本产品进行申购赎回
产品风险评级	二级(中低)风险(本风险评级为平安银行内部评级结果，该评级仅供参考)
投资性质	固定收益类产品
适合投资者	本产品向机构投资者(仅指家族信托)和有投资经验的个人销售。其中，平安银行建议：经我行风险承受度评估，个人投资者评定为“进取型”“成长型”“平衡型”“稳健型”的客户适合购买本产品

平安财富 180 天成长人民币理财产品说明书

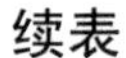

本金及理财收益	本理财产品不保证本金和收益，收益随投资收益浮动
计划发行量	上限 500 亿元。平安银行有权按照实际情况进行调整
认购起点金额	起点金额 1 万元人民币，以 1 元人民币的整数倍递增
认购期	2018 年 04 月 27 日 9:00—2018 年 05 月 08 日 24:00(不含)，平安银行保留延长或提前终止产品认购期的权利。认购期初始面额 1 元人民币为 1 份
成立日	2018 年 05 月 09 日，如产品认购期提前终止或延长，实际成立日以平安银行实际公告为准
到期日	2038 年 05 月 09 日，如产品提前终止或延长，实际到期日以平安银行实际公告为准
开放日	每个自然日为理财产品开放申购、赎回的开放日。平安银行有权调整并提前 3 个工作日公告
理财产品份额净值及估值日	理财产品份额净值随投资收益变化。本理财产品存续期内，平安银行于产品成立后的每个开放日计算理财产品份额净值，并于开放日后第一个工作日内公布
申购和赎回	每个开放日 0:00 至 24:00(不含)为当日开放交易时段，投资者可通过有效渠道发起对本理财产品的申购或赎回申请，平安银行将再次工作日确认指令有效性
托管费(年化)	本产品托管人收取托管费，托管费率不超过 0.04%(年化)
认购费	本产品认购费的费率为 0
申购、赎回费	本产品申购费和赎回费的费率为 0
业绩比较基准	本产品业绩比较基准选取中国人民银行公布的 7 天通知存款利率+3.5%
计息基础	实际理财天数/365
收益分配	本产品在净值不低于 1 时，管理人有权分红，分红方式为现金，分红具体时间及分红比例以管理人公告为准

综上所述，理财从业人员要想保证客户实现投资目标，应指导客户树立正确的投资理念，并以此为依据，科学合理地选择投资方式，才能制订有效的投资理财方案和投资计划，进而有计划地投资和理财。所谓正确的投资理念，不仅需要客户做到正确思考投资理财的方式和策略，对投资市场有敬畏之心，还应帮助客户不断学习投资理财知识，培养客户独立思考的能力，这样才能在投资时做出合理的决策和明智的选择。

练一练

张先生除了有一栋住房外，所有的资产全部投资在股票市场上，也不愿意购买保险，他认为要优先在高风险的股票市场赚钱，而保险则是到年老了再考虑的问题。这是正确的理财观念吗?

分析：我们可以用哪些手段来帮助客户树立正确的投资理念?

任务解析2 投资规划目标设立的原则

理财从业人员在帮助客户制订投资规划方案时，需要指导客户明确自己的投资规划目标。总体来说投资规划目标的设立应遵循如下原则。

一、规避风险

投资规划的基础目标是为了获得资金的保值增值，客户在投资理财的过程中首先要遵循风险规避原则，在选择某一种理财产品或理财方式时，一定要详细了解该产品或者方式所存在的风险以及收益状况，根据自身的实际情况合理地进行投资，尽可能做到完全认识风险，在自己的能力承受范围内规避风险。与此同时，规避投资风险还要求客户通过正规渠道了解投资理财的含义，形成正确的投资理财理念。在形成正确的理念后，在投资中要尽量确保自己的资金安全，这也是个人和家庭进行投资理财要遵守的首要原则。

二、投资目标要具有可行性

合理的理财目标不能是高不可攀、无法实现的，必须是可以通过切实可行的办法实现的。所以合理的理财目标需要结合目前市场风险和收益状况来制订。比如，如果客户只想获得稳定收益而不愿意冒任何风险(老年人群)，理财从业人员就需要以一年定期存款利率、居民消费价格指数(CPI)和通货膨胀率作为参考来为其制订理财目标，可以帮助客户制订稍高于一年定期存款利率的理财收益目标。只有建立在市场实际收益和风险状况基础上的理财目标，才是切合实际的，才能够实现。

三、投资目标应有明确的实现期限和金额

对于具体的投资目标，应该明确在什么时间以及如何来实现这个目标等。因此，理财从业人员需要帮助客户将具体目标的投资金额和期限等都明确标识出来。

四、注重收益的稳健性

投资者在进行投资理财时，除重视产品的安全性之外，对理财产品的收入也要格外重视。投资理财的最终目标是在保障资金安全的前提下获得更多的收益，通常理财产品的风险和收益正相关，高收益的理财产品往往具有高风险，比如股票、基金等；反之低收益的理财产品具有低风险性，比如银行存款、债券等。这就要求理财从业人员在帮助客户做投资规划时，对于高收益、高风险的金融投资产品一定要进行综合评估，这样才可以保证实现整体资产的增值，从而确保客户更好地实现投资目标。

任务解析 3　投资规划目标的分类

投资规划是家庭理财规划中最重要的部分之一。一是因为投资规划往往伴随着家庭的整个生命周期；二是因为投资规划是其他分项规划的基础，比如养老规划、消费规划等都需要投资产品的参与。因此，只有高质量地完成投资规划，才能更好地满足家庭理财的总体目标。

理财从业人员在帮助客户做投资规划之前，必须让客户制订投资规划的分项目标。投资目标是指客户通过投资规划需要实现的目标或者期望。通常客户往往不能明确地制订自己的投资目标，这就需要理财从业人员通过适当的方式逐步指导，帮助客户将模糊的、混合的目标逐渐具体化。首先，应当准备完整的客户资料并对信息进行整理、筛选和分析，为进一步与客户有效交流和沟通奠定基础；其次，要能够根据科学合理的标准对客户的理财目标进行分类，同时要向客户介绍理财目标的评价依据，并针对客户理财目标的不足之处，充分发挥专业能力和实践经验判断出目标有哪些问题(比如过于关注短期利益而忽视长远利益，目标设立过高而脱离实际，等等)。如果认为理财目标不具备可行性时，要马上指出问题所在，并向客户提供解决措施来进一步完善目标方案。

由于个人的环境、目标、态度和需求各不相同，因此每个人的投资目标可能有很大差别。但大多数客户的目标都可以按下列方式进行分类。

一、按时间分类

根据客户期望实现投资规划的时间长短，可以将投资规划目标划分为三种，分别是短期理财目标、中期理财目标和长期理财目标，如图 7-7 所示。

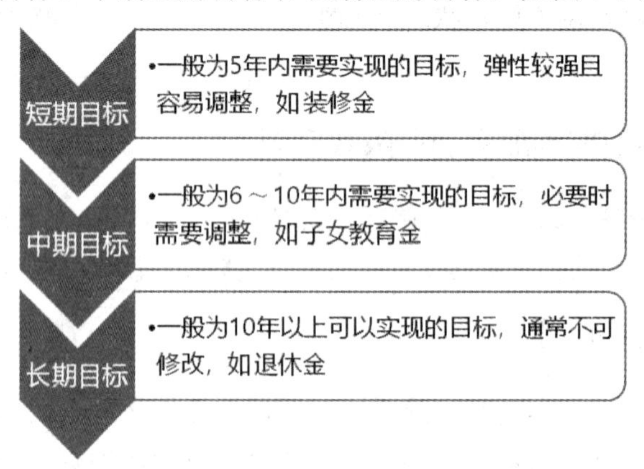

图 7-7　投资规划目标按时间分类

短期理财目标是指客户能够在较短的时间内(通常指 5 年以内)达成的期望愿景。短期目标一般需要客户每年或每两年进行重新制订或修改，如为国外留学积攒存款、为装修房屋筹集装修金等。

中期理财目标是需要经历较长时间(通常为 6 至 10 年)实现的期望愿景。中期

目标在形成目标后可以根据实际情况进行修改，如为子女教育而准备的款项、为购置房屋不动产而筹集的资金等。

长期理财目标泛指那些一旦决策被确定，就必须要求客户经历长期(一般 10 年以上)的坚持和付出才能达成的愿景，如职业生涯结束后才开始的退休规划目标。

依据时间分类，不同生命周期的客户目标如表 7-3 所示。

表 7-3 不同生命周期的客户目标

生命周期	短 期 目 标	长 期 目 标
单身期	租赁住房、获得银行的信用额度、满足日常支出、进行本人教育投资、建立备用基金、储蓄、旅游	购买房屋、进行组合投资、建立退休金、购买保险
家庭形成期	更新交通工具、购买住房、满足日常支出、建立备用金、旅游、购买保险	子女教育开支、赡养父母、进行投资组合、建立退休金
家庭成长期	子女教育开支、更换住房、满足日常支出、建立备用金、赡养父母、旅游、购买保险、建立退休基金	增加子女教育基金的投资 将投资工具分散化
家庭成熟期	购买新的家具 提高投资收益的稳定性 退休生活保障投资 购买保险	出售原有房产 制订遗嘱 退休后的旅游计划 养老金计划的调整
家庭衰老期	满足日常开支 退休旅游计划 医疗基金准备	无

二、按功能分类

客户的投资规划目标按照功能分类，可以分为家庭资产保值增值、防范风险和提供退休后的收入等。

资产保值增值是每个投资者追求的共同目标，投资就是把各项资产合理分配，并不断积累财富的一个过程。家庭如何对“闲置”的资产进行有效运作，进而达到家庭资产增值的目的，是每个家庭投资规划的终极目标。

防范风险指通过正确的投资规划帮助客户在风险中将损失降到最低。人的一生无法避免面临一些“纯粹风险”，若风险发生一定会带来损失，除保险产品外，家庭还可以通过投资规划来规避和防范这些风险。投资规划与保险规划不同，除了基本的转移风险、减少损失的功能之外，还可以实现家庭资产的增值需求。

提供退休后的收入是指及早制订合理的投资规划目标，能保证晚年生活富足而独立，理想状态是退休之后，投资收益成为主要收入。为此，在年轻时就要着手考虑养老金和退休规划，到退休时就可以实现财务自由、安度晚年，所以一定要及早制订合理的投资规划。

【能力拓展】

- 您知道自己家庭的投资情况吗？请确定自己家庭的投资目标。

任务2 评估客户的风险承受度

【任务描述】

- 熟悉风险态度与风险承受能力的内容。
- 掌握评估客户风险属性的方法。
- 掌握根据客户的风险属性进行资产配置的方法。

任务解析1 风险态度与风险承受能力

风险的发生及其后果具有不确定性，在面对风险时，不同的个人或家庭会有不同的态度。同时面对同样的投资亏损，有的个人或家庭可以承受，但有的则难以承受。那么，为什么会这样？其背后的影响因素有哪些？同样的资产配置计划，有的家庭可以接受，但有的家庭为何不能接受？显然，这与个人或家庭的风险态度和风险承受能力相关，理财从业人员应进行充分评估和了解。

课外链接：风险态度 VS 风险承受能力

风险态度或风险偏好指的是对风险的态度或好恶，也就是你喜好风险还是厌恶风险。风险从本质上说是一种不确定性。不同的投资者对风险的态度是存在差异的。若你倾向于认为不确定性会带来机会，那你属于风险偏爱型的；若你认为风险会带来不安，那你属于风险厌恶型的。

风险承受能力是指一个人有多大能力承担风险，也就是你能承受多大的投资损失不至于影响正常生活。风险承受能力要综合衡量，这与个人年龄、资产状况、家庭结构、职业工作等相关，比如拥有同样资产的两个人，一个是单身汉，另一个却上有老下有小，那两者的风险承受能力就会存在差异。

风险态度不等同于风险承受能力。风险态度不能决定一个人的风险承受能力，而风险承受能力也不一定会改变风险偏好。风险态度相反的两个人，可能有着同样的风险承受能力，反之亦然。

投资者在操作基金、股票等投资的时候，应先考虑风险，再作投资决定。但由于个人考虑的出发点不同，一些投资者会根据风险偏好作投资，另一些则会按照风险承受能力来决定，从而使得投资收益存在差异。

一、风险态度

一般来讲，人们普遍倾向于追逐利益、规避风险，但“趋利避害”并不是绝对地厌恶风险。如面对相同的风险时，人们总会优先选择能够带来更高收益的，或是支出更低的投资项目；如在既定收益条件下，投资者往往会更倾向选择风险较低的理财产品。人们肯定不愿意承担较高的风险，而去追求较低的投资收益。

“风险与收益对等”被认为是普遍的投资原则，但实际情况可能更复杂。因为人们通常很难判断风险的大小，就像对一杯咖啡和一块面包很难做出比较。面对同样的选择时，不同人也会做出不同的决策。比如同样的一小时，有的人选择外出逛街，有的人选择在家休息。投资实践中，有的人厌恶风险，而有的则喜好风险，还有的人态度中立。这分别代表了三种不同的风险态度，即风险厌恶型、风险偏好型和风险中立型，其中风险偏好型则更愿意承担较高的风险去追逐更高收益。

从风险态度来看，大部分人属于风险厌恶者，本质是不喜欢不确定性，不愿意去承担不确定的损失。例如，对于风险厌恶者而言，损失 100 元带来的心理痛苦，远远要大于赚得 100 元的快乐。更为确切地讲，面对确定性和不确定性的两种收益，多数人往往更倾向于选择“金额确定但相对收益较少的产品”。

课外链接：夏皮诺实验

美国心理学家夏皮诺做了两个著名的实验，具体情况如表 7-4 所示。

表 7-4 实验情况

夏皮诺实验	选项 A	选项 B
实验 1(得到)	75%的机会得到 1000 美元，但有 25%的机会什么都得不到	确定得到 700 美元
实验 2(付出)	75%的机会付出 1000 美元，但有 25%的机会什么都不付出	确定付出 700 美元

实验结果如表 7-5 所示。

表 7-5 实验结果

预期收益	选项 A	选项 B	实验结果
实验 1	得到 750 美元	得到 700 元	80%的人选择选项 B
实验 2	付出 750 美元	付出 700 元	75%的人选择选项 A

实验 1 的结果表明，大多数人(80%)宁愿少得到一些，也要确定的收益，这些人讨厌不确定性，或者说是属于风险厌恶者。这可以解释有的投资者宁可少赚些，也要保住既有收益的投资行为，选择“落袋为安”。

实验 2 的结果表明，大多数人(75%)为了博取 25%的不付出，宁愿多付出 50 美元。这可以解释有的投资者不愿止损，期望能够回本甚至盈利的投资行为，最后不得不“忍痛割肉”出局。

另外，“前景理论”也得到了相似结论：人们在面对收益时规避风险，在面对损失时则偏好风险。

以上可通过期望效用来解释。根据效用理论，投资者更加关注预期效用，而非预期收入。效用衡量的是人们消费商品或服务后的满足感，具有显著的主观性和多样性，所以不同投资者的效用函数存在一定差异。

个人或家庭的财富能够为其带来效用，通常随着财富量的增加，效用总量也会递增，即效用是关于财富的增函数。但不同风险态度的人具有不同的效用函数，可以通过期望效用函数界定不同类型的投资者。在不确定情况下，一般使用对数函数分析投资者的决策行为：

$$U = \ln f(W)$$

其中，U 代表效用，W 代表家庭财富。不同风险态度对应的效用函数如表 7-6 所示。

表 7-6　风险态度与效用函数

效用函数	风险态度	函数特征	函数模型
凹性效用函数	风险厌恶型	$U' > 0$，$U'' < 0$	效用 财富 风险厌恶者效用函数
凸性效用函数	风险中立型	$U' > 0$，$U'' > 0$	效用 财富 风险中立者效用函数
线性效用函数	风险偏好型	$U' > 0$，$U'' = 0$	效用 财富 风险爱好者效用函数

由表 7-6 可知，在不同风险态度下，相同财富量产生的边际效用不一样，风险厌恶型的边际效用递减，风险中立型的不变，风险偏好型则递增。

案例7-1 风险态度评价

假设有甲和乙两个投资选择，情况分别如下：

甲：确定的 3000 元收入；

乙：有 80%的可能性取得 4000 元，但有 20%的可能性全部亏损。

请问您将会如何选择？甲和乙的期望效用分别是多少？

✓ **案例解析：**

甲的期望值是 3000 元，乙的期望值是 4000 元。选甲为风险厌恶型，选乙则是风险偏好型。

假设投资者的效用函数为 $U=\ln f(W)$，则甲和乙的期望效用(EU)分别为

$$EU_{甲}=\ln 3000=8.01$$

$$EU_{乙}=\ln 4000\times 0.8+0\times 0.2=6.64$$

可见，$EU_{甲}>EU_{乙}$。大部分人选择甲，是由于确定的 3000 元比不确定的 4000 元带来的期望效用要高。

二、风险承受能力

实际上，人们的风险态度是异质性的，尽管大部分人是风险厌恶者，但也存在很多风险偏好者。无论如何，人们首先要明晰自身的风险承受能力，再作出与其相匹配的投资选择。所谓风险承受能力，可以理解为当遇到投资亏损时损失多少不至于影响家庭正常生活。通常投资者的风险承受能力与年龄、家庭结构、职业及收入稳定性、个人财富、教育程度、投资目标和期限、投资知识和经验等因素密切相关。

风险承受能力与年龄呈负相关，即年龄越大，风险承受能力越低，尤其对于老年人，收入获取能力下降，抗风险能力较低，投资时不宜冒大的风险。

如果其他条件相同，则已婚者相对于单身者的家庭责任更重，因而风险承受能力较低。但考虑就业情况后，已婚家庭拥有双重收入来源，其风险承受能力可能高于单身者。有抚育、赡养义务的家庭，其日常支出更大，其风险承受能力可能要低于没有相关义务的家庭。

如果个人或家庭成员的工作较稳定，则现金流也会比较稳定，如公务员、事业单位员工等，其风险承受能力较高；而个体户、小微企业员工，由于工作缺乏稳定性，收入现金流不稳定，其风险承受能力相对偏弱。

个人或家庭财富越多，其风险承受能力越强。比如同样金额的损失，富人要比穷人在财力和心理上的承受能力更强。无负债的个人或家庭的风险承受能力相

对要高。例如，无房贷家庭比有房贷家庭的风险承受能力要高。

受教育程度与风险承受能力通常呈正相关。调查显示，高学历者获得高收入的机会要多于低学历者，大多数情况下，前者往往更富有，其风险承受能力更高一些。

具有一定的投资专业知识、投资时间较长、投资经验丰富的人，要比缺乏投资知识和经验的人，拥有较高的风险承受能力。

案例7-2 风险承受能力评价

假设有A和B两个投资者，其资产情况分别是：甲有1亿元，乙有200万元。现在两个人都自愿投资一个100万元的项目，若投资成功可获利10万元，若失败则将损失100万元。

请问A和B谁的风险承受能力高？

✓ **案例解析：**

A的风险承受能力显然要高于B。因为如果投资失败，A的损失只占其总资产的1%，对其影响不太大，而B的损失则占其总资产的50%，对其影响很大。

任务解析2 客户风险属性的评估方法

在分析客户的风险属性时，一般要结合风险承受能力和风险承受态度来进行评估，即在为客户进行家庭投资规划时，应该明确以下两个问题：“能不能冒险”和“敢不敢冒险”。

一、风险承受态度评估

风险承受态度即风险态度，或风险承受意愿，其具有较强的主观性，是指个人或家庭在心理上能够承受多大的风险或损失。客户承受风险的意愿越高，意味着其愿意为获得更多收益而承担较高的风险。了解客户的风险承受态度，可以从以下几个方面展开：

(1) 客户能容忍的最大投资损失比例。

(2) 投资目标是获得长期利得，还是短期差价，或是保证本金？

(3) 投资亏损到一定程度后，是加码摊平，还是等待反弹，还是卖出止损？

(4) 投资亏损对个人心理和家庭生活的影响如何？是寝食难安，还是泰然处之，抑或所有波动均能接受？

评估客户的风险承受态度，可依据客户对本金可容忍的损失程度以及其他心理因素进行测评。影响因素主要有：

(1) 对本金可容忍的损失程度。评估方法如下：总分50分，不能容忍任何损

失得 0 分，容忍度每增加 1%加 2 分(1 年内)，能容忍 25%以上得 50 分。

(2) 其他心理因素。投资目标、认赔行为、赔钱心理、行情关注和投资成败因素，都是决定客户风险承受度的其他心理因素，总分 50 分，如表 7-7 所示。

表 7-7　决定风险承受态度的其他心理因素评分表

风险态度	10 分	8 分	6 分	4 分	2 分
投资目标	赚短期差价	长期利得	年现金收益	抗通胀保值	保本保息
认赔行为	预设止损点	事后止损	部分认赔	持有待回升	加码摊平
赔钱心理	学习经验	照常过日子	影响情绪小	影响情绪大	难以入眠
行情关注	几乎不看	每月看月报	每周看一次	每天收盘价	即时看盘
投资成败	可完全掌控	可部分掌控	依靠专家	随机靠运气	无发财运

综合上述对本金可容忍的损失程度(50 分)和其他心理因素(50 分)，可知风险承受态度评估总分为 100 分，得分越少，代表风险承受态度越低。具体得分等级情况参见表 7-8。

表 7-8　风险承受态度等级表

风险态度	20 分以下	20～39 分	40～59 分	60～79 分	80 分以上
低	✓				
中低		✓			
中等			✓		
中高				✓	
高					✓

案例7-3　风险承受态度分析

假设李先生对本金可容忍 20%的最大亏损，投资目标首先考虑长期资本利得，投资损失后继续持有等待回升，对情绪影响小，每周看一次投资行情，感觉自己能够部分掌握投资成败。请问李先生的风险承受态度是哪种等级？

✓ **案例分析：**

本金可容忍损失度 40 分，长期利得 8 分，事后持有待回升 4 分，情绪影响小得 6 分，每周看一次行情 6 分，可部分掌控投资成败 8 分，总计 72 分。可见，李先生属于中高风险承受态度。

二、风险承受能力评估

风险承受能力主要反映客户能够负担多大程度的投资损失，具有明显的客观性。评估风险承受能力是为客户提供适当服务的重要前提，可以根据年龄、就业、家庭负担、资产状况、投资知识及经验等进行测评。

(1) 年龄因素：共 50 分，25 岁以下 50 分，每增加 1 岁减 1 分，75 岁以上 0 分。

(2) 其他因素。表 7-9 中罗列出的就业情况、家庭负担、资产状况、投资经验、投资知识都是对客户风险承受能力评估的其他因素，总分 50 分。

表 7-9 决定风险承受能力其他因素评估表

项目	10 分	8 分	6 分	4 分	2 分
就业情况	公职人员	工薪族	佣金收入	自营职业	失业
家庭负担	未婚	双薪无子女	双薪有子女	单薪有子女	单薪养三代
资产状况	投资不动产	自宅无房贷	房贷<50%	房贷>50%	无自用住宅
投资经验	10 年以上	6～10 年	2～5 年	1 年以下	无
投资知识	有专业证书	财经专业	自修有心得	懂一些	无

综上，风险承受能力评估总分 100 分，最低 10 分，得分越高者代表风险承受能力越强。考虑到年龄因素的重要性，对客户年龄的考察占比 50%。具体得分对应等级情况参见表 7-10。

表 7-10 风险承受能力等级表

项目	20 分以下	20～39 分	40～59 分	60～79 分	80 分以上
低	✓				
中低		✓			
中等			✓		
中高				✓	
高					✓

案例7-4 风险承受能力分析

王先生 30 岁，未婚，无自有住宅，工薪上班族，3 年投资经验，懂一些投资知识。陈先生 45 岁，已婚，双薪有子女，自有住宅且无房贷，在证券公司上班，12 年投资经验，拥有证券投资顾问资格。请问王先生和陈先生分别属于哪种风险承受能力等级？

✓ **案例分析：**

王先生：年龄 45 分，家庭负担 10 分，就业情况 8 分，资产状况 2 分，投资经验 6 分，投资知识 4 分，总计 75 分。可见，王先生属于中高风险承受能力。

陈先生：年龄 30 分，家庭负担 6 分，就业情况 6 分，资产状况 8 分，投资经验 10 分，投资知识 10 分，总计 70 分。可见，陈先生也属于中高风险承受能力。

尽管王先生和陈先生相差 15 岁，但综合其他条件后，两人的总分处于同一等级，即风险承受能力基本相当。

三、客户风险特征矩阵

在为客户进行投资规划时，应将定性分析和定量分析相结合，从客户的主观意愿和客观条件双重因素出发，全面考虑风险承受态度和风险承受能力，综合形成客户的风险特征矩阵，进而选择合适的投资组合。表 7-11 为客户风险的特征矩阵。

表 7-11　客户风险特征矩阵

风险承受态度	投资工具	风险能力				
		低能力(0～19 分)	中低能力(20～39 分)	中等能力(40～59 分)	中高能力(60～79 分)	高能力(80～100 分)
低态度(0～19 分)	货币	70	50	40	20	10
	债券	30	40	40	50	50
	股票	0	10	20	30	40
中低态度(20～39 分)	货币	40	30	20	10	10
	债券	50	50	50	50	40
	股票	10	20	30	40	50
中等态度(40～59 分)	货币	40	30	10	0	0
	债券	30	30	40	40	30
	股票	30	40	50	60	70
中高态度(60～79 分)	货币	20	0	0	0	0
	债券	40	50	40	30	20
	股票	40	50	60	70	80
高态度(80～100 分)	货币	0	0	0	0	0
	债券	50	40	30	20	10
	股票	50	60	70	80	90

案例7-5　根据风险特征矩阵选择投资组合

已知赵先生的风险承受态度 70 分，风险承受能力 75 分。请问赵先生应选择哪种投资组合？

✓　案例分析：

(1) 赵先生属于中高风险承受态度和中高风险承受能力。

(2) 根据风险特征矩阵，建议赵先生选择的投资组合为债券 30%、股票 70%。但在实际进行资产配置时，还应以货币形式预留出必要的紧急备用金，剩余资金再按投资组合进行资产配置。

任务解析3　不同类型客户的资产配置方案

前面我们学习了风险承受态度和风险承受能力，而各金融机构对客户的风险偏好也有各自的评估表和评估标准。下面介绍金融机构对于客户风险属性的划分方式，以及理财从业人员根据客户的风险属性制订客户资产配置方案的建议。

一、客户风险属性的类型划分

根据“投资者适当性原则”，投资者在购买理财产品时，金融机构要先对其进行风险测评和分类，再将合适的产品销售给适合的投资者。风险等级测评和分类是确定客户风险承受态度和风险承受能力的基础，也是金融机构对客户进行分类管理的必备条件，进而才能选择与其相匹配的投资组合。实际工作中，金融机构主要通过风险属性问卷调查的方式进行综合测评，并根据风险等级测评结果，为投资者推荐合适的投资产品。

当前，市场上不同金融机构的风险等级测评方式并不相同，但主要类型可以归结为R1(保守型)、R2(稳健型)、R3(平衡型)、R4(成长型)、R5(进取型)。同时按照客户风险属性的测评结果，可以将客户大体分为保守型、稳健型、平衡型、成长型、进取型五种类型。与这五种投资类型相对应，将客户的风险承受度由低到高排列，分为C1(低风险)、C2(中低风险)、C3(中等风险)、C4(中高风险)、C5(高风险)五个等级，如表7-12所示。

表7-12　客户风险属性的分类情况

客户风险承受等级	R1(保守型)	R2(稳健型)	R3(平衡型)	R4(成长型)	R5(进取型)
C1(低)	✔				
C2(中低)		✔			
C3(中等)			✔		
C4(中高)				✔	
C5(高)					✔

某某银行个人理财客户风险评估问卷

在实际购买金融产品的业务中，客户在首次购买理财产品前，必须要先在金融机构(网点或网上银行、手机银行等渠道)进行风险测评，评估结果通常有效期为1年，超过有效期或有效期之内客户的财务状况发生较大变化，或有其他可能影响风险承受能力的情况发生时，需要重新进行风险评估。客户风险属性评估的具体流程如图7-8所示。

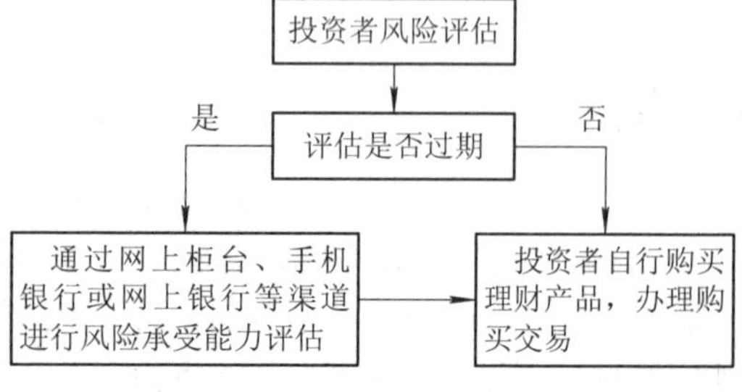

图7-8　客户风险属性评估流程

二、不同类型客户的资产配置

不同风险类型客户的投资风格或行为会相差较大，对不同类型客户进行画像，再针对性地为其制订投资规划建议，可以有效遵循“适当性原则”，并增强理财从业人员与客户之间的默契程度，同时也能够使客户更清晰地认知“风险与收益对等”的投资规则，树立正确的投资理念，明确投资目标。不同风险类型客户的理财建议如表 7-13 所示。

表 7-13　不同风险类型客户的理财建议

类型	项目	内容
保守型	风险特征	风险承受能力低； 目标是保证本金不受损失和保持资产的流动性，希望投资收益保持稳定，不愿承担风险以换取收益
	人群画像	老年人群； 低收入家庭； 成员较多、负担较重的家庭； 性格谨慎的投资者
	理财建议	为此类客户选择投资工具时集中在低等风险范围，首先考虑本金安全程度，然后才考虑收益。可以国债、银行存款作为主要配置，另外补充货币与债券基金等中低风险产品； 整体的理财选择是偏重于风险程度低的理财产品，基本不做高风险高收益的投资品种的配置
稳健型	风险特征	风险承受能力中低； 目标是在尽可能保证本金安全的基础上能有一些增值收入，追求较低的风险，对投资回报的要求不高
	人群画像	临近退休的中老年人士； 公务员、教师、医生、军人等工作较稳定的人群
	理财建议	为此类客户选择投资工具时集中在中低等风险及以下的范围，一方面配置国债、存款、银行理财产品，另一方面配置债券型基金，适量定投混合型基金、指数型基金； 整体的理财选择是偏重于风险程度较低的理财产品，在高风险高收益的投资品种上占比较低
平衡型	风险特征	风险承受能力中等； 目标是愿意接受一定的本金损失风险来获得一定收益，适合投资于有一定升值能力，而投资价值温和波动的投资工具
	人群画像	中高收入企业员工； 对金融行业有一定了解的人员
	理财建议	为此类客户选择投资工具时集中在中等风险及以下的范围，在保险及储蓄产品配置完善的基础上选择基金、股票作为主要配置，补充金融衍生工具等投资工具。如满足合格投资者要求，可适量持有私募基金、资产管理计划及信托产品； 整体的理财配置是追求风险与收益的平衡，将中等风险金融产品作为重点布局

续表

成长型	风险特征	风险承受能力中高； 目标是愿意接受较高本金损失风险来获得较高收益，偏向于较为激进的资产配置，了解投资产品，对风险有清醒的认识
	人群画像	企业财务人员、企业高级管理人员； 金融从业人员； 企业主、创业者
	理财建议	为此类客户选择投资工具时集中在中高等风险及以下的范围，可配置开放式股票基金、股票等，另补充偏股型的基金以降低非专业操作风险。如满足合格投资者要求，可适量持有资产管理计划及信托产品； 整体的理财配置是高风险理财产品的比重较高，同时搭配一定比例的中高或者中等风险的金融产品
进取型	风险特征	风险承受能力高； 目标是获取可观的资本增值，资产配置以高风险投资品种为主，投机性强，愿意承受较大的风险，有心理准备可能损失部分或全部投资本金
	人群画像	外汇、股票专业投资者； 金融投机者； 专业操盘投资者
	理财建议	为此类客户选择投资工具时集中在高等风险及中高等风险范围，以创业板、中小板股票为主要配置，补充期权、期货、外汇、股权等高风险投资工具，以股票型基金、指数型基金作为风险平衡手段。可根据客户偏好配置小众投资，如艺术品、海外资产等高风险投资工具

通过表 7-13 可以看出，不同风险类型客户所适用的理财建议存在一定差异，与其相对应的理财产品也不同，其实这些理财产品也具有不同的风险等级。现实中，尽管不同金融机构的理财产品类型不一样，但仍可按照投资性质将其风险等级大致分类。通常按照从低到高的风险等级，可将理财产品划为 P1(低风险)、P2(中低风险)、P3(中等风险)、P4(中高风险)、P5(高风险)五个等级，其与不同客户类型的匹配情况如表 7-14 所示。

表 7-14 客户风险承受等级与理财产品风险等级匹配表

客户风险承受等级	客户类型	理财产品风险等级与可选择配置的投资工具		匹配的理财产品风险等级
C1	R1 (保守型)	P1	存款、大额存单、结构性存款、智能存款国债、货币基金、以投资货币市场为主的商业银行理财产品 年金险、健康险	P1
C2	R2 (稳健型)	P2	债券基金 养老保障产品 以投资债券为主的商业银行理财产品	P1、P2

续表

客户风险承受等级	客户类型	理财产品风险等级与可选择配置的投资工具		匹配的理财产品风险等级
C3	R3 (平衡型)	P3	混合型基金、股票型基金、指数型基金 A 股、B 股 信托产品 资产管理计划 黄金	P1、P2、P3
C4	R4 (成长型)	P4	创业板、中小板股票 分级基金 B 份额 私募基金	P1、P2、P3、P4
C5	R5 (进取型)	P5	外汇、期货、期权及其他金融衍生品	P1、P2、P3、P4、P5

由此可知，在为客户提供投资规划服务时，金融机构要遵守“风险匹配原则”，向客户推荐或配置风险评级等于或低于其风险承受度的理财产品。例如，若某客户的风险承受等级为 C2(稳健型)，而金融机构向其推荐了风险等级 P5(高风险)的理财产品，就违反了“投资者适当性管理”的监管规定。具体操作时，理财从业人员应坚持“了解产品”和“了解客户”的经营理念，可以参考表 7-14，结合各金融机构的不同类型产品特征，向客户推荐与其风险等级匹配的理财产品。

课外链接：合适的产品卖给合适的投资者

“资管新规”明确提出：

金融机构发行和销售资产管理产品，应当坚持“了解产品”和“了解客户”的经营理念，加强投资者适当性管理，向投资者销售与其风险识别能力和风险承担能力相适应的资产管理产品。禁止欺诈或者误导投资者购买与其风险承担能力不匹配的资产管理产品。金融机构不得通过拆分资产管理产品的方式，向风险识别能力和风险承担能力低于产品风险等级的投资者销售资产管理产品。

【能力拓展】

- 请您任选一家商业银行，亲自体验投资流程，并进行客户风险测评，详细了解自己的风险承受度评估报告，并尝试购买适合自己风险等级的理财产品。

任务3　投资规划工具

【任务描述】

- 掌握股票的分析方法和操作策略。
- 掌握基金的分析方法和操作策略。
- 掌握理财产品的分析方法和操作策略。
- 掌握债券的分析方法和操作策略。

任务解析1　股　　票

投资规划中常见的投资工具有股票、债券、基金、理财、金融衍生品等。本任务将从投资者角度讲解这些投资工具的分析方法和基本操作策略，便于理财从业人员指导和帮助客户做好家庭理财中投资工具的实际运用。

股票投资是家庭理财最热门的产品之一，因为它是以股东的形式参与上市公司的经营，充分享受企业业绩增长带来的红利。在项目三家庭理财产品中，我们对于股票的定义、特征、交易场所、股票类型等都有详尽的介绍，本部分主要讲解股票投资的基本操作策略，首先从股票投资基本术语入手，再从基本面和技术面两个角度深入介绍股票的分析方法，这些都是股票投资者必须掌握的知识和技能。

一、股票投资基本术语

股票投资者在日常交流和实际操作中，都会涉及一些基础用语，这些基本术语是投资者必须掌握的内容之一，否则投资者看不懂股票市场中的信息，也无法与其他投资者进行交流。常用基本术语介绍如下。

(一) 盘口

股市交易过程中，看盘观察交易动向就是盘口。例如，观察某只股票在开盘之后的分时走势、大笔交易成交的动向、买盘和卖盘成交等。观察“盘口”是需要一定功夫的，看懂了“盘口”有助于投资者对买卖股票做出决策。下面我们以“中国平安(601318)”股票为例，来了解股票投资中的主要关注点。图7-9、图7-10和图7-11所示分别为实时的买卖单详情、股价实时的分时走势曲线和盘面当日实时的均价走势曲线图。

交易状态: 闭市阶段 15:00:03

净流入额		4.62亿		11%
大宗流入		3.13亿		8%
14:55	17.86	805	B	31
14:56	17.86	1596	B	43
14:56	17.86	154	B	24
14:56	17.85	119	S	18
14:56	17.86	183	B	16
14:56	17.86	138	B	17
14:56	17.86	92	B	14
14:56	17.86	173	B	27
14:56	17.86	244	B	37
14:56	17.85	651	S	93
14:56	17.85	251	B	19
14:56	17.85	492	B	41
14:56	17.85	2056	B	152
14:56	17.84	589	S	56
14:56	17.85	65	S	13
14:56	17.85	99	S	11
14:56	17.86	323	B	16
14:56	17.85	161	S	23
14:56	17.85	112	S	17
14:56	17.86	95	B	11
14:56	17.86	212	B	17
14:57	17.86	83	B	19
15:00	17.88	21660		937

笔 价 细 势 联 值 主 筹

图 7-9 实时的买卖单情况详情

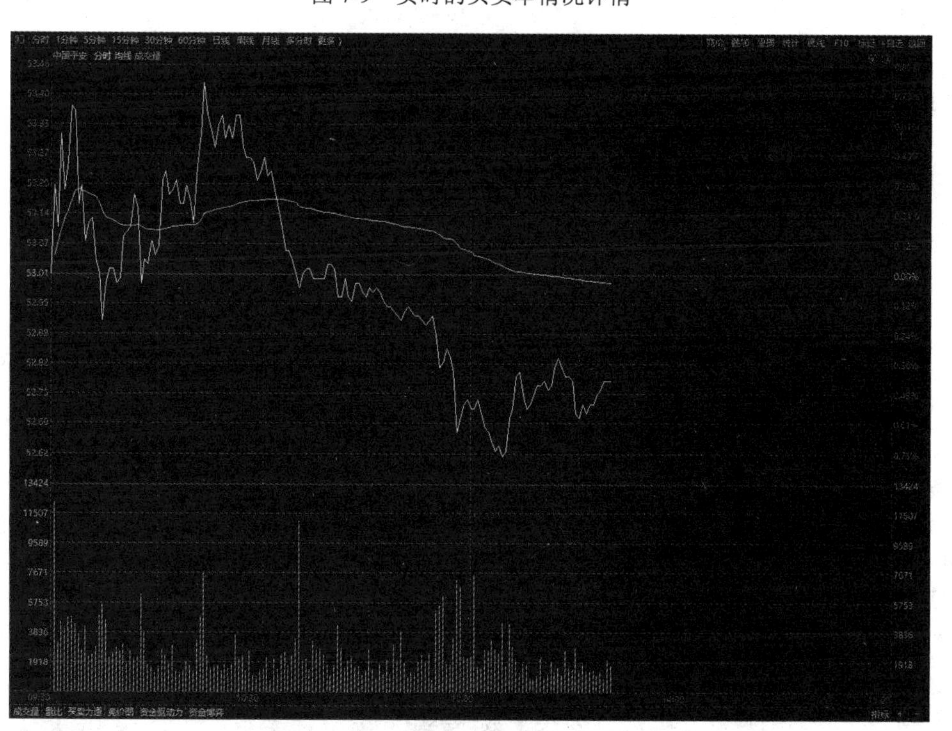

图 7-10 某公司股价实时的分时走势曲线

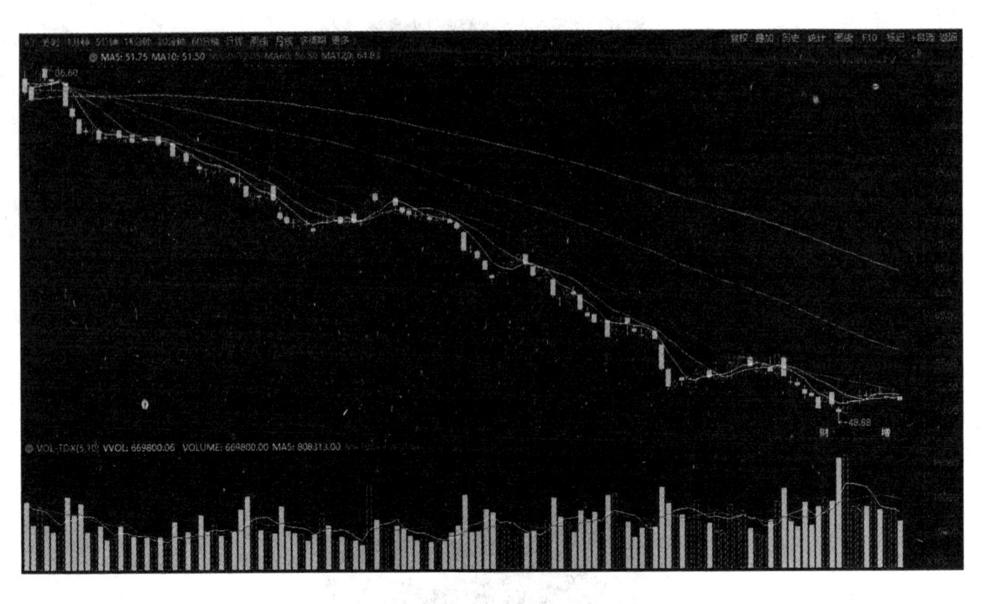

图 7-11 某股票盘面当日实时的均价走势曲线

课外链接：股票交易规则

(1) 交易时间：周一至周五(法定节假日除外)上午 9:30—11:30，下午 1:00—3:00。

(2) 交易单位：以“股”为单位，100 股＝1 手，买入股票必须为 100 股或其整数倍，卖出不限制。

(3) 涨跌幅度：除首日上市的股票外，涨跌的幅度限制为 10%，ST 股以及*ST 涨跌幅度为 5%。

(4) 交收方式：$T+1$。当日买进的股票下一个交易日才能卖出，资金在第三个交易日才能提出。

(二) 委差与委比

委差等于委买手数减委卖手数，委差反映的是投资者意愿，某种程度上可以反映股票价格的发展方向。委差为正，价格上升的可能性就大；委差为负，下降的可能性就大。

委比是一种在金融和证券交易中衡量买盘和卖盘相对强度的指标。委比以百分比的形式呈现，范围为–100%～+100%。委比的计算公式为

$$委比=\frac{委买手数-委卖手数}{委买手数+委卖手数}\times100\%$$

委买手数：买盘盘口中买 1 到买 5 的手数总和。委卖手数：卖盘盘口中卖一到卖五的手数总和。

证券交易所会自动把所有买入价格中五个最高价，按从高到低的次序列入买一到买五，把当前所有卖出股票价格中五个最低价，按从低到高次序列入卖一到卖五，供买卖股票的人作为价格参考。

这 5 个买盘价格(买一买二买三买四买五)和 5 个卖盘价格(卖一卖二卖三卖四卖五)被称作五档盘口，如图 7-12 所示。

中国平安 601318 L R 300 保险

52.76 -0.25 -0.47% -0.86%

买 卖 查 警

卖五	52.81	1	+1
卖四	52.80	393	
卖三	52.79	265	
卖二	52.78	171	
卖一	52.77↑	64	-7
买一	52.76↑	43	+43
买二	52.75	212	-20
买三	52.74	981	
买四	52.73	367	-2
买五	52.72	671	-3

涨停	58.31	跌停	47.71
最高	53.46	量比	0.78
最低	52.60	市值A	5715亿
现量	82	总量	399638
外盘	181979	内盘	217659
换手	0.37%	股本	183亿
净资	42.24	流通	108亿
收益(一)	1.540	PE(动)	8.9

交易状态: 连续竞价 13:36:52

净流入额	-1.88亿	-9%
大宗流入	-1.77亿	-8%

图 7-12 买卖五档挂单情况

(三) 开盘价与收盘价

开盘价又称开市价，是指某种证券在证券交易所每个交易日开市后的第一笔每股买卖成交价格。世界上大多数证券交易所都采用成交额最大原则来确定开盘价。

收盘价是指某种证券在证券交易所一天交易活动结束前最后一笔交易的成交价格。对国内证券市场而言，沪市收盘价为当日该证券最后一笔交易前一分钟所有交易的成交量加权平均价(含最后一笔交易)。当日无成交的，以前收盘价为当日收盘价。

(四) 涨(跌)停板

证券市场中交易当天股价的最高(低)限度称为涨(跌)停板。

课外链接：A 股的涨跌幅限制

主板股票新股上市首日，不设涨跌幅限制。但是新股上市首日一般要求价格不得高于发行价格的 144%，且不低于发行价格的 64%，正常时间的涨跌幅限制为 10%，ST 或*ST 股票涨跌幅限制为 5%；创业板和科创板新股上市第一到第五个交易日不设涨跌幅限制，正常交易时间内的涨跌度限制为 20%，ST 或*ST 股票涨跌幅限制依旧为 20%；北交所股票新股上市首日，不设涨跌幅限制，次日起涨跌幅限制为 30%；新三板基础层、创新层采取集合竞价的交易方式，跌幅限制比例为 50%，涨幅限制比例为 100%。

(五) 其他股市专业术语

表 7-15 列举出了其他股市专业术语。

表 7-15 其他股市专业术语

术语名称	含　　义
涨跌幅	$\frac{\text{现价}-\text{上一个交易日收盘价}}{\text{上一个交易日收盘价}}\times 100\%$
振幅	以本周期的最高价与最低价的差，除以上一周期的收盘价，再以百分数表示的数值。例如，日振幅 = $\frac{\text{当日最高价}-\text{当日最低价格}}{\text{昨天收盘价}}\times 100\%$
外盘	外盘用 B 表示，按卖价成交，一般认为是主动买入，看涨
内盘	内盘用 S 表示，按买价成交，一般认为是主动卖出，看跌
牛市	牛市也称多头市场，指市场行情普通看涨，延续时间较长的大升市
熊市	熊市也称空头市场，指行情普通看淡，延续时间相对较长的大跌市
集合竞价	当天还没有成交价的时候，根据前一天的收盘价和对当日股市的预测来输入股票价格，而在这段时间里输入计算机主机的所有价格都是平等的，不需要按照时间优先和价格优先的原则交易，而是按最大成交量的原则来定出股票的价位，这个价位就被称为集合竞价的价位，而这个过程被称为集合竞价
连续竞价	所谓连续竞价，是指对申报的每一笔买卖委托
手	它是国际上通用的计算成交股数的单位，必须是手的整数倍才能办理交易。目前一般以 100 股为一手进行交易，即购买股票至少必须购买 100 股
成交量	反映成交的数量多少和参与买卖人的多少，一般可用成交股数和成交金额两项指标来衡量。目前深沪股市两项指标均能显示出来，它往往对一天内成交的活跃程度有很大的影响，然后在开盘半小时内看股价变动的方向
多头	对股票后市看好，先行买进股票，等股价涨至某个价位，卖出股票赚取差价的人
空头	是指认为股价已上涨到了最高点，很快便会下跌，或当股票已开始下跌时，认为还会继续下跌，趁高价时卖出的投资者

续表

术语名称	含　义
利空	促使股价下跌，对空头有利的因素和消息，如利率上升、经济衰退、公司经营亏损等
利好	刺激股价上涨，对多头有利的因素和消息，如银根放松，GDP 增长加速等
超买	股价持续上升到一定高度，买方力量基本用尽，股价即将下跌
超卖	股价持续下跌到一定低点，卖方力量基本用尽，股价即将回升
跳空与回补	股市受强烈的利多或消息影响，开盘价高于或低于前一交易日的收盘价，股价走势出现缺口，称之为跳空；在股价之后的走势中，将跳空的缺口补回，称之为补空
支撑位	股价在下跌过程中，多次碰到同一低点(或线)但无法跌破此价位
压力位	股价在上涨过程中，多次碰到某一高点(或线)后停止涨升或回落
跌破	股价冲过支撑位向下突破的现象
突破	股价摆脱了压力位的压制，在当天股价上涨位于压力线的上方，称为突破上涨。股票突破既有放量突破也有缩量突破
高开(低开)	今日开盘价在昨日收盘价之上(之下)

课外链接：股票交易费用

- 佣金：佣金是客户在委托买卖证券成交后按成交金额一定比例支付的费用，是证券经纪商为客户提供证券代理买卖服务收取的费用，该费用由证券公司经纪佣金、证券交易所手续费及证券交易监管费等组成。各家券商委托买卖股票的收费标准不一，一般是交易金额的 0.3%～0.01%之间，单笔不足 5 元按 5 元收取，双向收费。
- 印花税：印花税是根据国家税法的规定，按成交金额的 0.1%收取，单向收费，即买股票不收，卖股票收 1‰。
- 过户费：过户费是委托买卖的股票、基金成交后，买卖双方为变更证券登记所支付的费用，A 股交易过户费按照成交金额 0.02‰向买卖双方投资者分别收取，由证券公司在同客户清算交收时代为扣收。

二、股票的分析方法

目前，股票分析所采用的方法主要有两类：基本分析法和技术分析法。两种分析方法存在本质的区别，基本分析法是分析宏观经济形势、行业潜力、公司财务数据等一系列指标来判断公司股票价格未来的走势，而技术分析主要是利用股票历史价格的走势以及股票的成交量来判断股票价格未来的变动趋势。接下来对两种分析方法进行介绍。

(一) 基本分析法

1. 基本分析法的含义

基本分析法又称“基本面分析法”，是指投资者根据经济学、金融学、财务管理及投资学等基本原理，对决定证券价值及价格的基本要素，如宏观经济指标、经济政策走势、行业发展状况、产品市场状况、公司销售和财务状况等进行分析，评估股票的投资价值，判断股票的合理价位，并进行投资买入或卖出的一种分析方法。股票投资的本质是看基本面，基本面决定股票内在价值，股票价格围绕内在价值波动。对投资者来说，能够简明扼要快速地掌握一家上市公司的大致情况，并且当机立断做出决策，是理财从业人员必备的知识储备。

2. 基本分析法的主要内容

基本分析法的主要内容包括宏观经济分析、行业和区域分析、公司分析等。

(1) 宏观经济分析。宏观经济分析主要探讨各经济指标和经济政策对证券价格的影响。宏观经济分析所需的有效资料一般包括政府的重点经济政策与措施、一般生产统计资料、金融物价统计资料、贸易统计资料、每年国民收入统计与景气动向、突发性非经济因素等。

课外链接：宏观经济信息的主要来源

投资者对于宏观经济分析的主要信息可以来源于如下渠道：

- 从电视、广播、报纸、杂志等了解世界经济动态与国内经济大事；
- 政府部门与经济管理部门，省、市、自治区公布的各种经济政策、计划、统计资料和经济报告，各种统计年鉴；
- 各主管公司、行业管理部门搜集和编制的统计资料；
- 部门与企业可供查阅的原始资料；
- 各预测、情报和咨询机构公布的数据资料；
- 国家领导人和有关部门、省市领导报告或讲话中的统计数字。

(2) 行业和区域分析。行业和区域分析是介于宏观经济分析与公司分析之间的中观层次的分析。行业分析主要分析行业所属的不同市场类型、所处的不同生命周期以及行业业绩对证券价格的影响。区域分析主要分析区域经济因素对证券价格的影响。

(3) 公司分析。公司分析是基本分析的重点，无论什么样的分析报告，最终都要落实在某家公司证券价格的走势上。如果没有对发行证券的公司状况进行全面的分析，就不可能准确预测其证券的价格走势。公司分析侧重对公司的竞争能力、盈利能力、经营管理能力、发展潜力、财务状况、经营业绩以及潜在风险等进行分析，借此评估和预测证券的投资价值、价格及其未来变化的趋势。

个股 F10 资料是公司分析重要的表现形式，也是投资者了解公司的窗口。其

主要展现了公司的最新动态、公司整体的财务情况、股票板块范围是否属于热点板块、公司持股情况以及股东是否变换、机构持股所占比重、公司业绩资产收益率、公司理念等内容。

下面以平安证券 App 展现的内容为例，我们来看看投资者应该关注公司的哪些具体情况。在平安证券 App 中，个股基本资料主要包括操盘必读、大事提醒、财务分析、概念题材、公司概况、股本股东、分红融资、市场观点八大栏目，具体详情见图 7-13。

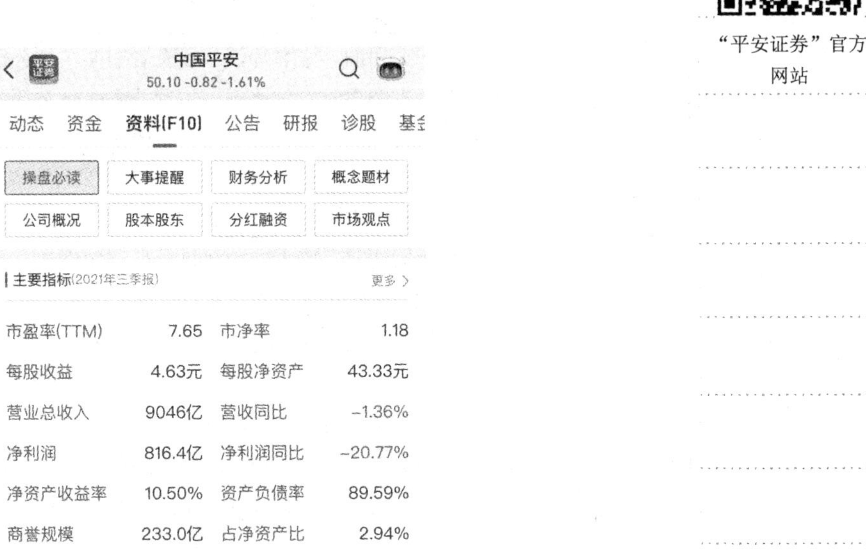

"平安证券"官方网站

图 7-13　中国平安个股资料

接下来我们尝试详细分析"中国平安(601318)"的个股资料，具体 F10 资料分析见表 7-16。

表 7-16　个股 F10 信息资料分析

F10 信息资料	重点了解内容
操盘必读	包含主要指标、概念题材、公司资料、股本股东、机构持仓、分红融资等内容，是对个股重要信息的集中呈现
大事提醒	推送公司发生过的大事，比如转型、重组、股权激励、定向增发、财务报表披露等事项，或者产品获得了技术性突破等，大致分利好和利空两大类。中国平安的大事提醒如下：中报预披露、融资融券、大宗交易、新增概念、高管增持、一季度公报等
财务分析	通过公司财务报表的有关资料和财务情况说明书所提供的信息进行汇总、计算、对比、分析以综合评价公司的财务状况和经营成果的过程，是公司分析重要的内容之一。公司的财务报表一般由资产负债表、利润表、现金流量表、所有者权益变动表组成。 财务分析的主要方法大致有趋势分析法、比率分析法、因素分析法等，其中最重要的是比率分析法，投资者可以在个股 F10 信息资料中查看详细的财务比率数据。 中国平安的重要财务分析方向如下：每股指标、盈利能力、资本结构、成长能力等

续表

F10 信息资料	重点了解内容
概念题材	指具有某种特别内涵的股票，而这些内涵通常会被当作一种选股和炒作题材，成为股市的热点，投资者可以从中判断该公司是否具备投资的理由和亮点。 中国平安具备的概念题材如下：互联网保险、独角兽概念、中字头股票、沪股通、MSCI 概念等
公司概况	相当于公司的一张名片，让投资者粗略了解公司，比如公司是做什么的、各项业务占公司收入的比例、主营业务是什么等内容。在关注公司概况时，最好能知道该公司在同行业中所处的地位以及竞争优势。 中国平安的公司概况显示如下：注册地址、董事长、主营业务、发行价/市盈率、员工人数、联系电话等
股本股东	分为股东情况、股本结构和机构持仓三个部分。 (1) 股东情况中的股东人数是观察筹码集中度的重要指标之一，通过股东人数增减变化的数据，便能较真实地反映筹码究竟是流向主力手中还是散户手中。中国平安 2021 年一季度股东总户数较上期增加 2.11%。股东持股明细关注的是上市公司的控股股东，也就是看公司所谓的“后台”。国资控股或者是一些实力比较强大的公司控股的公司实力比较强，那么不管是在拓展业务上、政策福利上还是抗风险能力上都占优势。中国平安的大股东香港中央结算(代理人)有限公司持股占比 35.68%。 (2) 股本结构指流通股、法人股、国有股在总股本中各自所占的比例，中国平安已实现 A 股全流通。 (3) 机构持仓关注的是上市公司被社保基金、广发基金、南方基金、QFII 等基金证券机构持有的情况，因为它们都是一些专业素质很强、具有战略眼光的专业机构，其所看好的股票对于投资者的操作有一定的指导意义。中国平安被基金机构持股 4.211 亿，持股占流通比 3.89%
分红融资	分红是指上市公司向股东派发的红利，这是上市公司投资股东的一种回报，也是股票收益的重要来源。上市公司的融资通常是增发与配股两种形式，配股是对原有股东，增发是可以对原有股东也可对所有投资者。融资是指用于支付超过现金购买的货币交易手段，或在筹集资金用于获取资产的货币手段。 中国平安连续派现 15 年，A 股累积派现 1179 亿元，A 股累积融资 648.7 亿元
市场观点	包括个股人气排名、机构评级和调研的情况。其中机构评级可以作为普通投资者买卖个股的重要意见。机构的分析评级是由机构分析师通过各种市场途径收集基础的研究材料，例如公开信息、实地调研材料、统计数据等等，在这些原始资料的基础上进行数据加工和处理、建立分析模型、提出各种假设条件，并通过分析模型最终得出分析结论，按照顺序分为卖出、减持、中性、增持、买入。 中国平安在 2021 年一年内被 55 家机构定为“买入”

课外链接：“股神”巴菲特的选股习惯

1. 挑选价值股

巴菲特认为，企业的内在价值是股票价格的基础，如果一家企业具有良好的前景和较高的成长性，那么随着企业内在价值的提高，其股票价格最终能反映它的价值。巴菲特挑选价值股的方法主要体现在其财务原则上：

- ❖ 把重心放在股权收益率，而不是每股盈余；
- ❖ 计算“股东盈余”；
- ❖ 寻找高毛利率的公司；
- ❖ 对于保留的每一块钱盈余，可以确定公司至少已经创造了一块钱的市场价值。

2. 选择最安全的股票

巴菲特经常被引用的一句话是：“投资的第一条准则是不要赔钱；第二条准则是永远不要忘记第一条。”巴菲特选择的股票一般都有很高的“安全边际”。

3. 选择自己熟悉的股票

巴菲特所购买的股票都是来自于他十分熟悉的公司，不了解、不熟悉的公司他从不轻易去购买。

4. 选股重视企业而不重视股价

重视企业内在本质而看轻股价是巴菲特选股的重要习惯之一。巴菲特相信用短期价格来判断一家公司的成功与否是愚蠢的。取而代之的是，他要公司向他报告因经济实力增长所获得的价值。

(二) 技术分析法

技术分析法，即技术面分析，是利用市场交易资料及相关信息，应用数学或逻辑的方法，通过绘制和分析证券价格变化的动态趋势图表或计算、分析有关交易指标，探索价格运行规律，从技术上对整个市场或个别证券价格的未来变动方向与程度做出预测和判断的分析方法。技术分析常用的方法有 K 线理论、移动平均线理论、切线理论、形态理论、技术指标理论等。由于技术面分析的方法众多，这里主要讲解 K 线、移动平均线和量价关系理论。

1. K 线理论

1) K 线的含义

K 线是最直观地反映资金面变化的一个基本技术指标。K 线是一条柱状的线条，由影线和实体组成。影线在实体上方的部分叫上影线，下方的部分叫下影线。K 线中涉及的四个价格分别是开盘价、最高价、最低价和收盘价。其中收盘价最为重要。实体表示一日的开盘价和收盘价，上影线的上端顶点表示一日的最高价，

下影线的下端顶点表示一日的最低价。根据开盘价和收盘价的关系，K 线又分为阳线和阴线两种，分别用白(红)色和黑(绿)色表示。收盘价高于开盘价时为阳线，收盘价低于开盘价时为阴线。

图 7-14 是有上下影线的阳线和阴线。这是两种最为普遍的 K 线形状，表明多空双方争斗很激烈，双方一度都占据优势，把价格抬到最高价或压到最低价，但又都被对方顽强地拉回。阳线是到了收尾时多方才勉强占优势，阴线则是到收尾时空方勉强占优势。

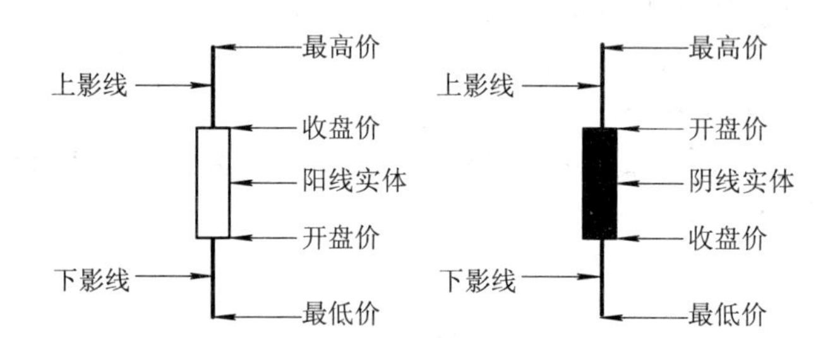

图 7-14　有上下影线的阳线和阴线

对多方与空方优势的衡量，主要依靠上下影线和实体的长度来确定。一般说来，上影线越长，下影线越短，阳线实体越短或阴线实体越长，越有利于空方占优；上影线越短，下影线越长，阴线实体越短或阳线实体越长，越有利于多方占优。上影线和下影线相比的结果，可以判断多方和空方的能力。上影线长于下影线，利于空方；下影线长于上影线，则利于多方。

一根 K 线可以记录某种股票一天的价格变动情况，将某一期间每天的 K 线按时间顺序排列起来，就可以反映该股票一段时间内的价格变动情况，这就是日 K 线图。图 7-15 为上证指数日 K 线图。

图 7-15　上证指数日 K 线图

除了日 K 线外，我们还可以画周 K 线和月 K 线。其画法与日 K 线几乎完全一样，区别只在四个价格时间参数的选择上。周 K 线是指这一周的开盘价、这一周之内的最高价和最低价以及这一周的收盘价，月 K 线则是这一个月之内的 4 个价格。周 K 线和月 K 线的优点是反映趋势和周期比较清晰。

2) K 线的基本形状

K 线的基本形状有 12 种，如图 7-16 所示。

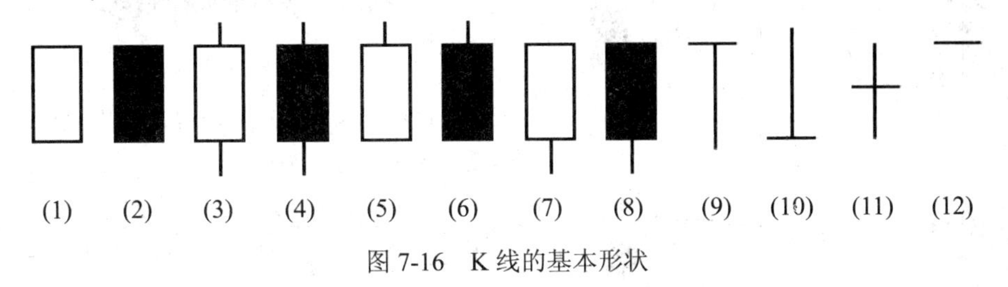

图 7-16 K 线的基本形状

(1) 光头阳线和光头阴线：这是没有上影线的 K 线，即收盘价或开盘价正好与最高价相等。

(2) 光脚阳线和光脚阴线：这是没有下影线的 K 线，即开盘价或收盘价正好与最低价相等。

(3) 大阳线：四个价位各不相等，收盘价大于开盘价。

(4) 大阴线：四个价位各不相等，收盘价小于开盘价。

(5) 光脚阳线：开盘价等于最低价。

(6) 光脚阴线：收盘价等于最低价。

(7) 光头阳线：收盘价等于最高价。

(8) 光头阴线：开盘价等于最高价。

(9) T 字形线：开盘价、收盘价、最高价相等，表示上升转折线，其开盘与收盘接近，且没有上影线而有下影线，是一种比较强烈的向上趋势图形。

(10) 倒 T 字形线：开盘价、收盘价最低价相等，又称下跌转折线，其开盘与收盘接近，且没有下影线却有上影线，是一种典型的行情向下趋势图形。

(11) 十字形线：开盘价等于收盘价，表示多空双方经过一天的争斗后基本达到了平衡。

(12) 一字形线：开盘价、收盘价、最高价、最低价四个价格相等。

3) 常见的 K 线组合

K 线组合有很多类型，常见的 K 线组合有星型组合、锤头与吊顶、乌云盖顶和曙光初现等，具体 K 线形状及说明详见表 7-17。

值得说明的是，K 线组合的情况非常多，要综合考虑各根 K 线的阴阳、高低、上下影线的长短等。无论是一根 K 线、两根 K 线、三根 K 线还是多根 K 线，都是以各根 K 线的相对位置和阴阳来推测行情的。

对于两根 K 线的组合来说，第二天的 K 线是进行行情判断的关键。简单地说，第二天多空双方争斗的区域越高，越有利于上涨，越低则越有利于下跌。

表 7-17　K 线组合类型表

	K 线名称	K 线形状	说　明
星形组合	早晨之星	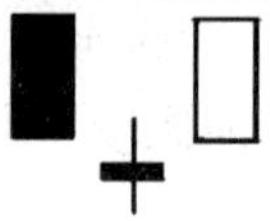	也称希望之星，是一种下跌行情中的 K 线组合形态，预示着下跌行情可能结束，后市应看好
	黄昏之星	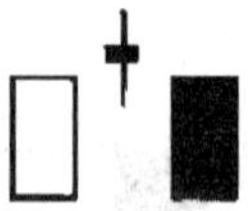	是一种下跌形态，表明市场由强转弱，预示行情见顶回落
	射击之星	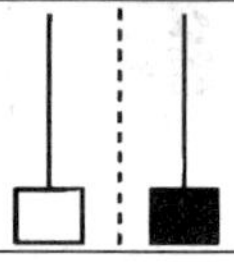	长上影阳线或长上影阴线出现在上升趋势中的顶峰上，习惯上称之为射击之星，单独的射击之星预示大势可能见顶，是卖出的最佳时机
锤头与吊顶	锤头	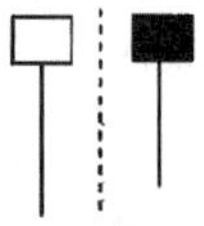	出现在持续下跌的行情中，下影线较长，为实体的两倍以上，实体部分可阴可阳，但上影线必须短小，若无上影线，则更可以确认趋势
	吊顶	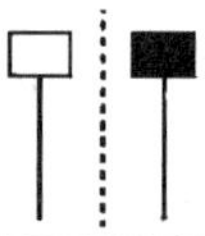	出现在上升趋势中，是一种较典型的下跌形态，表明升势即将结束，下影线较长，为实体部分的两倍以上
	倒锤头线	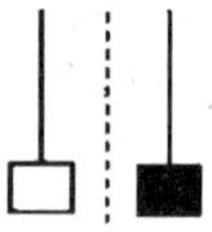	一般出现在下跌途中，阳线(亦可以是阴线)实体很小，上影线大于或等于实体的两倍。一般无下影线，少数会略有一点下影线
乌云盖顶和曙光初现	乌云盖顶		一般出现在上升趋势中，是见顶回落的 K 线形态
	曙光初现	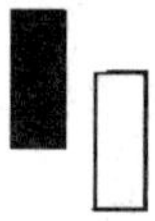	一般出现在下跌趋势中，是一种可能见底回升的 K 线形态
其他	双飞乌鸦	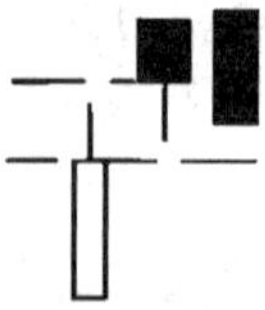	一般出现在涨势中，由两根一大一小阴线组成，第一根阴线的收盘价高于前一根阳线的收盘价，且第二根阴线完全包容了第一根阴线，是一种可能见底下跌的 K 线形态
	黑三兵	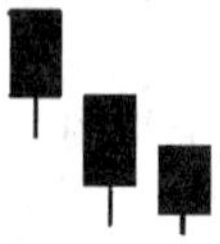	既可在涨势中出现，也可在跌势中出现，由三根小阴线组成，最低价一根比一根低，是一种卖出信号，后市可能会下跌
	倒三阳		一般出现在下跌初期，由三根阳线组成，每日都是低开高走，第一根 K 线以跌势收盘，后两根 K 线的收盘价低于或接近前一天的阳线开盘价，因此虽然连收三根阳线，但图形上却出现了类似连续三根阴线的跌势，是一种卖出信号，后市可能下跌

总之，无论 K 线的组合多复杂，考虑问题的方式是相同的，都是由最后一根 K 线相对于前面 K 线的位置来判断多空双方的实力大小。由于三根 K 线组合比两根 K 线组合多了一根 K 线，获得的信息就多些，得出的结论相对于两根 K 线组合来讲也要准确些，可信度更大。同理，也就是说，K 线多的组合要比 K 线少的组合得出的结论更可靠。

2. 移动平均线理论

1) 均线基本理论

移动平均线(MA)理论是以道·琼斯的“平均成本概念”为理论基础，采用统计学中“移动平均”的原理，将一定时期内的股票价格平均值连成曲线，用来显示股价的历史波动情况，进而反映股价指数未来发展趋势的技术分析方法。

根据计算期的长短，MA 又可以分为短期、中期和长期移动平均线。通常以 5 日、10 日线观察证券市场的短期走势，称为短期移动平均线；以 20 日、60 日线观察中期走势，称为中期移动平均线；以 120 天、250 天研判长期趋势，称为长期移动平均线。机构投资者通常比较看重 250 日移动平均线，并以此作为长期投资的依据，若行情价格在 250 天均线以下，属于空头市场；反之，则为多头市场。均线天数与均线名称见表 7-18，中国平安的移动平均线如图 7-17 所示。

表 7-18 均线天数表

均线名称	移动平均线天数
月均线指标	5 天、10 天短期移动平均线
季均线指标	20 天、60 天中期移动平均线
年均线指标	120 天、250 天长期移动平均线

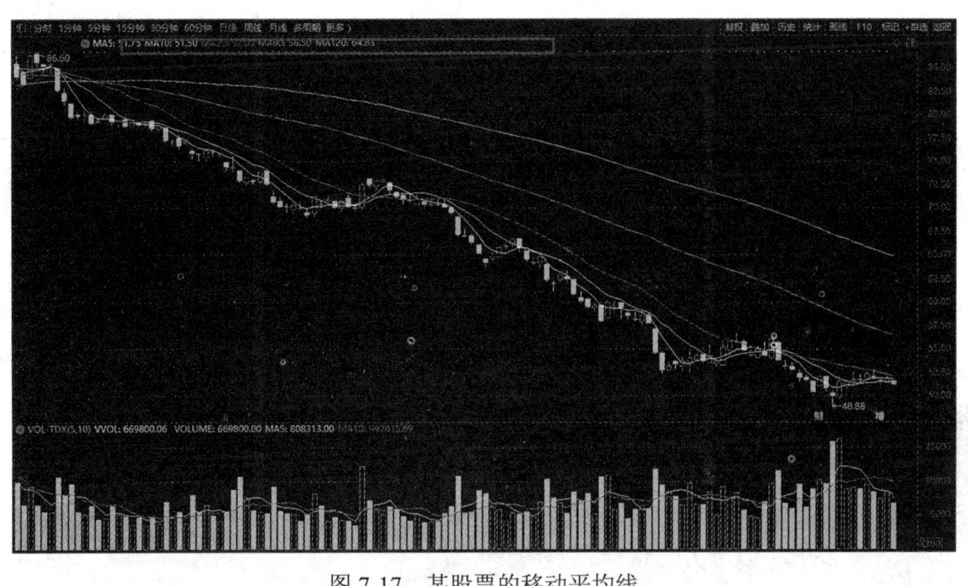

图 7-17 某股票的移动平均线

在移动平均线的应用上，是单纯以股价与移动平均线系统之间的关系作为研判的依据来确定买入点和卖出点。该方法是以数日收盘价的平均值计算，虽然反

映较为迟缓，但准确度很高，较适合于中长线投资者使用。

2) 均线的计算方法

根据对数据处理方法的不同，移动平均线可分为算数移动平均线(SMA)、加权移动平均线(WMA)和指数平滑移动平均线(EMA)。以算数移动平均线(SMA)为例，将某一时间段的收盘股价或收盘指数相加的总和，除以该时间段的天数，即得到这一时间段的平均数值，具体计算公式如下：

$$\mathrm{SMA}=\frac{P_1+\cdots+P_n}{n}$$

其中，P 为每日收盘价格，n 为天数。

例如，某股连续 10 个交易日收盘价(单位为元)分别为

1—5.2，2—5.28，3—5.35，4—5.4，5—5.48，6—5.55，7—5.63，

8—5.7，9—5.85，10—6.00。

则

$$\text{第 5 天均值}=\frac{5.2+5.28+5.35+5.4+5.48}{5}=5.34$$

$$\text{第 6 天均值}=\frac{5.28+5.35+5.4+5.48+5.55}{5}=5.41$$

$$\text{第 7 天均值}=\frac{5.35+5.4+5.48+5.55+5.63}{5}=5.48$$

$$\text{第 8 天均值}=\frac{5.4+5.48+5.55+5.63+5.7}{5}=5.55$$

$$\text{第 9 天均值}=\frac{5.48+5.55+5.63+5.7+5.85}{5}=5.64$$

$$\text{第 10 天均值}=\frac{5.55+5.63+5.7+5.85+6}{5}=5.74$$

将 5～10 天计算的平均值在图表中相连成线，就形成了以 5 天为基期的均线。

课外链接：葛兰威尔的“移动平均线”买卖八大法则

葛兰威尔法则是美国投资专家葛兰威尔创造的。历来的平均线使用者无不视其为技术分析中的至宝，移动平均线也因此淋漓尽致地发挥了道琼斯理论的精神所在。其具体的操作法则如图 7-18 所示。

❖ 平均线从下降逐渐转为走平，而价格从下方突破平均线，MA 指标为买进信号，如图中买①；
❖ 价格虽然跌破平均线，但又立刻回升到平均线上，此时平均线仍然持续上升，仍为买进信号，如图中买②；
❖ 价格趋势走在平均线上，价格下跌并未跌破平均线且立刻反转上升，也是买进信号，如图中买③；

❖ 价格突然暴跌，跌破平均线，且远离平均线，则有可能反弹上升，也为买进时机，如图中买⑦；
❖ 平均线从上升逐渐转为盘局或下跌，而价格向下跌破平均线，为卖出信号，如图卖④；
❖ 价格虽然向上突破平均线，但又立刻回跌至平均线下，此时平均线仍然持续下降，仍为卖出信号，如图中卖⑤；
❖ 价格趋势走在平均线下，价格上升并未突破平均线且立刻反转下跌，也是卖出信号，如图中卖⑥；
❖ 价格突然暴涨，突破平均线，且远离平均线，则有可能反弹回跌，也为卖出时机，如图中卖⑧。

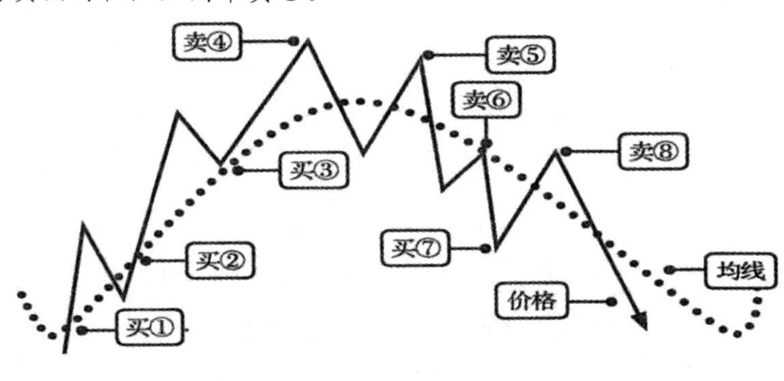

图 7-18 葛兰威尔买卖八大法则示意图

3. 交易量和股价的关系理论

在技术分析中，研究量与价的关系也占据了极重要的地位。成交量是推动股价上涨的原动力，市场价格的有效变动必须有成交量配合，量是价的先行指标，是测量证券市场行情变化的温度计，通过其增加或减少的速度可以推断多空战争的规模大小和股价涨跌之幅度。然而到目前为止，人们并没有完全掌握量价之间的准确关系。这里仅就目前常用的古典量价关系理论——逆时钟曲线法进行介绍。

逆时钟曲线法是最浅显、最易入门的量价关系理论。它是通过观测市场供需力量的强弱来研判股价未来走势方向的一种分析法。其应用原则有 8 个阶段：

(1) 阳转信号。股价经过一段跌势后，下跌幅度缩小，止跌趋稳；同时在低位盘旋时，成交量明显由萎缩转而递增，表示低档承接力转强，此为阳转信号。

(2) 买进信号。成交量持续扩增，股价回升，逆时钟曲线由平向上时，为最佳买入时机。

(3) 加码买进。当成交量增至某一高水准时，不再急剧增加，但股价仍继续上升，此时逢股价回档时，宜加码买进。

(4) 观望。股价继续上涨，但涨势趋缓，成交量未能跟上，走势开始有减退的迹象，此时价位已高，不宜再追高抢涨。

(5) 警戒信号。股价在高位盘整，已难创新高，成交量明显减少，此为警戒信

号。此时投资者应做好卖出准备，宜抛出部分持股。

(6) 卖出信号。股价从高位滑落，成交量持续减少，逆时钟曲线的走势由平转下时，进入空头市场，此时应卖出手中股票，甚至融券做空。

(7) 持续卖出。股价跌势加剧，呈跳水状，同时成交量均匀分布，未见萎缩，此为出货行情，投资者应果断抛货，不要犹豫。

(8) 观望。成交量开始递增，股价虽继续下跌，但跌幅已小，表示谷底已近，此时多头不宜杀跌，空头也不宜肆意打压，应伺机回补。

图 7-19 为逆时钟曲线法的图示。

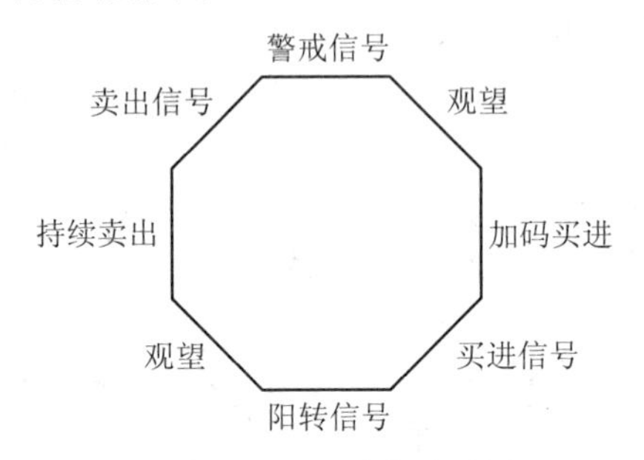

图 7-19　逆时针曲线法图

逆时钟曲线法存在如下不足：首先，尽管逆时钟曲线简单易懂，但对于复杂的 K 线量价关系无法做出有效诠释；其次，股价剧烈波动，时常发生单日反转，若刻板地应用，会有慢半拍的感觉，不易掌握良好的买卖点；再次，高位时价跌量增、量价背离形态未能呈现出来，无法掌握绝佳卖点，而低位时的价稳量缩也未能呈现出来，不易抓住绝佳买点；最后，上述第 8 项的观望阶段，极易与高位价跌量增、杀盘沉重观念相互混淆。尽管逆时钟曲线法有诸多缺点，但仍有易于应用的正面价值，值得加以运用，但注意切勿陷入教条，需结合实际情况使用。

任务解析 2　基　　金

基金的基本理论在项目三中已有过详细阐述。我们知道基金管理公司通常配备了大量的投资专家，他们不仅掌握了广博的投资分析和投资组合理论知识，而且在投资领域也积累了相当丰富的经验，通过对证券市场进行全方位的动态跟踪与深入分析，即可帮助投资人实现资金的增值。但是对于投资者个人来说要如何操作呢？首先要研究一只基金的总体情况，其次要判断这只基金的好坏，最终选择出最适合自己的基金。可以通过对基金类型、基金经理、基金历史业绩、基金主题、基金规模、基金成立时间、基金公司品牌、基金的费率等方面进行分析来选择基金。

一、基金类型

关于基金的分类，在项目三家庭理财产品中根据投资对象的不同，可分为货币型基金、债券型基金、股票型基金、混合型基金、基金中的基金(FOF)。由于上

述几个类型的基金预期报酬和风险偏好各不相同，投资者在关注和购买基金时，一定要注意基金类型各自的特点，具体的基金特点和投资建议可参见表 7-19。

表 7-19 基金类型投资建议表

基金类型	特 点
货币型基金	流动性好、风险不大，可以作为活期存款的替代品
债券型基金	风险与收益水平适中，可以作为银行理财、定期存款的替代品
股票型基金	适合风险承受能力强，追求高收益的投资者，80%以上的资产都投资于股票，风险较大
混合型基金	投资范围和比例都很灵活，可以根据市场行情，调整股票、债券的投资比例
基金中的基金	适合新基民，FOF 实际上就是帮助投资者一次买“一揽子基金”的基金，通过专家二次精选基金，有效降低非系统风险

二、基金经理

基金经理是基金产品的主要管理者，全局谋划基金的配置，直接负责基金的业绩。优秀的基金经理管理的基金，能让投资者从中获得长期、稳定的收益，因此基金经理是选择基金的非常重要的因素之一。如何从公开信息中判断基金经理投资的管理水平呢？可以通过操盘资历、基金管理业绩、投资风格、职业操守等方面评价基金经理，详情见表 7-20。

表 7-20 基金经理判断表

操盘资历	基金经理的操盘经验很重要，最好经历过一轮牛熊市转换，对市场的判断和心理素质比较经得起考验，基金经理管理基金最好有不少于 5 年投资经验
	基金经理能否根据行情熟练转换行业也很重要，基金经理如果只熟悉一两个行业，有可能错过行业轮涨的机会，给投资者带来收益方面的损失
	基金历史业绩和现任基金经理之间的关系，注意观察现任基金经理任期内业绩是否尽如人意
基金管理业绩	以往的基金管理业绩也是需要重点关注的。如果以往业绩随着市场的起伏波动较大，说明基金经理业绩不够稳定
投资风格	基金经理的投资风格最好是稳定的，如果基金经理风格经常改变，可能是投资策略和操盘不成熟的表现；同时也需要判断基金经理的投资风格、投资理念与自身的风险承受能力是否匹配
职业操守	可以从基金经理是否有被监管部门处罚的不良记录，业内获得的评价等方面综合判断其职业操守

图 7-20 为基金的推广页面中对基金经理的基本信息介绍。

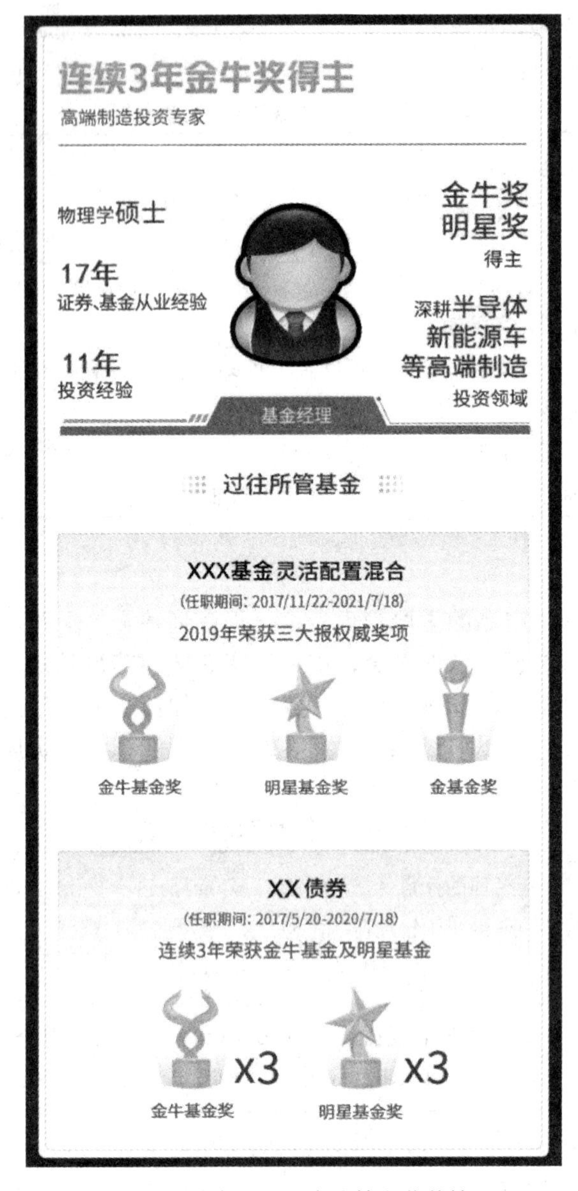

图 7-20　基金经理历史业绩和获奖情况

三、基金历史业绩

历史业绩就是过去的业绩，是基金过去的表现，有一定的滞后性，但可以分析出基金的管理水平。投资者评价一只基金的历史业绩时，可以将其与同类型基金进行横向对比，了解这只基金在整个市场中所处的位置；也可以将基金的净值增长率与基金业绩比较基准进行对比，判断是否能够达到预期目标；投资者还可以观察一下该基金有没有得到业界普遍的认可，如果基金获得行业普遍的认可，就可以增加投资信心，更有底气选择该只基金。业界对基金评价比较权威的有基金金牛奖、明星基金奖、晨星评级等。

课外链接：中国基金业金牛奖

“中国基金业金牛奖”(见图 7-21)评选活动由中国证券报主办，该奖项得到了基金行业和基金监管层的广泛认可，是中国资本市场最具公信力的权威奖项之一，享有中国基金业“奥斯卡”奖的美誉。

图 7-21 “中国基金业金牛奖”奖杯

金牛奖的评选遵循基金绩效评价、基金管理人能力评价、基金合规性合约性评价等相结合，对评选对象进行全面综合评价；遵循综合实力评价和专项投资能力评价并重，多角度考察基金公司，指导基金管理人形成自身特色，形成核心竞争力，探索独特业务发展模式；注重长期评价，通过评选指导基金管理人和投资人的长期投资理念。

金牛奖每年评选一次，涉及单只基金的奖项分为“五年期持续优胜金牛基金”“三年期持续优胜金牛基金”与“年度金牛基金”；涉及基金管理公司的奖项包括“金牛基金管理公司”“债券投资金牛基金公司”“海外投资金牛基金公司”“被动投资金牛基金公司”“金牛创新奖”“金牛特别贡献奖”和“金牛进取奖”。

四、基金主题

基金主题是指投资于某一主题的行业和企业。对于好的投资主题，应该具备合理的投资逻辑、良好的成长性以及突出的数据支撑。由于市场热度是不断变化的，因此市场大部分主题会随着时间而改变，主题基金的选择应具备一定的灵活性。但主题基金的策略和投资范围又不能过于宽泛，投资者应对基金主题有一定的预判性，考虑主题的热度和配置的时间节点，同时投资者还应考虑基金主题的风险收益特征。每只基金的投资主题是不一样的，有的基金持仓白酒，有的持仓医药，有的持仓科技，如果投资者看好某个板块未来会上涨，但又不知道选哪只股票的时候，就可以选择看好板块的基金，让专业人士帮投资者做出选择。图 7-22 所示为基金的推广页面中对基金主题和重点投资领域的介绍。

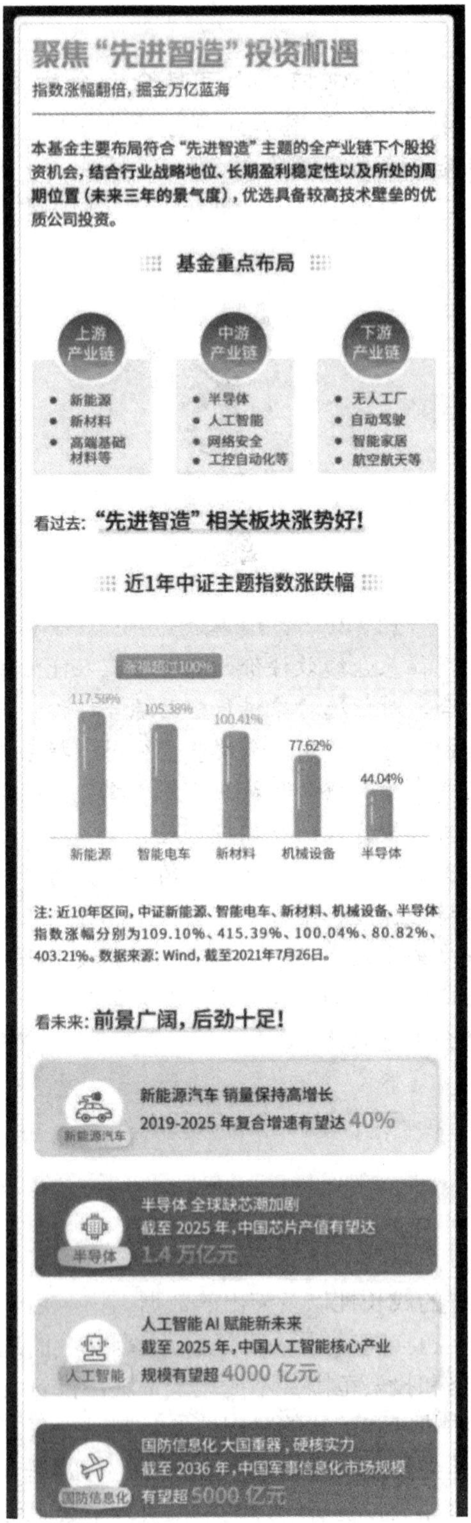

聚焦“先进智造”投资机遇

指数涨幅翻倍，掘金万亿蓝海

本基金主要布局符合“先进智造”主题的全产业链下个股投资机会，结合行业战略地位、长期盈利稳定性以及所处的周期位置（未来三年的景气度），优选具备较高技术壁垒的优质公司投资。

基金重点布局

上游产业链
- 新能源
- 新材料
- 高端基础材料等

中游产业链
- 半导体
- 人工智能
- 网络安全
- 工控自动化等

下游产业链
- 无人工厂
- 自动驾驶
- 智能家居
- 航空航天等

看过去：**“先进智造”相关板块涨势好！**

近1年中证主题指数涨跌幅

涨幅超过100%

新能源	智能电车	新材料	机械设备	半导体
117.59%	105.38%	100.41%	77.62%	44.04%

注：近10年区间，中证新能源、智能电车、新材料、机械设备、半导体指数涨幅分别为109.10%、415.39%、100.04%、80.82%、403.21%。数据来源：Wind，截至2021年7月26日。

看未来：**前景广阔，后劲十足！**

新能源汽车 新能源汽车 销量保持高增长
2019-2025 年复合增速有望达 40%

半导体 半导体 全球缺芯潮加剧
截至 2025 年，中国芯片产值有望达 1.4 万亿元

人工智能 人工智能 AI 赋能新未来
截至 2025 年，中国人工智能核心产业规模有望超 4000 亿元

国防信息化 国防信息化 大国重器，硬核实力
截至 2036 年，中国军事信息化市场规模有望超 5000 亿元

图 7-22　基金主题概况

五、基金成立时间和基金公司品牌

评价一只基金可持续性的标准就是它的观测时间，它成立的时间越长，那么投资者观测它的时间周期就越长，得出的该基金可持续结论就会越准确。专业人士一般比较推荐成立时间超过三年的基金。另外基金公司品牌也是投资者应该关注的，一个基金公司成立的时间够长，品牌足够强，就说明它的综合实力越强，那么就越值得投资者关注。图 7-23 所示为基金的推广页面中对基金公司和所获荣誉的介绍。

图 7-23　基金公司品牌及所获荣誉

六、基金的费率

基金费用包括申购费、赎回费、管理费和托管费，这些费用需要投资者自行承担，申购费和赎回费是一次性收取的，管理费和托管费是按照每天计提、月底支付的方式付给基金和托管银行的。图 7-24 所示为某只基金的费率结构。

项目			
管理费率	1.50%/年		
托管费率	0.25%/年		
销售服务费（仅C类）	0.40%/年		
认/申购费率	认购金额（含认购费）	认购费率	申购费率
	M<100万	1.20%	1.50%
	100万≤M<500万	0.80%	1.20%
	M≥500万	1000元/笔	1000元/笔
赎回费率（A类）	持有期限	赎回费率	
	7日以内	1.50%	
	7日（含）-30日	0.75%	
	30日（含）-180日	0.50%	
	180日以上（含）	0	
赎回费率（C类）	持有期限	赎回费率	
	7日以内	1.50%	
	7日（含）-30日	0.50%	
	30日（含）以上	0	

图 7-24　基金费率结构

不同基金的费率虽然看起来差别不大，但是在时间的加持下，后期滚雪球的效应会越来越大，因此关注基金的费率是非常有必要的。通常情况下，一支基金会有 A 类和 C 类两种代码，这两种的主要区别在于收费不同。简单来说，A 表示前端收费，既收申购费又收赎回费；C 表示申购费与赎回费都不收取，但每年都会收取一定比例的销售服务费。所以关于 A 类基金和 C 类基金最大的差别就在于：A 类份额收取申购费，不收销售服务费；而 C 类份额没有申购费，有销售服务费。那投资者如果想买的基金同时有 A 类和 C 类两种份额，应该选择哪个呢？在这里有一个简单的结论：短期持有买 C 类，长期持有买 A 类。例如，某支 A 类基金的份额申购费率和赎回费率如图 7-25 所示。

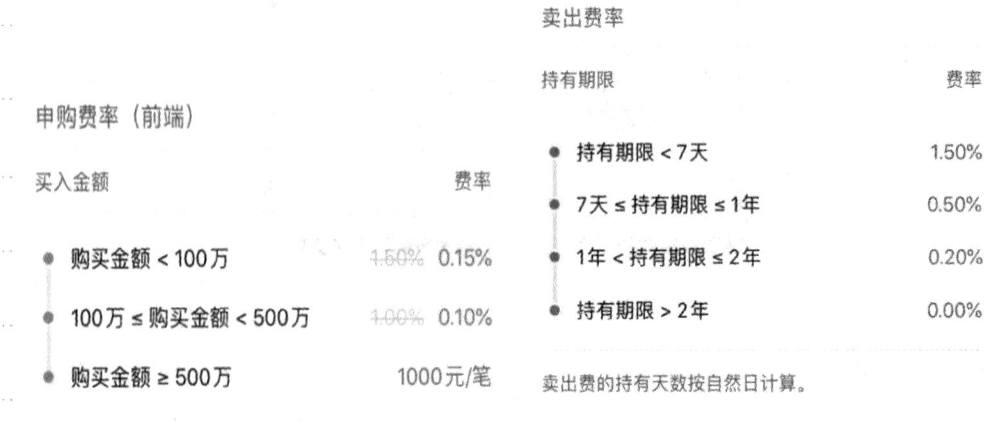

图 7-25　某基金的申购费率和赎回费率

该基金的 C 类销售服务费率为 0.5%，不收申购费和赎回费，如图 7-26 所示。

卖出费率

持有期限	费率
持有期限 < 7天	1.50%
7天 ≤ 持有期限 < 30天	0.50%
持有期限 ≥ 30天	0.00%

卖出费的持有天数按自然日计算。

图 7-26　某基金的服务费率和赎回费率

在基金投资时，除了关注上面几个方面，还应注意基金购买的时间。比如当某基金行情火爆的时候，可能就已经错过了最佳的配置时间，选择恰当的基金购买时机也能帮投资者更好地实现资金的增值。

任务解析 3　理 财 产 品

理财产品的收益水平介于储蓄存款和股票投资之间，但根据不同理财产品的风险等级，投资者也需要承担相应的风险。“资管新规”中增加了金融机构对于资管产品实行净值化管理，净值生成符合公允价值原则的要求。依据财政部《企业会计准则第 39 号——公允价值计量》的要求，可以选用的估值技术包括市场法、收益法和成本法三类，用于估计的输入值分为报价、可观察值和不可观察值三个层次。“资管新规”明确鼓励资管产品采取市值计量。

企业会计准则第 39 号——公允价值计量

这一规定对银行理财业务影响极大。近年来大部分预期收益型产品对持有的固定收益资产采用摊余成本法估值，即资产在买入时以取得成本计价，按照票面利率或商定利率并考虑其买入时的溢价与折价，在其剩余期限内平均摊销，同时按照资产的利率每日计提收益。这种估值方法最大程度地确保了产品参与、退出净值的平稳性，但却可能留下估值偏离的隐患。

预期收益型产品基础资产的风险不能及时反映到产品的价值变化中，投资者不清楚自身承担的风险大小，缺少风险自担意识；同时金融机构将投资收益超过预期收益的部分转化为管理费或直接纳入中间业务收入，而非给予投资者，也难以要求投资者自担风险；投资者教育相对不足，导致盲目相信银行品牌、信誉背书，而银行也难以主动舍弃巨额的利益，强化了预期收益型产品保本保收益的错误认知，以至于银行业、信托业刚性兑付的理念根深蒂固。而银行理财产品实行净值化管理之后，投资者自担风险，不允许金融机构刚性兑付，倒逼市场回归理性，这就需要投资者充分识别产品的风险，也对银行理财业务团队自身的投研能力和净值化管理的基础设施建设有了极高的要求，目前所有银行已经完成了向净

值型产品的过渡。所以说现在的理财产品可能得到高收益，还可能得不到收益，甚至有部分或全部损失投资本金的风险。

随着移动互联网的发展，购置理财产品越来越便捷化，与此同时市场上也出现了五花八门的理财产品。对于种类繁多的理财产品，该如何知晓产品的投资方向，判断产品的风险呢？只要做到“六了解”，理财产品的选择也不麻烦，详见表 7-21。

中国理财网商业银行理财产品信息披露平台

表 7-21　理财产品“六了解”

产品的发行机构	产品的发行机构有银行、证券公司、保险公司、信托公司等金融机构，所以了解理财产品“出身”，就能对产品有大概的了解。选择产品就要详细了解发行公司的背景和实力，可以重点关注由职能部门颁发的执照、公司注册资本、企业网站页面是否真实、过往业绩等；还可以多问问一些资深投资者，是否了解此机构
风险和收益	理财产品具有一定风险，购买理财产品，不能要求绝对没有风险，但要把握一个原则，就是看理财产品的风险和收益、流动性、投资门槛等指标是否能够匹配。理财从业人员推荐理财产品时，应当坚持“了解产品”和“了解客户”的理念，加强投资者适当性管理，向投资者推荐和销售与其风险识别能力和风险承担能力相适应的理财产品。禁止欺诈或者误导投资者购买与其风险承担能力不匹配的理财产品，向投资者传递“卖者尽责、买者自负”的理念，打破刚性兑付
流动性	看流动性就是看理财产品的期限，投资者要结合自身资金使用的用途来定。银行理财产品的期限有 1 个月、60 天、半年或者 270 天等
产品的类型	以结构性存款为例，深入了解产品类型的重要性。结构性存款产品是指将存款等固定收益产品与金融衍生品组合的金融产品，其收益与股票、商品、汇率等标的物挂钩，实际到期收益参照挂钩标的价格在观察期内的表现，且收益不确定性较大。投资者购买时要看产品设计规则，包括看跌还是看涨。 自“资管新规”实施以来，银行面临着理财客户流失的风险，一般的存款产品竞争力又较弱，高收益的结构性存款产品自然成为揽储利器，为此，各银行纷纷加大结构性产品的发行力度。结构性存款在总存款中的占比不断提高，结构性存款余额增速也不断提高，最高时甚至超过 50%，个人结构性存款增速更是达到 80%。同时，部分银行更是通过设置理论上不可能执行的行权条件(如 Shibor 跌破 0%，才会触发行权条件，收益率变为低限)，将结构性存款实质变为固定收益产品的“假结构”。这既不符合这一产品的设计初衷，也违背了监管“打破刚兑”的理念。因此，2018 年下半年以来，监管便开始整治“假结构”现象，同时要求开展结构性存款业务的银行需要具备衍生品交易业务资格。由此，结构性存款的增速开始下降。 投资者购买结构性存款产品时，要充分了解产品类型，结构性存款产品通常根据客户获取本金和收益方式不同进行分类，一般分为保本固定收益型、保本浮动收益型和非保本浮动收益型三类。投资者要对金融市场有一定判断能力，并结合自身风险承受能力来决定是否购买，同时要分析产品所挂钩的金融衍生品的波动情况，了解清楚产品是否保本；也要估算达到产品最高预期收益率的可能性。

续表

投资门槛	银行的理财产品，一般需要1万元起步，信托产品需要100万元起步；很多私募产品也要求100万元起步。选择理财产品，投资门槛也是要考虑的。
产品投向	按照资金投向分类，底层资产大致可以分为债权类、货币市场工具、现金及银行存款、基金类、权益类、收(受)益权以及金融衍生工具。据统计，2020年发行、详细披露资金投向的产品共68 116款，其中固定收益类55 470款，混合类10 494款，权益类产品554款。对于固定收益类产品，投资债权类资产最多，涉及该类底层资产的理财产品占比高达97.96%；其次为货币市场工具，现金及银行存款位居第三，占比均高于80%；除金融衍生工具、收(受)益权以外，权益类占比最低，为21.05%，与固定收益类产品的要求基本相似。对于混合类产品，投资债券类资产最多，涉及该类底层资产的理财产品占比高达98.73%，其次为货币市场工具，为97.67%；债权类位居第三。除金融衍生工具、收(受)益权以外，基金类占比最低。与固收类产品不同的是，混合类产品大多涉及多种底层资产，整体投资方向较为丰富。对于权益类产品而言，债券类底层资产为产品核心，其中97.11%的产品涉及该类资产；其次为货币市场工具与现金及银行存款，其中货币市场工具占比高达96.93%。由此可见，固定收益类产品与权益类产品相比，固收类、权益类产品投向较少而债权类涉及较多，但债权类资产、货币市场工具、现金及银行存款仍旧是不可或缺的底层资产

任务解析4 债　　券

债券是一种有价证券，是社会各类经济主体为筹集资金而向债券投资者出具的、承诺按一定利率定期支付利息并到期偿还本金的债权债务凭证。目前我国债券的品种被划分为五种类型：财政部负责监管的国债及地方政府债券、中国人民银行会同中国银保监会监管的金融债券、国家发改委监管的企业债券、中国证监会监管的公司债券、中国人民银行监管的银行间市场非金融企业债务融资工具。这里主要介绍国债、金融债券和企业债券这三种类型。

一、国债

国债是国家发行的债券，优点是几乎没有风险，且利息免收20%的个人所得税，缺点是国债收益率与企业债券相比较低，可能达不到投资者的预期收益率。

二、金融债券

金融债券是指银行及非银行金融机构依照法定程序发行并约定在一定期限内还本付息的有价证券，它能有效地解决银行等金融机构的资金来源不足和期限不匹配的矛盾。金融债券的资信通常高于其他非金融机构债券，违约风险相对较小，

具有较高的安全性。金融债券的利率通常低于一般的企业债券，但高于国债和银行储蓄存款利率。

(一) 金融债券的分类

根据利息支付方式不同，金融债券可分为附息债券和贴现金融债券。如果金融债券上附有多期息票，且发行人定期支付利息，则被称为附息金融债券；如果金融债券是以低于面值的价格贴现发行，到期按面值还本付息，利息为发行价与面值的差额，则被称为贴现债券。

根据发行条件不同，金融债券可分为普通金融债券和累进利息金融债券。普通金融债券按面值发行，到期一次性还本付息，期限一般是 1 年、2 年和 3 年，类似于银行定期存款。累进利息金融债券的利率不固定，在不同时间有不同的利率，且一年比一年高，即利率随着债券期限的增加而累进。

此外，金融债券也可以像企业债券一样有其他的分类方法，在项目三中已有详细介绍，此处不再赘述。

(二) 金融债券的品种和管理规定

1. 政策性金融债券

政策性金融债券是指我国政策性银行为筹集资金，经监管部门批准，以市场化方式向国有商业银行、邮政储蓄银行、城市商业银行等金融机构发行的债券。其可在全国银行间债券市场公开发行或定向发行，发行人可以采取一次足额发行或限额内分期发行的方式。从 1999 年起，我国银行间债券市场以政策性银行为发行主体开始发行浮动利率债券，基准利率曾采用 1 年期银行定期存款利率和 7 天回购利率。从 2007 年 6 月起，浮息债券以上海银行间同业拆借利率为基准利率。

2. 商业银行金融债券

商业银行金融债券是指依法在我国境内设立的商业银行在全国银行间债券市场发行的、按约定还本付息的有价证券。主要包括以下几类。

(1) 商业银行金融债券。发行条件：具有良好的公司治理机制；核心资本充足率不低于 4%；最近三年连续盈利；贷款损失准备计提充足；风险监管指标符合监管机构的有关规定；最近三年没有重大违法、违规行为；中国人民银行要求的其他条件。

(2) 商业银行次级债券。发行条件：实行贷款五级分类，贷款五级分类偏差小；核心资本充足率不低于 5%；贷款损失准备计提充足；具有良好的公司治理结构与机制；最近三年没有重大违法、违规行为。

(3) 资本补充债券。发行条件：具有完善的公司治理机制；偿债能力良好，且成立满三年；经营稳健，资产结构符合行业特征，以服务实体经济为导向，遵守国家产业政策和信贷政策；满足宏观审慎管理要求，且主要金融监管指标符合监管部门的有关规定。

3. 证券公司债券

证券公司目前可以发行的债券品种包括证券公司普通债券、证券公司短期融资券、证券公司次级债务以及收益凭证。

(1) 证券公司债券。目前，证券公司发行普通公司债券的要求和其他公司相同。

(2) 证券公司短期融资券。实行余额管理，待偿还短期融资券余额不超过净资本的60%，在此范围内，证券公司自主确定每期短期融资券的发行规模。

(3) 证券公司次级债。次级债务、次级债券为证券公司同一清偿顺序的债务。证券公司次级债券只能以非公开方式发行。证券公司次级债分为长期次级债和短期次级债。证券公司借入或发行期限在1年以上(不含1年)的次级债为长期次级债。证券公司为满足正常流动性资金需要，借入或发行期限在3个月以上(不含3个月)、1年以下(含1年)的次级债为短期次级债。

4. 保险公司次级债务

保险公司募集次级债所获取的资金，可以计入附属资本。保险公司次级债务的偿还只有在确保偿还次级债务本息后偿付能力充足率不低于100%的前提下，募集人才能偿付本息；募集人在无法按时支付零利息或偿还本金时，债权人无权向法院申请对募集人实施破产清偿。

三、企业债券

企业债券是企业为筹集资金向社会公众发行的债券，与国债相比，利息率相对较高，即投资人取得的收益相对国债来说较高。缺点是如果企业经营不善，投资者会面临本金的损失。如何选择好的企业债券是投资者需要关注的重点问题。

(一) 债券信用评级

目前国际上公认的最具权威性的信用评级机构，主要有美国标准·普尔公司和穆迪投资服务公司。上述两家公司负责评级的债券很广泛，包括地方政府债券、公司债券、外国债券等，它们拥有详尽的资料，采用先进科学的分析技术，又具备丰富的实践经验和大量专业人才，因此它们所做出的信用评级具有很高的权威性。标准·普尔公司信用等级标准从高到低可划分为AAA级、AA级、A级、BBB级、BB级、B级、CCC级、CC级、C级和D级。穆迪投资服务公司信用等级标准从高到低可划分为：Aaa级，Aa级、A级、Baa级、Ba级、B级、Caa级、Ca级、C 级。两家机构信用等级划分大同小异，前四个级别债券信誉高，风险小，是投资级债券；从第五级开始的债券信誉低，是投机级债券。

标准·普尔公司和穆迪投资服务公司都是独立的私人企业，不受政府的控制，也独立于证券交易所和证券公司，其所做出的信用评级不具有向投资者推荐这些债券的含义，只是供投资者决策时参考。因此，其评级结论只对投资者负有道义上的义务，但并不承担任何法律上的责任。

(二) 通货膨胀的情况

发生通货膨胀时，短期债券占有明显优势。因为投资者获得债券利息是根据债券面值乘以债券票面利率计算出来的，而债券票面利率在发行时已有提前规定。当通货膨胀发生时，市场平均利率会上调，这样就导致市场上很多产品的收益都会比债券高，这时很多投资人都会选择卖掉债券，债券价格也随之降低，而期限长的债券就会很难脱手。

当通缩产生时，宜选择票面利率高的债券。市场出现通缩情况时，市场利率会下调，这会导致其他产品的收益比债券低，而债券因为收益固定，票面利率高的债券价格则被抬高。

(三) 购买债券的时机

股票市场火爆时债券价格会出现回落，此时不建议购买债券；股市低迷时介入债券就比较安全；临近债券付息日，债券价格如果下跌，则是购买债券非常好的时机。

除了股票、基金、理财产品、债券外，投资规划工具还包括金融衍生品。金融衍生品实质是一种金融合约，期货、掉期(互换)和期权都属于金融衍生品。金融衍生产品是与金融相关产品派生出来的金融工具。投资金融衍生品只要支付一定比例的保证金就可进行全额交易，不需实际上的本金转移，合约一般也采用现金差价结算的方式进行，只有在满期日以实物交割方式履约的合约才需要买方交足贷款。因此，金融衍生产品交易具有杠杆效应，保证金越低，杠杆效应越大，风险也就越大。

任务 4　投资规划步骤

【任务描述】

- 了解设定投资目标需要注意的内容。
- 掌握在投资规划中风险承受能力的重要性。
- 掌握制订投资策略和选取投资产品的方法。
- 掌握投资计划正确的实施方法。
- 掌握监控投资规划的重要性。

理财从业人员需要对每个家庭的实际财务情况、家庭的风险偏好、承受能力、家庭生命周期等情况进行具体分析，才能为客户进行家庭资产的配置和整理规划。投资规划的运作过程逻辑性很强，现将其归纳为五个步骤，如图 7-27 所示。

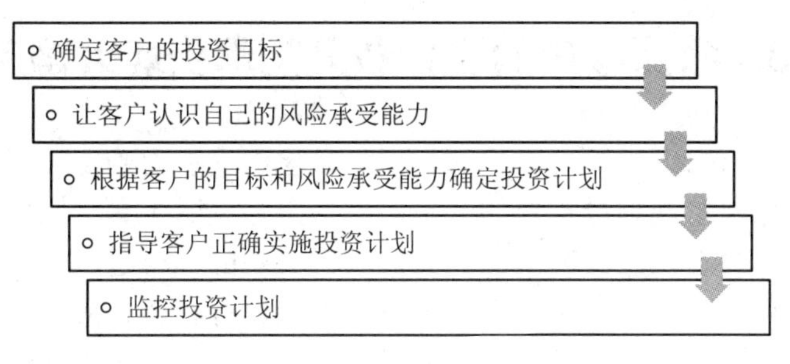

图 7-27 投资规划的步骤

任务解析 1 确定客户的投资目标

投资规划的第一步：确定客户的投资目标。合理、明确的投资目标是家庭投资规划取得成功的前提。理财从业人员必须通过有效的指导和询问，协助客户明确其关注的问题与期望，并帮助其确立具体的量化目标。这通常涉及死亡、残疾、退休收入、纳税、赠与、遗产、应急基金、教育基金等多方面，因此要进一步帮助客户区分竞争性目标的先后顺序，最终确立整个理财规划的基调。

设定投资目标是投资规划的核心环节，需注意以下几点：

(1) 现实性。投资目标应建立在客户的收入和生活状况基础上。比如客户是刚毕业的大学生，若单凭自身能力想在一线城市购买住房是相对较难的。

(2) 具体性。要明确知道制订何种计划能够帮助客户实现投资目标。例如“一年内投资股票赚取 5000 元”，就比“投资股票”的目标更具体可行。

(3) 时间性。每一项投资目标应确定一个时间表，这将更有助于客户实现该目标。

(4) 操作性。投资目标会影响到其他理财目标，所以要有较强的可操作性。

任务解析 2 让客户认识自己的风险承受能力

投资规划的第二步：让客户认识自己的风险承受能力。当客户叙述完关注的问题和目标后，理财从业人员必须通过与客户建立联系，收集客户的相关信息。这些信息一般包括事实性信息和判断性信息两大类。事实性信息是指关于客户的一些事实性描述，包括客户的年龄、工资收入、持有的证券清单、资产和负债情况、年度收支表以及当前的保险状况等。判断性信息主要是指一些无法用数字客观表示的信息，包括个人和家庭对风险的态度、价值观、未来的工作前景等，其重要性不亚于前者。通常各金融机构都是通过风险测评问卷来进行判断的。

根据收集到的上述信息，理财从业人员首先要确定客户当前的财务状况，梳理其理财目标的有利条件和不利因素，以判断客户家庭整体的财务状况是否健康，或存在哪些可以改进的空间，如有需要及时调整理财目标，这是进行投资规划的必要准备工作。在此基础上分析客户的风险承受度，主要包括客户的风险承受能力和风险偏好。

任务解析3 根据客户的目标和风险承受能力确定投资计划

投资规划的第三步：根据客户的目标和风险承受能力确定投资计划。这是理财从业人员进行投资规划最重要的一步，包括家庭理财工具、家庭资产配置、投资组合、投资时机等，也是整个家庭理财非常关键的一个过程。在前面的介绍中我们已经对各种不同的理财工具有所了解，可知银行存款、股票、基金、国债、保险等理财产品的起点金额、期限、流动性、收益和风险各不相同。同样每个家庭或者个人在理财投资中，家庭的财力约束、承受风险的能力也有不同，理财从业人员要对不同风险、不同类型的金融理财产品进行选择和安排，这必须要结合家庭的财产状况、资产积累状况、资金使用情况以及家庭的生命周期和理财目标，根据家庭理财资产配置原理、风险收益性原理进行家庭资产的配置和规划，最终制订出一份专业化的投资方案。

一、选取适合的投资类型

理财从业人员在选择具体的投资类型过程中需要综合考虑以下因素：

(1) 通过对历史上这一类型投资的变化情况进行分析，从而判断客户是否能够从此类型的投资中取得合理回报以及具体实现方法。

(2) 分析所需选择的一种投资类型时，要考虑它是仅仅为了带来现金收入，还是要带来资本增长，另外还需要特别关注现金收入如何获取，以及用什么样的方式获利和预计目标数额等。

(3) 应该合理地确定各种投资产品类型的价值和波动程度，做好对风险管理以实现客户的财务安全。

(4) 若客户在某个特定的时期内需要使用相当数量的资金，必然会对其资产的流动性提出一定的限制，理财从业人员在做出投资决策的过程中要充分考虑到客户资产的流动性。

(5) 要综合考虑投资管理的难易程度，并充分认识投资组合的管理途径和方式，以便于定期地对投资的组合情况进行评估和分析，并及时地做出适当调整。

(6) 充分把握与投资密切相关的各项费用，如佣金、管理费以及其他费用等情况，判断制订的投资战略是否具有可实施性。

(7) 分析经济前景。经济环境前景的变化会对客户的资产分配计划产生较大的影响。例如，若股市已经持续了很长一段时间的牛市行情，理财从业人员就需要谨慎地分析判断行情走势，减少客户投资金额，防止行情下跌带来较大经济损失。

二、选取具体的投资产品

理财从业人员在帮助客户选择具体的投资理财产品时，要严格遵循以下原则：首先，对各类投资理财产品的收益、风险、时间和范围等因素进行量化，以便于对这些投资理财产品做出正确的决策和监控；其次，在投资组合中，要注意确保所拥有的部分投资具备较好的变现能力，以防止客户在可能发生重大紧急情况下出现财务危机；再次，在各个资产类型之间需要进行风险的分散；最后，为具体投资项目确定不同的投资年限，以满足客户对资金流动性的要求。

三、制订综合投资管理策略

理财从业人员应针对每个家庭的具体需求、风险偏好程度等内容，根据宏观经济市场情况为客户制订综合的投资策略，这就需要进行多种投资类型和多种投资产品的组合配置。理财从业人员应尽量与客户多次沟通投资方案，从而更好地帮助客户制订合理的资产配置计划。

课外链接：一些理财方法给我们的启示

- 量入为出：国外一本畅销书《隔壁的富豪》中透露了一些令很多人难以置信的事实，即大多数百万富翁都是开普通的福特车，并在平价商场购物。因此，致富的钥匙在于量入为出。
- 深谋远虑：投资不要随大流。有人吹嘘从股票、商品期货或外汇交易进账数百万时候，切记不要眼红。要记住多元化投资、降低风险，适合你才是最重要的。
- 制订储蓄计划：根据美国消费者联盟的一项调查显示，近 1/3 美国人相信，买彩票赢得 50 万美元的机会，比自己凭本事赚钱来得大。事实上，如果每周储蓄 50 美元，40 年后，加上 9%的利息，便可拥有 1 026 853 美元存款。
- 投资股票型基金：1999 年股票型基金平均获利超过 24%，不要期望每年都有这样好的事，但从长远看，没有其他的投资能带来更好的报酬。因为股票型基金投资很多股票，即使有一两只股票下跌，损失也不会太严重。
- 弄清保单：寿险大致有两种：一种是定期险，一种是现金价值险。定期险很简单，身亡便可以获得赔偿。但是，如果停付保费，保单便毫无用处。现金价值险可以在急需用钱时，提取部分现金使用，如果死前取消保单，也可以获得一些现金给付。
- 及时支付信用卡账单：信用卡能带来很大的便利，问题是很多人却因此透支。据调查，目前只有约 40%的人按月付清信用卡欠账，虽然比 1991 年的 29%已经改善许多，但仍然意味着有 60%的人过着入不敷出的生活。
- 留意节税：超过半数的美国人在税务上求助于他人。但是除非能保持节税的条件，如慈善捐助、事业相关支出或一切可以抵税的凭证，否则会计师也无法为你节税。要记住合理节税而非偷税漏税。
- 早立遗嘱：半数以上的美国人未在死前立遗嘱，简单的遗嘱花费不过 250 美元。立好遗嘱可以为亲人省下不少麻烦。否则，法院将决定谁能拥有你的财产。

任务解析 4　指导客户正确实施投资计划

投资规划的第四步：指导客户正确实施投资计划。再完美的投资计划方案如果不执行都没有任何意义，只有通过方案的执行才能让客户的目标变成现实。因此，理财从业人员为客户确定投资计划后，下一步就要指导客户正确实施投资计划。如果有一些操作难度大、实施困难的理财规划，可以由客户认可的专家或顾问参与，如参与期货、互换等高风险的金融衍生品交易，则必须参考证券公司研究员的意见、学习业务的详细操作手册等。同时，金融市场是瞬息万变的，在实施投资计划的时候，要注意对选择的投资产品进行紧密地跟踪，在偏离客户期望时要做好详尽的记录，以保障能够最大限度地控制风险，减少损失。

任务解析 5　监控投资计划

投资规划的第五步：监控投资计划。投资计划是一个长期、动态的过程，在实施过程中需要不断地评估投资策略和方法，保障投资计划的可行性。一般来说，需要在每半年或者每年进行投资总结，回顾客户的目标与需求，分析各种宏观、微观因素的变化对于客户当前投资策略的影响，判断当前投资方案的绩效，不仅要评定投资计划是否完成了期望的目标，而且要评估客户生活状况的改变对达成投资目标的影响。并将评估结果及时与客户进行沟通，必要时对理财方案进行适当的调整和修正。在计划实施的过程中，任何家庭、社会和经济因素的变化都可能对投资方案的执行结果产生影响。比如一份新的工作、结婚、离婚和生子等，都会对其投资目标产生较大的影响，这些影响都应该被考虑到投资计划中去，因为这些事情的发生可能影响到可用的投资金额，也可能直接影响到客户的投资目标和风险承受能力等，任何一个事件的忽略都有可能影响到最终目标的实现。

另外，国家政策和相关法律的改变、经济环境的变迁、新金融产品的出现也会影响现有投资计划的实施。所以，在发生客观环境变化时，都需要重新审视自己的投资计划，并确定一些新的投资方案。在计划实施的过程中，要与客户保持长期紧密的联系，只有定期地监控投资计划，并根据需要不断地调整投资计划，才能保障投资目标的顺利实现。

【能力拓展】

章节习题

- 李先生的母亲病了，虽然李先生通过借款凑了 10 万元医疗费，但是仍有 5 万元缺口，李先生希望通过投资计划，在 3 个月内将资金变为 15 万元。如果您是李先生的理财服务人员，请问他的理财目标能实现吗？您应该如何做？

实战演练 1 挑选与客户风险承受度适配的产品

【任务发布】

1. 基本任务

参考任务 2，分析下列客户的风险偏好程度，并根据所学的知识，在产品列表中选取适合客户的产品。

2. 升级任务

参考相应资产配置的理论，帮助客户制订综合投资管理策略。

【任务展示】

(1) 请分析客户的风险偏好程度，并选择符合客户风险偏好程度的产品，填入表 7-22。

表 7-22 客户风险情况介绍列表

客户姓名	客户情况	风险偏好程度	适用产品
李景明	李景明今年 45 岁，一直在沿海城市打工，打工月收入 4000 元左右，他希望有一份稳定的收益		
王浩博	王浩博是一位中学数学老师，收入稳定，月收入 6500 元左右，希望投资一些收益稳定的理财产品		
金念念	金念念经常在便利店和快餐店打工，每月收入 3500 元左右。害怕风险，希望投资非常稳定，本金不会遭受损失		
李斐	李斐是一家煤矿企业的小老板，文化程度不高，偏好高风险高收益的投资		
冯梦洁	冯梦洁是一家上市公司的会计，对各项投资产品以及收益分配情况具有自己的判断，愿意承受一定的本金损失，偏好波动不大的理财产品		
赵婷	赵婷毕业于某金融名校的金融工程专业，担任上市公司的财务顾问，了解投资产品，愿意承担高风险获得高收益		
周强	周强是一名货车司机，月收入 16 000 元左右，工作非常劳累，想通过投资高风险的产品实现暴富		
程子轩	程子轩是一位国家公务员，年收入 30 万元，偏爱流动性强和收益稳定的理财产品		

(2) 判断表 7-23 中各产品的本金收益情况，并在最后一列进行对应勾选。

表 7-23　可选择产品列表

产品名称	产品类型	风险程度	主要投向	本金及收益 是打√，不是打×
华夏双债债券	债券型基金	R2	债券	□保本　□保收益 □固定收益　□浮动收益
周周惠赢挂钩利率B款7天滚动	结构性存款	R1	存款	□保本　□保收益 □固定收益　□浮动收益
平安安心灵活配置混合A	混合型基金	R3	股票	□保本　□保收益 □固定收益　□浮动收益
平安股息精选沪港深股票C	股票型基金	R4	股票	□保本　□保收益 □固定收益　□浮动收益
平安深证300指数增强	指数型基金	R4	股票	□保本　□保收益 □固定收益　□浮动收益
平安养老富盈5号	养老保障产品	R2	流动性资产、固定收益类资产	□保本　□保收益 □固定收益　□浮动收益
黄豆期货	期货	R5	固定资产	□保本　□保收益 □固定收益　□浮动收益
平安银行一年期定期存款	存款	R1	信贷	□保本　□保收益 □固定收益　□浮动收益

【步骤指引】

• 老师带领学生梳理每个客户的风险偏好情况，对客户进行5类区分，并填入表7-22中的风险偏好程度列表。

• 老师带领学生温习项目三中学习的家庭理财产品，指导学生通过机构网站、手机App了解其余的理财产品，划分产品的风险等级并对应到客户风险偏好等级。

• 老师带领学生预习项目八中综合理财规划方案设计的知识，结合本项目内容尝试不同类型产品的组合搭配，并做出合理的产品配置建议。

【实战经验】

实战演练 2 帮助张教授制订理财方案

【任务发布】

1. 基本任务

请根据风险承受能力评分表、风险承受态度评分表和张教授的风险评估背景资料为张教授进行风险特征评估。

2. 进阶任务

(1) 判断适合张教授家庭的投资组合。

(2) 分析现有投资组合是否合理并为张教授家庭制订投资理财方案(计算结果保留到小数点后两位，整数取整)。

【任务展示】

张教授夫妇希望能够调整目前的投资结构，以获得足够的资金达到他们的理财目标，希望理财从业人员可以提供一个合适的解决方案。表 7-24 和表 7-25 是张教授的风险评估背景资料。

表 7-24 张教授风险承受能力测试

测 试 项	客 户 情 况
张教授的投资经验	6 到 10 年
张教授的投资知识	自修有心得
张教授每年的家庭收入中可用于投资的比例	大于 55%
张教授计划的投资期限	3～5 年
张教授做出投资决策时，考虑最为重要的因素	稳定增长
张教授认为买股指期货会比买股票更容易获取利润	可能不是
张教授可承受的价值波动幅度	能够承受本金 20%～50%的亏损
张教授的投资目的	资产稳健增长
张教授的健康状况	良好

表 7-25 张教授风险承受态度测试

测 试 项	客 户 情 况
张教授投资首要考虑的因素	长期利得
张教授过去的投资绩效	只赚不赔
张教授赔钱时的心理状态	学习经验
张教授目前主要投资方向	存货或货币性资产
张教授计划的未来的投资避险工具	房地产
张教授第一次到赌城会选择	1 元的老虎机
张教授对于金钱的态度	聚沙成塔

续表

测 试 项	客 户 情 况
张教授的好朋友会用这样一句话来形容张教授	经详细分析后，他愿意承担风险
假设张教授参加一个电视获奖节目	他会选择有 50%的机会赢取 3000 元现金
对于“风险”一词，张教授的第一感觉是	机会
假设张教授和朋友赌足球赛赢了 300 元	他会买股票
当股市大涨时，张教授会	打电话给他的投资顾问，听听他的意见
张教授认为自己能够承受的最大损失	本金的 30%～50%
张教授的生活方式	三思而后行
假设张教授在一项博彩游戏中输了 500 元	他会现在就放弃不玩了
假设张教授刚存够去旅行的钱，但出发前突然被解雇	他会延长旅程
张教授根据自己的经验，他对于投资股票和基金的态度是	比较安心
假设张教授继承了 10 万元遗产，他必须把所有遗产用作投资	他会投资于一个拥有股票和债券的基金
对于上面评分表中对应的四个投资选择，张教授个人比较喜欢	情况好会赚 4800 元，情况差损失 2400 元
假设张教授因为一些原因，他的驾照在未来三天都无法使用	他会搭便车

【步骤指引】

• 老师协助学生梳理张教授风险承受能力测试及风险承受态度测试，评估张教授的风险承受等级及适合的投资理财工具。

• 学生回顾客户风险偏好的类型，判断张教授的风险承受特点与类型。

• 老师指导学生根据张教授的风险偏好类型，配置适合张教授家庭的理财投资工具及比例，为张教授家庭制订合适的理财规划方案。

• 学生自行总结发言，为张教授家庭的风险承受能力匹配相应的理财配置方案，有哪些需要规划以及如何规划并进行阐述。

【实战经验】

- -

- -

- -

- -

项目八

综合理财规划方案设计

项目概述

本项目通过对综合理财规划方案的制订、撰写以及相关合同的介绍，使学生掌握家庭理财资产配置理论、认知理财规划书以及相关的文书资料，帮助学生根据客户需求进行综合分析并撰写完整的理财规划书。通过本项目学习，使得学生能够灵活地运用目前所学的专业知识，分析解决实际工作中可能遇到的困难与问题，能够为客户制订理财规划方案并协助客户理解和签署相关合同,为后续方案的实施、跟踪及评价奠定基础。

项目背景

基金托管行业数据

中国基金业协会(https://www.amac.org.cn/)在其官网“数据统计”栏目，会定期发布资管行业的相关数据。这些数据可以帮助理财从业人员和投资者，对资管行业进行深入地宏观分析。图 8-1 和图 8-2 为 2020 年二季度至 2021 年二季度，按产品类型分类的资管行业托管产品数量和规模情况。

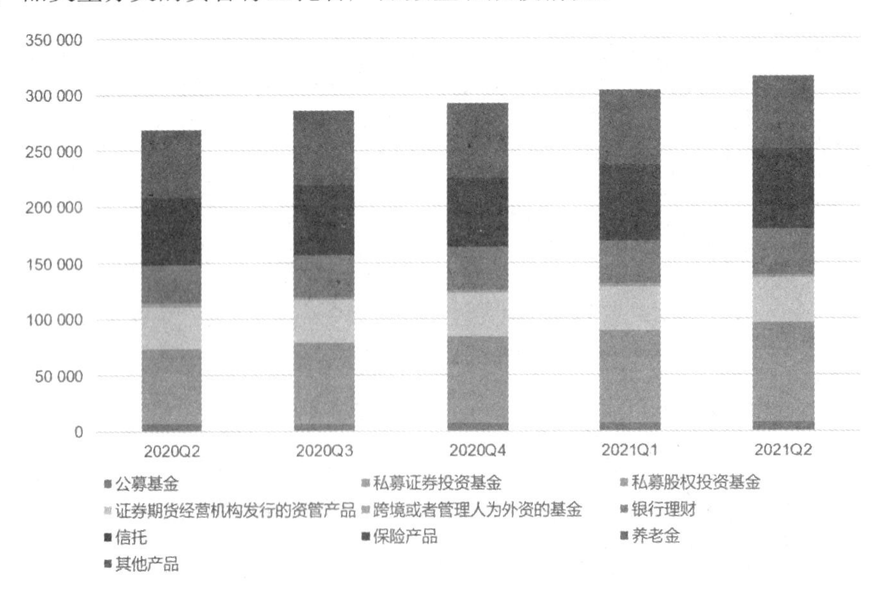

图 8 1　按产品类型分托管资管产品数量(只)

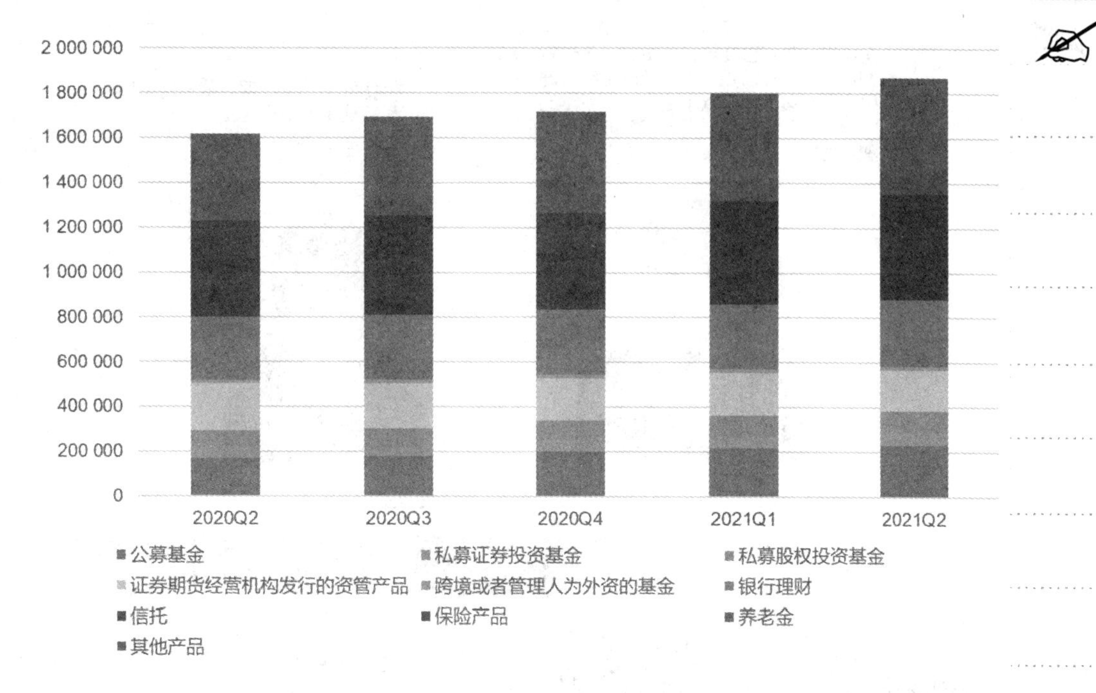

图 8-2　按产品类型分托管资管产品规模(亿元)

统计数据指出，截至 2021 年二季度，共有 316 306 只资管产品，同比增长 17.55%、环比增长 4%；资管产品规模达到 1 871 454.01 亿元，同比增长 15.65%、环比增长 3.90%，证明资管行业的需求和供给市场都在持续扩张，因为资管产品的数量和规模正处于双双增长的过程中。

另外仍以 2021 年二季度数据来分析，除其他产品外，产品数量最多的类型依次为：信托 63 269 只、私募基金 62 966 只、银行理财 40 061 只；产品规模最大的类型依次为：银行理财 296 442.01 亿元，保险 262 570.65 亿元、公募基金 229 849.10 亿元。由此可以看出，资管产品的数量和规模并不对等，信托和私募基金产品占行业全部产品数量的 40%，而其产品规模仅占 14%，但是信托和私募基金发行了多元化的资管产品，用以满足愈加繁多的投资者需求，这对于整个行业的创新能力来说不容小觑，是资管产品创新的主要推动力。同时，传统的金融机构银行、保险、公募基金规模占全行业的 42.15%，仍是资管行业的主要力量，并且也是目前投资者最信赖的理财机构。

项目演示

吴经理安排小琪为张先生设计一份综合理财规划方案，以下是他们之间的交谈，如图 8-3 所示。

根据吴经理的要求，小琪需要详细了解资产配置的方法和理财规划方案的撰写步骤，结合实际工作安排，小琪制订了如图 8-4 所示的学习计划。

①小琪，我们已经与张先生进行了长期的沟通，现在需要为他设计一份综合理财规划方案。你可以用到你之前所学的知识，结合综合理财规划方案的撰写步骤来完成，有信心尝试一下吗？

②好的，吴经理，我一定完成本项工作。

图 8-3 吴经理与小琪的交谈

第四步 掌握制订综合理财规划方案的流程及理财规划书的撰写

第三步 掌握“金手掌”的相关内容

第二步 熟悉家庭理财规划方案的相关文件

第一步 了解家庭理财资产配置的重要性

图 8-4 学习计划

思维导图

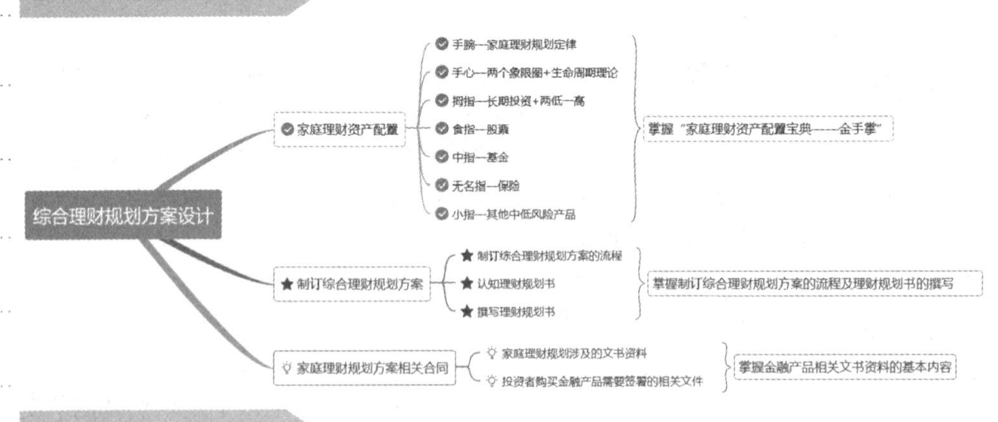

思政聚焦

理财从业人员需要对社会中大量的经济信息进行甄别运用，对个人及家庭生活中的经济活动进行关注，有针对性地获取和加工信息，利用它们更好服务于客户。理财从业人员自身的信息素养培养应从以下几方面进行：建立主动获取经济

信息的意识、培养对经济信息的分析能力、掌握一般的经济信息来源渠道、能够运用掌握的信息进行科学理财、能够有效规避“信息污染”、具有信息安全意识。

教学目标

知识目标

◎掌握家庭理财规划资产配置理论

◎认知理财规划书

◎了解合同相关的文书资料

能力目标

◎能够撰写理财规划书

◎能够协助客户签署保险合同

学习重点

◎能够根据所学，综合分析实际情况，撰写理财规划书

◎能够协助客户理解和签署家庭理财规划方案相关合同

任务1　家庭理财资产配置

【任务描述】

- 掌握家庭理财规划的基本定律。
- 掌握家庭账户管理的标准普尔象限图、美林投资时钟和生命周期理论。
- 掌握股票市场中“长期投资”和“两低一高”的原则。
- 掌握股票的基本投资策略。
- 掌握基金的基本投资策略。
- 掌握保险和其他中低风险产品在家庭资产配置的重要性。

家庭理财规划活动伴随着家庭的所有生命周期，它不仅是帮助我们实现理财目标的指路明灯，还可以调节我们的收支平衡，降低生活风险，甚至在重大事件发生时让我们有足够的能力抗衡，而资产配置是进行家庭理财规划的具体方式。本任务重点介绍家庭理财资产配置的相关内容。

资产配置是家庭理财规划的一门艺术，获得一份优质的家庭资产配置方案，会帮助家庭资金良性运转，从而使得家庭财富保值和增值，更好地实现家庭理财目标。与此同时，家庭资产配置还直接影响着家庭的稳定性和抗风险能力。本任务从资产配置的实践领域出发，介绍资产配置的经典方法和理论，使理财从业人员对家庭资产配置了如指掌。

为了让理财从业人员更好地理解家庭资产配置理论，我们将本书所介绍的经典理论、资产配置方法、家庭理财规划的重点等内容归纳总结为一张综合图形，并将其称为“家庭理财资产配置宝典——金手掌”，如图8-5所示，“金手掌”是一个由简单模型即可展现的且极为精炼的资产配置哲学。读者也可以从“金手掌”作为出发点，更加系统、深入地探索资产配置的奥秘。

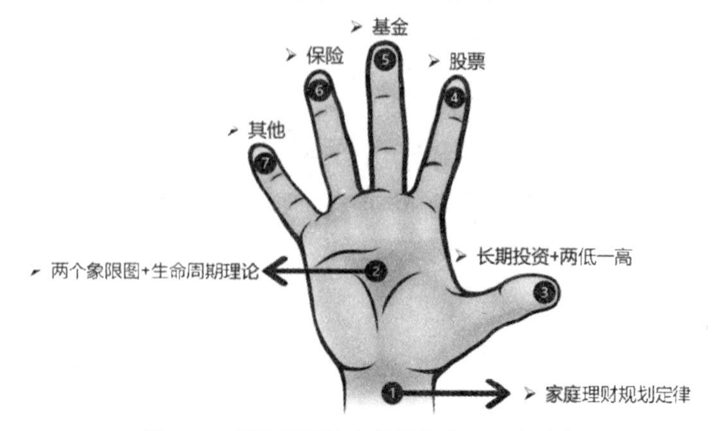

图8-5　理财规划资产配置宝典——金手掌

如图 8-5 所示，“金手掌”分为七个部分：① 手腕：家庭理财规划定律；② 手心：两个象限图+生命周期理论；③ 拇指：长期投资+两低一高；④ 食指：股票；⑤ 中指：基金；⑥ 无名指：保险；⑦ 小指：其他。接下来，我们依次进行讲解。

任务解析 1　手腕——家庭理财规划定律

资产配置需要掌握的家庭理财规划定律大致有“72 法则”“80 定律”和“双十定律”等，这些定律都是资产配置实际应用当中简单、高效的方法，可以为理财从业人员在开展具体业务时提供指导意见。但是，在为客户制订理财规划时，从业人员不应拘泥于上述的定律，还应根据客户的实际需求、家庭理财的目标等情况灵活变通、具体分析。

一、72 法则

“72 法则”我们在项目一货币时间价值的内容中介绍过，该理论也是家庭理财规划的重要定律之一，即假设对本金 100 元做 1%/年的复利计息，在 72 年后收益就会约等于本金的规律，换言之也就是在年收益 1%的情况下让 100 元本金实现翻倍需要 72 年。本法则可以帮助客户快速简便地计算在某一收益率下计复利，要实现本金翻倍所需的年限。例如，在银行存入 25 万元，存款年利率为 4%，按复利计息需要 18 年实现存款本金翻番。具体计算是用 72 除以 4，得出 18 的年限，即在 18 年后可从银行支取总额 50 万元的存款。

练一练

某客户拟购买年化收益率为 10％的金融产品，请分别用 72 法则和标准公式计算投资翻倍的时间。如果年化收益率为 20％呢？

二、80 定律

高风险投资的“80 定律”是用来计算投资者在不同年龄段应持有的高风险投资占个人资产总额比例的定律。具体计算方法是用 80 减去投资者的年龄再乘以 1%，得出该投资者在当时年龄用于投资高风险产品和工具的资金所占个人总资产的比例。例如，杨女士今年 35 岁，运用“80 定律”计算杨女士投资高风险投资项目的资产应为总资产的 $(80-35)\times 1\%$，即总资产的 45%。当杨女士到了 45 岁时，她进行高风险投资的数额在个人总资产中的占比不应超过 $(80-45)\times 1\%$，即 35%。随着投资者年龄的增长，其所用于高风险投资的资金比例占个人总资产的比例应逐步降低，这也符合人们随着年龄的增长，承受风险的能力在下降的实际情况。

三、双十定律

“双十定律”在项目六保险规划中介绍过，指的是家庭保险年保费支出应该

约为家庭年收入的 10%和家庭年收入约为保险额度的 10%。它对家庭每年应支付的保险费和获得的保险额度做出了建议。家庭可按照“双十定律”制订保险规划，但在实际运用中，上下有 5%以内的浮动也都是正常的。

任务解析 2　手心——两个象限图 + 生命周期理论

在资产配置中，除了需要掌握上述家庭理财规划规律，还应掌握一些非常重要的理论，比如家庭账户管理的标准普尔象限图、美林投资时钟和生命周期理论。这些理论是国内外专家、学者在长期从事理财活动中，经过大量数据统计和运算分析得到的、具有重要参考价值的理论。理财从业人员在家庭理财规划工作中，应将这些理论学以致用，不断提高自身专业水平。

一、家庭账户管理的标准普尔象限图

标准普尔象限图是美国的标准普尔公司组织专业研究团队，对全球十万个资产稳健增长的家庭进行长期跟踪调查和深入分析总结而提炼出的。标准普尔象限图是一张指导家庭应如何划分家庭账户以及在账户内资金如何运用的象限图，如图 8-6 所示。图中，第一账户中的资金是家庭“要花的钱”，这个账户资金余额占比约为家庭资产的 10%，主要用于家庭三至六个月的日常开销；第二账户中的资金是家庭“保命的钱”，该账户资金余额占比约为家庭资产的 20%，专门用于解决家庭突发事故的大额开支和购置保险；第三账户中的资金是家庭“生钱的钱”，该账户余额占比约为家庭资产的 30%，主要用于为家庭创造收益，发挥投资功能；第四账户中的资金是家庭“升值的钱”，该账户余额占比约为家庭资产的 40%，资金主要用于让目前闲置的资金稳定增值。

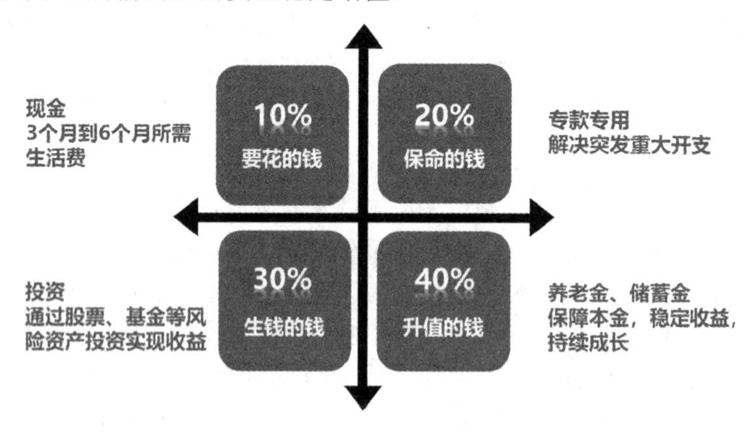

图 8-6　标准普尔象限图

二、美林投资时钟

美林投资时钟是美林证券 2004 年提出的资产配置的经典理论，是一种将“资产”“行业轮动”“债券收益率曲线”以及“经济周期四个阶段”联系起来的方

法，是非常实用的指导投资的理论工具，该理论对中国资本市场同样具有显著的指导意义。根据中国的数据，以消费者价格指数和国内生产总值的产出缺口作为划分经济周期的依据，并通过对比债券、股票、大宗商品、现金在各个阶段的表现情况来对美林投资时钟理论进行有效性检验。这个理论将每个经济周期划分为四个阶段，即复苏期、过热期、滞胀期和衰退期。

在经济周期的不同阶段，根据经济增长和通胀率的不同将投资配置于不同的大类资产，最终得到的资产回报率可能超过整体市场的投资回报率。经典的经济周期从左下角开始，由衰退、复苏、过热和滞胀沿顺时针方向循环；而对应的债券、股票、大宗商品和现金组合的表现依次超过市场平均水平。

美林投资时钟具体的应用如下：

衰退阶段(第三象限)，GDP 增长缓慢，持有资产顺序为债券>现金>股票>大宗商品；

复苏阶段(第二象限)，经济增长开始加速，持有资产顺序为股票>债券>现金>大宗商品；

过热阶段(第一象限)，通货膨胀上升，持有资产顺序为大宗商品>股票>现金>债券；

滞胀阶段(第四象限)，通胀率持续上升，持有资产顺序为现金>大宗商品>债券>股票。

美林投资时钟如图 8-7 所示。

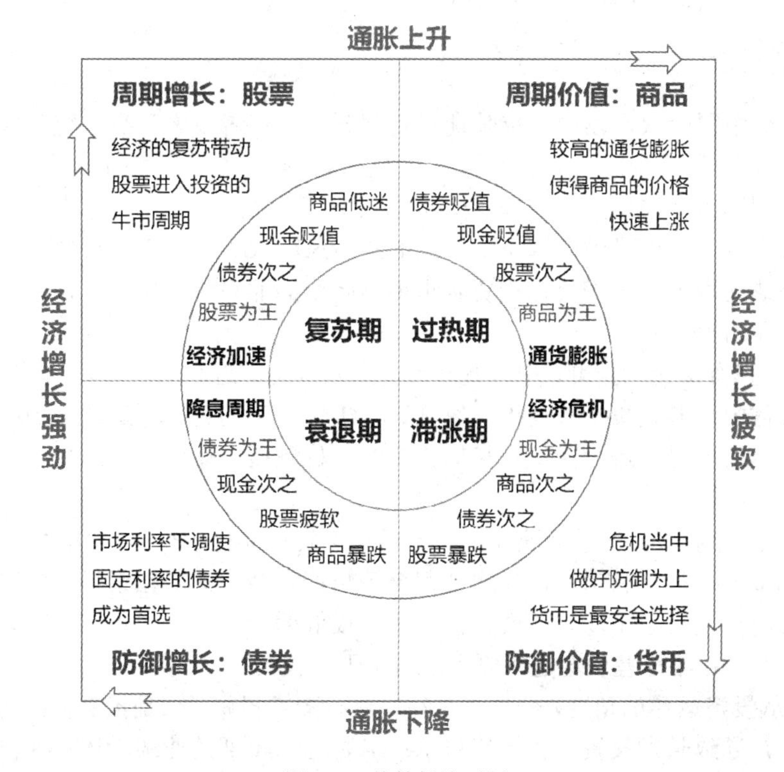

图 8-7　美林投资时钟

三、生命周期理论

家庭生命周期根据家庭成员结构变迁，将家庭生涯分为五个阶段，即单身期、形成期、成长期、成熟期和衰老期。对于家庭生命周期理论，读者一定不陌生。本书不仅在项目二中对该内容进行过详细的介绍，也将家庭各生命周期与分项规划联系起来，成为指导从业人员制订理财规划的重要理论方法。

由于每个生命周期的客户都有不同的需求，理财从业人员可以通过了解客户所处的生命周期，从而提供个性化和针对性的资产配置建议。

任务解析 3　拇指——长期投资+两低一高

在股市中有一条被称作“721 法则”的魔咒，即投资者的投资收益和市场重要的宽基指数比较相对收益为七亏二平一赢。比如在 A 股市场中，投资者可以比较自身投资收益和沪深 300 指数收益，70%的投资者对比沪深 300 指数无法取得相对收益，20%的投资者几乎与沪深 300 指数收益率持平，仅有 10%的投资者收益率高于沪深 300 指数，能取得相对收益。投资者要想打破此魔咒，关键需要改变错误的投资观念。

在股票市场中“长期投资”和“两低一高”的原则是非常重要的投资逻辑，因为它们能大大增加投资者获利的概率。

一、长期投资

在目前中国股票市场中，持长期投资理念的投资者少之又少。究其原因有以下几点：

(1) 从投资环境的角度，中国资本市场相比于发达国家来说起步较晚、法律制度还不太完善，所以导致中国资本市场的政策风险很大、短期的市场波动比较剧烈。一个缺乏规范的市场会让投资者承担不必要的非系统性风险，也恶化了长期投资的生存土壤。

(2) 从投资文化的角度，中国资本市场中盛行急功近利的思想。在一个高速增长的经济体中，多数投资者追求“快赚钱、赚快钱”的目标，这从中国股市高换手率的指标就可见一斑，而奉行长期投资的“稳赚钱、赚稳钱”的目标却无情遭到摒弃。

(3) 从资金性质的角度，真正能投资的长期资金还比较少。比如，大量的养老金只能投资银行存款和国债，住房公积金等长期资金也只能在银行里赚取少量利息，即使能投资股票市场的险资也被设定了很低的配置上限。管制的原因主要来自风险控制，担心这些资金进入股市以后出现亏损。

(4) 从投资运作的角度，长期资金往往进行短期投资。一是投资机构的高层缺乏稳定性，导致长期投资文化很难传承；二是由于短期的业绩考核，使得机构投资者必须关注短期的投资收益，这都导致长期投资理念很难得到落实。

综上所述，长期投资是针对中国股市最好的逻辑之一，可以享受中国经济的高速增长以及中国资本市场所带来的红利。投资大师巴菲特是长期投资的坚定信奉者，其连续43年年均21.1%的投资收益引来无数投资者的追捧。另外，每一位投资者都应该重视“复利效应”，即通过时间的累积，微小的收益也能成就非凡的业绩。那么，如何做一名合格的长期投资者呢？可以从以下几个方面着手。

(1) 明确长期资金性质，树立长期投资理念。理财从业人员应认真分析客户投资资金的属性，这是落实长期投资的前提。如果经过分析后，客户的投资资金属于长期资金，就应将长期投资的理念和策略贯穿于家庭理财的全过程中。

(2) 明确长期目标是长期投资的指引。在明确了长期资金属性之后，从业人员需要研究制订家庭资金长期投资目标。有了长期目标的指引，长期投资理念才能走上正确的道路。投资目标像一座灯塔，投资者的投资行为都应该朝着这个目标努力，并争取实现目标。

(3) 尽可能分散资产的类别，使长期投资得以落实。资产的分散化包括多个方面，有资产类别的分散化、投资地域的分散化以及公开市场和非公开市场的分散化等等。分散化的投资可以使不同相关性资产组成的组合在同等风险情况下收益更高，或者在同等收益的情况下风险最低。

(4) 科学合理的战略资产配置，锁定长期投资收益。战略资产配置是在对各类资产风险收益特征和相关性研究的基础上，在投资目标和风险政策指引下，通过定量和定性的方法，确定出各类资产的目标投资比例。这项工作是理财从业人员的重点工作，战略资产配置确定后，资金的长期风险收益水平也就基本锁定，但战略资产配置也不是一成不变的，要在实践中不断审视，在市场情况发生大的转变时及时修正。

(5) 在宏观经济和市场周期把握下进行战术资产配置，为长期收益锦上添花。战术资产配置是在战略资产配置计划规定的各类资产阈值范围内，通过对未来一年以上时间各类资产风险收益特征的预测，为获得超过战略资产配置的投资收益，围绕战略配置目标比例，确定各类资产的最优投资比例。战术资产配置相当于择时，通过对经济和市场的研究，对各类资产实施小幅的超配和低配，以达到超越战略资产配置收益目标的目的。

练一练

您认为长期投资的误区有哪些？如何规避这些误区？

二、两低一高

“两低一高”指的是低价格、低估值、高安全边际。“安全边际”的概念最早是本杰明·格雷厄姆在《聪明的投资者》一书中提出的，是指投资标的内在价值和价格之间的差值。在他之前，投资活动仿佛是充满了迷信、臆测的中世纪行会，在《伟大的博弈》中不乏这样的描绘：广大投资者要么寻求内幕交易，要么根据走势图或其他大致机械的方法来做买卖决策。到了后来，塞斯卡拉曼、巴菲

特等人将这个词发扬光大，“安全边际”逐渐成为一门投资哲学，体现的是利用尽量低的价格购买标的，来创造更大的容错空间并降低风险。

安全边际实质是价格与估值相比被低估的程度。只有当价格被低估时安全边际才为正，两者相当时安全边际为零，价值被高估时安全边际为负。安全边际不能完全保证避免损失，但能保证获利机会大于损失机会。从一定程度上讲，“两低一高”的原则就是在投资源头上设置安全闸门，使后期“止损”成为不必要。

综上所述，“长期投资”和“两低一高”的投资逻辑是相辅相成的，投资者应该长期关注股票市场，且永远选择高安全边际的投资标的。比如当股价上涨兑现利润后，继续寻找两低一高的其他品种，进行资产配置的再平衡。

任务解析4　食指——股票

股票是家庭资产配置中最重要的组成部分之一，在这里我们将为读者介绍股票投资中的操作方法、几个选股原则和浅显易懂的投资策略，掌握这些内容，可以使理财从业人员在为客户制订资产配置方案时增色不少。

一、左侧交易

左侧交易，也叫逆向交易。在实践的过程中发现，中国大多数投资者都是采取右侧交易法则，即当他们看到股价创出新高时才明白行情的开始，尤其是在面对短期波动的时候去追高股票，却往往在价格最高时买入。这是股市中为什么只有少数人赚钱的根本原因。如图8-8所示，以上证指数2020年市场行情为例，左侧交易和右侧交易图示。

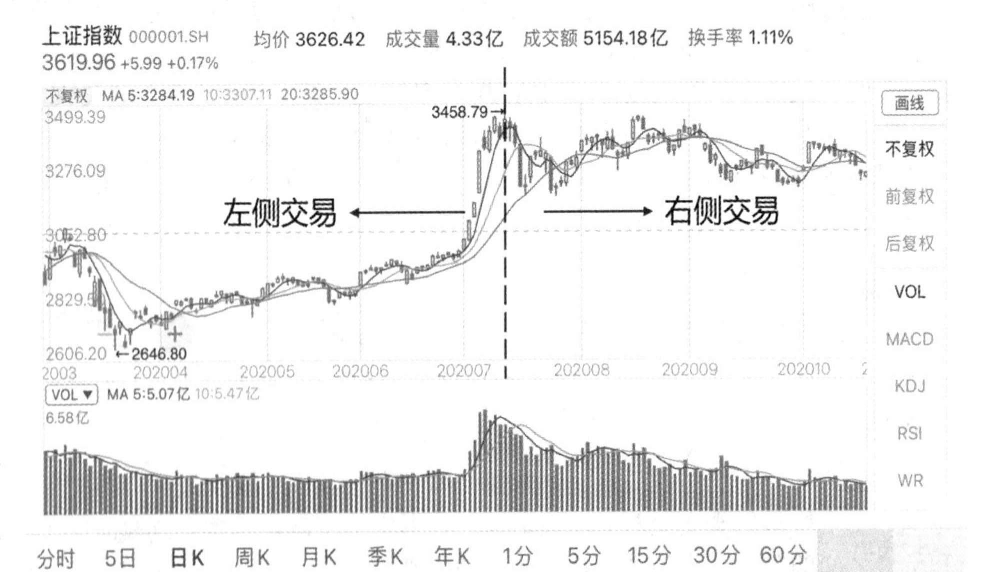

图8-8　左/右侧交易图示

二、逆向思维

在股市投资中需要保持逆向思维。霍华德·马克斯在《投资最重要的事》写道：我们不可能在和其他人做着相同事情的时候期待胜出，成功的关键不可能来自群体的判断。因为有人在参与，其情绪性导致了多数事物都是周期性的，当市场中大多数人都忘记这一点的时候，某些最佳的盈利机会就会到来。市场情绪如同一个钟摆，在极度悲观和极度乐观之间不停摆动，乐观的市场情绪会推动价格上涨，累积风险；而悲观的市场情绪下，投资者主动或者因为去杠杆而被动地贱卖资产。

三、14.2 倍

数据分析的准确性离不开充足的样本，投资者可以借美国证券市场的长期平均市盈率作为判断市场水平线的标尺，判断市场的价值，而最能够覆盖美国市场全貌的指数是标普 500 指数。该指数从 1957 年开始编制，历史最低市盈率是 5.35 倍，最高市盈率是 26.15 倍，历史平均市盈率是 14.2 倍。如果核心指数的市盈率低于 14.2 倍，则证明该指数安全边际高，可以逐步提升配置的比例。

四、大中小盘兼顾

A 股中总股本大于 20 亿的为大盘，小于 5 亿的为小盘，而在 5 亿和 20 亿之间的为中盘，1 亿以下的是袖珍小盘股。大盘股的长时间价格走向与公司的盈利密切相关。中小盘股因为股本小，炒作资金较之大盘股要少，较易成为大户的炒作标的，其股价的涨跌起伏较大，股价受利多、利空消息影响的程度也较大盘股灵敏得多，所以常常成为大户之间进行抢夺的主要“阵地”。在投资者配置股票时，既要配置稳健、优质的大盘股，也要关注活跃、充满机会的中小盘股。

五、不同板块组合

若干种相关性不大的股票板块组成的投资组合，其收益是这些股票收益的加权平均数，但是其风险并不是这些股票风险的加权平均风险，因为投资组合能降低非系统性风险。在一个经济向上的国家，股市的长期走势是震荡向上的，真正的市场风险来源于单一板块或者单一个股的不确定性。如果没有投资组合的意识，在某个板块上的仓位占比过高，或者持股结构的相关性太强，虽然有可能在某个阶段获得超额收益，但是面临的风险也会急剧增加，盈利的稳定性得不到很好的保障。

任务解析 5　中指——基金

基金也是家庭理财中重要的投资产品之一。基金倍受到投资者，特别是中小

投资者的青睐，关键在于其突出的优点：① 专业管理、专业投资、专业理财；② 组合投资，分散风险；③ 方便投资，流动性强；④ 严格监管，信息透明；⑤ 独立托管，保障安全；⑥ 投资起点低，费用低，方便投资等。其中基金投资的策略很多，但是在实际操作中，长期定投和均衡配置是家庭资产持有基金的指导性逻辑。

一、长期定投

对于大多数不具有专业理财，且无暇理财的投资者来说，基金是一种很好的选择。基金投资对比股票投资而言，对投资的专业性要求相对低些，因背后有专业团队研究宏观经济、行业研究、投资策略。投资基金最好采用基金定投，它将储蓄功能和增值功能实现了完美的结合，基金定投能淡化择时、克服人性的弱点。在项目五的教育规划中，我们详细介绍了“基金定投微笑曲线”，即在市场下跌时，基金定投会不断降低成本；在市场上涨时，基金定投会让投资者不错过每一波行情。很多股票投资者亏钱的原因是追涨杀跌，而基金定投规避了“追涨杀跌”，但前提是投资者要完全服从定投的规律，谨记定投流程。基金投资追求的是相对稳妥并且有较高收益的投资回报，因此投资基金的时间不能太短，时间短则看不出效果。长期持有基金还避免了因频繁地买入卖出而增加的申购、赎回成本。另外，基金定投一定要投资股票型基金，因为货币和债券型基金的收益与时间长短没有关系。股票价格总体上具有不断向上增长的长期历史趋势，这也是基金长期投资能够赢利的重要依据。

二、均衡配置

基金的均衡配置是基于我们自身的风险偏好与收益预期，将资金在不同基金之间进行分配，优化基金投资组合，让投资者在一个较长的时间跨度内实现更低的风险和更高的回报。要实现基金的均衡配置，首先应牢记基金的类别，分清基金所属的类型。因为风险和收益属性，对投资回报的预期很大程度决定了我们基金资产的结构组成。因此进行基金投资前，要先明晰和自身匹配的投资策略，是追求高风险高回报，还是低风险低回报，还是期望在低风险的前提下实现基金资产的稳健增长，一旦投资策略明晰，我们便可以此为依据，对每类基金的占比划分相应区间。其次，是基金组合层面的均衡配置，股票型基金和偏股混合式基金的均衡配置可以从基金的持股行业、股票风格、股票购买市场等方面实现均衡配置。均衡配置的本质就是通过在组合中搭配不同属性的基金资产，降低基金资产间的相关性，降低组合的波动率，分散投资风险。

任务解析 6　无名指——保险

家庭保险产品的配置目的就是为了防止家庭成员生病或出意外影响到家庭经济情况，而将风险转嫁给保险公司。

需要注意的是，家庭保险应提早规划。一般收入的家庭，可以多关注低保费高保额的险种，同时应多关注意外险、定期寿险、定期重大疾病保险，使家庭有基本保障；另外买保险时要注重先保障，再理财，如在保障型保险已经配置齐全的前提下，如果还有更多的预算，则可以考虑购买教育金、养老金这类的理财型保险。保险规划的内容在项目六已有详细介绍，此处不再赘述。

任务解析 7　小指——其他中低风险产品

这里的中低风险产品指的是银行存款、债券、银行理财产品等，它们共同的特点是风险低、投资门槛低、无须太多投资经验，是家庭资产保值的重要工具。虽然低风险资产的收益率与股票、基金相比有很大劣势，但却是保证家庭资产安全的重要方式，特别是保守型和稳健型的投资者可以适当增加中低风险产品的配置。但值得注意的是，在“资管新规”出台后，理财产品也会分为低中高等风险类别，投资者切不可只关注理财产品的收益而忽略了风险。

【能力拓展】

- 请您伸出自己的手掌，告诉自己身边的人，“家庭理财资产配置宝典——金手掌”都包含哪些内容？

任务 2　制订综合理财规划方案

【任务描述】

- 掌握综合理财规划方案的制订流程。
- 掌握理财规划书的基本内容。
- 掌握理财规划书的撰写方法。

任务解析 1　制订综合理财规划方案的流程

综合理财规划方案中的内容是相互联系的，且制订的过程往往也是环环紧扣，

对于理财从业人员，在制订综合理财规划方案时，一般都需要经历以下五个步骤。

(1) 理财从业人员需要确保已经掌握客户的全部相关资料。

理财规划本身就是要建立在充分地掌握客户资料和数据的基础之上，如果理财从业人员在收集客户资料的过程中，由于未能够执行必须遵守的程序或有重大的疏漏而造成所需掌握的客户资料信息不真实或者不健全，那么以这些资料作为依据而提出的各种理财规划解决方案也就不合理，进而可能在理财规划执行的过程中对产品配置的建议产生偏差。因此，在正式制订理财规划方案之前，理财从业人员应当将已经掌握的所有信息进行一次全面的归纳整理。必要时还可以再次与客户取得联系，以确保所掌握的相关信息真实、完整，且能客观反映客户的整体财务状况。

(2) 理财从业人员必须关注客户当前的财务状况、未来的现金流和发生风险的可能性。

客户当前的资产和财务安全情况直接决定了理财规划方案实施的具体效果，如果客户当前的资产和财务状况中仍然存在较多的问题，很大程度上必然会影响理财规划方案实施的可行性，也将直接影响到理财规划方案是否能够达到执行效果。理财从业人员需要逐步确认以下几个问题并寻找客户当前的财务状况中可能存在的问题、不足与风险，再设法加以解决。

① 检查客户的资产负债状况是否正常；

② 如果一个客户的负债金额比较高，那么需要确认应向他提供何种建议，以便有效地帮助客户将自己的资产负债率控制在合理区间；

③ 对客户收支进行检查和分析。若是收支不均，就需要进一步确定应该向客户提供何种建议，以便帮助客户增长收入、减少支出，实现收支平衡；

④ 确定客户是否存在紧急状态下的现金存款。若没有的话，应当提示客户尽快做好紧急现金存款储备；

⑤ 客户是否还有增加收入的能力。如果有能力，要确定如何积累收入，并帮助客户更加顺利地实现其短期和长期财务目标。

应当注意的是，以上这些项目并不代表家庭财务状况中要考虑的所有问题，理财从业人员应当根据客户的实际情况增加或者减少项目，但必须确保所选的项目能够全面地反映客户当前的资产状况。

(3) 理财从业人员应进一步明确客户的理财目标和要求。

一般在与客户见面之前，我们已经基本掌握了客户所希望达到的短期、中期和长期目标。但这样的目标分类相对比较宽泛，为了能够更好地实现和完成这些目标，理财从业人员必须做到清晰明确客户的财务现状和目标实施情况，把这些目标进行精细化分析并加以改进。另外，客户也有可能提出一些其他的要求，如收入的维持、资产利益的保障、客户死亡等特殊情况下的负债减免、客户死亡或者身体严重残疾时的资产流动性转移、对于应急账户的需求、投资目标和风险预测之间的矛盾等。

在进一步确定客户的家庭理财目标和要求时，客户有可能向理财从业人员提出一些不切实际的建议和要求。针对这些问题，理财从业人员必须进一步加强与

客户之间的交流和沟通，在充分确保客户能够理解的基础上，共同制订一个合理的目标。

(4) 充分运用理财规划和建议来达成客户未来的管理目标，每一项单一的目标都需要通过许多投资方案的分析对比继而产生最佳投资方案来完成。理财从业人员需要做的就是在许多方案中寻找最优的能够满足客户财务目标和个人具体实际情况的可行性方案。

下面介绍几种主要的家庭资产规划目标，为了更好地实现这些目标，理财从业人员需要针对不同的目标寻找合适的理财规划策略。

① 家庭的现金流管理目标。

对于家庭的现金流管理，理财从业人员主要是从投资者的收入和支出两条线索进行考虑，通过对于客户的收入和支出结构进行调整，有效地帮助客户达到其未来储蓄能力的目标，并且在如何合理利用这些储蓄方面给予客户指导性建议。

关于支出，首先应当考虑的是能否把一些不必要的支出降至最低。其一，确认是否存在能够大幅度减少，同时又不影响客户生活水平的缩减支出的方法。例如可以考虑合并客户的保单。其二，通过对各类支出情况的分析，确认是否遗漏了一些可以节省支出的特殊项目。例如通过对纳税人税负情况的分析，发现可以应用简易但十分有效地减少客户税负开销的办法(如收入的分解和转移、收入滞后等)。关于这一点，在项目五的个税筹划内容中有详细阐述。

关于收入，一般家庭的基本薪酬收入、福利收入以及社会保障收益都是相对固定的，而直接影响收入的因素则是投资规划的执行。理财从业人员务必将其作为重点工作内容，尤其投资产品的选择可能会对客户的收入和现金流出产生重要影响，并且客户对于收入的需求也可能会直接影响到其投资的成长性和收益率之间的均衡。例如，若客户在投资过程中急需获得一定的收入，那么就必须要放弃其投资的一部分成长性收入。对于即将退休的客户来说，理财从业人员需要谨慎地分析和处理投资者的现金流，比如即付年金、指定养老金等，特别是在税收和基本社会保险等诸多方面的问题上更是如此。

② 资产保护和遗产管理目标。

理财从业人员应在资产、收入、医疗健康等各个方面保护客户的财务安全。客户也需要理财从业人员从实现其整体财务目标的角度，帮助自己有效地维护自身财务安全，特别是针对遗产管理这一方面的问题。

为了满足流动负债与遗产管理目标，理财从业人员需要确保客户已经给自己购买了足够的保险，通常客户可以通过参加基本城镇养老保险以及购买各种商业保险的方式来实现这些目标。

③ 投资目标。

- 进行什么样的投资活动？
- 如何有效帮助客户达到其所期望的投资目标？
- 客户在投资活动中有哪些投资策略可以选择？
- 每种投资策略又分别具备了哪些投资优点和缺点？
- 所推荐的投资方案是否适合于客户家庭的风险承受程度？

以上问题都是理财从业人员需要帮助客户在投资目标中进行分析与解决的。

(5) 协调和指导客户做出合理的投资决策，根据客户反馈的意见和建议，制订综合理财规划方案。

理财从业人员需要通过对投资进行决策、构建具体的投资项目方案、制订综合理财规划目标。需要加强理财规划决策的准确性及客观性研究，注重综合理财规划方案细节与整体统一性，得到客户对理财规划方案的认可，帮助客户达到其期望的理财目标。

理财从业人员不能孤立地考虑客户的某一方面情况，而忽略了客户其他方面主要相关信息。从业人员的技术水平体现在怎样把各种单独的、不同的需求策略整合成一个能够满足客户目标和期望的整体性的理财规划。理财规划的战略性整合要求专业的理财从业人员根据客户的实际情况和主观需求对客户的投资风险做一个完整透彻的考虑和分析，并在这个基础之上将所蕴藏的一系列基本策略加以整合，构造成为一个彼此之间相互联系、同时具有实践性和可操作性的综合型理财规划方案。

另外，在综合理财规划的形成过程中，从业人员可以利用各种理财规划的软件，它可以帮助理财从业人员快速、准确地完成许多复杂的计算和表格，并输出相应的报告。

任务解析 2　认知理财规划书

由于理财规划本身的复杂性与专业性，客观上讲需要将整体理财规划以理财规划书的书面形式向客户呈递。首先，书面形式使得客户能够拥有更充分的空间和精力去思考理财从业人员所提出的各项建议；其次，提供书面形式的理财规划不仅是对理财从业人员的一个基本胜任能力的要求，而且还能够帮助理财从业人员正确规避可能存在的各类风险；再次，书面形式可以作为法律保证；最后，一般情况下各金融机构均规定理财从业人员应当向客户提供书面理财规划。

理财规划书是理财从业人员进行综合理财规划服务的“有形产品”。它是在客户所提供基本资料的基础上，综合考虑客户的现金流量、资产状况、理财目标和合理的经济预期而得出的。理财规划书仅为客户提供一般性的理财指引，不能代替其他专业性的分析报告。

一、综合理财规划书的假定前提

理财规划中使用的数据大部分来源于现实情况，但由于未来的不可预知性，部分数据仍然无法完全来源于实际，根据经验在理财规划中采用下面两种方法来获取这类数据：根据历史数据做出假设；根据客户自身情况做出假设条件。如表 8-1 所示。由于这些数据的采用会对客户的理财产生重要影响，因此客户在未来执行规划的过程中需要适时对它们进行调整。

表 8-1　客户假设数据分类表

假定数据	释　　义
通货膨胀率	一般物价总水平在一定时期(通常为一年)内的上涨率
安全现金持有量	安全现金持有量又称为最佳现金余额，是指现金满足正常生活需要，也是现金使用的效率和效益最高时的现金最低持有量
收入及支出	来源于客户对自身收支状况的准确描述和合理估计
年平均增长率	收入、支出以及资产价值未来的增长程度
相关费用	不可预见的若干费用
现金流及现金流量	现金流是指家庭在一年当中得到以及失去的现金总量。得到现金被称作现金流入，失去现金被称作现金流出，二者之差即为当年现金净流量
家居资产	直接服务于客户日常生活的、一般不会考虑变现的那部分资产

(1) 通货膨胀率。通货膨胀率描述了货币实际购买能力下降的程度，过高的通货膨胀率会使客户同样的收入不如原来那么“值钱”，从而导致客户的生活质量下降，因此，设置一个恰当的通货膨胀率有助于正确评估客户未来的支出水平。

(2) 安全现金持有量。安全现金持有量指从财务安全的角度出发，一个家庭应当持有的最低现金金额，家庭可能在一些特殊情况下(比如暂时性失业时)动用这部分现金。在理财规划书的盈余现金分配策略和赤字弥补策略中将使用到这个假设值。

(3) 收入及支出。虽然客户目前的收入和支出是确定的，但必须认识到，未来的收入和支出都建立在假定的基础上，这部分数据主要来源于客户对自身收支状况的准确描述和合理估计。在理财规划书中，收支数据会被多次使用。

(4) 年平均增长率。年平均增长率数据分别描述了收入、支出以及资产价值未来的增长程度。年平均增长率的确定，建立在对当前和未来经济环境分析的基础上，以及根据历史经验的判定结果，在理财规划中这会是非常重要的一组数据。

(5) 相关费用。理财目标中包含若干费用，如养老目标中的赡养费、培养子女的教育经费、购置大件(房产、汽车)的费用。这些费用同样具有不可预见的特性，因此客户目标中所涉及的费用都将根据客户的经验和预期来估计完成。

(6) 现金流及现金流量。现金流描述了客户在一年当中得到以及失去的现金总量。得到现金被称作现金流入，失去现金被称作现金流出，二者之差即为当年现金净流量。现金流入流出的种类和数量因人而异。通常的现金流入包括：日常收入、投资资产收益、资产变现、商业保险的保险金、举债获得的现金、住房公积金和社会统筹保险产生的收入等。现金流出包括：日常支出、追加投资和购买资产、商业保险的保费支出、偿还债务等。

(7) 家居资产，即直接服务于客户日常生活的那部分资产，比如，客户用于居住的住宅，不用作商业用途的自用汽车，客户拥有的家用电器、家具、家庭装饰品以及客户和其家庭成员的首饰、衣物等。由于这部分资产直接服务于客户的日常生活，所以这部分资产的价值是客户生活质量在资产方面的反映。同时，在通

常情况下，客户一般不会考虑变现这部分资产。

二、理财规划书的基本格式

理财规划书的格式并没有统一的规定，但一般由如下几部分组成：

第一部分：重要提示及金融假设。包括重要提示、金融假设、名词解释；

第二部分：客户财务状况分析。包括基本信息、收入与支出、投资组合、资产及负债、商业保险；

第三部分：客户目标和选择。包括理财目标、财务计划分析；

第四部分：客户目前存在的财务问题；

第五部分：我们的建议。包括财务目标修正、投资组合调整、收入与支出、资产与负债、其他方面；

第六部分：调整后的财务未来。包括现金与现金流、资产与负债、未来三年及重要年份的财务事项、未来的财务状况；

第七部分：结论；

第八部分：配合客户的理财策略。

任务解析 3　撰写理财规划书

理财规划书

撰写理财规划书，应该在专业规划工作的基础上，清晰、简洁地对理财分析过程进行陈述，做到通俗易懂、结构严明，易于被客户接受。撰写理财规划书是家庭理财业务规划阶段的最后工作，理财规划书只是表现形式，关键在于理财规划方案是否科学合理。因此，理财从业人员应用 90%的精力来做理财规划，用 10%的精力来撰写理财规划书。本任务将以一个案例来说明理财规划书的撰写方法。

一、客户的基本资料

张先生是某市一家国企公司的职员，每年有 16 万元以上的收入，明年年初张先生一家即将迎接新生命的到来。同时张先生一家对父母很有孝心，每年会给父母 5000 元的生活费，并准备帮父母买一套房子。他的主要家庭财务情况如下：

(1) 收入不低，负债不多。张先生月工资 7000 元，虽然单位没有年终奖金，但公司效益较好，当初以 15 万元的现金入股公司，每年都会给他带来 8 万元的年底分红。张先生的妻子每月收入 2500 元。夫妻二人每月基本的生活支出一般需要 2500 元左右，每月需要自己负担 1000 元左右的房屋住宅贷款。夫妻二人热衷于旅游，他们每年在旅行中所需的花费一般是 5000 元。

在综合家庭资产方面，他们目前手上持有 7 万元的银行活期存款，3 万元的银行定期存款。自己目前居住的这套房子实际资产价值约 70 万元，购置这套房子时贷款数目并不多，现在仅有 7 万元的贷款余额尚未偿还，在年轻人的群体里家庭负债相对较少。

(2) 投资保守，略有保险。张先生与妻子的工作比较繁忙，每年的收入和结余

会被处理得相对比较保守。除了持有 2 万元的国债，他们目前暂时不会去做其他方面的投资。但张先生考虑到，自己的家庭还有一点闲钱，而且宝宝也马上要出生了，为了能够更好地提高全家人今后的生活品质，还是希望计划去做一些关于股票、基金或者是债券等方面的投资，最好可以获取 8%左右的年投资收益率。

在保险方面，张先生本人目前拥有 15 万元分红型人寿险和 10 万元的意外险，他妻子拥有 10 万元的分红型寿险。张先生一家每年的保费支出总金额为 9000 元。张先生还希望理财从业人员能推荐一些养老和意外保险方面的品种供他们选择。

(3) 关爱宝宝，体贴父母。明年宝宝出生以后，张先生估计每月需要增加 1000 元左右的家庭费用，同时给孩子准备一笔教育经费也是他和妻子要考虑的重要问题。他们除了现在每年会支付给双方父母 5000 元左右的家庭生活费以外，张先生还开始打算给自己的父母每年预留一份 10 万元购房款，来保障父母能够安稳度过晚年。

(4) 计划买车，无忧出行。和很多都市年轻夫妻一样，已经有房产的张先生也有买车的计划。暂时的考虑是 3 年以后买一辆 15 万～20 万元左右的家庭轿车。

二、撰写理财规划书

(一) 封面

理财规划书

(二) 目录

目录

(三) 正文

一、理财寄语

(本部分是写给客户的开场白，以简洁的语言说明理财规划方案的意义和理财人员的良好愿望)

尊敬的张先生：

首先感谢您到我中心进行咨询，并委托我们为您设计理财规划，我们愿竭诚为您提供力所能及的帮助。

理财是一段快乐的人生享受，也是一种积极的处世态度，更是一个良好的生活习惯。在别人都没想到时，您想得早一点；在别人都想到时，您想得好一点。理财就是您生活中的这一小点，早用、常用、巧用这一小点，一定能使您的生活更加稳中有序，家庭更加幸福美满。明年年初您就要养育小宝宝了，理财不仅能给您带来愉快的心情，也许良好的理财习惯在不知不觉中还会成为您对宝宝的一种胎教。

衷心地祝愿您能早日实现您的家庭理财梦想!

二、基本情况

(1) 收入较高，负债不多。(略)
(2) 投资谨慎，略有保险。(略)
(3) 关爱宝宝，体贴父母。(略)
(4) 计划买车，无忧出行。(略)

三、理财目标

(本部分是理财从业人员与客户沟通后，客户自己的想法与意图)

(1) 确保育儿支出，并为孩子储备一笔教育基金。
(2) 孝敬父母，为父母准备一份购房款。
(3) 增加合理的投资，兼顾收益与风险。
(4) 3 年以后实现购车梦想，成为有车一族。
(5) 增加养老和意外保险，提高生活保障。

四、理财目标评价

(本部分是理财专业人员对客户主观目标的分析，若客户目标不切实际，理财人员应该指出其中不足，并加以修改)

您有着较为明确的理财目标，我们认为这些理财目标，基本符合您的家庭情况，通过合理的理财规划，完全可以实现。我们的建议是：
(1) 每月育儿支出保持在 1500 元以内，并选择教育类保险储备教育基金。
(2) 贷款为父母买一套复式商品房，并与父母合住。
(3) 选择组合投资方式，并保留家庭最低现金储备。
(4) 合理投资加以储备，在第四年一次性付款购车。
(5) 适当投保养老险，主要增加医疗险和意外险。
(具体理财建议详见下文)

五、目前财务状况

本部分内容基于您提供的信息，通过整理、分析和假设，罗列出了您家庭目前的收支情况和资产负债情况。我们将以此为基础开始理财规划。

1. 收支情况

家庭每月收支状况　　单位：元

收　入		支　出	
本人月收入	7000	基本生活开销	2500
配偶月收入	2500	房屋贷款月偿额	1000
合　计	9500	**合　计**	3500
每月结余	6000		

家庭月平均收支状况 单位：元

收入		支出	
本人月收入	7000	基本生活开销	2500
配偶月收入	2500	房屋贷款月偿额	1000
公司分红平摊	6667	旅游费用平摊	417
		保费平摊	750
		父母生活费平摊	417
合 计	16 167	合 计	5084
平均结余	11 083		

家庭年度总收支状况 单位：元

收入		支出	
本人年度收入	84 000	年度生活开销	30 000
配偶年度收入	30 000	年度房屋还贷	12 000
公司分红	80 000	旅游费用	5000
		保费支出	9000
		父母生活费	5000
合 计	194 000	合 计	61 000
年度结余	133 000		

注意：这里登记的收入情况，不包括已登记在资产负债信息中资产所产生的收入，如存款利息、国债利息等。

2. 资产负债情况

家庭资产负债状况 单位：元

家庭资产		家庭负债	
现金及活期存款	70 000	**房屋贷款余额**	70 000
定期存款	30 000		
国债	20 000		
金融类资产小计	120 000		
房产(自用)	700 000		
公司入股	150 000		
合 计	970 000	合 计	70 000
家庭资产净值	900 000		

(以下部分是依据以上的资产负债表、现金流量表的数据，计算相关比率，并对比率的内涵进行解释，找出客户理财中存在的问题)

3. 财务比率分析

(1) $$资产负债率=\frac{负债}{资产}=\frac{70\ 000}{970\ 000}\times 100\%=7.22\%$$

一般而言，家庭资产负债率控制在50%以下都属合理，所以目前您家庭的资产负债率相当低，证明您可以通过增加贷款的方式添置固定资产。

(2) $$每月还贷比=\frac{每月还贷额}{家庭月收入}=\frac{1000}{9500}\times 100\%=10.53\%$$

一般而言，每月还贷比控制在50%以下都属合理，所以目前您家庭的每月还贷比也相当低，进一步证明您可以通过增加贷款的方式添置固定资产。

(3) $$每月结余比例=\frac{每月结余}{每月收入}=\frac{6000}{9500}\times 100\%=63.16\%$$

一般而言，每月结余比例控制在40%以上都属合理，所以目前您家庭的每月结余比例较高，每月结余应加以合理利用。

(4) $$年度结余比例=\frac{年度结余}{年度收入}=\frac{133\ 000}{194\ 000}\times 100\%=68.56\%$$

一般而言，年度结余比例控制在50%以上都属合理，所以目前您家庭的年度结余比例较高，年度结余也应加以合理利用。

(5) $$流动性比率=\frac{流动性资产}{每月支出}=\frac{70\ 000}{3500}=20$$

一般而言，一个家庭流动性资产可以满足其3～4个月的开支即可，您家庭的流动性比率过高，降低了资产的收益性。

通过上述分析我们可以看出，您家庭的负债比例很低，流动资金较多，但资产的收益率偏低，可通过组合投资进行合理的调整。

六、基本假设

(基本假设设定，案例中未说明清楚的信息，可以在此部分加以设定，方便以后的讨论)

由于受到所得基础信息不完整、未来我国经济环境可能发生变化等因素影响，所以为了便于做出数据翔实的理财规划，我们对以下内容进行了合理的预测：

1. 预测通货膨胀率 (略)
2. 最低现金持有量 (略)
3. 风险偏好测试 (略)

以上是我们所做的一些基本假设，在实际操作中，仍需要根据您的实际情况、风险偏好和宏观经济环境来加以分析和判断，方能制订合理的理财策略。

七、理财建议

(本部分是理财规划书的重要组成部分，根据修正后的目标，有针对性地提出理财建议，并说明理由。理由要阐述充分，因为理财规划书要让客户理解和认同，才有可能付诸实施，若无充分的理由，则理财建议缺乏说服力。)

1．育儿成长建议

理财目标：确保育儿支出，并为孩子储备一笔教育基金。

理财建议：每月育儿支出保持在1500元以内，并选择教育类保险储备教育基金。孩子出生后，家庭的每月开支自然会增加，我们为此专门做了有关市场调查：……

2．父母购房建议

理财目标：孝敬父母，为父母准备一份购房款。

理财建议：……

我们建议的贷款方式：

第一步，将30 000元定期存款和45 000元活期存款取出，总共75 000元，把原先剩余的70 000元房贷连本带息全额还清，5000元为预估利息。

第二步，按90万元15年期商业贷款，10万元30年期公积金贷款的组合贷款方式购置房产，选择等额本息还款法，总共贷款100万元，按照现行的贷款利率，每月总共还贷支出为7616.22元。

第三步，将您已经还清贷款的自有住房连装修和家电一起出租，预计每月可取得房租收入3500元，以租养贷，再加上原本7万元的房贷已还清，每月可省下1000元，实际上您家庭每月增加的还贷支出只有3116.22元，完全在您的还贷能力范围之内。

第四步，15年后在商业贷款全部还清后，每月仍储备7000元的还贷款存为零存整取，一年后全额提前归还公积金贷款。以这种还款方式16年便能还清所有的贷款。

建议理由：

第一，……

第二，……

3．组合投资建议

理财目标：增加合理的投资，兼顾收益与风险。

理财建议：选择组合投资方式，并保留家庭最低现金储备……

建议理由：

第一，……

第二，……

4．家庭购车建议

理财目标：三年以后实现购车梦想，成为有车一族。

理财建议：合理投资加以储备，在第四年一次性付款购车……

我们还专门为您收集了一些目前市场上15万元左右家用型汽车的信息，当然以后还会有更多的新款车型推出，请您及时留意。

建议理由：

第一，……

第二，……

5．家庭保障建议

理财目标：增加养老和意外保险，提高生活保障。

理财建议：适当投保养老险，主要增加医疗险和意外险……

建议理由：

第一，……

第二，……

6．其他理财建议(理财建议要具体可行，易为客户所理解)

八、财务可行性分析

(本部分是向客户说明，采用上述理财从业人员提出的理财建议后，是否可以让客户实现理财目标。这一部分可以用数量分析的方法，加上生动、多样的图形、表格形式，描述采用理财建议后的客户未来财务状况)

根据您家庭的理财目标和我们提出的各项理财建议，我们逐一进行了财务可行性分析。

1．现金流量分析

(1) 育儿支出及教育基金。支出金额：每月育儿支出1500元，每月教育基金储备1000元。费用来源：每月收入。

(2) 提前还贷资金。还贷本息：75 000元。资金来源：活期存款45 000元，定期存款30 000元。

(3) 新房首付。首付来源：将父母原来住房卖掉所得的卖房款，这部分款项的支出不影响您家庭的财务状况。

(4) 房贷还款。每月还款：7616.22元。还贷来源：每月收入、房租收入、原房产提前还贷后节省下的每月还贷款。

(5) 新房装修费用。装修资金来源：首付后剩余的卖房款(这部分不影响您家庭的财务状况)、今年旅游费用节省、今年年底的公司分红。

(6) 组合投资资金。组合投资金额：今年为0，以后各年为50 000元，在准备购车的前一年底应暂停一次。投资资金来源：明年后每年年底的公司分红。

(7) 购车资金。购车资金来源：3～4年的投资组合本金及收益累积。

(8) 新增保险费用。新增保费支出：10 000元。新增保费来源：今年从活期存款中支用，以后每年从年度结余中支用。

2．家庭收支分析

调整后的家庭月度收支　　单位：元

收　入		支　出	
本人月收入	7000	基本生活开销	2500
配偶月收入	2500	房屋贷款月偿额	7616.22
房租收入	3500	育儿支出	1500
		孩子教育储备	1000
合　计	13 000	合　计	12 616.22
每月结余	383.78		

育儿和房贷还款增加了每月支出后，虽然每月结余大幅减少，但我们认为

您的情况比较特殊，年底的收入较多，再加上有 1.5 万元的家庭最低现金储备作保障，以备不时之需，完全不会影响您的生活质量。购房后的每月还贷比为 58.59%，虽超过了 50%的警戒线，但加上年底分红，每年收入还贷比只有 38.73%。$\left(\text{计算公式：}7616.22\times\frac{12}{13\ 000\times12+80\ 000}\right)$。

调整后的家庭年度性收支(购房和装修当年)　　单位：元

收　入		支　出	
本人年收入	7000 × 12 = 84 000	年基本生活开销	2500 × 12 = 30 000
配偶年收入	2500 × 12 = 30 000	房屋贷款年偿额	7616.22 × 12 ≈ 91 394
房租年收入	3500 × 12 = 42 000	育儿年支出	1500 × 12 = 18 000
		孩子年教育储备	1000 × 12 = 12 000
公司分红	80 000	装修费用	56 000
		保费支出	19 000
		父母生活费	5000
合　计	236 000	**合　计**	231 394
结余	4606		

购房和装修当年，资金需求较大，年度结余为 0 属于正常情况，以后除购车时会出现这样的情况外，其余各年的年度有一定结余且较为宽裕，可用于组合投资。

3. 家庭资产负债情况分析

购房后的家庭资产负债状况　　单位：元

家 庭 资 产		家 庭 负 债	
现金	5000	房屋贷款余额	1 000 000
储蓄	10 000		
国债	20 000		
房产(出租)	700 000		
房产(父母共同购买)	1 430 000		
公司入股	150 000		
合　计	2 315 000	**合　计**	1 000 000
家庭资产净值	1 315 000		

购房后的家庭资产负债比为 43.20%，仍属正常范围。

九、未来家庭理财安排原则

(对客户提出的理财策略，是原则性、战略性的建议)

理财是一个贯穿人生各个阶段的长期规划，切忌操之过急，应持之以恒。

在未来的家庭理财安排上，您所需把握的原则是：

(1) 关注国家通货膨胀情况和利率变动情况，及时调整投资组合。

(2) 根据家庭情况的变化不断调整和修正理财规划，并持之以恒地遵照执行。

(3) “开源”是理财，“节流”也是理财，如遇不必要的开支应省下。

(4) 购房后如遇其他特殊情况，资金趋紧，可将积累的投资组合变现。

十、理财规划结论

针对您的家庭特点，在确保您家庭生活质量不下降的前提下，按照这份理财规划进行实际操作，可以帮助您早日达成您的家庭理财梦想，并实现家庭财富的最大化。

十一、后记

(对整个理财方案进行归纳总结，对理财方案进行自我评价)

考虑到您的家庭现在正处于成长期，将来肯定还会出现更多可喜的变化，所以我们愿伴随您家庭的成长历程，随时为您提供更多的理财建议，为您减轻财务忧虑，明确和实现理财目标。

我们是您实现财务自由的好帮手，请经常与我们保持联系！

附件(略)

【能力拓展】

- 根据所学的知识，尝试绘制家庭综合理财规划的流程图。

- 撰写理财规划书既是综合理财规划方案的开始，也是其重要环节之一，请您为自己的家庭制作一份家庭理财规划书。

任务3 家庭理财规划方案相关合同

【任务描述】

- 了解家庭理财规划中涉及的文书资料。
- 掌握购买金融产品需要签署的合同文件及流程。

任务解析1 家庭理财规划涉及的文书资料

理财规划书是理财从业人员向客户展示的第一份正式的书面文件，但它只是理财从业人员出具的建议书，不具备法律效力，不能实际启动理财规划方案。

综合理财规划方案的落地是建立在客户与理财相关的金融服务机构签署合同、协议、产品说明、风险揭示书等一系列理财规划方案相关文书资料的基础上的。这些合同文书资料具备法律效力，但是条款中大多使用专业术语描述双方的权责内容，这对客户而言往往感到晦涩难懂，需要专业的理财从业人员为客户提供解读服务，用通俗易懂的语言对其中的名词条款做出公正客观的解释，帮助客户准确地理解合同内容，避免因内容理解偏差造成损失，并协助客户完成合同文书资料的签署，避免因此而产生纠纷。

表8-2是理财规划中经常涉及的文书资料。

表8-2 理财规划方案涉及的文书资料列表

业务内容	涉及文书	签署机构
银行理财产品	商业银行理财产品协议书 产品说明书 风险揭示书 客户权益须知	商业银行
证券投资基金	投资人权益须知 基金业务的交易协议 基金概要 基金合同 基金招募说明书	基金公司
券商相关产品	集合资产管理计划风险揭示书 集合资产管理计划说明书 集合资产管理合同 投资者教育 电子签名约定书	证券公司
保险相关产品	保险合同的主合同 保险合同的附加合同	保险公司

以上的文书资料都是交易类业务的合同，是客户和执行交易的相关金融服务机构将交易具体内容作为主体要素的合同，它具体到某一类产品或某一支具体产品，并对此内容做出具体的交易约束，是双方开展合同约定业务的具体执行协议。这类合同命名时往往会直接包含具体的业务名称，如“**保险合同”“**理财认购/销售协议”“**基金购买合同”等。

值得一提的是，上述的文书资料并不是理财规划方案中涉及的所有文书资料，客户还需要根据其购买的具体产品或者开通的具体业务类型签署相应的合同。比如，购买商业银行代销的产品，往往还需要签署代销协议书；开通基金定投业务还需要签署资金代扣服务协议等。

由于交易类合同是基于具体的业务类型和产品成立的，所以体系内容十分庞大。根据业务类型的不同可以将其大致分为保险类合同、银行理财产品类合同、基金合同、信托合同、贵金属交易合同、期货交易合同等。在每一类合同下，还分别有不计其数的涵盖具体产品和工具名称的合同。

交易类业务合同的主体内容因业务特性差异而具有较大差别，条款中涉及的内容专业细致，由于篇幅所限，本任务仅选取银行理财产品合同及相关文书、基金合同及相关文书加以陈述。

任务解析2　投资者购买金融产品需要签署的相关文件

一、购买商业银行理财产品的相关文件

客户在认购商业银行理财产品时需要阅读并签署产品说明书、客户权益须知、风险揭示书和理财产品合同，产品说明书、客户权益须知、风险揭示书是理财产品合同不可分割的组成部分，与该合同具有同等效力。所以，这些文书的内容是客户购买银行理财产品时必须阅读并确认知晓的，理财从业人员要协助客户准确理解其中的专业用语，并最终完成资料签署。

(一) 理财产品说明书

产品说明书是每一款理财产品都必备的说明性文件，客户通过阅读理财产品说明书，可以清楚地了解理财产品的信息，客户阅读完毕无异议后需在充分知晓产品特性和风险特征的情况下签字确认后购买。

产品说明书主要包括声明、产品概述、产品投资范围、产品交易规则、产品估值方法、产品相关费用、投资收益及分配、信息披露、风险揭示、其他重要事项等内容。

图8-9为平安银行“平安智享价值 180天(净值型)人民币理财产品说明书”的声明和产品概述部分内容，图8-10为客户阅知后的签字确认页。

平安理财-智享价值 180 天（净值型）人民币理财产品说明书

平安理财-智享价值 180 天人民币理财产品说明书

一、银行销售的理财产品与存款存在明显区别，具有一定的风险。
二、本理财产品向有投资经验个人投资者和机构投资者（仅指家族信托）销售。
三、本理财产品为非保本浮动收益型产品。平安银行对本理财产品的本金和收益不提供保证承诺。投资者应该充分认识投资风险，谨慎投资。请详细阅读《平安理财-智享价值 180 天（净值型）人民币理财产品风险揭示书》内容，在充分了解并清楚知晓本理财产品蕴含风险的基础上，通过自身判断自主参与交易，并自愿承担相关风险。
四、平安银行郑重提示：在购买本理财产品前，投资者应确保自己完全明白该投资的性质和所涉及的风险，详细了解和审慎评估本理财产品的资金投资方向、风险类型等基本情况，在慎重考虑后自行决定购买与自身风险承受能力和资产管理需求匹配的理财产品。
五、在购买本理财产品后，投资者应随时关注该理财产品的信息披露情况，及时获取相关信息。

一、产品概述

本期人民币理财产品为开放式净值型理财产品。投资者在购买本理财产品时需要清楚明白产品特性和风险特征。

产品名称	平安理财-智享价值 180 天（净值型）人民币理财产品
产品代码	ZXD200001
产品管理人	本理财产品的管理人为平安银行，负责本理财产品的投资运作和产品管理。产品管理人或将在理财产品说明书约定的情况下变更为平安银行的理财子公司，详细内容请投资者查阅本产品说明书第“九、其他重要事项”。
产品托管人	本理财产品的托管人为平安银行
登记编码	理财信息登记系统登记编码是 C1030720000034，投资者可依据该编码在“中国理财网（www.chinawealth.com.cn）”查询该产品信息。
募集方式	公募理财产品
运作方式	开放式理财产品，投资者可以按照说明书约定的开放日和场所，进行认（申）购或者赎回理财产品。
投资性质	混合类产品
产品风险评级	三级（中等）风险（本风险评级为平安银行内部评级结果，该评级仅供参考。）
适合投资者	本产品向机构投资者（仅指家族信托）和有投资经验个人销售。其中，平安银行建议，经我行风险承受度评估，个人投资者评定为“进取型”、“成长型”、“平衡型”的客户适合购买本产品。
计划发行量	上限不超过人民币 500 亿元。平安银行有权按照实际情况进行调整。
规模下限	下限不低于 1 亿元。如本理财自计划开始认购至理财计划成立日之前，理财产品认购金额未达 1 亿元，平安银行有权宣布该产品不成立。
交易金额	认购起点金额 1 万元人民币，以 1 元人民币的整数倍递增。
产品份额	产品份额以人民币计价，每单位为 1 份。认购期初始面额 1 元人民币为 1 份。

认购期	2020 年 4 月 15 日 9:00－2020 年 4 月 23 日 24:00（不含），平安银行保留延长或提前终止产品认购期的权利。认购期初始面额 1 元人民币为 1 份。 如有变动，产品实际认购期以平安银行公告为准。
认购登记日	2020 年 4 月 24 日，如产品认购期提前终止或延长，实际认购登记日以平安银行实际公告为准。
成立日	2020 年 4 月 24 日，如产品认购期提前终止或延长，实际成立日以平安银行实际公告为准。
产品存续期	产品为定期开放式理财产品，无特定存续期限，实际到期日以银行公告为准。
交易日	指上海证券交易所、深圳证券交易所及全国银行间债券市场同时开放交易的工作日。
开放日	每个交易日为理财产品的开放日。平安银行有权调整开放频率并提前3个交易日公告。平安银行于产品成立后的每个交易日计算单位份额净值，每个交易日后两个交易日内公布其单位份额净值。 投资者在开放日之外的日期和时间提出申购申请的，其对应的开放日为下个开放日，其申购的单位份额净值为下个开放日的单位份额净值。 估值方法详见**“四、产品估值方法”**。
份额确认日	指申购/赎回指令有效性的确认日，即申购所在开放日后的第 2 个交易日及赎回份额对应的投资到期日后的第 2 个交易日。
投资周期	本产品成立后，单笔产品认/申购对应的开放日T日起，每180个自然日为一个投资周期，即该笔认/申购的投资到期日为T+180日（若投资到期日为非交易日则顺延至下一交易日）。
初始封闭期	本产品自成立日（含）起的60个自然日为封闭期，即2020年4月24日至2020年6月22日，封闭期不接受申购。
申购和赎回	每个份额确认日对其对应的开放日24:00前的申购申请进行确认。 申购申请在申购所在开放日24:00前允许撤单，平安银行有权拒绝受理超过开放日24:00的申购撤单申请。申购以申购所在开放日的净值为基准计算投资者申购份额； 认/申购确认后，投资者可以对其持有的份额在该份额对应的每个投资周期的投资到期日之前发起赎回申请，赎回申请将在该投资到期日后第2个交易日进行确认，赎回申请在该投资到期日24：00之前可以撤销，赎回金额以该投资周期投资到期日的净值计算（若投资到期日为非交易日则顺延至下一交易日），赎回资金将于赎回份额确认日后的第2个交易日内转入投资者账户。详细内容见**“三、产品交易规则”**。 以上规则如有调整，以平安银行的公告为准。
自动再投资	产品对未接收到赎回指令的产品份额执行自动再投资。即产品份额对应的每个投资周期的投资到期日 24：00 之前，投资者未赎回的产品份额默认再投资，该份额自动进入下一投资周期。
最低持有份额	1 万份
最高持有份额	3 亿份
持有份额调整	平安银行有权调整以上最低持有份额和最高持有份额，并于新的规则实施前 3 个工作日进行公告。
巨额赎回比例	**本产品巨额赎回比例为 10%。发生巨额赎回时，平安银行有权接受或拒绝预约赎回申请。**
业绩比较基准	40%×上证综指+60%×中债综合指数（全价），该业绩比较基准不构成平安银行

图 8-9　“平安智享价值 180 天(净值型)人民币理财产品说明书”(部分)

安银行同等的保密义务。发生产品管理人变更前，平安银行将提前10个工作日以临时公告形式进行信息披露。投资者可在本说明书约定的开放日内正常申购、赎回。

十二、 特别提示

针对个人投资者和机构投资者（仅指家族信托）：本理财产品说明书为《平安银行理财产品销售协议书》不可分割之组成部分，与《平安银行理财产品销售协议书》不同之处，以本理财产品说明书为准。

针对个人投资者和机构投资者（仅指家族信托）：本产品说明书与《平安理财-智享价值180天（净值型人民）币理财产品风险揭示书》、《平安理财-智享价值180天（净值型）人民币理财产品权益须知》共同构成投资者与平安银行之间的理财产品协议。

本理财产品仅向依据中华人民共和国有关法律法规及本说明书规定可以购买本理财产品的有投资经验个人投资者和机构投资者（仅指家族信托）发售。

在购买本理财产品前，请投资者确保完全了解本理财产品的性质、其中涉及的风险以及投资者的自身情况。若投资者对本理财产品说明书的内容有任何疑问，请向平安银行各营业网点理财经理或投资者经理咨询。

本产品说明书中任何其他收益表述均属不具有法律约束力的用语，不代表投资者可能获得的实际收益，亦不构成平安银行对本理财产品的额外收益承诺。

本理财产品只根据本产品说明书所载的内容操作。

本理财产品不等同于银行存款。

本理财产品说明书由平安银行负责解释。

如投资者对本产品说明书存在任何意见或建议，投资者可通过95511转3(客服热线)、在线客服（官网：http://bank.pingan.com、口袋银行 APP、个人网银“在线客服”入口）、callcenter@pingan.com.cn（服务邮箱）等方式或通过平安银行各营业网点进行咨询或投诉。平安银行受理您的问题后，将在规定时间内核实并为您提供解决方案。

本产品投资者已阅读并领取《平安理财-智享价值180天（净值型）人民币理财产品说明书》，共16页，充分理解本产品的收益和风险，自愿购买。

投资者签字：　　　　　　　　日　　期：

图8-10 “平安智享价值 180 天(净值型)人民币理财产品说明书”签字确认页

(二) 客户权益须知

客户权益须知是为了让客户能更顺利地在商业银行完成理财业务的办理，由金融机构对业务办理流程和风险测评流程做出说明，公布出产品的信息披露方式和机构的联系方式，以便客户能够选择适合的产品并维护自身权益。

客户权益须知主要由四个部分组成：业务办理流程告知、风险测评流程告知、理财信息披露以及客户咨询渠道。图 8-11 为平安银行理财产品权益须知的详细内容。

平安银行理财产品
客户权益须知

平安理财-智享价值 180 天（净值型）人民币理财产品说明书

一、银行销售的理财产品与存款存在明显区别，具有一定的风险。
二、本理财产品向有投资经验个人投资者和机构投资者（仅指家族信托）销售。
三、本理财产品为非保本浮动收益型产品。平安银行对本理财产品的本金和收益不提供保证承诺。投资者应该充分认识投资风险，谨慎投资。请详细阅读《平安理财-智享价值 180 天（净值型）人民币理财产品风险揭示书》内容，在充分了解并清楚知晓本理财产品蕴含风险的基础上，通过自身判断自主参与交易，并自愿承担相关风险。
四、平安银行郑重提示：在购买本理财产品前，投资者应确保自己完全明白该投资的性质和所涉及的风险，详细了解和审慎评估本理财产品的资金投资方向、风险类型等基本情况，在慎重考虑后自行决定购买与自身风险承受能力和资产管理需求匹配的理财产品。
五、在购买本理财产品后，投资者应随时关注该理财产品的信息披露情况，及时获取相关信息。

一、产品概述

本期人民币理财产品为开放式净值型理财产品。投资者在购买本理财产品时需要清楚明白产品特性和风险特征。

产品名称	平安理财-智享价值 180 天（净值型）人民币理财产品
产品代码	ZXD200001
产品管理人	本理财产品的管理人为平安银行，负责本理财产品的投资运作和产品管理。产品管理人或将在理财产品说明书约定的情况下变更为平安银行的理财子公司，详细内容请投资者查阅本产品说明书第“十一、其他重要事项”。
产品托管人	本理财产品的托管人为平安银行
登记编码	理财信息登记系统登记编码是 C1030720000034，投资者可依据该编码在“中国理财网（www.chinawealth.com.cn）”查询该产品信息。
募集方式	公募理财产品
运作方式	开放式理财产品，投资者可以按照说明书约定的开放日和场所，进行认（申）购或者赎回理财产品。
投资性质	混合类产品
产品风险评级	三级（中等）风险（本风险评级为平安银行内部评级结果，该评级仅供参考。）
适合投资者	本产品向机构投资者（仅指家族信托）和有投资经验个人销售。其中，平安银行建议，经我行风险承受度评估，个人投资者评定为“进取型”、“成长型”、“平衡型”的客户适合购买本产品。
计划发行量	上限不超过人民币 500 亿元。平安银行有权按照实际情况进行调整。
规模下限	下限不低于 1 亿元。如本理财自计划开始认购至理财计划成立日之前，理财产品认购金额未达 1 亿元，平安银行有权宣布该产品不成立。
交易金额	认购起点金额 1 万元人民币，以 1 元人民币的整数倍递增。
产品份额	产品份额以人民币计价，每单位为 1 份。认购期初始面额 1 元人民币为 1 份。

认购期	2020 年 4 月 15 日 9:00－2020 年 4 月 23 日 24:00（不含），平安银行保留延长或提前终止产品认购期的权利。认购期初始面额 1 元人民币为 1 份。 如有变动，产品实际认购期以平安银行公告为准。
认购登记日	2020 年 4 月 24 日，如产品认购期提前终止或延长，实际认购登记日以平安银行实际公告为准。
成立日	2020 年 4 月 24 日，如产品认购期提前终止或延长，实际成立日以平安银行实际公告为准。
产品存续期	产品为定期开放式理财产品，无特定存续期限，实际到期日以银行公告为准。
交易日	指上海证券交易所、深圳证券交易所及全国银行间债券市场同时开放交易的工作日。
开放日	每个交易日为理财产品的开放日。平安银行有权调整开放频率并提前3个交易日公告。平安银行于产品成立后的每个交易日计算单位份额净值，每个交易日后两个交易日内公布其单位份额净值。 投资者在开放日之外的日期和时间提出申购申请的，其对应的开放日为下个开放日，其申购的单位份额净值为下个开放日的单位份额净值。 估值方法详见 **“五、产品估值方法”**。
份额确认日	指申购/赎回指令有效性的确认日，即申购所在开放日后的第 2 个交易日及赎回份额对应的投资到期日后的第 2 个交易日。
投资周期	本产品成立后，单笔产品认/申购对应的开放日T日起，每180个自然日为一个投资周期，即该笔认/申购的投资到期日为T+180日（若投资到期日为非交易日则顺延至下一交易日）。
初始封闭期	本产品自成立日（含）起的60个自然日为封闭期，即2020年4月24日至2020年6月22日，封闭期不接受申购。
申购和赎回	每个份额确认日对其对应的开放日24:00前的申购申请进行确认。 申购申请在申购所在开放日24:00前允许撤单，平安银行有权拒绝受理超过开放日24:00的申购撤单申请。申购以申购所在开放日的净值为基准计算投资者申购份额； 认/申购确认后，投资者可以对其持有的份额在该份额对应的每个投资周期的投资到期日之前发起赎回申请，赎回申请将在该投资到期日后第2个交易日进行确认，赎回申请在该投资到期日24：00之前可以撤销，赎回金额以该投资周期投资到期日的净值计算（若投资到期日为非交易日则顺延至下一交易日），赎回资金将于赎回份额确认日后的第2个交易日内转入投资者账户。详细内容见 **“四、产品交易规则”**。 以上规则如有调整，以平安银行的公告为准。
自动再投资	产品对未接收到赎回指令的产品份额执行自动再投资。即产品份额对应的每个投资周期的投资到期日 24：00 之前，投资者未赎回的产品份额默认再投资，该份额自动进入下一投资周期。
最低持有份额	1 万份
最高持有份额	3 亿份
持有份额调整	平安银行有权调整以上最低持有份额和最高持有份额，并于新的规则实施前 3 个工作日进行公告。
巨额赎回比例	**本产品巨额赎回比例为 10%。发生巨额赎回时，平安银行有权接受或拒绝预约赎回申请。**
业绩比较基准	本理财产品【20%】－【40%】投资于权益类资产，【60%】－【80%】投资于债权类

图 8-11　平安银行理财产品权益须知

(三) 风险揭示书

银行通过风险揭示书将某一理财产品的本金及收益是否具有亏损的可能性做出强调，明确该产品是否保证本金安全、是否保证收益，对投资可能遭受的风险损失进行揭示，使投资人充分认识投资风险，谨慎投资。

风险揭示书一般包含声明、风险内容揭示、确认函三部分内容。如图 8-12 所示，投资人在知晓风险揭示书中的内容并认可接受后，需在确认函处抄录“本人已阅读上述风险提示，愿意承担相关风险。”并签字确认。

确认函

投资者在此声明：本人已认真阅读并充分理解《平安银行理财产品销售协议书（个人）》以及《平安理财-智享价值 180 天（净值型）人民币理财产品说明书》与上列《风险揭示书》（以下统称为“合同文件”）的条款与内容，充分了解并清楚知晓本理财产品蕴含的风险、充分了解履行上述合同文件的责任，具有识别及承担相关风险的能力，充分了解本理财产品的风险并愿意承担相关风险，本人拟进行的理财交易完全符合本人从事该交易的目的与投资目标；本人充分了解任何测算收益或类似表述均属不具有法律效力的用语，不代表投资者可能获得的实际收益，也不构成平安银行对本理财产品的任何收益承诺，仅供投资者进行投资决策时参考。本人声明平安银行可仅凭本《确认函》即确认本人已理解并有能力承担相关理财交易的风险。

投资者在此确认：本人风险承受能力评级为：　　，本人已充分认识叙做本合同项下交易的风险和收益，并在已充分了解合同文件内容的基础上，根据自身独立判断自主参与交易，并未依赖于银行在合同文件条款及产品合约之外的任何陈述、说明、文件或承诺。

根据中国银行保险监督管理委员会令（2018 年第 6 号）文《商业银行理财业务监督管理办法》，请抄录以下语句并签字：

“本人已经阅读上述风险提示，愿意承担相关风险。”

图 8-12　风险揭示书的确认函

平安理财-智享价值 180 天人民币理财产品风险揭示书

(四) 理财产品合同

理财产品合同是客户与商业银行签署的理财产品购买协议，它将买卖双方的权利和义务进行规范，具有法律效力。理财从业人员要将这部分内容做到对客户提醒阅读，帮助其理解，让客户本人签署确认该理财产品的投资决定完全基于独立自主的判断，并自愿承担所购买(或赎回、撤单)理财产品所产生的相关风险和全部后果。

理财产品的差异使理财产品合同对产品具体细节的描述有所不同，但合同主要内容由客户信息、声明确认和产品条款三部分构成。理财从业人员在向客户解读时，尤其要重点针对以下内容展开：

(1) 产品涉及的各个时间点和产品期限、可否提前终止或赎回；

(2) 利息、收益的计算以及收益的构成和分配方式；

(3) 客户应履行的责任和拥有的权利；

(4) 纳税义务及银行免责条款。

以平安银行理财产品销售协议书为例，如图 8-13 所示，为该合同的客户信息和声明确认部分。

平安银行理财产品销售协议书(个人)

平安银行理财产品销售协议书（个人）（正面）

理财非存款、产品有风险、投资须谨慎

客户填写栏			
1、平安银行发行的理财产品： □购买 □预约购买 □赎回 □预约赎回 □撤单 □其他			
2、代销的平安理财发行的理财产品： □购买 □预约购买 □赎回 □预约赎回 □撤单 □其他			
客户姓名		联系电话（变更填写）	
客户风险等级	□保守型 □稳健型 □平衡型 □成长型 □进取型		
产品名称及代码			
交易金额	（币种：________）		
交易份额			
银行打印栏			
经办： 银行盖章：			
客户确认栏			

1.本人已经详细阅读本协议书背面的《平安银行理财产品销售协议条款》和协议书客户填写栏中产品名称及代码对应的《产品说明书》、《风险揭示书》、《平安银行理财产品客户权益须知》，已充分理解本理财产品蕴含的潜在风险，对有关条款不存在任何疑问或异议，并对协议双方的权利、义务、责任与风险有清楚和准确的理解，同意遵守本协议书项下及《产品说明书》、《风险揭示书》、《平安银行理财产品客户权益须知》的各项规定。

2.本人已签署《产品说明书》、《风险揭示书》、《平安银行理财产品客户权益须知》，已知悉本产品的全部风险，并认可本产品的申赎规则、信息披露途径及频率。

3.本人的投资决定完全基于独立自主判断作出，并自愿承担所购买（或赎回、撤单）理财产品所产生的相关风险和全部后果。

4.本人授权平安银行按委托金额于认购日冻结本人指定资金账户（卡内主账户）认购资金，并授权平安银行于认购划款日直接从此账户扣划相应的认购资金，无需通过任何方式与本人进行最后确认(购买金额、认购日及认购划款日等均详见产品说明书项下认购产品基本内容栏的相应记载)。

客户签字确认：________________ **年 月 日**

第三联客户留存联

理财经理：____________________ **主管复核（如需）：**__________________

年 月 日

特别提示：

请认真阅读背面的《平安银行理财产品协议条款》，本协议一式三联，第一、二联银行留存，第三联客户留存

平安银行股份有限公司

平安银行理财产品销售协议条款（个人）（反面）

一、名词释义

1、平安银行理财产品：指平安银行为产品管理人发行的理财产品。

2、平安理财产品：指平安理财责任有限公司为管理人发行，平安银行代销的理财产品。

二、交易规则

客户在营业网点购买本理财产品时，须携带本人有效身份证件及平安银行借记卡，具体交易规则以本协议对应产品说明书为准。

三、权利和义务

1、客户自愿以本协议所约定的理财本金金额购买本理财产品，保证理财本金是其合法所有的资金，或其夫妻共同财产或家庭共同财产项下已经取得共有权人的同意用于购买本理财产品的资金，并将该资金用作理财合同下交易以及订立和履行本协议并不违反任何法律、法规，且不违反任何约束或影响客户或其资产的合同、协议或承诺。

2、客户承诺所提供的所有资料真实、完整、合法、有效，如有变更，客户应及时到平安银行（以下简称"银行"）办理变更手续。若客户未及时办理相关变更手续，由此导致的一切后果由客户自行承担，银行不承担责任。

3、客户购买本理财产品非存款，投资本金在产品约定的投资期内不另计存款利息，且认购/还本清算期内不计付利息。

4、因客户指定资金账户资金余额不足或处于非正常状态（包括但不限于挂失、冻结、销户等状态）导致银行无法按时办理扣款或到期理财资金及收益无法入账，或者引起其他一切风险与损失的，均由客户自行承担，银行不承担责任。

5、客户特别在此声明：同意银行于本理财产品认购划款日当日将客户指定账户内相应理财资金划转至银行理财账户，对此银行无须另行征得客户同意或给予通知，无须在划款时以电话等方式与客户进行最后确认，对于风险较高或客户单笔购买金额较大的理财产品，同样适用上述划款规则。

6、客户在签署本协议前以及通过银行的网上银行、电话银行、手机银行等方式购买的理财产品（不限本产品），确认在上述渠道销售协议的合法有效性，并确认上述系统对客户操作行为（包括但不限于购买、赎回、撤单）的终局证据，并且在双方发生争议时可作为合法有效的证据使用。

7、客户在签署本协议之前或之后购买风险等级为四级（中高）级（含）以上的理财产品的（不限本产品），在银行对该产品开放网上银行、电话银行或手机银行等电子渠道的情况下，客户可通过银行的网上银行、电话银行或手机银行购买该产品，客户接受和认可通过上述电子渠道购买该产品的法律效力。

8、银行有权收取一定的理财产品管理费，具体收费方式和标准在《产品说明书》中载明。

9、银行应按照本协议对应产品说明书中的约定将应支付的投资本金（如有，下同）及收益（如有，下同）划入客户指定交易账户。如因客户原因导致投资本金与收益无法入账的，客户应自行承担全部责任，银行不承担责任。

10、双方应对其在订立及执行本协议的过程中知悉的对方商业秘密/隐私依照法令规定保守秘密。但是任一方依照有关法律、法规或司法机关/行政机关/交易所的要求或向外部专业顾问进行披露的，不视为对保密义务的违反。双方在本条款项下的义务不因理财合同的终止而免除。

四、信息披露

银行将通过营业网点或平安银行网站（bank.pingan.com）发布有关本理财产品的相关信息，具体信息披露详见本协议对应的《产品说明书》或《客户权益须知》。**五、税收规定**

本理财产品收益为未扣税收益，客户应根据国家规定自行纳税，银行不承担此义务，但法律、法规或税务机关要求的除外。

六、免责条款

1、由于地震、火灾、战争等不可抗力导致的交易中断、延误等风险损失，银行不承担责任。

2、由于国家有关法律、法规、规章、政策的改变、紧急措施的出台而导致客户蒙受损失或本协议终止的，银行不承担责任。

3、由于银行不可预测或无法控制的系统故障、设备故障、通讯故障、停电等突发事故，给客户造成损失或银行延支付迟资金的，银行不承担赔偿责任。

4、非银行原因（包括但不限于本协议交易账户被司法机关等有权部门冻结、扣划等原因）造成的损失，银行不承担责任。

发生上述情形时，银行将在条件允许的情况下采取必要合理的补救措施，尽力保护客户利益，以减少客户损失。

六、争议处理

本协议在履行中发生的争议，由双方协商解决，协商不成的，提交银行营业网点所在地的人民法院诉讼解决。

七、协议的签署、生效及终止

1、《产品说明书》、《风险揭示书》、《客户权益须知》构成本协议不可分割的组成部分，与本协议具有同等效力。

2、客户签署本协议即视为客户已阅读并认可本协议和《产品说明书》、《风险揭示书》、《客户权益须知》的全部内容，并就投资于本理财产品做出独立判断。

3、本协议自客户签字、银行加盖业务印章或客户通过银行网上银行、电话银行、手机银行等电子渠道自行确认后生效。

4、本协议项下双方权利义务履行完毕之日，本协议自动终止。

5、如果双方存在同类型或不同类型的多份产品协议，则每份协议分别与其所对应的理财协议条款及其他协议文件单独构成一个理财产品协议书，各个协议书之间互相独立，每一份协议书的效力及履行情况均独立于其他协议书。

八、其他

1、本协议适用中华人民共和国法律；法律、法规或规章无明文规定的，可适用通行的金融惯例。如本协议履行过程中部分条款与法律、法规或规章的规定相抵触时，有关的权利和义务应按相关法律、法规或规章的规定履行。

2、本协议一式三份，银行二份，客户一份，具有同等法律效力。

3、本协议未尽事宜，以《产品说明书》、《风险揭示书》、《客户权益须知》的内容为准。

4、如客户对本协议存在任何意见或建议，可通过95511转3（客服热线）、在线客服（官网：http://bank.pingan.com、口袋银行APP、个人网银"在线客服"入口）、callcenter@pingan.com.cn（服务邮箱）等方式或通过平安银行各营业网点进行咨询或投诉。

平安银行股份有限公司

图 8-13　平安银行理财产品销售协议书-正反面

需要强调的是，该协议中明确产品说明书、风险揭示书、客户权益须知均构成协议不可分割的组成部分，与该协议具有同等效力。客户签署该协议即视为客户已阅读并认可该协议和产品说明书、风险揭示书、客户权益须知的全部内容。

二、投资者购买基金产品相关文件

投资者进行基金业务交易前需与业务相关机构签署合同，明确交易权责和具体事项。由于基金产品不仅通过基金公司销售，也通过银行、证券公司等代销。所以在基金业务交易中可能涉及基金公司开户须知、投资人权益须知、基金业务的交易协议、基金概要、基金合同、基金托管协议、基金招募说明书等相关文件的阅读及签署。

此处以客户通过平安银行渠道认购基金“招商瑞信文件配置 C”为例，展开对基金合同和平安银行基金业务交易协议两份合同的签署讲解。图 8-14 是客户通过平安银行网上银行认购“招商瑞信文件配置 C”的界面，其中包含了客户需要阅读签署的基金合同-招商瑞信文件配置 C、招募说明书-招商瑞信文件配置 C、产品资料概要-招商瑞信文件配置 C 和平安银行基金业务交易协议四份文件。

招商瑞信稳健配置混合型证券投资基金产品资料概要更新(C 类份额)

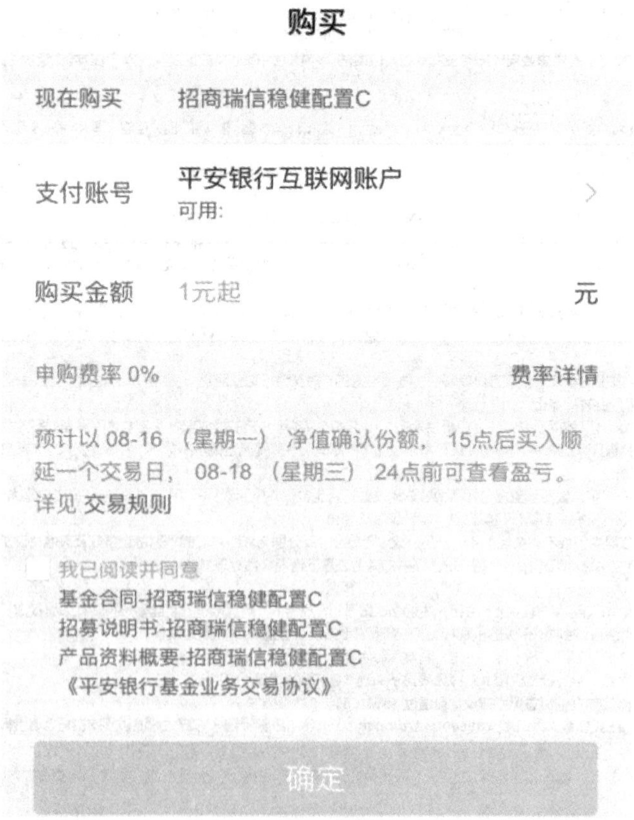

购买

现在购买 招商瑞信稳健配置C

支付账号 平安银行互联网账户
可用:

购买金额 1元起 元

申购费率 0% 费率详情

预计以 08-16 （星期一） 净值确认份额， 15点后买入顺延一个交易日， 08-18 （星期三） 24点前可查看盈亏。
详见 交易规则

我已阅读并同意
基金合同-招商瑞信稳健配置C
招募说明书-招商瑞信稳健配置C
产品资料概要-招商瑞信稳健配置C
《平安银行基金业务交易协议》

确定

图 8-14 “招商瑞信文件配置 C”认购界面

(一) 基金合同

基金合同是基金经理人、基金托管人、基金发起人为设立投资基金而订立的用以明确基金当事人各方权利和义务关系的书面文件。投资者缴纳基金份额认购款项即表明其对基金合同的承认与接受，标志着基金合同的成立。

基金合同的主要内容见表 8-3。

表 8-3　基金合同的主要内容

序号	内　　容
1	募集基金的目的和基金名称
2	基金管理人、基金托管人的名称和住所
3	基金运作方式
4	封闭式基金的基金份额总额和基金合同期限，或者开放式基金的最低募集份额总额
5	确定基金份额发售日期、价格和费用的原则
6	基金份额持有人、基金经理人、基金托管人、基金发起人等基金合同所涉及当事人的权利、义务
7	基金份额持有人大会参会比例要求、大会召开前公告的要求与内容、大会召开的条件、大会议事及表决的程序和规则
8	基金份额发售、交易、申购、赎回的程序、时间、地点、费用计算方式，以及给付赎回款项的时间和方式
9	基金收益分配原则、执行方式
10	确定基金管理人、基金托管人管理费、托管费的提取、支付方式及比例
11	与基金财产管理、运用有关的其他费用的提取、支付方式
12	基金财产的投资方向和投资限制
13	基金资产净值的计算方法和公告方式
14	基金募集未达到法定要求的处理方式
15	基金合同的变更、终止与基金财产清算的事由、程序
16	争议解决方式及当事人约定的其他事项

如图 8-15 所示，在“招商瑞信文件配置 C”的基金合同封皮中，基金的管理人为招商基金管理有限公司，托管人为平安银行股份有限公司。图 8-15 中该合同的目录部分，包含了表 8-3 中列示的内容。

招商瑞信稳健配置混合型证券投资基金基金合同

招商基金管理有限公司

招商瑞信稳健配置混合型证券投资基金
基金合同

基金管理人：招商基金管理有限公司

基金托管人：平安银行股份有限公司

目 录

图 8-15 “招商瑞信文件配置 C”基金合同封皮及目录

(二) 基金业务交易协议

基金业务交易协议是投资人通过非基金公司渠道认购基金时与代销基金的银行、基金门户网站等机构签署的业务交易协议。对于不同的代销机构，基金业务交易协议内容略有区别，但主体内容都包含了声明、代销身份的告知、代销行为的权责范围划分、基金投资涉及的相关合同列示、公开说明、业务规则、披露信息的阅读提示以及机构信息。有些机构还会对基金的基本知识做介绍、对基金投资的风险做出提示。

如图 8-16 所示，在平安银行基金业务交易协议中包括了业务交易声明和证券投资基金投资人权益须知两大部分。其中，业务声明中明确了其代理销售的身份、受理基金等投资产品的交易委托和相关契约合同文件资料的列示；须知部分内容包括基金的基本知识、基金份额持有人的权力、基金投资的风险提示、基金交易业务流程、投诉处理和联系方式等。

平安银行基金业务交易协议

您自愿申请通过平安银行"平安一账通网银"办理上述基金投资业务，并保证提供信息资料的真实有效。

平安一账通网银仅作为各类基金等投资产品的代理销售渠道，对上述产品的业绩不承担任何担保和其他经济责任。

平安一账通网银受理的基金等投资产品交易委托，以上述投资产品注册登记管理机构的确认结果为准。

您作为投资者已经详细阅读并接受拟投资产品的契约合同，最新公开说明书、业务规则及所公告披露的其他信息，接受契约合同、说明书中载明的所有法律条款。您在我公司（行）投资基金时，我公司（行）仅在您需要开设基金账户时，使用您留存在我公司（行）的以下信息：姓名、性别、联系地址、证件类型、证件号码、国籍、证件有效期、职业。金融消费者不得利用金融产品和服务从事违法活动。

您了解并自愿承担投资产品的投资风险。

您已阅读并了解以下"证券投资基金投资人权益须知"中的详细内容：

证券投资基金投资人权益须知

尊敬的基金投资人：

基金投资在获取收益的同时存在投资风险。为了保护您的合法权益，请在投资基金前认真阅读以下内容：

一、基金的基本知识

（一）什么是基金

证券投资基金（简称基金）是指通过发售基金份额，将众多投资者的资金集中起来，形成独立财产，由基金托管人托管，基金管理人管理，以投资组合的方法进行证券投资的一种利益共享、风险共担的集合投资方式。

（二）基金与股票、债券、储蓄存款等其它金融工具的区别

	基金	股票	债券	银行储蓄存款
反映的经济关系不同	信托关系，是一种受益凭证，投资者购买基金份额后成为基金受益人，基金管理人只是替投资者管理资金，并不承担投资损失风险	所有权关系，是一种所有权凭证，投资者购买后成为公司股东	债权债务关系，是一种债权凭证，投资者购买后成为该公司债权人	表现为银行的负债，是一种信用凭证，银行对存款者负有法定的保本付息责任
所筹资金的投向不同	间接投资工具，主要投向股票、债券等有价证券	直接投资工具，主要投向实业领域	直接投资工具，主要投向实业领域	间接投资工具，银行负责资金用途和投向
所筹资金的投向不同	间接投资工具，主要投向股票、债券等有价证券	直接投资工具，主要投向实业领域	直接投资工具，主要投向实业领域	间接投资工具，银行负责资金用途和投向

平安银行基金业务交易协议

二、基金份额持有人的权利

根据《证券投资基金法》第70条的规定，基金份额持有人享有下列权利：

（一）分享基金财产收益；

（二）参与分配清算后的剩余基金财产；

（三）依法转让或申请赎回其持有的基金份额；

（四）按照规定要求召开基金份额持有人大会；

（五）对基金份额持有人大会审议事项行使表决权；

（六）查阅或者复制公开披露的基金信息资料

（七）对基金管理人、基金托管人、基金份额发售机构损害其合法权益的行为依法提起诉讼；

（八）基金合同约定的其它权利。

三、基金投资风险提示

我公司（行）向基金投资人提供以下服务：

（一）对基金投资人的风险承受能力进行调查和评价。

（二）基金销售业务，包括基金（资金）账户开户、基金申（认）购、基金赎回、基金转换（可选项）、定额定投（可选项）、修改基金分红方式等。我公司（行）根据每只基金的发行公告及基金管理公司发布的其它相关公告收取相应的申（认）购、赎回费和转换费。

（三）基金网上交易服务。

（四）基金投资咨询服务（可选项）。

（五）基金净值、分红提示、交易确认等短信服务（可选项）。

（六）电话咨询、电话自助交易服务（可选项）。

（七）基金知识普及和风险教育。

（以上服务内容涉及收费的，各基金销售机构要明示收费方式）

四、基金交易业务流程

（略。由各基金销售机构自行确定）

五、投诉处理和联系方式

（一）如您对本协议存在任何疑问或任何相关投诉、意见，请联系客服95511转3、95511转2（信用卡）、官方网站（http://bank.pingan.com）、平安银行APP“在线客服”、“意见反馈”、发送邮件至callcenter@pingan.com.cn、以及我行各营业网点进行咨询或反映。我行受理您的问题后，在规定时效内核实事项并及时联系您提供解决方案。

（二）基金投资人也可通过书信、传真、电子邮件等方式，向中国证监会和中国证券投资基金业协会投诉。联系方式如下：中国证监会__________监管局：网址:www.csrc.gov.cn，联系电话__________，传真:________，电子邮箱:__________，地址______________，邮编:________（以上根据网点所在地点临时填写）。

中国证券投资基金业协会:网址: www.amac.org.cn，电子邮箱 tousu@amac.org.cn，地址:北京市西城区金融大街22号交通银行大厦B座9层，邮编：100033 电话：010-58352888（中国证券投资者呼叫中心）、www.sipf.com（中国证券投资者保护网）。

（三）因基金合同而产生的或与基金合同有关的一切争议，如经协商或调解不能解决的，基金投资人可提交中国国际经济贸易仲裁委员会根据当时有效的仲裁规则进行仲裁。仲裁地点为基金合同约定的地点。仲裁裁决是终局的，对各方当事人均有约束力。投资人在投资基金前应认真阅读《基金合同》、《招募说明书》等基金法律文件，选择与自身风险承受能力相适应的基金。我公司（行）和基金管理人承诺投资人利益优先，以诚实信用、勤勉尽责的态度为投资人提供服务，但不能保证基金一定盈利，也不能保证基金的最低收益。投资人可登录中国证监会网站（www.csrc.gov.cn）查询基金销售机构名录，核实我公司（行）基金销售资格。

图8-16 平安银行基金业务交易协议-部分

要完成基金的购买，除了签署以上两份合同之外，还要提醒客户进行基金认购前基金招募说明书、产品资料概要的阅读和签署，确保客户本人对自己的投资行为的风险有所认知，对投资的产品充分了解。

招商瑞信稳健配置混合型证券投资基金更新的招募说明书

课外链接：基金招募说明书

基金招募说明书也称为公开说明书，由基金管理人在基金份额发售三日前与基金合同及其他有关文件一同对外公布。它的内容比基金合同更加全面详细，充分披露了可能对投资人做出投资判断产生重大影响的一切信息，包括管理人情况、托管人情况、基金销售渠道、申购和赎回的方式及价格、费用种类及比率、基金的投资目标、基金的会计核算原则，收益分配方式等，是投资人了解基金的最基本也是最重要的文件之一，是投资前的必读文件。

公开说明书虽不是客户需要签署的合同，但也是具有法律效力的文书，所以一方面理财从业人员要提醒客户对说明书进行阅读，另一方面还要向客户解释其中的内容，以便客户能够无疑虑的进行投资交易。

【能力拓展】

- 请您登录中国平安人寿保险的网站(https://life.pingan.com/)，在其中任选一款产品阅读保险合同，了解他们的生效条件、保障范围等基本条款。

- 请您登录平安口袋银行 App，选 3 款理财产品阅读相应的协议，看看它们的投向、产品类型等内容。

章节习题

实战演练 1　撰写赵先生的理财规划书

【任务发布】

请根据任务展示中对赵先生家庭情况的描述，为赵先生撰写一份综合理财规划报告书。

【任务展示】

(1) 赵先生家庭情况如下：

赵先生今年 35 岁，目前在一家当地的国企从事人事工作，月薪 8000 元。赵太太 33 岁，在当地一家事业单位工作，月薪 4000 元。正在上幼儿园小班的女儿今年 4 岁。关于其家庭支出收入情况：赵先生的岳母负责帮忙照看女儿，赵先生每月都会给岳母 2000 元钱，每月基本生活用品支出约 1000 元，女儿的课外兴趣班每月大概花费 1000 元，家里一辆车的油费、保险、保养每月平均需要 1500 元，其他支出每月 1500 元，每月除去开销，基本可以攒下 5000 元。夫妻二人的年终绩效奖励合计 60 000 元，过节费、同事往来每年支出大概 10 000 元。除赵先生夫妻二人有单位社会保险，家庭没有其他商业保险。关于家庭资产方面，有 35 万元存款，其中活期 50 000 元，定期 300 000 元，早年投资的股票目前市值 100 000 元，二人共同拥有的一套三室一厅的住宅目前市值约 100 万元，一辆紧凑型轿车目前的估价为 50 000 元。

(2) 赵先生 2020 年度的理财目标如表 8-4 所示。

表 8-4　理 财 目 标

期　限	项　　目
未来 1～2 年	响应国家政策，准备生二胎
未来 2～3 年	因为不是学区房，大女儿去私立小学的学费较高，每年学费和兴趣班约 1 万元
未来 3～4 年	赵太太工作的事业单位改制成企业，工资和社保会受到影响，需要提前做好准备，为家里人购买相应的保险
未来 4～5 年	换一辆 30 万左右的国产 7 座混动车

(3) 请根据以上情况，撰写一份综合理财规划报告书。

【步骤指引】

- 老师协助学生根据赵先生的家庭财务状况编制家庭资产负债表和现金流量表；
- 老师引导学生分析赵先生的家庭财务状况并进行理财分析及评价；
- 老师引导学生分析赵先生理财目标是否切实可行？有无修正的必要？
- 根据赵先生的理财目标为其家庭设计理财规划综合方案。

【实战经验】

实战演练 2　撰写自己家庭的理财规划书

【任务发布】

各位同学根据自己的家庭情况，为各自的家庭撰写一份符合家庭实际情况的理财规划书。

【任务展示】

(1) 了解家庭基本情况。

跟父母联系，取得家庭基本情况的准备资料和数据，撰写材料时要包括家庭成员、资产及负债情况、投资及固定资产情况、家庭财务现状、收入情况等。

(2) 了解家庭理财需求。

尝试利用所学知识帮助父母确定他们的风险程度类型，根据所学知识，和父母共同商定比较合理的理财需求。

(3) 设计理财规划方案。

规划方案内容要包括现金和消费支出规划、投资规划、保险规划和教育规划等。

(4) 请根据以上情况，撰写一份家庭理财规划书。

【步骤指引】

- 老师协助学生根据学生各自家庭实际情况编制家庭资产负债表和现金流量表；
- 老师引导学生和家长联系，确定合理的理财需求；
- 老师引导学生综合考虑家庭实际情况，体会家长的艰辛；
- 根据各自实际情况设计理财规划综合方案，并撰写自己家庭的理财规划书。

【实战经验】

项目九

理财规划方案的交付及实施跟踪

项目概述

本项目通过介绍理财规划方案实施前的准备、理财规划方案的实施、理财规划方案的持续服务三个方面，详细讲解了与客户建立服务关系、交付理财规划方案的步骤、理财规划方案交付时的注意事项，理财规划方案执行要素、理财规划方案的实施原则、理财规划方案实施过程中的争议处理，跟踪家庭理财规划的执行情况、定期和不定期对理财方案进行评估等内容。帮助学生了解与客户建立服务关系的重要性及方法，熟悉交付理财规划方案的工作步骤和注意事项，认识到开展理财规划方案持续服务的必要性，掌握理财规划方案的执行要素、实施原则、争议处理方式以及影响方案定期/非定期评估频率的因素和评估步骤。使学生能为客户提供理财方案的交付及实施跟踪等后续服务，培养学生交付理财规划方案和提供持续服务的实操能力。

项目背景

理财规划方案的交付及实施跟踪是贯穿理财规划服务过程的重要模块。在这个过程中，理财从业人员需要解决以下几个问题：

我能够为客户提供怎样的服务？

我想与客户建立什么样的服务关系？

交付理财规划方案前，我需要做哪些具体工作？

客户对理财规划方案产生异议时，我该怎么处理？

理财规划方案提交后我还需要进行怎样的后续跟踪服务？

本项目是理财规划服务中的重要环节，是检验理财规划方案是否符合客户需求的环节，也是考察理财从业人员职业素养的关键环节。同时，此环节还涉及与客户建立服务关系以及持续服务的相关内容。希望通过本项目的学习，使学生能够理解为客户提供理财服务的重要性，掌握理财方案交付前后的准备工作和实施原则，并能够快速提高理财服务的专业能力。

项目演示

小琪在完成了张先生的家庭理财规划方案后，向吴经理汇报工作，如图 9-1 所示，是她与吴经理之间的对话。

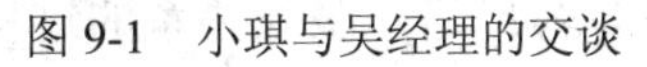

图 9-1　小琪与吴经理的交谈

由图 9-1 可知，虽然小琪在吴经理的指导和帮助下，已经制订完成了张先生家庭理财规划方案，但其实小琪的理财服务还远远没有结束。为了能顺利地向张先生交付方案，并协助其完成理财方案的实施，小琪制订了如图 9-2 所示的学习计划。

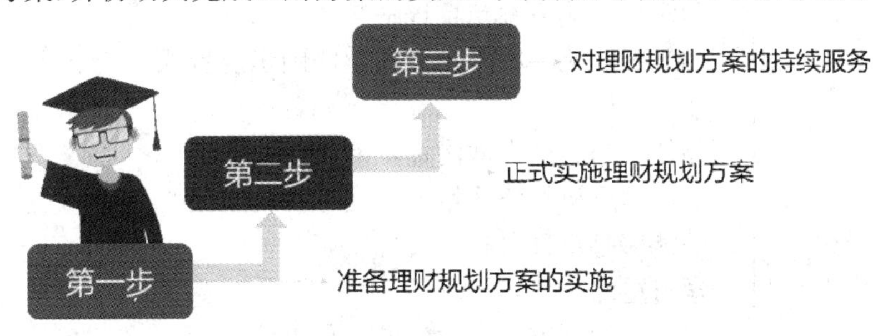

图 9-2　小琪的工作计划

思维导图

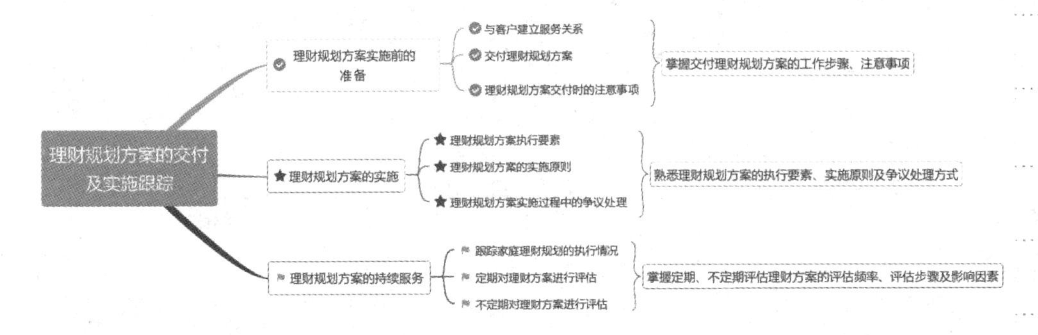

思政聚焦

银行从业人员职业操守和行为准则

家庭理财从业人员要严格遵守国家法律法规和金融行业的各项规章制度，比如在银行开展业务时，要以《银行业从业人员职业操守和行为准则》作为从业行为的依据，加强专业知识的培训和持续学习的能力，秉承诚实守信、依法依规、

专业胜任的职业操守，在其职责胜任的范围内为客户提供优质的家庭理财规划服务。

理财规划方案从准备到交付、实施，以及后续理财服务等这整个过程都能体现一名理财从业人员的职业道德操守。所以从业人员应从勤勉谨慎、团队合作、严守秘密、市场意识、竞争意识、客户服务能力、创新能力等多方面约束自己并追求更高的职业道德要求。

教学目标

知识目标

◎熟悉交付理财规划方案的工作步骤
◎熟悉交付理财规划方案的注意事项
◎熟悉开展理财规划方案持续服务的必要性
◎掌握与客户建立服务关系的过程及重要性
◎掌握理财规划方案的执行要素
◎掌握理财规划方案的实施原则
◎掌握理财规划方案四种争议处理方式的区别
◎掌握影响方案定期评估频率的因素及步骤
◎掌握影响方案不定期调整的因素及步骤

能力目标

◎能够与客户有效沟通，清楚讲解方案
◎能够分析经济环境的转变
◎能够起草理财相关文件

学习重点

◎理财规划方案交付时的工作步骤
◎理财规划方案实施时的执行要素及争议处理原则
◎定期评估和不定期评估的影响因素

任务 1　理财规划方案实施前的准备

【任务描述】

- 掌握与客户建立服务关系的过程及重要性。
- 熟悉交付理财规划方案的工作步骤。
- 熟悉交付理财规划方案的注意事项。

任务解析 1　与客户建立服务关系

职场中的社交礼仪

在理财规划方案实施之前，理财从业人员需要与客户积极地进行多次沟通与交流，并与客户建立良好的服务关系。通常情况下，理财规划方案的实施不是一蹴而就的，而是一个循序渐进的过程。一般来说，随着从业人员与客户关系的加深，客户对理财从业人员的信任感会逐渐增强，并会在沟通交流中提供越来越多的可用信息。因此理财从业人员要针对客户的信息不断优化理财规划方案，从而更好地进行方案的实施。

理财从业人员要做出质量高、可行性好、目标值适宜的理财规划方案，一定要有耐心和信心，一点一滴持续挖掘客户信息，只有这样才能够利用完善的客户信息，对客户理财需求做出更加合理的分析。理财从业人员与客户沟通交流的递进关系阶段，如表 9-1 所示。

表 9-1　客户关系阶段与信息收集

关系阶段	客户认识程度		信赖水平	应收集到的信息
	对所处机构	对理财从业人员		
不认识↓认识	记住：机构的名称。 知道：业务范围。 了解：市场占有率、口碑、服务水平、企业文化	知道：你的名字。 认识：你个人能力。 认为：你是一个业务能力尚可、做事可靠、积极阳光的人。 愿意：让你做出理财规划方案，会抽空看一看方案内容。 双方状态使彼此清楚一些基本情况信息，但双方沟通还达不到交心，感情并不深厚，处于业务往来层面	还未进入信任阶段	客户姓名、年龄。 了解他的工作行业、大概收入范围。 婚姻家庭基本状况。 有的客户会提供其金融投资金额、固定资产(房产、车辆)价值、资金主要存入机构及其选择该机构的重点考虑因素
认识↓了解		愿意通过微信、电话进行沟通。 在其时间允许的范围内配合面谈。 面谈次数 2 次以上。 清楚你的专业水平能力。 愿意听你详细讲述理财规划方案	有一些信任，但是未达到认可和完全信赖，仍处于徘徊状态	客户的兴趣爱好。 行为规律。 在公司及家庭中的地位。 其对风险的喜恶程度。 客户还未认可你的原因等

续表

关系阶段	客户认识程度		信赖水平	应收集到的信息
	对所处机构	对理财从业人员		
了解↓认可	● 认可机构的服务、环境。 ● 对机构进行正面评价。 ● 转移业务主办权	✓ 满意：服务态度、专业能力。 ✓ 认真告知客户的理财需求。 ✓ 主动把理财规划方案交给你做。 ✓ 愿意和你就理财规划方案进行探讨和调整	◇ 开始具有信任基础	› 家庭成员的总收入。 › 较为详细家庭资产情况。 › 家庭成员对投资的想法。 › 家庭角色任务分担等部分涉及家庭隐私的内容
认可↓信任		✓ 主动告知近期的资金流向和变动。 ✓ 对你做出的投资建议犹豫地选择。 ✓ 内心基本接受你所作的理财规划。 ✓ 确定开始实施或已经认可并准备实施该理财计划	◇ 形成了较为稳固的信任关系	› 客户资金的周期情况。 › 家庭的收支明细情况。 › 未来的家庭计划等
信任↓帮助		✓ 将他周围的亲戚、朋友、同事推荐给你。 ✓ 将你推荐给他的人际关系圈。 ✓ 愿意接受办公室外的接触，包括吃饭等相对私密的生活接触。 ✓ 甚至愿意向你吐露心事。 ✓ 对你做出的理财规划，已经开始逐步实施或已经实施了较高地比例	◇ 已经超越了陌生人之间建立的信任关系，逐步趋向于社会中的朋友关系	› 除了将以上所列阶段的信息进行加深的了解和细节的完善之外，可以对该客户的社会关系信息进行适度了解，在条件成熟的情况下挖掘其他客户机会

任务解析 2　交付理财规划方案的步骤

理财从业人员在交付理财规划方案前，应充分做好准备工作，并在交付后持续跟进后续服务。交付理财规划方案的工作步骤如图 9-3 所示。

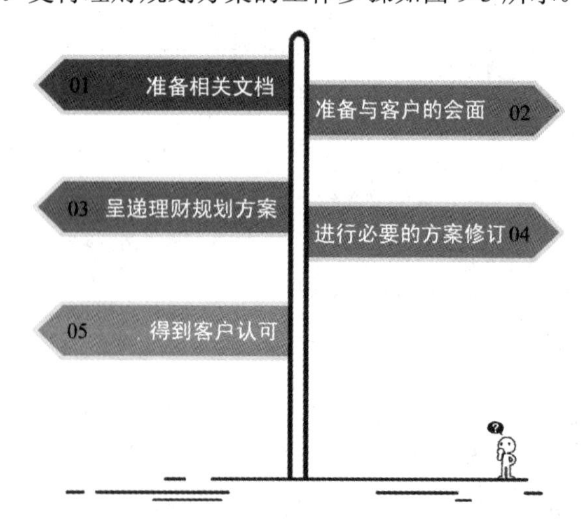

图 9-3　交付理财规划方案的工作步骤

一、准备相关文档

理财从业人员在交付理财规划方案时，准备的“综合理财规划书”等相关文档需要注意以下几个方面：

(1) 检查文字、语法错误。文字、语法的错误可能会导致客户对方案的内容造成误解，同时还会影响从业人员的职业形象和专业程度。

(2) 优先提供简洁、美观的目录。往往理财规划方案需要提供的材料众多，目录可以帮助客户了解方案的结构，同时方便客户随时查询相关内容。

(3) 确保“综合理财规划书”等相关文档页面编号的连续性。完整、连续、清晰的页面编号可以防止错页、内容遗漏的情况发生。

(4) 检查封面、封底。理财从业人员应该设计大方、雅致的“综合理财规划书”的封面，这样的封面能给客户带来认真负责的第一印象，也体现了对客户的重视程度。通常封面内容应包括客户姓名、理财从业人员所属机构名称、.出具日期等。

(5) 将相关文档按内容分为不同部分，并进行装订。理财从业人员在交付理财规划方案时，除“综合理财规划书”之外，往往还需要提供相关的法律法规、金融机构的产品说明书、市场行情分析与判断、证券研究报告等内容，理财从业人员要对上述文件进行归纳总结并装订整理，便于客户阅读。

二、准备与客户的会面

理财从业人员在与客户进行会面并交付理财规划方案前，必须对家庭理财规划所涉及的文书资料等再次进行检查，避免出现遗漏、丢失、准备不充分等低级错误。另外，理财从业人员还需要记录与客户会面过程中的细节和重点，理财规划方案交付的过程等，并整理成工作底稿。除此之外，理财从业人员还需要考虑会见客户时需要注意的一些细节，具体如下：

(1) 确保与客户会面的地点恰当，适合交流。

(2) 出于对客户隐私的保密，在与客户会面的过程中，理财从业人员必须保证客户看不到其他客户的姓名或者其他资料。

(3) 将理财规划方案中的一些重要问题和客户提出的质疑列成清单，并在与客户的会面中对这些问题进行解释。

(4) 与客户会面之前，要保证自己穿着得体、举止大方。

(5) 与客户会面时从业人员至少应向客户提供下列资料，包括：准备讨论的“综合理财规划书”等相关资料；列有客户问题的文件；持有在准备理财规划建议过程中要用到的各种记录、工作底稿等。

三、呈递理财规划方案

(1) 当理财从业人员和客户会面时，应热情问候客户，并与客户适当寒暄，同时向客户呈递理财规划方案。

(2) 在将理财方案交付客户后，从业人员应简明扼要地对方案进行总括性介绍，在帮助客户建立起对方案的整体印象后，从业人员方可开始对理财方案进行具体的分项说明。

(3) 虽然在和客户的沟通中，从业人员已经尽量对理财方案进行了较详细地解释，但对于客户来说仅仅通过短暂的聆听是不能完全理解整套方案的。因此从业人员在向客户交付方案后，应与客户约定 3 天左右的自行阅读时间，让客户自己对方案进行更深一步的理解，以便有计划地进行下一项工作。

四、进行必要的方案修订

(1) 根据其他专业人士的建议进行方案改进。

理财方案涉及个税筹划、财产分配与传承、保险规划等专业内容时，可能需要求助于律师、会计师等专业人士进行编辑和解释。

(2) 根据客户意见修改理财方案。

当客户进一步研究理财方案后，可能对理财方案提出自己的意见，从业人员应根据客户的意见对原理财方案进行修改。

(3) 因理解差异而修改方案。

当从业人员对客户当前状况或理财目标的理解出现偏差时，可能也会导致要对理财方案进行修改。那么在这种情况下，从业人员首先应该加强与客户的沟通，避免信息不对称，并且针对客户的实际情况和要求提出相应的修改建议。修改完成后，从业人员还应该将修改建议请客户再次确认。

五、得到客户认可

当理财规划方案经过必要修订后，最终需要得到客户对方案的完全认可。一般来说，客户对于方案的完全认可应包括如下内容：

(1) 客户已经完整阅读该方案；

(2) 客户提供的信息真实准确，没有重大遗漏；

(3) 理财从业人员已就重要问题进行了必要解释；

(4) 客户接受该方案，并愿意承担风险。

任务解析 3　理财规划方案交付时的注意事项

为了确保理财规划能够顺利执行，还需要理财从业人员制订详细的实施计划。在这个过程中，除了要遵循理财规划方案的工作步骤外，还需要把握如图 9-4 所示的四个注意事项。

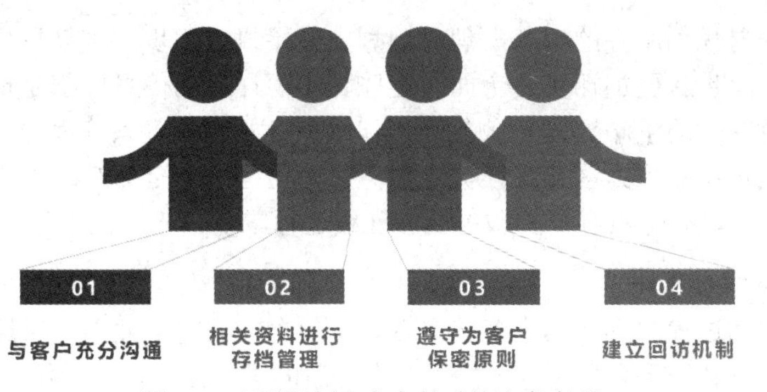

图 9-4 理财规划方案交付时的注意事项

一、与客户充分沟通

在前期收集资料、制订理财规划方案的过程中，理财从业人员必定已经和客户进行了多次的沟通，方案才得以完成。尽管如此，理财从业人员在向客户交付方案时，仍然需要就方案的内容，尤其是一些关键性条款做进一步解释说明。这是因为，一方面，使得客户对理财方案的理解更加透彻，有助于将来理财方案的顺利执行；另一方面，客户和理财从业人员对于相同事件的理解由于出发点不同、看问题的角度不同，可能存在理解上的偏差，需要重新确认以确保双方意见达成一致，从而减少执行过程中的麻烦。

另外，方案的执行效果还会受其他因素所影响。比如客户资料的完整、翔实程度，假设条件等，所以理财从业人员需要多次重申这一观点来加强客户的认同，以获得真实资料。如果将来的实际情况与假设条件偏离过大，则需要客户积极配合及时修订方案。

二、相关资料进行存档管理

理财从业人员应当对业务推广、协议签订、服务提供、客户回访、投诉处理等环节实行留痕管理。理财从业人员在与客户沟通的过程中会形成诸如会议记录、调查问卷、客户授权书以及综合服务合同、保密合同等大量文件，基于以下几个原因，这些文件有必要以书面或电子文件形式予以记录留存并妥善保管。

1. 提高沟通效率

客户档案资料记录了客户的要求和承诺并标注了日期，是理财从业人员或所在公司向客户提供信息、意见和建议甚至贯穿整个业务过程的重要信息。

客户的档案资料是在理财规划方案的设计与执行阶段，由理财从业人员逐渐积累起来的，因此这些资料详细地记录了客户的家庭信息、资产信息、理财目标等，是设计理财规划方案的重要依据，同时也包含了理财从业人员向客户提供的信息咨询服务、投资建议、风险提示等内容，这使客户和理财从业人员之间的沟通进度得以确认，使沟通结果有了具体凭据，也避免了双方因口头沟通或理解的偏差而造成争议。

2. 提高后续服务水平

完整的客户档案也为从业人员的后续服务和进一步业务拓展提供了基础资

料。随着理财规划服务的深入，理财规划由开始执行逐步向规划目标靠近，客户档案中的信息也就更加翔实、全面。这些真实而详尽的信息，都是理财从业人员不断加深对客户的了解、提升服务水平和维护良好客户关系管理的重要依据。当理财从业人员不能再为客户继续提供服务时，这些资料是后续接管人员了解客户的重要渠道，以确保对客户的服务能够连续进行。

3. 提高专业水平

理财规划过程中会积累许多客户资料、信息，理财从业人员对这些资料进行分析总结，有利于提高自身专业能力，为以后的工作提供良好素材。

4. 金融机构的规范管理

《证券投资顾问业务暂行规定》

业务留痕处理是金融机构日常规范管理、档案管理的客观要求。《证券投资顾问业务暂行规定》就要求证券投资顾问向客户提供投资建议的时间、内容、方式和依据等信息，应当以书面或者电子文件形式予以记录留存。证券投资顾问业务档案的保存期限自协议终止之日起不得少于 5 年。

5. 作为纠纷的证据

如果日后客户与理财从业人员或者所在金融机构发生了法律纠纷，这些资料可以作为有力的证据，从而使理财从业人员和所在机构能够防范法律风险。

三、遵守为客户保密原则

理财规划方案的制订涉及客户年龄、资产负债、收入支出、工作性质、家庭关系，甚至资产来源等个人隐私，即使是配合理财从业人员调查的客户，也可能因为客户存在戒备心理而有所隐瞒或者遗漏。

面对这一现状，理财从业人员首先需要强调这些资料对于制订方案的重要意义，让客户明白方案的执行效果从一定程度上取决于他提供资料的真实程度。同时，理财从业人员应真诚地承诺为其保密，打消客户的顾虑。另外，在与客户会面的过程中，理财从业人员必须保证客户看不到其他客户的姓名及其他相关资料，即使在不经意间泄露了其他客户的信息也已经违反了保密原则。

四、建立回访机制

理财从业人员应当建立完善的客户回访机制，明确客户回访的程序、内容、要求等，并在得到客户许可后独立实施客户回访。完善的回访机制是客户评价体系的重要表现形式，能够第一时间知晓客户对理财从业人员以及所在机构的满意程度，从而提高从业人员的服务水平。

【能力拓展】

- 如果需要整理客户家庭的相关资料，您知道需要提供哪些资料吗？您将以什么形式留存呢？

- 您认为理财从业人员为什么要遵守为客户保密的原则？应对客户的哪些信息进行保密？

任务 2　理财规划方案的实施

【任务描述】

- 掌握理财规划方案的执行要素。
- 掌握理财规划方案的实施原则。
- 掌握理财规划方案四种争议处理方式的区别。

任务解析 1　理财规划方案的执行

对家庭理财规划方案的执行是理财规划服务的核心环节，该环节将家庭理财的分项规划逐一付诸实施，是帮助家庭实现资产有效配置的关键步骤，也直接决定了理财规划服务的成败。为确保理财方案能够有效执行，且较好地达成规划目标，应把握时间、人员和资金这三个关键的执行要素，如图 9-5 所示。

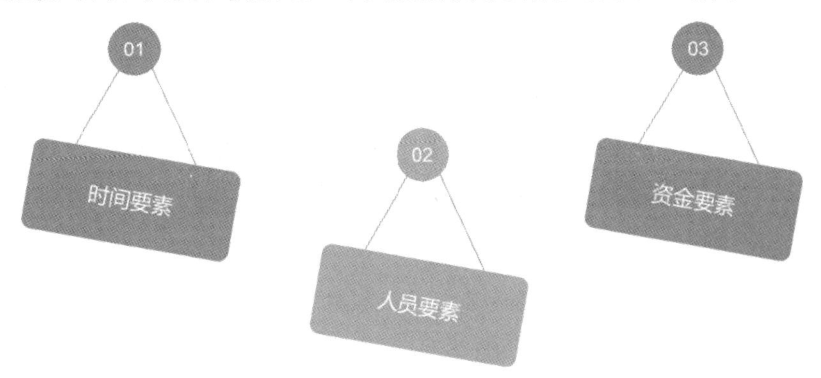

图 9-5　执行家庭理财规划方案的三要素

一、家庭理财规划方案执行的三要素

(一) 时间要素

在家庭理财规划方案执行的过程中，理财从业人员要把握时间要素，对理财规划方案中的每一个分项规划的阶段时点做到心中有数，尤其需要对短期、中期、

长期目标应实现的时间节点区间做好把控。

理财从业人员有必要根据客户的规划执行情况制订时间安排表，将各项工作按照轻重缓急明确其先后顺序，有序地执行家庭理财规划方案，这有利于节约客户的实施成本，提高方案的实施效率。

见图 9-6 课外链接：重要紧急“四象限法则”

美国管理学家史蒂芬·柯维在他的《要事第一》这本书中提出了时间管理的“四象限法则”。他把日常事项按照重要和紧急两个不同的程度进行了划分，基本可以分为四个“象限”(见图 9-6)：重要且紧急、重要不紧急、紧急不重要、不重要不紧急。“四象限法则”是时间管理理论的一个重要观念。有人统计，成功人士约 65%～80%的时间是用在“重要不紧急”的事项上，而普通人只有约 20%的时间用在“重要不紧急”的事情上。“四象限法则”就是让人们将手里的事项进行分析和分类，将主要的精力和时间集中地放在处理那些重要但不紧急的工作上的方法。

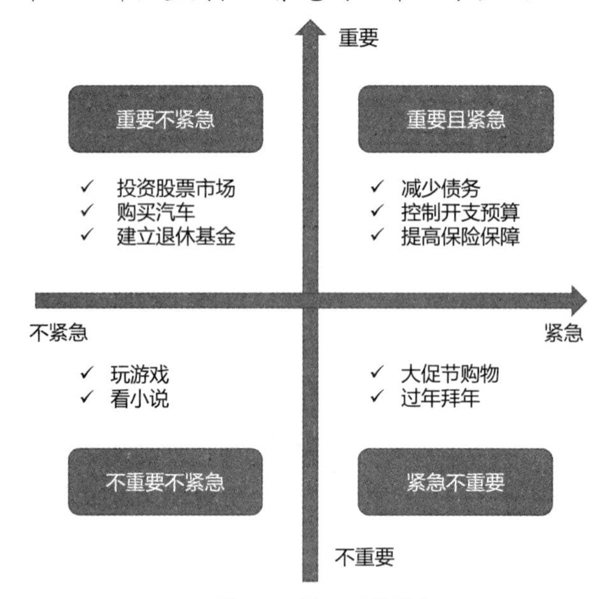

图 9-6 四个“象限”

在家庭理财规划方案的执行当中，“四象限法则”也可以指导理财从业人员的工作，因为它能帮助理财从业人员区分客户理财目标和多个需求，从而着手解决重要的事情。比如某客户就按照“四象限法则”将他的家庭目标分为如下四类。

(1) 重要并且紧急，当下不得不做的事项：减少债务、控制开支预算、提高保险保障；

(2) 重要不紧急，能够决定未来但并不马上见效的事项：投资股票市场、购买汽车、建立退休基金；

(3) 紧急不重要，必须要做，但是无法产生太多价值的事项：大促节购物、过年拜年；

(4) 不紧急不重要，可做可不做，纯粹浪费生命或消磨时间的事情：玩游戏、看小说。

史蒂芬·柯维认为，这四类事项的重要程度排序应该是这样的：重要不紧急→重要并且紧急→紧急不重要→不紧急不重要，所以只有安排好这四类事项，理财从业人员的服务才会发挥更大的价值，客户的家庭生活才会蒸蒸日上。

(二) 人员要素

在家庭理财规划方案的执行过程中，不能仅依靠理财从业人员一个人“运筹帷幄”，还需要理财从业人员充分调动人力资源，邀请在每一个分项规划涉及的专业业务领域更具权威的人士参与，如保险经纪人、法律顾问、会计师、证券投资顾问等，必要时还需要客户的家人加入来共同推进方案执行，通过增强各方人员协作，实现方案的高效执行。

(三) 资金要素

家庭理财规划方案开始执行后，理财从业人员要密切关注客户的资金流动，尽可能为客户降低资金成本，增加运营收益。客户的临时资金往往在之前的理财规划方案中无法全面细致体现出来，要通过在理财方案的执行过程中和客户深度沟通、建立信任后才能充分掌握。理财从业人员要随着对客户资金流动安排的深入了解，优化客户资金的配置、提高客户资金的运转效率和收益。

二、加强把握要素的能力

要把握好以上三个关键理财方案执行要素，理财从业人员需要加强三方面能力，如图 9-7 所示。

图 9-7　把握理财规划三要素的能力

(一) 高效沟通的能力

把握时间要素，实现对客户短期、中期、长期等需求的实施跟踪是建立在与客户深度沟通的基础上的，尤其在多方专业人员参与理财规划方案执行时，会有大量的工作需要通过高效沟通来实现。

提高沟通能力一方面要求理财从业人员要把握好沟通的频率，即要勤于沟通；另一方面要求沟通有质量，向客户讲清楚接下来每笔资金的运营安排和成本收益的预期，保证客户可以准确理解表述的内容并正确实施。

(二) 着眼全局考虑问题

在关注时间、人员、资金成本要素时，需要着眼于整个家庭理财规划方案上，不能过于偏重某一类产品或某一个产品，而是要强调理财规划方案的总体性。对理财规划执行进度的衡量也要以全局作为基础，不能过于侧重其中某一个分项规划而忽略其他，要基于整个家庭理财规划方案考虑资金的调用安排、理财产品和工具选择以及执行成本核算等具体事项。

(三) 保持市场敏锐度

家庭理财方案的执行是一个长期过程，虽然家庭理财方案在设计时考虑了未来市场的变化趋势，但是开始执行家庭理财规划方案后，理财从业人员应保持市场敏锐度，随时捕捉宏观和微观经济信息，了解市场的实时变化，根据需要对时间、人员、资金成本等要素的安排进行适时微调。通过跟踪分析、比较金融市场变化趋势，为客户选择更适合的产品，降低费率，缩减资金成本，尽可能节省财务支出，提高收益水平，提高整体方案的执行效果，推动方案目标的达成，增强客户满意度。

任务解析 2　理财规划方案的实施原则

在执行理财规划方案的过程中，从业人员应遵守信息披露、谨慎客观、恪守诚信、勤勉尽责四个原则，从而获得客户的信任，赢得客户的尊重与认可，让理财规划方案的执行过程顺利推进且达到预期目标，如图 9-8 所示。遵循理财规划方案的实施原则，可以帮助理财从业人员在自己的职业生涯中逐步成长，越来越强。

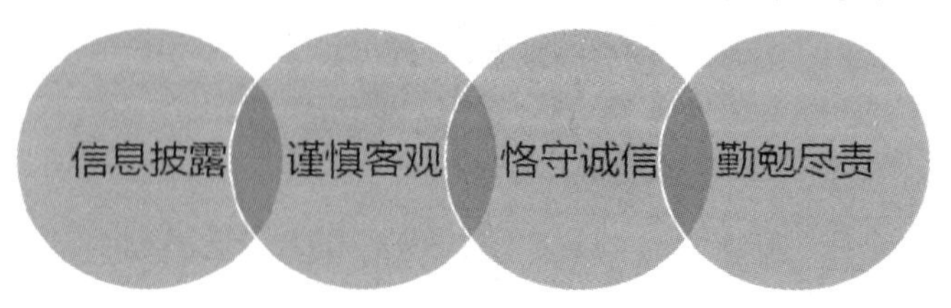

图 9-8　理财规划方案的实施原则

一、信息披露

信息披露原则主要体现在向客户披露金融产品信息和向第三方披露客户信息两个方面：

(1) 理财从业人员须将实施方案涉及的各类金融产品的相关信息如实告知给客户，特别是涉及的相关费用应向客户详细披露，比如购买证券投资基金可能涉及认购费、申购费、赎回费、管理费、托管费、销售服务费等，理财从业人员应提前向客户解释清楚，避免造成客户的误解；

(2) 方案实施过程中，理财从业人员很可能需要与其他专家及机构研讨客户的理财方案，这可能会涉及客户的隐私资料，理财从业人员应优先获得客户授权后再向第三方披露客户的信息。

二、谨慎客观

谨慎客观原则是指理财从业人员应当依据公开披露的信息资料和其他合法获得的信息，进行科学的分析研究，审慎、客观地提出投资分析、预测和建议，不得断章取义，不得篡改相关信息资料。

三、恪守诚信

恪守诚信原则是理财从业人员向客户提供理财规划服务的过程中必须秉持的原则之一。理财规划的执行过程需要客户有效配合才能良好实施，比如制订理财方案时理财从业人员会了解到客户的婚姻家庭、资金收入等较为隐私的信息，客户提供这些信息是基于对理财从业人员充分的信任，理财从业人员如果不能秉持恪守诚信的原则，就无法开启双方信任的大门，执行理财规划更无从谈起。因此理财从业人员与客户的一切关联均需建立在诚信为本的原则上，要不断增强客户对自己的信心、塑造专业可靠的形象，才能顺利执行理财规划方案。

四、勤勉尽责

勤勉尽责原则是指理财从业人员应当本着对客户高度负责的职业精神，对理财规划方案的分析预测及咨询服务进行尽可能全面、详尽、深入的调查研究，避免遗漏与失误，切实履行应尽的职业责任，向客户提供规范的专业意见。

课外链接：因泄露客户信息　中信银行收银保监会罚单

2021 年 3 月 19 日，银保监会消保局发布的罚单显示，中信银行被处罚单 450 万元，见图 9-9。

中国银行保险监督管理委员会行政处罚信息公开表
(银保监罚决字〔2021〕5号)

(中信银行股份有限公司)

行政处罚决定书文号			银保监罚决字〔2021〕5号
被处罚当事人	单位	名称	中信银行股份有限公司
		法定代表人姓名	李庆萍
主要违法违规事实(案由)			一、客户信息保护体制机制不健全;柜面非密查询客户账户明细缺乏规范、统一的业务操作流程与必要的内部控制措施,乱象整治自查不力 二、客户信息收集环节管理不规范;客户数据访问控制管理不符合业务"必须知道"和"最小授权"原则;查询客户账户明细事由不真实;未经客户本人授权查询并向第三方提供其个人银行账户交易信息 三、对客户敏感信息管理不善,致其流出至互联网;违规存储客户敏感信息 四、系统权限管理存在漏洞,重要岗位及外包机构管理存在缺陷
行政处罚依据			《中华人民共和国银行业监督管理法》第二十一条、第四十六条和相关审慎经营规则 《中华人民共和国商业银行法》第七十三条
行政处罚决定			罚款450万元
作出处罚决定的机关名称			中国银行保险监督管理委员会
作出处罚决定的日期			2021年3月17日

图 9-9　中信银行罚单

银保监会行政处罚信息公开表(银保监罚决字〔2021〕5号)

任务解析 3　理财规划方案实施过程中的争议处理

当客户和金融机构出现纠纷时可以采取的争议处理方式主要有以下四种。

一、沟通、协商和调解

当争端发生后,从业人员首先要做的事情就是与客户进行联系和积极沟通,明确客户的问题和客户提出的要求,耐心地解释客户的疑问或误解,并积极寻找

解决方案。

调解是指中立的第三方在当事人之间调停疏导，帮助交换意见并提出解决建议，促成双方化解矛盾的活动。作为第三方的调解者必须是双方都认可的，否则调解的结果会很难达成一致。可以在从业人员或所在机构通过与客户协商无果的前提下再请第三方出面调解。另外需要注意的是调解结果不具备法律效力，事后任何一方当事人都可能反悔。

二、投诉

如果由于服务人员的工作失误或金融机构对产品进行虚假宣传给客户造成财产损失，并且无法协商解决的，客户可以对产品和服务向该金融机构投诉。如果金融机构无法解决或金融机构出具的解决方案客户仍然不认可，那么客户有权向金融机构的有关监管部门投诉。

我国当前的金融监管体制是“一委一行两会”，即国务院金融稳定发展委员会、中国人民银行、中国证券监督管理委员会以及中国银行保险监督管理委员会，如图 9-10 所示。值得说明的是，图 9-10 仅代表制定经济政策和进行金融监管角度的级别划分，中国人民银行、银保监会、证监会本身没有行政级别之分，都属于国务院直属的正部级单位。

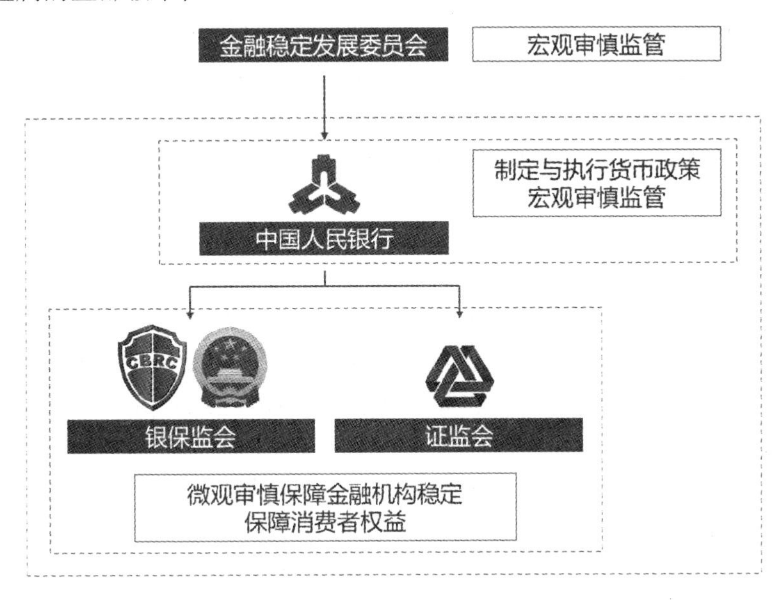

图 9-10　我国当前的金融监管体制

国务院金融稳定发展委员会作为国务院统筹协调金融稳定和改革发展重大问题的议事协调机构，负责协调中国人民银行、中国银保监会、中国证监会、国家外汇管理局、发展改革委、财政部等金融、财政部门，强化人民银行宏观审慎管理和系统性风险防范职责，落实金融监管部门监管职责，并强化监管问责。国务院金融稳定发展委员会的办事机构是国务院金融稳定发展委员会办公室，设在中国人民银行。

中国人民银行承担与金融稳定密切相关的宏观审慎管理职能，从而更好地发挥统筹构建审慎监管体系、有效防范风险的职能。

中国银行保险监督管理委员会依照法律法规统一监督管理银行业和保险业，维护银行业和保险业合法、稳健运行，防范和化解金融风险，保护消费者合法权益，维护金融稳定。

中国证券监督管理委员会负责证券期货业监督管理的职责，根据法律、法规和国务院授权，对全国证券、期货市场实行集中统一监督管理。

三、仲裁

仲裁委员会由法律、经济贸易等方面的专家和知名人士组成。仲裁委员会以仲裁的方式，独立、公正、合理、及时地解决平等主体的公民、法人和其他组织之间发生的合同纠纷及其他财产权益纠纷。

仲裁委员会根据当事人之间订立的仲裁协议和一方当事人的书面仲裁申请，对发生在经济、技术、房地产交易、知识产权、产品质量责任、建设工程、交通运输、金融、保险、期货、证券、涉外经济贸易、运输和海事海商等方面的纠纷进行仲裁。仲裁充分体现了当事人的意思自治，即当事人可以从仲裁员名册中选定仲裁员或委托仲裁委员会主任指定仲裁员组成仲裁庭审理裁决案件。仲裁庭根据事实、遵守法律规定、参照国际惯例，公平合理地解决经济纠纷，保护当事人的合法权益。仲裁实行一裁终局制度。仲裁程序简便，且仲裁裁决具有法律效力。

仲裁委员会向经济贸易各界推荐合同示范仲裁条款是：“因履行本合同发生的争议，由双方协商解决，协商不成立的，提交仲裁委员会仲裁。”选择仲裁方式解决经济纠纷具有快捷、保密、方式灵活、成本低的特点。

四、诉讼

诉讼是当事人的合法权益受到不法侵害或与他人发生权益纷争以及发生犯罪行为时，由公民个人或公诉机关向法院提请判决，法院依法审理并予以裁判的活动。

实践证明，理财案件通常并非某一方当事人单独过错所致，而多因市场走势变化所引发，因此这种矛盾纠纷本身并非不可调和。有鉴于此，民商事审判法官应以足够的知识、技能和耐心，尽量采用诉讼机制解决双方纠纷。

课外链接：“原油宝”事件

2020 年受新冠肺炎疫情、地缘政治、短期经济冲击等综合因素影响，国际商品市场波动剧烈。美国时间 2020 年 4 月 20 日，受到西得克萨斯中间基原油 WTI 跌入负值的影响，原油 5 月期货合约 CME 官方结算价为 –37.63 美元/桶有效价格，该次下跌直接导致中国银行纸原油产品“原油宝”多头投资人穿仓，在保证金账户清空的情况下还亏损两倍于保证金的金额。由此触发“原油宝穿仓”事件。

原油宝是中国银行旗下大宗商品理财标的物中的一个理财产品，又被称作“纸原油”，投资的不是石油，而是原油期货。投资者可以选择做多、做空原油。支持美元和人民币同时交易，采用保证金交易，没有杠杆。

争议处理过程如下：

1. 中国银行

2020年5月6日，原油宝投资者指出，收到中国银行来电通知，愿意就原油宝承担客户负价亏损，并将根据客户具体情况，在保证金20%以下给予差异化补偿。2020年5月11日，中国银行App推出原油宝线上和解协议。对比线上协议和纸质协议，中行承担负价亏损、归还扣划保证金、补偿20%持仓本金的内容。

2. 银保监会

2020年4月30日，银保监会要求中国银行依法依规解决问题，与客户平等协商，及时回应关切，切实维护投资者的合法权益。

2020年5月，银保监会在前期调查的基础上，启动立案调查程序。

2020年12月，中国银保监会决定对中国银行及其分支机构合计罚款5050万元；对中国银行全球市场部两任总经理均给予警告并处罚款50万元，对中国银行全球市场部相关副总经理及资深交易员等两人均给予警告并处罚款40万元。除依法实施行政处罚外，中国银保监会还暂停了中国银行相关业务、相关分支机构准入事项，责令中国银行依法依规全面梳理相关人员责任并严肃问责。

3. 国务院金融稳定发展委员会

2020年5月4日，国务院金融稳定发展委员会指出，要高度重视当前国际商品市场价格波动所带来的部分金融产品风险问题，提高风险意识，强化风险管控。要控制外溢性，把握适度性，提高专业性，尊重契约，理清责任，保护投资者合法利益。

4. 最高人民法院

截止2020年8月，对尚未与中国银行达成和解的“原油宝”投资者们坚持上诉的情况，多个省、市、自治区的高院陆续发布公告，出于“保护投资者的合法权益”“确保法律统一实施”的目的，“根据最高人民法院要求”将对“原油宝”事件民事诉讼案件实行集中管辖。2020年12月31日，历经240余天的撕扯后，中国银行原油宝“第一案”一槌定音：江苏南京鼓楼法院通过微信公众号宣布，一审公开审理的3件涉中国银行“原油宝”事件民事诉讼案，已全部结案。鼓楼法院称，3起案件中，1件由双方当事人调解结案；另外2件，判决由中国银行承担原告全部穿仓损失和20%的本金损失，返还扣划的原告账户中保证金余额，并支付相应资金占用费。最终判决结果和此前中国银行给出的和解协议相似，但鼓楼法院的判决结果多了一项相应资金占用费。

【能力拓展】

- 将您需要完成的日常事项，按照重要紧急“四象限法则”分别列出，看看哪些属于重要但不紧急的事项，并制订实施计划。

- 请您查找理财方案实施过程中争议处理的案例，用学过的理论知识来分析相关处理过程。

任务3 理财规划方案的持续服务

【任务描述】

- 熟悉开展理财规划方案持续服务的必要性。
- 掌握影响方案定期评估频率的因素及步骤。
- 掌握影响方案不定期调整的因素及步骤。

任务解析1 跟踪家庭理财规划方案的执行情况

理财方案实施的过程中，理财从业人员应与客户保持定期联系，随时关注方案的实施效果，在发现问题时及时指导客户进行操作，做客户专业的理财管家。与此同时，对理财规划方案持续的服务能让客户享受理财带来收益的同时，拉近与客户的距离，为日后业务范围的拓展、金融产品的销售以及客户转介绍新客户工作奠定良好的基础。

对理财规划方案实施情况的持续跟踪工作，是理财从业人员日常工作最重要的部分之一。由于理财规划方案是当下对未来投资和收益的预估报告，所以随着时间的推移，经济形势会发生变化，需要理财从业人员对客户方案的执行情况做

出跟踪，这样才能评价其执行效果是否有必要做出新的调整及应对，这也体现出了理财规划方案的服务升级。

一、家庭理财规划跟踪的作用

持续跟踪家庭理财规划的执行，起到了促进理财规划目标达成、延长服务周期、降低客户开发成本的作用，如图 9-11 所示。

图 9-11　跟踪家庭理财规划的执行情况的作用

(一) 有利于达成理财规划目标

在进入执行阶段后，原有理财规划方案的实施情况不可能完全契合当下情况，因此，为了达到预定的理财目标，理财从业人员要跟踪家庭理财规划的执行情况，根据新情况不断地调整方案，进入纠偏和持续改进的过程，帮助客户的财务安排更好地适应市场变化。

(二) 延长客户服务周期

理财从业人员服务的理想境界是与客户维持终生的理财服务关系，逐步成为客户固有的理财顾问，这就需要不断提升客户的黏性，那么在理财从业人员向客户提交理财规划方案并执行后，不断做好客户的后续跟踪服务就是一种提高客户黏性的好办法。所以，持续跟踪理财规划的执行情况，能够使客户生命周期价值实现最大化，这也是理财从业人员努力工作的方向。

(三) 降低客户开发成本

无论从金融服务机构的角度还是从理财从业人员的角度出发，成功开发一个新客户所需付出的成本是维护一个在管客户成本的数倍。另外如果在管客户对机构及理财从业人员感到满意，就会主动推荐给周围的人，这类宣传几乎没有成本，其带动作用不可小觑。

二、家庭理财规划的跟踪方式

跟踪家庭理财规划执行情况可以通过电话回访、微信互动、邮件提醒、定期

面谈、邀约活动、私人会面等方式进行。表 9-2 对以上提及的跟踪方式所能发挥的服务作用做了简要总结。

表 9-2 理财规划跟踪服务行为列表

服务方式	服务内容	作用
电话回访	✔ 时常问候，节日、生日祝福 ✔ 问询客户灵活资金安排需求 ✔ 了解客户对所做规划的执行情况	保持和客户间的良好互动，通过语言增加客户与理财从业人员的熟悉度及信赖感
微信互动	› 产品推送、市场行情信息推送 › 理财规划知识普及的文章、视频分享 › 客户邀约	通过微信这一更便捷的联系方式可以为客户提供更多形式的专业服务
邮件发送	♣ 产品推送、市场行情信息推送 ♣ 产品到期、保险续费、预约购买等业务提醒 ♣ 产品协议、资料的发送	邮件是更加正式、商务的沟通方式，便于客户查看和存储信息，对于较为重要的资料传送及后续服务的方案，均可通过邮件的方式处理
定期面谈	♢ 了解客户近期情况，调整理财规划方案 ♢ 分析近期市场行情 ♢ 讲解理财金融知识	面谈可以增加客户对理财从业人员的亲近感及信赖感。通过面谈，理财从业人员可以对客户的家庭变化动向有所了解，便于及时调整家庭理财规划
邀约活动	✎ 邀约客户参与高端体检、红酒品鉴、高尔夫体验赛等活动，提升客户体验 ✎ 邀约参与运动比赛、金融知识讲座、客户观影等活动，加强客户认可度 ✎ 邀约客户参与机构节日抽奖、领取生日礼物等方式，增加客户活跃度	通过多样化的活动方式增强客户除理财规划需求本身之外的增值体验感。通过这种服务方式使客户感受到被重视和尊重，增强客户对机构和理财从业人员的认可度

三、提升跟踪理财规划的能力

如图 9-12 所示，提升跟踪理财规划执行情况的能力需要从专业水平提升、树立服务品牌、注重客户维护三方面内容展开。

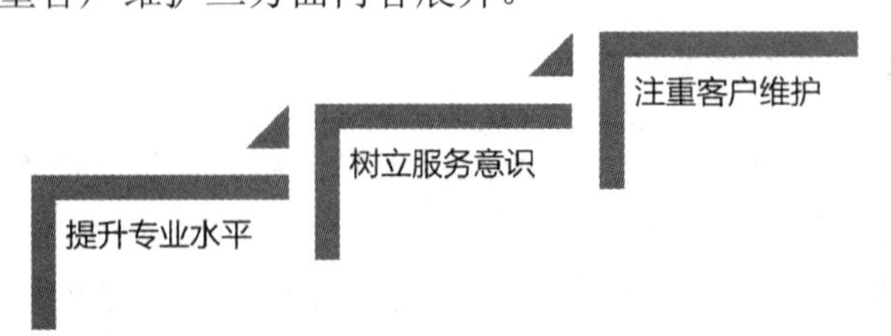

图 9-12 提升跟踪理财规划执行情况能力的内容

(一) 提升专业水平

理财从业人员要不断提升自身的专业素质，保持对金融专业的理论知识学习，

研究金融市场监管政策，关注瞬息万变的资本市场，加强对宏观经济的数据研究，探索市场表象背后的经济规律，分析金融行业优秀的案例，并不断梳理家庭理财规划方案的执行工作，这样才能及时、准确地调整家庭理财规划执行方案。

通过专业水平的不断提升，理财从业人员能有效把握住市场机会、提高客户的忠诚度，真正体现出跟踪服务的价值，展示自身的专业能力，增强核心竞争力。

课外链接：熟能生巧—“一万小时定律”

格拉德威尔在《异类》一书中提出“一万小时定律”：人们眼中的天才之所以卓越非凡，并非天资超人一等，而是付出了持续不断的努力。一万小时的锤炼是任何人从平凡变成世界级大师的必要条件。他将此称为“一万小时定律”。

该定律告诉我们，要成为某个领域的专家，需要10 000小时(1.1415525年)，按比例计算就是：如果每天工作八个小时，一周工作五天，那么成为一个领域的专家至少需要五年。

理财从业人员也是如此，首先要对金融行业抱有热忱，真正体会到金融市场的魅力所在；其次要认可理财从业人员的岗位职责、遵守职业道德，感受到与客户沟通、金融产品推介、家庭理财规划服务的乐趣；最后要利用“一万小时定律”反复锤炼和提升自己的专业水平和自身素质，做一名优秀、专业的理财从业人员。

(二) 树立品牌形象

第十二届福布斯·富国中国优选理财师评选

理财从业人员在服务客户的过程中要有树立品牌形象、展现价值创造的意识，对客户的服务不能仅满足于成交一次，而是要做好长期的规划，通过每一次接触、每一份产品、每一项业务的落地，树立起自身服务品牌，让客户认可理财从业人员创造的价值。

这就要求理财从业人员要以客户利益为先，严格遵守行业相关的政策法规和职业操守，通过自己的专业技能和优质的客户服务获取客户的信赖和认可，从而真正实现自身与客户的共赢。不能为了完成业务指标而诱导或误导客户购买理财产品，这会对好不容易获取到初步信任的客户造成伤害，同时也会损害自身和所在机构的形象，最终得不偿失。

(三) 注重客户维护

理财规划执行过程中会触及客户的家庭隐私，客户在透露自己信息时往往持谨慎态度，信任关系并不容易形成。开发一个新客户需要从与客户接触开始，逐步熟悉，直至了解，这是一个比较长的过程。在理财服务行业中，资深理财从业人员与其在管客户因为长年的合作，彼此之间早已达成了信任和了解，所以黏性非常高，在理财规划执行中能够做好老客户的维护，充分调动老客户的资源，通

过老客户的推荐接触新客户，一方面能够节省开发新客户的时间及经济成本，另一方面也有利于与新客户建立信任关系。

这就需要理财从业人员应认真对待客户在理财规划方案执行过程中反馈的信息和提出的要求，并保持良好的态度、关心客户的个性化需求、耐心对待客户关于理财规划的问题并做出答复。对客户存在的认知偏差，要表示出宽容并与其研究探讨。在维护客户关系过程中，不要轻易对无法保证的内容做出承诺，让客户时时感觉到你的真诚，努力赢取客户的嘉许。

任务解析2　定期对理财规划方案进行评估

理财从业人员应适时地对理财规划方案的执行效果进行评估，掌握理财规划方案的阶段性实施效果，并与客户及时沟通，适时调整理财规划方案并跟进后续的执行。开展理财规划方案执行效果评估可采取定期评估和非定期评估两种方法。

由于在理财规划方案的执行过程中，有很多因素是缓慢变化的，可能细微的变化对理财方案的整体效果不会产生太大影响，但是经过长时间的积累，这些变化逐渐累加，就使得原来的方案与现实情况造成脱节。这就需要从业人员定期对理财方案的执行和实施情况进行监控和评估，了解阶段性的理财方案实施结果，以便及时与客户沟通，并对方案及时进行调整。定期评估是理财服务协议的要求，是理财从业人员应尽的责任。

定期评估是理财规划服务的重要组成部分，必须在规定时点执行。理财规划方案评估的频率越高，越有利于客户实现理财规划预期目标，也越有利于理财从业人员服务团队或个人信誉与形象的塑造。当然，理财规划方案评估的频率还要考虑客户的个性化需求，评估频率增高也会增加理财规划方案的执行成本。

实际上，理财规划方案的评估、修正是理财规划服务执行过程中的有机组成部分，每次的评估和修正既可以是局部的、单个的分项规划或投资产品组合的调整，也可以是较大规模或整体方案的修改。

开展理财规划方案的定期评估，需要把握其实施的关键点和了解影响定期评估频率的因素。

一、评估频率

定期评估的频率可以在综合理财规划书中由双方约定，理财从业人员对客户的理财规划方案可以按年度评估，也可以按季度、半年度进行评估，评估的频率包括但不限于以下几个因素：

(1) 客户的投资金额；

(2) 客户个人财务状况变化幅度；

(3) 客户的投资风格。

二、影响定期评估频率的因素

(一) 客户的投资金额

客户的投资金额越大，理财规划方案执行过程中的误差给客户带来的损失也就越大，易导致客户因心理负担增加，而降低对理财从业人员的信任度，这对于维持长期的合作关系十分不利。

为避免这些损失，就需要更高频率地进行理财规划方案评估。可见，客户的投资金额与理财规划方案评估的频率成正比，即客户投资金额将对定期评估的频率有重要影响。

(二) 客户个人财务状况变化幅度

客户个人财务状况变化幅度越大，理财规划方案执行过程中的偏差越大。无论是客户的收入增长较快，还是客户的收入下降幅度较大，都会使理财规划方案的执行效果与预期发生较大偏差。

为避免出现此种情形，就需要增加理财规划方案评估的频率。可见，个人财务状况变化幅度与理财规划方案评估的频率成正比，即客户个人财务状况变化幅度对定期评估的频率有重要影响。

(三) 客户投资风格的变化

随着客户年龄、收入、家庭等情况的变化，有的客户可能从风险厌恶型变为偏爱高风险、高收益的投资风格，但是高风险可能会增加理财规划方案执行效果与预期效果保持一致的难度，所以需要提高理财规划方案评估的频率。有的客户也可能从风险偏好型转变为风险厌恶型，宁可接受较低的收益率，也不愿意承受高风险，注重资产的保值和稳健增值。此时如果理财规划方案执行效果与预期效果偏差不大，就无须频繁地开展理财规划方案评估。可见，理财规划方案评估的频率与客户的风险偏好成正比，即客户定期的投资测评对评估的频率有重要影响。

三、评估步骤

在评估理财方案时，首先要回顾客户的目标与需求，考察客户原来的理财目标，看看哪些目标有变化，各个目标的重要性和紧急程度有什么变化，了解具体的情况并加以记录；其次要评估当前方案的效果，根据原来的专项方案，分析到目前为止应该达到的理财目标，再评估当前实际达到的水平，分析与预定目标的差距，找出产生差距的原因；最后根据评估结果分析是否需要调整理财方案。理财规划方案定期评估的具体流程如图 9-13 所示。

情况说明 ⇨ 记录会谈 ⇨ 评估旧方案 ⇨ 新方案确认 ⇨ 实施新方案

图 9-13 理财规划方案的定期评估流程

四、注意事项

(1) 总规划差异的重要性大于分项规划的差异。

如果家庭理财规划整体的执行效果与预期效果差异不大，则表明理财规划方案执行效果较好。但如果有些理财规划分项的执行效果在较长时间内与预期效果差异较大，则需对理财规划分项的内容做出修正，使之达成预期目标。

(2) 制订出差异金额或比率的临界值。

理财规划方案实际执行效果与预期效果之间存在差异是常态，不可能完全一致。但是这个差异值应该在某一合理区间内。理财从业人员需要根据月度、季度、年度预算与实际完成之间的差异，制订差异变化金额的临界值或者是差异变化比率的临界值。一旦预期效果与实际执行效果之间的差异超出临界值的变化差异，则需要调整理财规划方案。

(3) 注意初始阶段的特殊性。

在理财规划方案执行的初始阶段，执行效果与预期效果之间往往存在较大差异，这是因为客户还未适应理财规划的安排，需要理财从业人员分期、按月安排规划支出，使客户循序渐进地适应理财规划安排。所以理财从业人员要了解理财规划方案在初始阶段的特殊性，耐心指导客户实施执行，根据客观情况可将每个计划分项做出执行计划表以供客户参考使用，或可以选择较为复杂的若干个计划分项先行作为改善的重点对象。

(4) 如果实在无法降低支出，就要设法增加收入。

在对客户理财规划执行评估后如果发现客户的实际支出超出预期值，当与客户沟通后确认超支部分确实为必须支出无法降低时，则应对理财规划的内容做出调整，争取让客户通过增加收入来弥补超额的支出，以求实现既定的理财规划目标。

任务解析 3 不定期对理财规划方案进行评估

理财规划是一个随着环境变化不断修正调整的过程。当宏观经济政策、法规等发生重大改变、金融市场发生重大变化或客户自身情况突然变动时，就需要对客户的理财规划方案进行不定期评估。

一、评估频率

非定期评估是当市场出现某些突发或重大情况时或客户自身发生偶然或意外变化时，理财从业人员或客户认为有必要对原先设定的理财规划方案进行修正而发起的评估，它不是理财规划方案执行过程中所必经的步骤。

非定期评估既关注外部因素又关注客户自身因素。外部因素包括宏观经济政策、法律法规变化以及金融市场情况变化，客户自身因素包括其资产负债变化和理财目标变化。

二、非定期评估的影响因素

(一) 外部因素

1. 宏观经济政策、法规等发生重大改变

宏观经济政策、法规等发生重大改变包括政府决定对某个领域进行改革或整顿，相关法律法规的修订，税务、养老金政策、公积金政策等的变化，利率、汇率政策的调整等。

2. 金融市场的重大变化

金融市场的重大变化包括经济形势、经济数据明显异于理财规划方案的估计值，行业变革创新、战争、自然灾害带来的新的投资机会和风险。

当理财从业人员意识到外部因素发生变化时，应尽快了解详细信息并做出初步判断，主动联系客户，及时通知，提醒客户采取正确的应对措施。通常情况下，外部因素的变化对理财目标的实现并无实质性影响，这种情况下，从业人员一般只需要对执行计划进行调整即可，但如果外部因素的变化对于理财目标的实现将产生重大影响，就有必要对整个方案进行修改。

(二) 内部因素

1. 客户家庭的重大变化

当客户自身情况有重大变故时，往往家庭财务状况会有较大变化，比如客户主要收入来源者丧失工作能力或失业、家庭成员发生意外事故导致支出幅度增加、客户改变买房买车计划、客户家庭婚姻破裂导致可能需要重新订立遗嘱等，这些都将会对整个理财规划方案的执行和既定理财规划目标造成影响。

2. 客户的理财目标发生改变

当客户的理财目标发生改变，如提前退休、投资产品组合期限由长期改为短期时，理财从业人员也需要进行非定期评估，从而判断是否需要调整理财规划方案。

由于客户内部因素变化并主动向理财从业人员告知寻求建议时，理财从业人员应该认真对待客户的求助，同时予以高度重视，耐心了解情况并给予客户理解和支持，必要的话可与客户沟通后重新制订理财规划方案。在客户家中发生不幸的时候，务必要注意说话的语气，表现出对客户的关心与理解。

三、评估步骤

通常情况下，通过对客户情况进行非定期评估并有必要调整理财规划方案时，

可以按照图 9-14 所示步骤来执行。

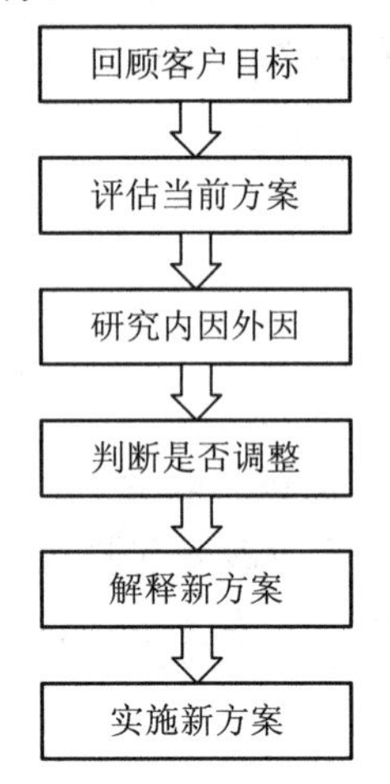

图 9-14　非定期评估下理财规划方案调整的步骤

四、注意事项

根据非定期评估调整理财规划方案时，需要注意以下两个方面问题：

1. 与客户沟通理财方案的修改建议

经过前面的评估，需要跟客户进一步沟通是否需要对理财方案进行调整，确有必要的，可以在取得客户的认可后，与客户共同进行方案的修订。

2. 对理财规划方案的适时修订

根据情况的变化，重新分析各项专项理财计划及投资策略，重新考察各种宏观、微观因素变化对当前策略的影响，并研究如何调整策略以应对这种变化及其影响。考虑如何修改方案，适应新情况，并制订新的理财规划方案。在新方案制订后，还需要进一步与客户沟通并需要客户出具书面声明，或取得客户签署的新理财方案的确认书。确认书中客户需要同意从业人员根据新情况对理财方案进行修改。方案修改完成后，从业人员应根据修改内容对执行计划进行相对应的调整，并且就新方案的执行与客户达成一致。

【能力拓展】

章节习题

- 老张(55 岁)和小张(35 岁)是父子俩，他们同是理财从业人员刘敏的客户。刘敏专业、敬业、热心的职业形象，深得父子俩信任。但是经过一段时间后，老张发现，刘敏与小张交流的频率明显比自己高。老张想不明白：为什么自己更富有，刘敏却疏于联络自己呢？请您从专业的角度解答一下老张的疑惑。

实战演练 谢先生家庭理财规划方案的调整

【任务发布】

学习理财规划方案交付及实施跟踪的相关知识，对案例内容中的家庭理财规划方案进行调整，帮助客户动态优化家庭理财规划方案。

【任务展示】

理财从业人员小刘 2020 年为谢先生制订了一份家庭理财规划方案，但 2021 年谢先生家庭情况发生了一些变化，主要是谢太太于 2021 年诞下一对双胞胎女儿，再加上 8 岁的儿子，谢先生家庭变成了三胎家庭。请您根据谢先生家庭结构变化，为其调整家庭理财规划方案。

以下是理财从业人员小刘 2020 年为谢先生制订的家庭理财规划方案的主体部分：

一、家庭背景情况分析

(一) 家庭基本信息

谢先生 34 岁，与朋友合伙开办了一家私营企业，目前企业盈利状况良好，谢先生每年可从企业获得年终分红 20 万元，每月工资 5000 元(税后收入已扣除五险一金)；谢太太 37 岁，为全职太太；儿子小谢 8 岁。

家庭资产情况：投资商品房一套，市场价值 40 万元，两年后交房；一辆价值 9 万元的私家车；现金 1 万元；活期存款 3 万元；定期存款 35 万元，年利息 5250 元(假设两年期利率为 1.5%)；股票投资 16 万元(市值)。

家庭负债情况：家庭消费借款 8 万元。

家庭每月支出情况：日常生活费 2500 元；购买衣服开支 800 元；交通费 300 元；目前一家三口人租房居住，每月租金 1000 元；通讯 220 元；水电煤气支出 200 元；外出就餐 150 元；孩子的教育费 2000 元；其他 200 元。

此外，旅游费每年 2 万元，医疗费用每年 1500 元，赡养父母每年 1.2 万元，谢太太每年社保支出 2000 元。

(二) 谢先生的理财目标

(1) 想在儿子小谢上初中时(4 年后)购置一套 140 平方米的房子，大约需要 112 万元(每平方米 8000 元)，装修费用 25 万元；

(2) 希望儿子小谢 18 岁大学(10 年后)能去法国留学；

(3) 老年可以过舒适的生活。

二、谢先生家庭财务分析与诊断

谢先生家庭资产负债表和家庭收入支出表如表 9-3 和表 9-4 所示，家庭财务比率分析见表 9-5。

表 9-3 谢先生家庭资产负债表

客户：谢先生家庭　　　　日期：2020 年 12 月 31 日

资　产	金额/元	负债及净资产	金额/元
现金	10 000	消费性负债	80 000
活期存款	30 000		
流动性资产合计	40 000	**流动性负债合计**	80 000
定期存款	350 000		
股票	160 000		
投资性房地产	400 000		
投资性资产合计	910 000	**负债总计**	80 000
自用汽车	90 000		
自用性资产合计	90 000	**净资产总计**	960 000
资产总计	1 040 000	**负债及净资产总计**	1 040 000

表 9-4 谢先生家庭收入支出表

客户姓名： 谢先生家庭　　　　日期：2020 年 1 月 1 日至 2020 年 12 月 31 日

项　　目	金额/元
收入	
工资收入	60 000
个人经营收入	200 000
投资利息收入	5250
收入总额	265 250
支出	
家庭日常生活消费	30 000
衣食住行	32 040
休闲娱乐、医疗	21 500
子女教育支出	24 000
保障保险费用	2000
支出总额	123 940
盈余	141 310

表 9-5 谢先生家庭财务比率分析

财务比率	计算公式	数值	合理区间	分析结果
资产负债率	总负债/总资产	7.69%	60%以内	合理范围内
紧急预备金月数	流动资产/月总支出	3.87	3～6 个月	合理范围内
储蓄率	(总收入 – 总支出)/税后总收入	53.28%	3%～50%	偏高，可适当降低结余
财务自由度	年理财收入/年总支出	4.24%	30%以上	偏低，应提高比率

三、确定理财目标

(1) 现金规划——建立家庭备用金用来应急；

(2) 保险规划——为家庭提供第二道防火墙；

(3) 购房规划——4 年后购置一套 140 平方米的房子自住；

(4) 教育规划——10 年后送孩子出国学习；

(5) 养老规划——过有品质的老年生活。

四、制订单项理财规划方案

(一) 现金规划

现金规划的核心是建立家庭应急资金，一般用流动性比率衡量。流动性比率保持在 3 到 6 倍较为合理。作为企业合伙人的谢先生虽然收入较高，但经营企业风险同样也高，收入不稳定；谢太太是全职太太，所以家庭收入整体不稳定；支出方面，由于有抚养小孩和赡养老人的义务，也不太稳定。建议保持 5 倍左右的流动性比率较为合适，也就是准备大概 52 000 元的流动资产。建议流动性资产配置如表 9-6 所示。

表 9-6　流动性资产配置

资产种类	金额/元
现金	5000
活期存款	7000
银行活期理财	10 000
货币市场基金	30 000
合　计	52 000

调整后，谢先生家庭现在流动性比率由之前的 3.87 增加为 5，目前缺口是 12 000 元，可以从定期存款中提出 12 000 元补足。另外，建议谢先生办理额度为 10 万元信用卡以增强应急能力。

(二) 保险规划

谢先生的家庭需要赡养父母与抚养孩子。这种家庭责任可以通过定期寿险弥补，谢先生是家庭收入来源的主要支撑，建议优先为谢先生投保。财产方面，最大的资产为投资商品房，价值 40 万元，但目前尚未交房，只需为机动车购买财产保险。保险产品具体配置如表 9-7 所示。

表 9-7　保险产品的配置

保险标的	险　种	保险期间	保额/万元	保费/元
谢先生	定期寿险	10 年	100	3000
谢先生	重疾险	终身	40	8000
谢太太	重疾险	终身	40	7500
小谢	重疾险	终身	20	2000
机动车	车损险，三责险，交强险	1 年	40	2000
合　计				22 500

(三) 购房规划

谢先生计划在儿子小谢上初中时(4 年后)购置一套 140 平方米的房子，大约需要 112 万元(每平方米 8000 元)，装修 25 万元。根据经验法则，如果债务负担比率不超过 40%，对家庭生活品质不会产生较大影响，据此制订以下购房规划方案：

假定目前住房贷款利率 6%，贷款 15 年，首付 50%，即 56 万元自筹资金，剩余 56 万元使用按揭贷款。通过计算得出，当每月还款额 4726 元(期末年金现值)时，不会对谢先生家庭带来较大的财务负担。其中，首付款 56 万元可以通过家庭结余积累，住房装修所需的 25 万元，可以用定期存款负担。

(四) 教育规划

假设目前出国留学总费用为 80 万元，增长率为 3%，则谢先生需要在儿子小谢 18 岁(10 年后)时准备留学费用大概 108 万元。这部分资金建议谢先生采用定期定额的投资方式积累，可以用年终分红积累。建议四年后(实现购房目标之后)开始投资，假设投资回报率为 8%，则每年大概需要 15 万元。购房自住后不再支付房租，相应节余可以支付部分教育投资费用。因为投资期限比较长，建议投资产品类型以股票型、指数型或者混合型基金为主。

(五) 养老规划

假设通货膨胀率为 3%，投资回报率为 8%，退休前后的投资回报率和通货膨胀率相等。谢先生的预期寿命为 80 岁，太太 83 岁。为了保持当前的生活水平，谢先生 65 岁退休时(31 年后)，每年夫妻总支出为 20 万元左右。经过计算，谢先生夫妻养老共需要 300 万元。

目前离退休还有 31 年，建议谢先生 10 年(孩子出国)后开始积累养老金，每年需要投资 6 万元左右，建议购买养老保险和指数型基金，资金依然使用合伙企业年终分红。

【步骤指引】

- 根据客户资料重新分析客户理财目标；
- 确定需要调整的方案；
- 根据新目标对相应方案进行调整。

【实战经验】

参 考 文 献

[1] 中国证券业协会. 金融市场基础知识[M]. 北京：中国财政经济出版社，2021 年
[2] 中国证券投资基金业协会. 证券投资基金[M]. 北京：高等教育出版社，2017 年
[3] 康建军，王波. 个人理财[M]. 北京：中国人民大学出版社，2021 年
[4] 张玲，成康康，高阳. 个人理财规划实务[M]. 北京：中国人民大学出版社，2018 年 3 月
[5] 中国银行业协会银行业专业人员职业资格考试办公室. 个人理财[M]. 北京：中国金融出版社，2021 年
[6] 李洁，张然. 家庭理财规划：初级[M]. 西安：西安电子科技大学出版社，2021 年
[7] 黎元生，俞姗，林姗姗. 个人理财规划[M]. 北京：经济科学出版社，2018 年
[8] 李燕. 个人理财[M]. 北京：机械工业出版社，2014 年
[9] 张玲. 个人理财规划实务[M]. 北京：中国人民大学出版社，2019 年
[10] 闾定军. 个人理财实务[M]. 北京：清华大学出版社，2020 年
[11] 罗瑞琼. 个人理财[M]. 2 版. 北京：中国金融出版社，2020 年
[12] 杰夫·马杜拉. 个人理财[M]. 6 版. 北京：机械工业出版社，2018 年
[13] 计金标. 税收筹划[M]. 北京：中国人民大学出版社，2019 年
[14] 博多·舍费尔. 财务自由之路[M]. 北京：现代出版社，2019 年
[15] 吴晓求. 证券投资学[M]. 3 版. 北京：中国人民大学出版社，2009 年
[16] 张亦春，郑振龙，林海. 金融市场学[M]. 4 版. 北京：高等教育出版社，2013 年
[17] 张宗新. 投资学[M]. 3 版. 上海：复旦大学出版社，2013 年
[18] 上海证券交易所. ETF 投资：从入门到精通[M]. 上海：上海教育出版社，2014 年
[19] 马克·莱文森. 金融市场指南. 周晓慧，等，译[M]. 北京：中信出版社，2005 年
[20] 深圳证券交易所投资者教育中心. 基金投资 20 讲[M]. 北京：机械工业出版社，2010 年
[21] 中国证券投资基金业协会. 证券投资基金销售基础知识[M]. 北京：中国金融出版社，2012 年